国家出版基金项目
NATIONAL PUBLICATION FOUNDATION

"十三五"国家重点图书出版规划项目

智能制造
系|列|丛|书

U0388930

智能传感器技术

陈雯柏 李邓化 何斌 刘辉翔 苏明灯 编著

TECHNOLOGY
OF INTELLIGENT SENSOR

清华大学出版社
北京

图书在版编目（CIP）数据

智能传感器技术/陈雯柏等编著. —北京：清华大学出版社，2022.4（2024.2重印）
（智能制造系列丛书）
ISBN 978-7-302-59614-1

Ⅰ．①智… Ⅱ．①陈… Ⅲ．①智能传感器 Ⅳ．①TP212.6

中国版本图书馆 CIP 数据核字（2021）第 242350 号

责任编辑：王 欣 赵从棉
封面设计：李召霞
责任校对：赵丽敏
责任印制：宋 林

出版发行：清华大学出版社
 网 址：https://www.tup.com.cn，https://www.wqxuetang.com
 地 址：北京清华大学学研大厦 A 座 邮 编：100084
 社 总 机：010-83470000 邮 购：010-62786544
 投稿与读者服务：010-62776969，c-service@tup.tsinghua.edu.cn
 质量反馈：010-62772015，zhiliang@tup.tsinghua.edu.cn
印 装 者：涿州市般润文化传播有限公司
经 销：全国新华书店
开 本：170mm×240mm 印 张：25.75 字 数：517 千字
版 次：2022 年 6 月第 1 版 印 次：2024 年 2 月第 6 次印刷
定 价：78.00 元

产品编号：091662-01

智能制造系列丛书编委会名单

主　任：

　　周　济

副主任：

　　谭建荣　李培根

委　员（按姓氏笔画排序）：

王　雪	王飞跃	王立平	王建民
尤　政	尹周平	田　锋	史玉升
冯毅雄	朱海平	庄红权	刘　宏
刘志峰	刘洪伟	齐二石	江平宇
江志斌	李　晖	李伯虎	李德群
宋天虎	张　洁	张代理	张秋玲
张彦敏	陆大明	陈立平	陈吉红
陈超志	邵新宇	周华民	周彦东
郑　力	宗俊峰	赵　波	赵　罡
钟诗胜	袁　勇	高　亮	郭　楠
陶　飞	霍艳芳	戴　红	

丛书编委会办公室

主　任：

　　陈超志　张秋玲

成　员：

郭英玲	冯　昕	罗丹青	赵范心
权淑静	袁　琦	许　龙	钟永刚
刘　杨			

制造业是国民经济的主体,是立国之本、兴国之器、强国之基。习近平总书记在党的十九大报告中号召:"加快建设制造强国,加快发展先进制造业。"他指出:"要以智能制造为主攻方向推动产业技术变革和优化升级,推动制造业产业模式和企业形态根本性转变,以'鼎新'带动'革故',以增量带动存量,促进我国产业迈向全球价值链中高端。"

智能制造——制造业数字化、网络化、智能化,是我国制造业创新发展的主要抓手,是我国制造业转型升级的主要路径,是加快建设制造强国的主攻方向。

当前,新一轮工业革命方兴未艾,其根本动力在于新一轮科技革命。进入 21世纪以来,互联网、云计算、大数据等新一代信息技术飞速发展。这些历史性的技术进步,集中汇聚在新一代人工智能技术的战略性突破,新一代人工智能已经成为新一轮科技革命的核心技术。

新一代人工智能技术与先进制造技术的深度融合,形成了新一代智能制造技术,成为新一轮工业革命的核心驱动力。新一代智能制造的突破和广泛应用将重塑制造业的技术体系、生产模式、产业形态,实现第四次工业革命。

新一轮科技革命和产业变革与我国加快转变经济发展方式形成历史性交汇,智能制造是一个关键的交汇点。中国制造业要抓住这个历史机遇,创新引领高质量发展,实现向世界产业链中高端的跨越发展。

智能制造是一个"大系统",贯穿于产品、制造、服务全生命周期的各个环节,由智能产品、智能生产及智能服务三大功能系统以及工业智联网和智能制造云两大支撑系统集合而成。其中,智能产品是主体,智能生产是主线,以智能服务为中心的产业模式变革是主题,工业智联网和智能制造云是支撑,系统集成将智能制造各功能系统和支撑系统集成为新一代智能制造系统。

智能制造是一个"大概念",是信息技术与制造技术的深度融合。从 20 世纪中叶到 90 年代中期,以计算、感知、通信和控制为主要特征的信息化催生了数字化制造;从 90 年代中期开始,以互联网为主要特征的信息化催生了"互联网+制造";当前,以新一代人工智能为主要特征的信息化开创了新一代智能制造的新阶段。

这就形成了智能制造的三种基本范式,即数字化制造(digital manufacturing)——第一代智能制造;数字化网络化制造(smart manufacturing)——"互联网＋制造"或第二代智能制造,本质上是"互联网＋数字化制造";数字化网络化智能化制造(intelligent manufacturing)——新一代智能制造,本质上是"智能＋互联网＋数字化制造"。这三个基本范式次第展开又相互交织,体现了智能制造的"大概念"特征。

对中国而言,不必走西方发达国家顺序发展的老路,应发挥后发优势,采取三个基本范式"并行推进、融合发展"的技术路线。一方面,我们必须实事求是,因企制宜、循序渐进地推进企业的技术改造、智能升级,我国制造企业特别是广大中小企业还远远没有实现"数字化制造",必须扎扎实实完成数字化"补课",打好数字化基础;另一方面,我们必须坚持"创新引领",可直接利用互联网、大数据、人工智能等先进技术,"以高打低",走出一条并行推进智能制造的新路。企业是推进智能制造的主体,每个企业都要根据自身实际,总体规划、分步实施、重点突破、全面推进,产学研协调创新,实现企业的技术改造、智能升级。

未来 20 年,我国智能制造的发展总体上将分成两个阶段。第一阶段:到 2025年,"互联网＋制造"——数字化网络化制造在全国得到大规模推广应用;同时,新一代智能制造试点示范取得显著成果。第二阶段:到 2035 年,新一代智能制造在全国制造业实现大规模推广应用,实现中国制造业的智能升级。

推进智能制造,最根本的要靠"人",动员千军万马、组织精兵强将,必须以人为本。智能制造技术的教育和培训,已经成为推进智能制造的当务之急,也是实现智能制造的最重要的保证。

为推动我国智能制造人才培养,中国机械工程学会和清华大学出版社组织国内知名专家,经过三年的扎实工作,编著了"智能制造系列丛书"。这套丛书是编著者多年研究成果与工作经验的总结,具有很高的学术前瞻性与工程实践性。丛书主要面向从事智能制造的工程技术人员,亦可作为研究生或本科生的教材。

在智能制造急需人才的关键时刻,及时出版这样一套丛书具有重要意义,为推动我国智能制造发展做出了突出贡献。我们衷心感谢各位编著者付出的心血和劳动,感谢编委会全体同志的不懈努力,感谢中国机械工程学会与清华大学出版社的精心策划和鼎力投入。

衷心希望这套丛书在工程实践中不断进步、更精更好,衷心希望广大读者喜欢这套丛书、支持这套丛书。

让我们共同努力,为实现建设制造强国的中国梦而奋斗。

周济

2019 年 3 月

技术进展之快，市场竞争之烈，大国较劲之剧，在今天这个时代体现得淋漓尽致。

世界各国都在积极采取行动，美国的"先进制造伙伴计划"、德国的"工业 4.0 战略计划"、英国的"工业 2050 战略"、法国的"新工业法国计划"、日本的"超智能社会 5.0 战略"、韩国的"制造业创新 3.0 计划"，都将发展智能制造作为本国构建制造业竞争优势的关键举措。

中国自然不能成为这个时代的旁观者，我们无意较劲，只想通过合作竞争实现国家崛起。大国崛起离不开制造业的强大，所以中国希望建成制造强国、以制造而强国，实乃情理之中。制造强国战略之主攻方向和关键举措是智能制造，这一点已经成为中国政府、工业界和学术界的共识。

制造企业普遍面临着提高质量、增加效率、降低成本和敏捷适应广大用户不断增长的个性化消费需求，同时还需要应对进一步加大的资源、能源和环境等约束之挑战。然而，现有制造体系和制造水平已经难以满足高端化、个性化、智能化产品与服务的需求，制造业进一步发展所面临的瓶颈和困难迫切需要制造业的技术创新和智能升级。

作为先进信息技术与先进制造技术的深度融合，智能制造的理念和技术贯穿于产品设计、制造、服务等全生命周期的各个环节及相应系统，旨在不断提升企业的产品质量、效益、服务水平，减少资源消耗，推动制造业创新、绿色、协调、开放、共享发展。总之，面临新一轮工业革命，中国要以信息技术与制造业深度融合为主线，以智能制造为主攻方向，推进制造业的高质量发展。

尽管智能制造的大潮在中国滚滚而来，尽管政府、工业界和学术界都认识到智能制造的重要性，但是不得不承认，关注智能制造的大多数人（本人自然也在其中）对智能制造的认识还是片面的、肤浅的。政府勾画的蓝图虽气势磅礴、宏伟壮观，但仍有很多实施者感到无从下手；学者们高谈阔论的宏观理念或基本概念虽至关重要，但如何见诸实践，许多人依然不得要领；企业的实践者们侃侃而谈的多是当年制造业信息化时代的陈年酒酿，尽管依旧散发清香，却还是少了一点智能制造的气息。有些人看到"百万工业企业上云,实施百万工业 APP 培育工程"时劲头十足,可真准备大干一场的时候,又仿佛云里雾里。常常听学者们言,CPS(cyber-physical systems,信息物理系统)是工业 4.0 和智能制造的核心要素,CPS 万万不能离开数字孪生体(digital twin)。可数字孪生体到底如何构建?学者也好,工程师也好,少有人能够清晰道来。又如,大数据之重要性日渐为人们所知,可有了数据后,又如何分析?如何从中提炼知识?企业人士鲜有知其个中究竟的。至于关键词"智能",什么样的制造真正是"智能"制造?未来制造将"智能"到何种程度?解读纷纷,莫衷一是。我的一位老师,也是真正的智者,他说:"智能制造有几分能说清楚?还有几分是糊里又糊涂。"

所以,今天中国散见的学者高论和专家见解还远不能满足智能制造相关的研究者和实践者们之所需。人们既需要微观的深刻认识,也需要宏观的系统把握;既需要实实在在的智能传感器、控制器,也需要看起来虚无缥缈的"云";既需要对理念和本质的体悟,也需要对可操作性的明晰;既需要互联的快捷,也需要互联的标准;既需要数据的通达,也需要数据的安全;既需要对未来的前瞻和追求,也需要对当下的实事求是……如此等等。满足多方位的需求,从多视角看智能制造,正是这套丛书的初衷。

为助力中国制造业高质量发展,推动我国走向新一代智能制造,中国机械工程学会和清华大学出版社组织国内知名的院士和专家编写了"智能制造系列丛书"。本丛书以智能制造为主线,考虑智能制造"新四基"[即"一硬"(自动控制和感知硬件)、"一软"(工业核心软件)、"一网"(工业互联网)、"一台"(工业云和智能服务平台)]的要求,由 30 个分册组成。除《智能制造:技术前沿与探索应用》《智能制造标准化》《智能制造实践指南》3 个分册外,其余包含了以下五大板块:智能制造模式、智能设计、智能传感与装备、智能制造使能技术以及智能制造管理技术。

本丛书编写者包括高校、工业界拔尖的带头人和奋战在一线的科研人员,有着丰富的智能制造相关技术的科研和实践经验。虽然每一位作者未必对智能制造有全面认识,但这个作者群体的知识对于试图全面认识智能制造或深刻理解某方面技术的人而言,无疑能有莫大的帮助。丛书面向从事智能制造工作的工程师、科研人员、教师和研究生,兼顾学术前瞻性和对企业的指导意义,既有对理论和方法的描述,也有实际应用案例。编写者经过反复研讨、修订和论证,终于完成了本丛书的编写工作。必须指出,这套丛书肯定不是完美的,或许完美本身就不存在,更何况智能制造大潮中学界和业界的急迫需求也不能等待对完美的寻求。当然,这也不能成为掩盖丛书存在缺陷的理由。我们深知,疏漏和错误在所难免,在这里也希望同行专家和读者对本丛书批评指正,不吝赐教。

在"智能制造系列丛书"编写的基础上,我们还开发了智能制造资源库及知识服务平台,该平台以用户需求为中心,以专业知识内容和互联网信息搜索查询为基础,为用户提供有用的信息和知识,打造智能制造领域"共创、共享、共赢"的学术生态圈和教育教学系统。

我非常荣幸为本丛书写序,更乐意向全国广大读者推荐这套丛书。相信这套丛书的出版能够促进中国制造业高质量发展,对中国的制造强国战略能有特别的意义。丛书编写过程中,我有幸认识了很多朋友,向他们学到很多东西,在此向他们表示衷心感谢。

需要特别指出,智能制造技术是不断发展的。因此,"智能制造系列丛书"今后还需要不断更新。衷心希望,此丛书的作者们及其他的智能制造研究者和实践者们贡献他们的才智,不断丰富这套丛书的内容,使其始终贴近智能制造实践的需求,始终跟随智能制造的发展趋势。

2019 年 3 月

近年来,科技的进步、人工智能的发展,不断地在改变着人们生活的方方面面。作为智能时代发展的基础技术之一,智能传感扮演着不可或缺的角色。2017 年以来,我国政府出台了多项战略性、指导性政策文件,包括《智能传感器产业三年行动指南(2017—2019 年)》《新一代人工智能发展规划》《中国制造 2025》等,推动着我国传感器产业向着融合化、创新化、生态化、集群化方向快速发展。

在当前智能时代的推动下,高性能、高可靠性的多功能复杂自动测控系统以及基于射频识别技术的物联网的兴起与发展,越发凸显了具有感知、认知能力的智能传感器的重要性及其快速发展的迫切性。传感器技术是实现智能制造的基石,智能传感技术是伴随着自动化技术、计算机技术、检测技术和智能技术的深入发展而产生和形成的新的研究领域,是未来检测技术的主要发展方向。智能传感是将传统学科和新技术进行综合集成与应用的一门学科,体现了多学科的交叉、融合和延拓,其应用范围遍布国民经济的诸多方面。随着新材料、新技术的广泛应用,基于各种功能材料的新型传感器件得到快速发展,其对制造的影响愈加显著。未来,智能化、微型化、多功能化、低功耗、低成本、高灵敏度、高可靠性将是新型传感器件的发展趋势,新型传感材料与器件将是未来智能传感技术发展的重要方向。

本书是编著者在多年教学实践的基础上,结合现有的教学讲义和最新技术发展编写而成的,书中融入了编著者多年来大量的科研工作成果。本书在内容安排上以传感技术基本原理为基础,结合智能传感技术的最新发展,以应用为核心,重点介绍了智能传感技术的基本原理和工程实现方法,体现了理论和实践并重的宗旨。全书共分为 19 章,主要介绍智能传感技术的基本原理、最新进展及典型应用。其中,第 0 章(绪论)以及第 3、8、9、11、12、15 章由陈雯柏编写,第 1、4~7 章由李邓化编写,第 13、14 章由何斌编写,第 2、10、16、17 章由刘辉翔编写,第 18 章由苏明灯编写。

感谢北京信息科技大学"勤信学者"培育计划(QXTCP A202102)、北京市自然科学基金(4202026)对本书涉及的科研内容提供的资助。清华大学出版社的编辑们为本书的出版付出了辛勤的劳动,在此对他(她)们表示衷心的感谢。

由于编著者水平有限,书中难免有错误和不足之处,诚恳欢迎各位读者指正。

编著者

2021 年 5 月

Contents | **目录**

第 0 章　绪论　　　　　　　　　　　　　　　　　　　　　　　001

　　0.1　智能制造简介　　　　　　　　　　　　　　　　　　　001
　　　　0.1.1　智能制造的概念　　　　　　　　　　　　　　　001
　　　　0.1.2　智能制造关键技术　　　　　　　　　　　　　　002
　　0.2　智能制造发展与应用　　　　　　　　　　　　　　　　010
　　　　0.2.1　智能制造发展　　　　　　　　　　　　　　　　010
　　　　0.2.2　智能制造应用　　　　　　　　　　　　　　　　011
　　0.3　工业 4.0 与中国制造 2025　　　　　　　　　　　　　012
　　　　0.3.1　工业 4.0　　　　　　　　　　　　　　　　　　012
　　　　0.3.2　中国制造 2025　　　　　　　　　　　　　　　014
　　0.4　智能制造与智能传感　　　　　　　　　　　　　　　　015

第 1 篇　传感器与传感器系统

第 1 章　检测技术基础　　　　　　　　　　　　　　　　　　021

　　1.1　传感器与智能检测　　　　　　　　　　　　　　　　　021
　　　　1.1.1　传感器与智能检测概述　　　　　　　　　　　　021
　　　　1.1.2　传感器的基本特性　　　　　　　　　　　　　　025
　　　　1.1.3　传感器校准与标定方法　　　　　　　　　　　　031
　　1.2　测量误差与数据处理基础　　　　　　　　　　　　　　032
　　　　1.2.1　测量误差及其分类　　　　　　　　　　　　　　032
　　　　1.2.2　系统误差的消除方法　　　　　　　　　　　　　036
　　　　1.2.3　随机误差及其估算　　　　　　　　　　　　　　038
　　　　1.2.4　测量结果的数据处理　　　　　　　　　　　　　042
　　1.3　智能检测系统　　　　　　　　　　　　　　　　　　　046

    1.3.1　数据采集   046

    1.3.2　输入/输出通道   051

第2章　数据处理基础   054

  2.1　特征工程   054

    2.1.1　特征选择   054

    2.1.2　特征提取   061

  2.2　数据分析与机器学习   064

    2.2.1　模式分类   065

    2.2.2　回归预测   069

    2.2.3　聚类分析   073

第3章　热敏元件、温度传感器及应用   076

  3.1　热电偶   076

    3.1.1　热电效应   076

    3.1.2　热电偶的基本法则   079

    3.1.3　热电偶冷端温度及其补偿   081

  3.2　热电阻   084

    3.2.1　铂电阻   084

    3.2.2　铜热电阻   084

    3.2.3　其他热电阻   085

  3.3　热敏电阻   085

    3.3.1　NTC热敏电阻的温度特性   085

    3.3.2　NTC热敏电阻的温度系数   086

    3.3.3　NTC热敏电阻的伏-安特性   086

    3.3.4　NTC热敏电阻的安-时特性   087

第4章　应变式电阻传感器及应用   088

  4.1　应变式电阻传感器的工作原理   088

  4.2　测量电路   090

    4.2.1　直流电桥   091

    4.2.2　交流电桥   094

  4.3　应变式传感器的温度特性   096

    4.3.1　使应变片产生热输出的因素   096

    4.3.2　电阻应变片的温度补偿方法   097

  4.4　应变式电阻传感器的应用   099

4.4.1　几种常见的弹性敏感元件的应变值 ε 与外作用力 F 之间的关系　099

4.4.2　应变式电阻传感器的应用　101

第 5 章　电感式传感器及应用　103

5.1　变磁阻式传感器　103

5.1.1　工作原理　103

5.1.2　输出特性　104

5.1.3　测量电路　106

5.1.4　变磁阻式传感器的应用　108

5.2　差动变压器式传感器　109

5.2.1　工作原理　109

5.2.2　基本特性　110

5.2.3　差动变压器式传感器测量电路　111

5.2.4　差动变压器式传感器的应用　114

5.3　电涡流式传感器　115

5.3.1　工作原理　115

5.3.2　基本特性　116

5.3.3　电涡流形成范围　117

5.3.4　电涡流式传感器的应用　119

第 6 章　电容式传感器及应用　121

6.1　电容式传感器的工作原理和结构　121

6.1.1　变极距型电容式传感器　121

6.1.2　变面积型电容式传感器　122

6.1.3　变介质型电容式传感器　123

6.2　电容式传感器的灵敏度和非线性　125

6.3　电容式传感器的信号调节电路　127

6.3.1　运算放大器式电路　127

6.3.2　电桥电路　127

6.4　电容器式传感器的应用　129

6.4.1　电容式位移传感器　129

6.4.2　电容式荷重传感器　129

6.4.3　电容式压力传感器　130

第 7 章　压电式传感器及应用　132

7.1　压电效应　132

7.1.1　压电材料的主要特性参数　　132

7.1.2　压电晶体的压电效应　　133

7.1.3　压电陶瓷的压电效应　　135

7.2　压电方程　　136

7.2.1　电场为零　　136

7.2.2　应力为零　　136

7.3　电荷放大器　　137

7.3.1　电荷放大器的输出电压　　137

7.3.2　实际电荷放大器的运算误差　　139

7.3.3　电荷放大器的下限截止频率　　139

7.3.4　电荷放大器的噪声及漂移特性　　141

7.4　压电式传感器的应用　　142

7.4.1　压电式加速度传感器　　142

7.4.2　压电式压力传感器　　144

第8章　光电与光纤传感器及应用

146

8.1　光电效应　　146

8.1.1　外光电效应　　146

8.1.2　内光电效应　　147

8.2　光敏电阻　　147

8.2.1　光敏电阻的原理和结构　　147

8.2.2　光敏电阻的主要参数和基本特性　　148

8.2.3　光敏电阻与负载的匹配　　151

8.3　光电池　　152

8.3.1　光电池的结构原理　　153

8.3.2　基本特性　　154

8.3.3　光电池的转换效率及最佳负载匹配　　156

8.4　光敏二极管和光敏三极管　　157

8.4.1　光敏管的结构和工作原理　　157

8.4.2　光敏管的基本特性　　158

8.4.3　光敏晶体电路的分析方法　　161

8.5　光电传感器的类型及应用　　162

8.5.1　光电传感器的类型　　162

8.5.2　应用　　163

8.6　光纤传感器　　166

8.6.1　光导纤维导光的基本原理　　167

8.6.2　光纤传感器及其应用　　170

第 9 章　超声波/激光/红外传感器　175

9.1　超声波传感器的工作原理　175
9.1.1　超声波的激发　175
9.1.2　超声波的接收　176
9.1.3　超声波的特性　176
9.2　激光/红外传感器　179
9.2.1　激光传感器的基本概念　179
9.2.2　红外传感器的基本概念　180
9.3　超声波传感器的应用　182
9.3.1　超声波测距　182
9.3.2　超声波测流速　183
9.3.3　超声波探伤　185
9.4　激光传感器的主要应用　190
9.4.1　激光测长　190
9.4.2　激光测距　190
9.4.3　激光测振　190
9.5　红外传感器的主要应用　191
9.5.1　红外测温仪　191
9.5.2　红外线气体分析仪　192

第 10 章　气体传感器　194

10.1　气体传感器概述　194
10.2　气体传感器分类　195
10.2.1　气敏材料及其传感器阵列　195
10.2.2　半导体气体传感器　197
10.2.3　催化燃烧式气体传感器　200
10.2.4　电化学型气体传感器　201
10.2.5　NDIR 气体传感器　202
10.2.6　光学式气体传感器　204
10.3　气体传感器的应用　206
10.3.1　MQ-2 烟雾传感器　206
10.3.2　TGS2602 气体传感器　207
10.3.3　定电位电解式气体传感器　209
10.4　智能气体传感面临的挑战及其解决方案　211
10.4.1　可重复性和可重用性　211
10.4.2　电路集成和小型化　212

10.4.3　实时传感 213

第11章　视觉传感器 215

11.1　视觉检测技术 215
11.1.1　机器视觉的发展 215
11.1.2　视觉检测的应用分类 215
11.1.3　视觉检测的特点 217
11.2　视觉传感器的硬件组成 217
11.2.1　照明系统 218
11.2.2　光学镜头 219
11.2.3　摄像机 221
11.2.4　图像处理器 222
11.3　视觉传感器的工作原理 223
11.3.1　视觉传感的成像模型 223
11.3.2　视觉传感的图像处理 227
11.4　视觉传感器的应用 229
11.4.1　单目视觉传感系统 229
11.4.2　双目视觉传感系统 230

第12章　生物传感器 233

12.1　概述 233
12.1.1　生物传感器的工作原理 233
12.1.2　生物传感器的类型 234
12.1.3　生物传感器的应用 235
12.2　典型生物传感器 238
12.2.1　酶传感器 238
12.2.2　免疫传感器 240
12.2.3　微生物传感器 244
12.3　生物传感器的应用案例 247
12.3.1　血糖测试仪 247
12.3.2　基因芯片 250

第13章　MEMS传感器技术 256

13.1　MEMS传感器概述 256
13.1.1　MEMS技术及MEMS传感器介绍 256
13.1.2　智能制造对MEMS传感器的需求 257

13.1.3　MEMS 传感器的发展趋势和展望　258

13.2　MEMS 传感器的微型化技术和基本原理　260

13.2.1　微尺度效应　260

13.2.2　物理效应　261

13.2.3　MEMS 工艺的影响　263

13.3　MEMS 传感器的设计　264

13.3.1　MEMS 传感器的设计方法和过程　264

13.3.2　计算机辅助设计及 CoventorWare 设计软件介绍　265

13.4　MEMS 技术的应用　269

第 14 章　量子测量及传感技术　272

14.1　概述　272

14.1.1　量子传感技术简介　272

14.1.2　量子传感器与智能制造　273

14.2　量子物理学基本知识　278

14.2.1　波粒二象性　278

14.2.2　原子结构理论　279

14.2.3　冷原子物理　280

14.3　芯片化量子传感器　281

14.3.1　芯片化量子传感器动态　281

14.3.2　基于微型碱金属原子气室的量子传感技术　282

14.3.3　基于微腔的量子传感技术　283

14.4　量子测量技术的应用　284

14.4.1　量子测量技术的应用领域及优势　284

14.4.2　量子测量技术的研究发展趋势　287

第 15 章　传感器网络　289

15.1　传感器的网络化　289

15.1.1　传感器网络的概念　289

15.1.2　传感器网络的发展　289

15.2　多传感器信息融合　290

15.2.1　多传感器信息融合的必要性　291

15.2.2　多传感器信息融合的层次模型　292

15.2.3　多传感器信息融合的结构模型　294

15.2.4　多传感器信息融合方法　295

15.3　无线传感器网络　297

15.3.1　无线传感器网络的体系结构　298

15.3.2　无线传感器网络的特点　　　　　　300

15.3.3　无线传感器网络关键技术　　　　　302

15.3.4　无线传感器网络的应用　　　　　　306

第 2 篇　工业物联网

第 16 章　物联网基础

311

16.1　概述　　　　　　　　　　　　　　　311

16.1.1　物联网　　　　　　　　　　　311

16.1.2　传感网　　　　　　　　　　　312

16.1.3　工业互联网　　　　　　　　　314

16.2　物联网构成　　　　　　　　　　　　315

16.2.1　物联网的工作原理　　　　　　315

16.2.2　物联网硬件系统结构　　　　　320

16.2.3　物联网软件系统结构　　　　　322

16.3　物联网特征　　　　　　　　　　　　323

16.3.1　物联网平台　　　　　　　　　323

16.3.2　物联网数据库　　　　　　　　326

16.3.3　边缘计算　　　　　　　　　　328

16.3.4　物联网应用举例　　　　　　　331

16.4　物联网伦理　　　　　　　　　　　　334

16.5　总结与展望　　　　　　　　　　　　336

第 17 章　物联网核心技术

338

17.1　物联网感知层　　　　　　　　　　　338

17.1.1　传感器技术　　　　　　　　　338

17.1.2　RFID 技术　　　　　　　　　339

17.1.3　标识与编码　　　　　　　　　340

17.1.4　数据挖掘与融合技术　　　　　341

17.2　物联网网络层　　　　　　　　　　　342

17.2.1　蓝牙技术　　　　　　　　　　342

17.2.2　ZigBee　　　　　　　　　　　343

17.2.3　LoRa　　　　　　　　　　　346

17.2.4　NB-IoT　　　　　　　　　　347

17.2.5　4G/5G　　　　　　　　　　　349

17.3　物联网应用层　　　　　　　　　　　353

　　　　17.3.1　物联网中间件　　　　　　　　　　　　　　353

　　　　17.3.2　物联网应用　　　　　　　　　　　　　　　355

　　　　17.3.3　云计算　　　　　　　　　　　　　　　　　356

　　17.4　物联网安全　　　　　　　　　　　　　　　　　　359

　　　　17.4.1　感知层安全问题　　　　　　　　　　　　　359

　　　　17.4.2　网络层安全问题　　　　　　　　　　　　　360

　　　　17.4.3　应用层安全问题　　　　　　　　　　　　　361

第 18 章　物联网工程案例　　　　　　　　　　　　　　362

　　18.1　物联网与智慧生活　　　　　　　　　　　　　　　362

　　　　18.1.1　物联网与智能家居　　　　　　　　　　　　362

　　　　18.1.2　物联网与智慧医疗　　　　　　　　　　　　365

　　18.2　物联网与智慧工业　　　　　　　　　　　　　　　369

　　　　18.2.1　物联网与智能电网　　　　　　　　　　　　369

　　　　18.2.2　物联网与智慧物流　　　　　　　　　　　　372

　　18.3　物联网与智慧农业　　　　　　　　　　　　　　　374

　　　　18.3.1　农业物联网平台　　　　　　　　　　　　　374

　　　　18.3.2　农产品溯源管理　　　　　　　　　　　　　376

　　18.4　物联网与人类社会发展　　　　　　　　　　　　　379

参考文献　　　　　　　　　　　　　　　　　　　　　　381

绪论

0.1 智能制造简介

0.1.1 智能制造的概念

智能制造是国际公认的实现工业体系转型升级的新一代工业技术,不断地为各大生产型企业所接受。智能制造的观念和技术并不是用来提高工厂现有单一设备的生产效率和质量工艺,而是通过合理化和智能化使用设备,通过最优的搭配方式组合各生产设备及工艺流程,从而提高工厂的总体生产效率。从工程角度、智能互连和通信(IoT[①] 和 CPS[②])角度以及预测分析和决策(大数据、人工智能和云计算)角度,智能制造的定义分别如下。

从工程角度看,智能制造是高级智能系统的强化应用,可快速生产新产品,对产品需求做出动态响应并实时优化制造生产和供应链网络。同时,智能制造系统(smart manufacturing system,SMS)是新平台,在知识丰富的环境中,该平台集成了跨越工厂、分销中心、公司以及整个供应链的产品、运营和业务系统。在 SMS 中,制造的各个方面都是相互联系的,包括从原材料的获取到智能产品交付给客户。

从智能互连和通信(IoT 和 CPS)的角度来看,通过使用传感器和通信技术在制造的各个阶段捕获数据,SMS 变得越来越"聪明",因为它提高了生产率,同时减少了差错和生产浪费。

从预测分析和决策的角度来看,更易访问且无处不在的数据构成了大数据环境,可帮助制造企业更好预测、平衡生产并提高效率和生产率。基于大数据的SMS 可以优化制造操作的计划和控制,包括预测性供应、预测性制造、故障诊断、资产利用和风险评估等。

智能制造作为广义的概念包含了五个方面:产品智能化、装备智能化、生产方式智能化、管理智能化和服务智能化。

---

① IoT 即 Internet of things,物联网。
② CPS 即 cyber physical systems,信息物理系统。

（1）产品智能化。产品智能化是指将传感器、处理器、存储器、通信模块、传输系统融入各种产品，使得产品具备动态存储、感知和通信能力，实现产品可追溯、可识别、可定位。计算机、智能手机、智能电视、智能机器人、智能穿戴设备都是物联网的"原住民"，这些产品从生产出来就是网络终端。而传统的空调、冰箱、汽车、机床等都是物联网的"移民"，未来这些产品都需要连接到网络世界。

（2）装备智能化。通过先进制造、信息处理、人工智能等技术的集成和融合，可以形成具有感知、分析、推理、决策、执行、自主学习及维护等自组织、自适应功能的智能生产系统以及网络化、协同化的生产设施，这些都属于智能装备。在工业4.0时代，装备智能化的进程可以在两个维度上进行：单机智能化，以及单机设备互连而形成的智能生产线、智能车间、智能工厂。需要强调的是，单纯的研发和生产端的改造不是智能制造的全部，基于渠道和消费者洞察的前端改造也是重要的一环。二者相互结合、相辅相成，才能完成端到端的全链条智能制造改造。

（3）生产方式智能化。个性化定制、极少量生产、服务型制造以及云制造等新业态、新模式，其本质是在重组客户、供应商、销售商以及企业内部组织的关系，重构生产体系中信息流、产品流、资金流的运行模式，重建新的产业价值链、生态系统和竞争格局。工业时代，产品价值由企业定义，企业生产什么产品，用户就买什么产品，企业定价多少钱，用户就花多少钱——主动权完全掌握在企业手中。而智能制造能够实现个性化定制，不仅打掉了中间环节，还加快了商业流动，产品价值不再由企业定义，而是由用户来定义——只有用户认可的、用户参与的、用户愿意分享的、用户评价好的产品，才具有市场价值。

（4）管理智能化。随着纵向集成、横向集成和端到端集成的不断深入，企业数据的及时性、完整性、准确性不断提高，必然使管理更加准确、更加高效、更加科学。

（5）服务智能化。智能服务是智能制造的核心内容，越来越多的制造企业已经意识到了从生产型制造向生产服务型制造转型的重要性。今后，将会实现线上与线下并行的O2O服务，两股力量在服务智能方面相向而行：一股力量是传统制造业不断拓展服务；另一股力量是从消费互联网进入产业互联网，比如微信未来连接的不仅是人，还包括设备和设备、服务和服务、人和服务。个性化的研发设计、总集成、总承包等新服务产品的全生命周期管理，会伴随着生产方式的变革不断出现。

0.1.2　智能制造关键技术

1. 5G 技术

自20世纪70年代初以来，移动无线行业就开始了其技术创造、革命和演进。在过去的几十年中，移动无线技术经历了第四代（4G）到第五代（5G）技术的革命和演进。如今，出现了不同的无线和移动技术，例如第三代移动网络（UMTS即通用移动电信系统，CDMA2000）、LTE（长期演进）、Wi-Fi（IEEE 802.11无线网络）、WiMAX（IEEE 802.16无线和移动网络），以及传感器网络或个人区域网络（如蓝牙）。移动终端包括基于电路交换的 GSM 之类的接口,所有无线和移动网络都实施全 IP 原则,这意味着所有数据和信令都将通过 IP(互联网协议)在网络层上传输,这是用户无法想象的,并且孩子们可以通过蓝牙技术和微微网尽情玩乐。5G 技术提供了摄像头、视频播放器等,可实现大存储功能。新一代无线移动多媒体互联网络可以完全不受限制地进行无线通信。5G 无线移动互联网络是真实的无线世界,将受到 LAS-CDMA(大面积同步码分多址)、OFDM(正交频分多路复用)、MCCDMA(多载波码分多址)、UWB(超宽带)、Network-LMDS(本地多点分发服务)和 IPv6 的支持,并提供了强大的数据功能、无限制的通话量以及无限的数据广播。5G 技术应该是更智能的技术,它可以无限制地互联整个世界。信息、娱乐和通信的普遍、不间断地访问世界将为我们的生活打开新的面貌,并极大地改变我们的生活方式。

5G 技术是网络连接技术的典型代表,推动无线连接向多元化、宽带化、综合化、智能化的方向发展,其低延时、高通量、高可靠技术、网络切片技术等弥补了通用网络技术难以完全满足工业性能和可靠性要求的技术短板,并通过灵活部署方式,改变了现有网络落地难的问题。5G 技术对工业互联网的赋能作用主要体现在两个方面。一方面,5G 低延时、高通量特点保证海量工业数据的实时回传。5G 较宽的子载波间隔、符号级的调度资源粒度等技术实现了 5G 网络的毫秒级低时延,保证了工业数据的实时采集;同时,5G 网络标准带宽提高到 40MHz 甚至 80MHz 或更高,为海量工业数据的采集提供了基础保障。另一方面,5G 的网络切片技术能够有效满足不同工业场景连接需求。5G 网络切片技术可实现独立定义网络架构、功能模块、网络能力(如用户数、吞吐量等)和业务类型等,减轻工业互联网平台及工业 APP 面向不同场景需求时的开发、部署、调试的复杂度,降低平台应用落地的技术门槛。

2. 工业人工智能技术

工业人工智能技术是人工智能(AI)技术基于工业需求进行二次开发适配形成的融合性技术,能够对高度复杂的工业数据进行计算、分析,提炼出相应的工业规律和知识,有效提升工业问题的决策水平。工业人工智能是工业互联网的重要组成部分,在全面感知、泛在连接、深度集成和高效处理的基础上,可以实现精准决策和动态优化,完成工业互联网的数据优化闭环。

工业人工智能技术的赋能作用体现在两大路径上:一是以专家系统、知识图谱为代表的知识工程路径,其通过梳理工业知识和规则为用户提供原理性指导。例如,某数控机床故障诊断专家系统,利用人机交互建立故障树,将其知识表示成以产生式规则为表现形式的专家知识,融合多传感器信息精确地诊断出故障原因和类型。二是以神经网络、机器学习为代表的统计计算路径,其基于数据分析,绕过机理和原理,直接求解出事件概率进而影响决策,典型应用包括机器视觉、预测性维护等。例如,某设备企业基于机器学习技术,对主油泵等核心关键部件进行健康评估与寿命预测,实现关键部件的预测性维护,从而降低计划外停机概率和安全风险,提高设备可用性和经济效益。

　　工业人工智能技术的关键要素可以用"ABCDE"来表征,即分析技术(A)、大数据技术(B)、云或网络技术(C)、领域专有技术(D)和证据(E)。其中,分析是人工智能技术的核心,只有在存在其他要素的情况下,人工智能技术才能带来价值。大数据技术以及云或网络都是必不可少的元素,它们提供了信息(数据)的来源和工业人工智能技术的平台。尽管这些要素必不可少,但领域知识和证据也是重要的因素,在这种情况下,这些因素通常被忽略。领域知识是以下几个方面的关键要素:①了解问题并集中工业人工智能技术的力量来解决它;②了解系统,以便可以收集具有符合质量的正确数据;③了解参数的物理含义,以及它们如何与系统或过程的物理特征相关联;④了解这些参数如何随机器而变化。证据也是验证工业人工智能技术模型并使之具有累积学习能力的重要因素。通过收集数据模式和与这些模式相关的证据(或标签),能够改善人工智能技术模型,使其随着时间的增长变得更加准确、全面和可靠。

　　图 0-1 显示了拟议的工业人工智能技术生态系统。该生态系统定义了针对需求、挑战、技术和方法的顺序思维策略,以开发面向行业的变革性人工智能技术系统。从业者可以将图 0-1 作为制定工业人工智能技术开发和部署策略的系统指南。在目标行业中,该生态系统定义了常见的未满足需求,如自我意识、自我比较、自我预测、自我优化和适应力。图 0-1 中还包括四种主要的使能技术,包括数据技术(DT)、分析技术(AT)、平台技术(PT)和运营技术(OT)。

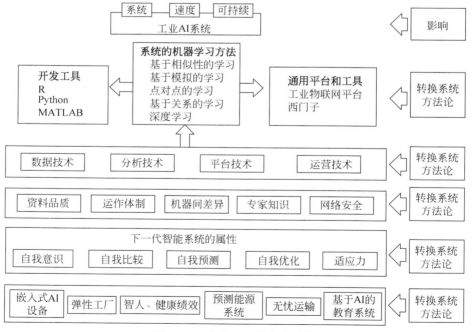

图 0-1　工业人工智能生态系统

3. 边缘计算技术

随着智能社会的发展和人们需求的不断提高,智能已涉及社会的各个行业和人们的日常生活。边缘设备已经遍及社会的各个方面,如智能家居和交通领域的自动驾驶汽车、相机、智能制造中的智能生产机器人等。因此,连接到 Internet 的设备数量已大大增加。基于数据量的持续大量增长和各种数据处理需求,基于云的大数据处理显示出许多缺点:①实时性。如果添加大量边缘设备,大量的终端数据仍会传输到云中进行处理,中间数据传输量将大大增加,数据传输性能将降低,导致网络传输带宽负荷大以及数据传输延迟。在一些需要实时反馈的应用程序场景中,如交通、监控等,云计算将无法满足业务实时要求。②安全性和隐私。例如,当在智能手机中使用各种应用程序时,应用程序将需要用户数据,包括隐私数据。将数据上传到云中心后,隐私泄露或受到攻击的风险很高。③能源消耗。由于智能设备的数量持续增加,中国数据中心的能源消耗显著增加。提高云计算能耗的使用效率不能满足对数据能耗不断增长的需求。迅速发展的智能社会将对云计算的能耗提出更高的要求。

由于数据量的增加和数据处理需求的增加,边缘计算应运而生。边缘计算技术为快速增长的终端设备和数据提供人工智能服务,并使服务更加稳定。边缘计算离数据源(如智能终端)很近,它在网络边缘存储和处理数据。它具有接近度和位置感知能力,并为用户提供近端服务。它还可以解决云计算中能耗过多的问题,可降低成本,并减轻网络带宽的压力。边缘计算已应用于生产、能源、智能家居和交通运输等各个领域。

1) 定义

边缘计算不同于传统的云计算。它是一种新的计算范式,可在网络边缘执行计算。它的核心思想是使计算更接近数据源。研究人员对边缘计算有不同的定义。美国卡内基梅隆大学的教授 Satyanarayanan 将边缘计算描述为:"边缘计算是一种新的计算模型,该模型将计算和存储资源(如微数据中心)部署到服务器上。网络边缘更靠近移动设备或传感器。"中国边缘计算行业联盟将边缘计算定义为:"靠近网络边缘或数据源的开放平台,它集成了诸如网络、计算、存储、应用程序等核心功能,并就近提供边缘智能服务,以满足行业在连接、实时业务、数据优化、应用智能、安全性和隐私性方面的关键要求。"

2) 优势

边缘计算模型可以在边缘设备上存储和处理数据,而无须上传到云计算平台。由于此功能,边缘计算在以下方面具有明显的优势。

(1) 快速的实时数据处理和分析。数据量的快速增长和网络带宽的压力是云计算的缺点。与传统的云计算相比,边缘计算在响应速度和实时性方面具有优势。边缘计算更接近数据源,可以在边缘计算节点中执行数据存储和计算任务,从而减少了中间数据传输过程。它强调靠近用户,并为用户提供更好的智能服务,从而提高数据传输性能,确保实时处理并减少延迟时间。边缘计算为用户提供了各种快速响应服务,尤其是在自动驾驶、智能制造、视频监控和其他位置感知领域,快速反馈尤为重要。

(2)安全性。传统的云计算要求将所有数据上传到云中进行统一处理,这是一种集中式处理方法。在此过程中,将存在诸如数据丢失和数据泄漏之类的风险,无法保证安全性和私密性。例如,账户密码、历史搜索记录甚至商业秘密都会被公开。由于边缘计算仅负责其自身范围内的任务,因此数据处理基于本地,无须上载到云中,从而避免了网络传输过程带来的风险,因此数据的安全性可以保证。当数据受到攻击时,只会影响本地数据,而不会影响所有数据。

(3)低成本,低能耗,低带宽成本。在边缘计算中,由于不需要将要处理的数据上传到云计算中心,因此不需要使用过多的网络带宽,从而降低了网络带宽的负担,减少了网络边缘的智能设备的能耗。边缘计算是"小规模"的,在生产中,公司可以降低在本地设备中处理数据的成本。因此,边缘计算可以减少网络上传输的数据量,降低传输成本和网络带宽压力,降低本地设备的能耗,提高计算效率。

边缘计算技术是计算技术发展的焦点,通过在靠近工业现场的网络边缘侧运行处理、分析等操作,就近提供边缘计算服务,能够更好满足制造业敏捷连接、实时优化、安全可靠等方面的关键需求,改变传统制造控制系统和数据分析系统的部署运行方式。边缘计算技术的赋能作用主要体现在两个方面:一是降低工业现场的复杂性。目前在工业现场存在超过40种工业总线技术,工业设备之间的连接需要边缘计算提供"现场级"的计算能力,实现各种制式的网络通信协议相互转换、互联互通,同时又能够应对异构网络部署与配置、网络管理与维护等方面的艰巨挑战。二是提高工业数据计算的实时性和可靠性。在工业控制的部分场景,计算处理的时延要求在10ms以内。如果数据分析和控制逻辑全部在云端实现,则难以满足业务的实时性要求。同时,在工业生产中要求计算能力具备不受网络传输带宽和负载影响的"本地存活"能力,避免断网、时延过大等意外因素对实时性生产造成影响。边缘计算在服务实时性和可靠性方面能够满足工业互联网的发展要求。

4. 区块链技术

如今,加密货币已成为工业界和学术界的流行语。作为最成功的加密货币之一,比特币获得了巨大的成功。区块链作为比特币的底层核心技术,本质上是去中心化的数据库,主要由使用密码学方法相关联产生的数据块构成。如图0-2所示,区块链可以被视为公共分类账,所有已提交的交易都存储在区块列表中。随着新块的不断添加,该链会不断增长。为了保证用户安全和分类账一致性,已经实现了非对称加密和分布式共识算法。区块链技术通常具有去中心化、不可篡改性、匿名性和可审核性等关键特征。凭借这些特征,区块链可以大大节省成本并提高效率。

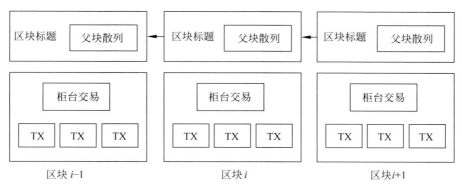

图 0-2　区块链的一个示例(其中包含连续的区块序列)

（1）去中心化：在传统的集中式交易系统中,每笔交易都需要通过中央可信机构(如中央银行)进行验证,这就不可避免地会导致中央服务器的成本和性能瓶颈。与集中式模式相反,区块链中不再需要第三方。区块链中的共识算法用于维护分布式网络中的数据一致性。

（2）不可篡改性：可以快速验证交易,"矿工"不会接受无效交易。一旦交易包含在区块链中,几乎就不可能删除或回滚交易,可以立即发现包含无效事务的块。

（3）匿名性：每个用户都可以使用生成的地址与区块链进行交互,该地址不会透露用户的真实身份。值得注意的是,由于固有的限制,区块链不能保证完美的隐私保护。

（4）可审核性：比特币区块链基于未使用交易输出(UTX-O)模型存储有关用户余额的数据,任何交易都必须引用一些以前的未使用交易。一旦当前交易记录到区块链中,这些未使用交易的状态就会从未使用变为已使用。因此,可以轻松地验证和跟踪交易。

Ethereum 于 2013 年提出为区块链技术引入新功能,如智能合约,这改变了该项技术的整个策略,允许它集成更多的服务,对许多行业和学术领域有更多的价值。目前,区块链技术是数字加密技术、网络技术、计算技术等信息技术交织融合的产物,能够赋予数据难以篡改的特性,进而保障数据传输和信息交互的可信和透明,有效提升各制造环节生产要素的优化配置能力,加强不同制造主体之间的协作共享,以低成本建立互信的"机器共识"和"算法透明",加速重构现有的业务逻辑和商业模式。区块链技术尚处于发展初期,其赋能作用如下：一是体现在能够解决高价值制造数据的追溯问题,例如,欧洲推出基于区块链的原材料认证,以保证在整个原材料价值链中环境、社会和经济影响评估标准的一致性；二是能够辅助制造业不同主体间高效协同,例如,波音公司基于区块链技术实现了多级供应商的全流程管理,供应链各环节能够无缝衔接,整体运转更高效、可靠,流程更可预期。

5. 数字孪生技术

通过先进的数据分析和物联网(IoT)连接,数字孪生技术处于工业 4.0 革命的最前沿。物联网增加了可用于制造业、医疗保健和智慧城市环境的数据量。物联网的丰富环境与数据分析相结合,为预测性维护和故障检测提供了必不可少的资源,不仅如此,还包括制造流程和智能城市发展两个方面以及其未来的健康状况,同时还有助于在工况维护、故障监测和流量管理中进行异常检测。数字孪生可以通过创建连接的物理和虚拟孪生来解决物联网与数据分析之间无缝集成的挑战。数字孪生环境允许通过快速分析和准确分析做出实时决策。

美国国家航空航天局(NASA)在 2012 年发布了一篇论文,题为《未来 NASA 和美国空军飞行器的数字孪生范式》,为定义数字孪生树立了重要的里程碑。

数字孪生是制造技术、信息技术、融合性技术等交织融合的产物,其将不同数据源进行实时同步,并高效整合多类建模方法和工具,实现多学科、多维度、多环境的统一建模和分析,是工业互联网技术发展的集大成者。数字孪生技术尚处于发展初期,其赋能作用主要体现在高价值设备或产品的健康管理方面。例如,NASA 与 AFRL 合作,基于多数字孪生对 F-15 飞机机体进行健康状态的预测,并给出维修意见。空客基于数字样机实现飞机产品的并行研发,提升一致性及研发效率。长期来看,随着技术发展,贯穿全生命周期、全价值链数字孪生体建立后,能够全面变革设计、生产、运营、服务全流程的数据集成和分析方式,极大地扩展数据洞察的深度和广度,驱动生产方式和制造模式深远变革。

数字孪生技术的应用如下。

1）智慧城市

由于物联网的快速发展,数字孪生技术在智慧城市中的用途和潜力正在逐年增加。随着智慧城市的发展,社区之间的联系越来越紧密,数字孪生技术的使用也越来越多。不仅如此,从城市中嵌入到我们核心服务中的 IoT 传感器收集到的更多数据,也将为旨在创建高级人工智能算法的研究铺平道路。

智慧城市中的服务和基础设施具有传感器并可以通过 IoT 设备进行监视的能力,对于各种面向未来的应用都具有巨大的价值。它可用于帮助规划和发展当前的智慧城市,并有助于其他智慧城市的持续发展。除计划的好处外,在节能领域也有好处。这些数据可以很好地洞察我们的公用事业是如何分配和使用的。智慧城市的进步是利用数字孪生技术的潜力。它可以通过在虚拟的双胞胎中创建一个可以实现两个目标的试验床来促进增长:一是测试场景;二是允许数字孪生技术通过分析所收集数据的变化从环境中学习。收集的数据可用于数据分析和监视。随着智慧城市的发展,数据连接性和可用数据量的增长,数字孪生的应用范围变得越来越广泛。

2）制造

数字孪生技术的下一个已确定的应用是在制造环境中。造成这种情况的最大原因是,制造商一直在寻找一种可以跟踪和监视产品的方法,以期节省时间和金钱,这是任何制造商的主要动力目标。同样,随着智慧城市的发展,连接性成为制造企业利用数字孪生技术的最大驱动力之一。当前的增长符合工业 4.0 的概念，这是第四次工业革命，它利用设备的连接性使数字孪生的概念在制造过程中得以实现。

数字孪生技术具有在机器性能以及生产线反馈方面提供实时状态的潜力，可以使制造商能够更快预测问题。使用数字孪生技术可以增加设备之间的连接性和反馈，从而提高可靠性。AI 算法与数字孪生技术结合使用具有更高的准确性，因为机器可以存储大量数据。数字孪生技术正在创造一个测试产品的环境以及一个基于实时数据的系统，在制造环境中，它有可能成为非常有价值的资产。

数字孪生技术的另一种应用是在汽车工业中，最著名的是特斯拉。具有引擎或汽车零件的数字孪生模型的能力对于将孪生模型用于仿真和数据分析而言可能是有价值的。AI 可以对实时车辆数据执行数据分析以预测组件的当前和将来性能，从而提高测试的准确性。

建筑行业是另一个拥有一系列数字孪生技术应用的领域。建筑物或构筑物的开发阶段是数字孪生技术的潜在应用。该技术不仅可以应用于智慧城市建筑或结构的开发，而且还可以作为持续进行的实时预测和监视工具。在预测和维护建筑物或结构时，如果实际上进行了物理更改，则使用数字孪生技术和数据分析可能会提供更高的准确性。数字孪生技术可在进行仿真时为施工团队提供更高的准确性，因为算法可以在建造物理建筑物之前在数字孪生技术中实时应用。

3）医疗保健

医疗保健是数字孪生技术应用的另一个领域，该技术在医疗保健领域所取得的增长和发展是空前的。由于 IoT 设备更便宜和更容易实现，因此，设备间连接性的增强促使数字孪生技术在医疗领域的潜在应用不断增长。一个未来的应用是人的数字孪生，可以对人体进行实时分析。当前更实际的应用是用于模拟某些药物作用的数字孪生技术。

同样，在医疗保健环境中的其他应用程序中，使用数字孪生技术可以使研究人员、医生、医院和医疗保健提供者能够模拟特定于其需求的环境，无论是实时的还是将来希望开发和使用的。不仅如此，数字孪生技术还可与 AI 算法同时使用，以做出更明智的预测和决策。医疗保健中的许多应用程序并不直接针对患者，而是对正在进行的护理和治疗有益，因此此类系统在患者护理方面具有关键作用。用于医疗保健的数字孪生技术尚处于起步阶段，但将其用于从病床管理到大型病房和医院管理的潜力是巨大的。数字孪生技术还可以协助进行预测性维护和医疗设备的持续维修。医疗环境中的数字孪生技术具有与 AI 一起基于实时和历史数据做出救生决策的潜力。

人工智能、物联网和工业 4.0 的进步共同促进了数字孪生技术应用程序的发展。

0.2　智能制造发展与应用

0.2.1　智能制造发展

智能制造是一种广泛的制造概念,其目的是通过充分利用先进的信息和制造技术来优化生产和产品交易。它被视为基于智能科学和技术的新制造模型,可以极大地升级典型产品的整个生命周期的设计、生产、管理和集成。可以使用各种智能传感器、自适应决策模型、高级材料、智能设备和数据分析来延长整个产品生命周期。生产效率、产品质量和服务水平将得到提高。

实现智能制造的一种形式是智能制造系统(IMS),它被认为是通过采用新模型、新形式和新方法将传统制造系统转变为智能系统而获得的下一代制造系统。在工业 4.0 时代,IMS 通过 Internet 使用面向服务的体系结构(SOA)向最终用户提供协作,可定制灵活和可重新配置的服务,从而实现高度集成的人机制造系统。人机合作的高度集成旨在建立 IMS 所涉及的各种制造要素的生态系统,从而可以无缝地组合组织、管理和技术水平。IMS 的一个例子是 Festo Didactic 网络物理工厂,该工厂为大型供应商、大学和学校提供技术培训和资格认证。

通过提供诸如学习、推理和行动之类的典型功能,AI 在 IMS 中扮演着至关重要的角色。通过使用 AI 技术,可以最大限度地减少人在 IMS 中的参与。例如,材料和生产成分可以自动安排,生产过程和制造操作可以实时监控。随着工业 4.0 不断获得认可,最终将实现自主感应、智能互连、智能学习分析和智能决策。例如,智能调度系统可以使作业基于 AI 技术和问题解决者进行调度,并可以在支持 Internet 的平台中作为服务提供给其他用户。

伴随工业 Internet 在各行各业的深耕落地,安全作为其发展的重要前提和保障,将会得到越来越多的重视。在未来的发展过程中,传统的安全防御技术已无法抗衡新的安全威胁,防护理念将从被动防护转向主动防御,主要表现在以下方面。

(1) 态势感知将成为重要技术手段。借助人工智能、大数据分析以及边缘计算等技术,基于协议深度解析及事件关联分析机制,分析工业互联网当前运行状态并预判未来安全走势,实现对工业互联网安全的全局掌控,并在出现安全威胁时通过网络中各类设备的协同联动机制及时进行抑制,阻止安全威胁的继续蔓延。

(2) 内生安全防御成为未来防护的大势所趋。在设备层面,可通过对设备芯片与操作系统进行安全加固,并对设备配置进行优化的方式实现应用程序脆弱性分析;可通过引入漏洞挖掘技术,对工业互联网应用及控制系统采取静态挖掘、动态挖掘实现对自身隐患的常态化排查;各类通信协议安全保障机制可在新版本协议中加入数据加密、身份验证、访问控制等机制提升其安全性。

(3) 工业互联网安全防护智能化将不断发展。未来对于工业互联网安全防护的思维模式将从传统的事件响应式向持续智能响应式转变,旨在提供全面的预测、基础防护、响应和恢复能力,抵御不断演变的高级威胁。工业互联网安全架构的重心也将从被动防护向持续普遍性的监测响应及自动化、智能化的安全防护转移。

(4)平台在防护中的地位将日益凸显。平台作为工业互联网的核心,汇聚了各类工业资源,因而在未来的防护中对于平台的安全防护将备受重视。平台使用者与提供商之间的安全认证、设备和行为的识别、敏感数据共享等安全技术将成为刚需。

(5)对大数据的保护将成为防护热点。工业大数据的不断发展,对数据分类分级保护、审计和流动追溯、大数据分析价值保护、用户隐私保护等提出了更高的要求。未来对于数据的分类分级保护以及审计和流动追溯将成为防护热点。

在上述几方面因素的驱动下,面对不断变化的网络安全威胁,企业仅仅依靠自身力量远远不够,未来构建具备可靠性、保密性、完整性、可用性以及隐私和数据保护的工业互联网安全功能框架,需要政府和企业、产业界统一认识、密切配合,安全将成为未来保障工业互联网健康有序发展的重要基石和防护中心。通过建立健全运转灵活、反应灵敏的信息共享与联动处置机制,打造多方联动的防御体系,充分处理好信息安全与物理安全,保障生产管理等环节的可靠性、保密性、完整性、可用性、隐私和数据保护,进而确保工业互联网的健康有序发展。

0.2.2　智能制造应用

数字工厂是指以制造资源、生产运营和产品为核心,以产品生命周期数据、仿真技术、虚拟现实技术、实验验证技术为基础,使生产站、生产单位、生产线和整个工厂中的产品全部真实活动虚拟化。数字工厂集成了产品、过程和工厂模型数据库,通过先进的可视化、仿真和文档管理,提高涉及动态性能的质量和生产过程。

数字化是智能化的一部分,智能工厂在数字工厂的基础上,利用网络技术和监控技术来加强信息管理服务,以提高生产过程的可控性,减少生产线的人工干预。数字工厂是智能工厂的最终结果,而智能工厂是智能制造的基础和立足点。

互联网与工业的融合是制造技术革命的突出特征,工业生产方式将逐渐向智能化发展,工业 4.0 提出了基于通信和服务的智能工厂网络建设。物理系统和网络系统通过 Internet 和移动网络进行交互,因此工厂将不再只是传统的物理生产车间,而是可以通过网络在设备周围运行和管理,实现能耗数据的收集、分析、处理、在线监控等功能。通过中间件,云计算和服务将智能工厂连接到一个庞大的制造网络,并基于网络智能物流构建完整的制造系统。

以汽车生产为例,目前的汽车生产主要是按照预先设计的工艺生产线生产,虽然也有一些混流生产方式,但是在生产过程中,必须由许多机械组成生产线。因此,产品的设计难以实现多元化。由于生产线制造执行管理系统是由许多生产线的机械硬件约束组成的,因此灵活性大大降低,并且不能发挥更大的作用。同时,位于不同车间的不同生产线的工人,他们无法掌握整个生产过程,只能在特定的固定工作中发挥作用,很难实时满足客户的需求。

工业智能工厂提出了动态配置的生产模式,不再是固定的生产线,而是模块化生产,并将这些模块动态有机地结合在一起。生产模块可以看作一个网络物理系统,汽车在组装过程中可以在生产模块之间穿梭,接受了必要的组装操作。如果存在生产或零件供应瓶颈,则可以在其他模型或生产资源零件中安排生产模块以继续生产。即每个模型都是自律的,以选择合适的生产模块进行动态组装操作。在这种动态的生产配置模式下,可以发挥制造执行管理功能,该功能可以动态管理包括设计、组装、测试的整个生产过程,既保证了生产设备的运行效率,又可以保证生产的多元化。例如,宝马的工厂已在四个主要车间的冲压、车身、涂层和装配中全面实施了工业智能。其中,车身修理厂采用了智能机器人和工业计算机控制技术,大大提高了其能效:实现节水 30％、节能 40％、减排 20％。通过互连、云计算、大数据实现了系统的垂直集成。整个工厂的内部要素相互响应并相互配合,进行个性化生产并调整产品生产率,节约资源。

0.3　工业 4.0 与中国制造 2025

0.3.1　工业 4.0

2013 年 4 月举办的汉诺威工业博览会上《德国工业 4.0 战略计划实施建议》正式亮相。该建议对全球工业未来的发展趋势进行了探索性研究和清晰描述,为德国预测未来 10～20 年的工业生产方式提供了依据,因此引起了全世界科学界、产业界和工程界的关注。工业 4.0 描绘了继蒸汽机、规模化生产、电子信息技术之后的以智能化工业为目的的第四次工业产业革命。工厂将生产设备、无线信号连接和传感器集成到一个生态系统平台中,这个生态系统可以监督整个生产线流程并自主执行决策,旨在把德国的工业产业推向一个更高的层次,彻底改革德国的工业生产技术,把德国工业生产技术推向最先进的智能化生产,达到"车间无人"及生产效益"最优""最大""最尖"的"三最"地步。这是对德国工业的一次基础性的彻底改革。

简单而言,工业 4.0 的目标是自然资源从开采、收集,直到生产成为商品进入流通领域,这一过程中的"劳动"尽可能通过智能系统自动化进行。在工业 4.0 中,"智能制造"将成为主流。工业 4.0 涉及的主要技术领域如图 0-3 所示。

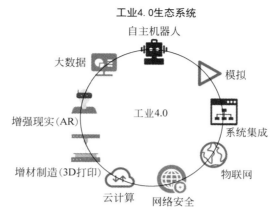

图 0-3   工业 4.0 涉及的主要技术领域

工业 4.0 的实质是基于"网络物理系统"来实现"智能工厂"。第一次工业革命始于 18 世纪上半叶,当时通过蒸汽机实现了工厂机械化。第二次工业革命始于 19 世纪上半叶,具有实施大规模批量生产的能力。第三次工业革命始于 20 世纪上半叶,通过电气和信息技术实现自动化制造。根据网络物理系统的要求,前三次工业革命中的工业 4.0 是在进一步发展的基础上实现的新制造方法。

工业 4.0 的核心是产品的动态配置模式。与传统的生产方法不同,生产前或制造过程中的动态配置可以随时更改原始设计。在工业 4.0 的智能工厂中,固定生产线的概念消失了,但通过动态而有机地重新配置进行模块化生产。工业 4.0 将促进"标准化工厂"的发展,从而提高技术创新和市场效率。

工业 4.0 具有四个主要功能:互连、数据、集成和创新;包括九大技术支柱(见图 0-3):自主机器人、模拟、系统集成、物联网、网络安全、云计算、增材制造(3D 打印)、增强现实(AR)、大数据。

工业 4.0 和前三次工业革命本质上是不同的,其核心是网络物理系统的深度融合。这个概念是由美国科学家海伦·吉尔(Helen Gill)在 2006 年国家科学基金会中提出的。网络物理系统将虚拟空间与物理现实连接起来,集成了计算、通信和存储功能,并且可以实时、可靠、安全、稳定和高效地运行。网络物理系统的核心概念是 3C、计算、通信、控制,通过计算过程与物理过程之间交互的反馈回路实现现实世界与信息世界之间的协作和实时交互,以增加或扩展新功能,提供实时传感、动态控制和信息反馈等。CPS 3C 相互协作的进程如图 0-4 所示。

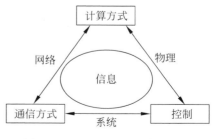

图 0-4   CPS 3C 相互协作的进程

0.3.2　中国制造 2025

2008 年金融危机过后,为了发展经济,更好地应对新一轮科技革命和产业变革,各国都开始高度重视制造业的发展,将制造业作为立国、强国的根基,并纷纷出台发展制造业的相关举措,力图在全球范围内占据高端制造领域的有利位置。例如,美国提出了"工业互联网"战略,德国提出了"工业 4.0"战略,我国则提出了"中国制造 2025"战略。

"中国制造 2025"的指导思想是:坚持走中国特色新型工业化道路,以促进制造业创新发展为主题,以提质增效为中心,以加快新一代信息技术与制造业深度融合为主线,以推进智能制造为主攻方向,以满足经济社会发展和国防建设对重大技术装备的需求为目标,强化工业基础能力,提高综合集成水平,完善多层次多类型人才培养体系,促进产业转型升级,培育有中国特色的制造文化,实现制造业由大变强的历史跨越。

"中国制造 2025"是动员全社会力量建设制造强国的总体战略,是以"创新驱动、质量为先、绿色发展、结构优化、人才为本"为基本方针的战略对策和行动计划。"中国制造 2025"提出:加快机械、航空、船舶、汽车、轻工、纺织、食品、电子等行业生产设备的智能化改造,提高精准制造、敏捷制造能力;统筹布局和推动智能交通工具、智能工程机械、服务机器人、智能家电、智能照明电器、可穿戴设备等产品研发和产业化;发展基于互联网的个性化定制、众包设计、云制造等新型制造模式,推动形成基于消费需求动态感知的研发、制造和产业组织方式等。

"中国制造 2025"的基本内容可概括为"一二三四五五八九十"的总体结构,即:一个目标,两化融合,三步走战略,四项原则,五条方针,五大工程,八个方面的战略支撑和保障,九项战略任务和重点,十大领域(见图 0-5)。"中国制造 2025"的制定充分考虑了产业规模、产业结构、质量效益和持续发展能力几方面的强国特征,采用了创新能力、质量效益、两化融合和绿色发展四大类共十二项指标。

"中国制造 2025"还明确提出,要以创新驱动发展为主题,以新一代信息技术与制造业深度融合为主线,以推进智能制造为主攻方向,实现制造业由大变强,建设成拥有雄厚产业规模、优良产业结构、良好质量效益,以及持续发展能力的世界制造强国。

图 0-6 展示了实现中国制造强国发展进程"三步走"战略所规划的具体路线图和时间表。第一步,利用 2015—2025 年十年时间,使我国由制造业大国迈入制造强国行列,其中到 2020 年,制造业基本实现工业化,形成一批具有自主核心技术的优势产业,到 2025 年,工业化和信息化融合迈上新台阶,形成一批具有较强国际竞争力的跨国公司和产业集群。第二步,利用 2025—2035 年十年时间,中国制造业水平将由之前的初步迈入强国行列上升至强国中位水平,整体竞争力显著增强,全面实现工业化。第三步,利用 2035—2045 年十年时间,到新中国成立一百年时,制造

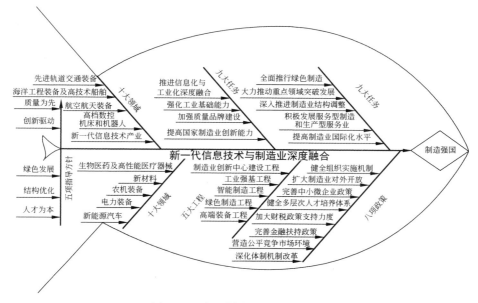

图 0-5　"中国制造 2025"战略规划

图 0-6　制造强国发展进程

业综合实力迈入世界制造强国前列,并将建成全球领先的技术产业体系。"三步走"战略以中国制造"十年磨一剑"为战略目标,争取实现制造业每十年上一个新台阶。

0.4　智能制造与智能传感

　　智能制造是中国制造业发展的前进方向,未来制造将结合人工智能、物联网、大数据等技术,进一步改变产品配置、生产计划和实时决策,从而优化盈利能力。智能制造将使用更多的尖端技术。例如,物联网将工厂里所有人、产品和设备连接起来,使得人类和机器能够协同工作,从而创建更高效、更具成本效益的业务流程。

　　不论是德国"工业 4.0"战略、美国"工业互联网"战略,还是"中国制造 2025"战略,其共同目标都是通过将物联网、信息物理系统、大数据、人工智能等技术与制造业深度融合,实现产品全制造流程和全生命周期管理的智能化、协同化、透明化、绿色化。

智能制造技术作为一种先进的智能化制造技术,其目标是实现整个制造企业价值链的智能化,实现专家系统、机器学习、人工智能、云计算、数据挖掘、神经网络、物联网、机器视觉等智能技术与产品设计、产品制造和产品装配等制造技术的深度融合。现已形成了信息物理融合技术、基于物联网的先进感知技术、基于大数据的智能调度与优化技术、基于云制造的智能服务技术等各种形式的智能制造技术。通过对制造过程中资源的智能感知、智能推理、智能决策与智能控制等环节,在物联网、大数据和云计算技术的支持下,提高了产品全生命周期中的制造流程(包括产品设计、加工、装配等环节)企业管理及服务等环节的智能化水平。通过人机间的相互协同,可实现产品需求的动态响应、新产品的快速开发,对生产和供应链网络进行实时优化,保证了成本、效率和能耗的最优化,显著提高了整个制造系统的自动化及柔性化程度。

总的来说,智能制造已经走过了数字制造和数字网络制造阶段,并正在向新一代智能制造(NGIM)发展,主要表现在互联网、大数据等的快速发展和人工智能重要的突破。虽然智能制造在不断发展,但其基本目标保持不变:通过不懈的优化努力提高质量、提高效率、降低成本和增强竞争力。从系统构成的角度来看,智能制造系统始终是一个“人-网络-物理系统”(HCPS)——一种由人、网络系统和物理系统组成的复合智能系统,目的是在优化水平上实现特定目标。换句话说,智能制造的本质是设计、构建和应用不同层次的HCPS。要实现这些HCPS,不仅需要加工、组装等基础装备变得智能,还需要它们与上层监控系统、管理系统进行有效的融合与互连。所以,如何获取准确可靠的信息,一定是最先要解决的问题之一,在此过程中,被作为“万物神经”的传感器就成为最基础也最不可或缺的产品。

传感器技术发展几十年,无论是广泛使用的压力传感器、惯性传感器,还是近年来兴起的图像传感器、生物传感器等新型传感器,不断提高传感器的精度和可靠性,降低传感器的功耗和微型化一直是传感器企业技术创新的动力和专利布局的方向。1998年,提高传感器器件的性能和可靠性用以感知运动状态的专利方案出现;进入2000年之后,改善并设计提高传感器的稳定性和可靠性,将GPS(全球定位系统)与惯性测量单元集成用于医疗导管的专利方案出现;在2002—2006年,传感器的集成化、微型化是传感器的研究方向;从2011年开始,涉及陀螺仪、惯性传感器的精度、定位和可靠性增强的技术成为新的研究热点;2014年后,智能传感器凭借着更高精度、更高可靠性、宽温度范围、更低功耗和微型化的实现,开始专注于在生物医学领域、工业机器人领域的应用。

在全球,传感器是一个预计可达1500亿美元的巨大产业,且正朝着小型化、批量化、智能化、低功耗的方向快速发展,一直保持着每年20％以上的增长速度。如今,"万物互联"在智能制造的发展之路上越来越重要,因此,智能传感技术也受到前所未有的重视,更迎来了千载难逢的发展机遇。2013 年,工信部等部委发布计划,到 2025 年,实现我国传感器及智能化仪器仪表产业整体水平跨入世界先进行列,涉及国防和重点产业安全、重大工程所需的传感器及智能化仪器仪表实现自主制造和自主可控,高端产品和服务市场占有率提高到 50% 以上。

一个显而易见的例子是当今世界无处不在的现代汽车采用了数十种传感器,从简单的位置传感器到多轴 MEMS(微机电系统)加速度计和陀螺仪,不一而足。这些传感器增强了发动机性能和可靠性,确保符合环境标准,并提高了乘员的舒适度和安全性。另外,现代住宅中也设有多个传感器,范围从简单的恒温器到红外运动传感器和热气流传感器。但是,传感器无处不在的最好例子可能是移动电话,它已经从简单的通信设备发展成为一个名副其实的传感器平台。现代手机中通常有多个传感器:触摸传感器,麦克风,一个或两个图像传感器,惯性传感器,磁传感器以及用于感知温度、压力甚至湿度的环境传感器。这些传感器与用于位置定位的 GPS 接收器一起,极大地提高了易用性,并将移动电话的用途扩展到了其最初作为便携式电话的原始作用之外。

不难发现,如今在工业生产中,智能传感器已经逐渐取代传统传感器并得到广泛发展。比如,传统传感器无法对某些产品质量指标(如黏度、硬度、表面粗糙度、成分、颜色及味道等)进行快速直接测量及在线控制等,而利用智能传感器可直接测量与产品质量指标有函数关系的生产过程中的某些量(如温度、压力、流量等),利用神经网络或专家系统技术建立的数学模型进行计算,可推断出产品的质量。从工业物联网的角度看,有人甚至认为智能传感技术已然成为衡量一个国家信息化程度的重要标志。

传感器技术是实现智能制造的基石。目前,我国智能机器人、智慧医疗、智慧社区、人工智能和虚拟现实等领域发展较快,智能传感器在上述领域的发展中发挥了重要作用。未来发展中,智能传感器要注重研究集成化、无线能量、软件算法更新三方面。集成化可提高设备的精密度,增加智能传感器的功能。无线能量是将设备环境中的光能、风能等自然能源转化成设备的电能,促使传感器的工作模式更加智能,打破了环境限制,可应用于更多领域。智能化传感器技术的发展十分迅速,用户的要求也越来越多,更新传感器中的软件算法、革新方案极其重要。不同领域的应用中,要注重扩宽数据采集渠道,实现不同领域之间的数据共享,提高设备的智能化。

当前智能传感器与智能制造密不可分,已广泛应用于物联网,承载着数据的采集、处理、存储和传输功能。未来的传感器更是会集成消息的传送、AP 接口、软件、固件、微代码处理机和状态机,实现传感器与信息处理与传输的一体化。在当今全球智能制造的大势之下,我国推进"中国制造 2025"发展布局,目前已形成自适应、可扩展和通信的传感器平台,通过传感器平台进一步认知动作,集成多功能、网络化和智能化是未来智能传感器的发展趋势。

在智能时代的推动下,高性能、高可靠性的多功能复杂自动测控系统以及基于射频识别(RFID)技术的物联网的兴起与发展,越发凸显了具有感知、认知能力的智能传感器的重要性及其快速发展的迫切性。随着新材料、新技术的广泛应用,基于各种功能材料的新型传感器件得到快速发展,其对制造的影响愈加显著。未来,智能化、微型化、多功能化、低功耗、低成本、高灵敏度、高可靠性将是新型传感器件的发展趋势,新型传感材料与器件将是未来智能传感技术发展的重要方向。

拓 展 阅 读

一图了解《中国制造 2025》

"十四五"智能制造
发展规划

周济:面向新一代智能制造的
人-信息-物理系统(HCPS)

第1篇

传感器与传感器系统

第1章　检测技术基础

第2章　数据处理基础

第3章　热敏元件、温度传感器及应用

第4章　应变式电阻传感器及应用

第5章　电感式传感器及应用

第6章　电容式传感器及应用

第7章　压电式传感器及应用

第8章　光电与光纤传感器及应用

第9章　超声波/激光/红外传感器

第10章　气体传感器

第11章　视觉传感器

第12章　生物传感器

第13章　MEMS传感器技术

第14章　量子测量及传感技术

第15章　传感器网络

检测技术基础

本章从误差的相关概念出发,介绍误差类别及对应的常规处理方法,然后阐述智能检测系统中传感器、数据采集和输入/输出处理三个主要功能模块,使读者能够通过对信息的获取、分析、融合及处理,对智能检测有基本的认识和理解。

1.1 传感器与智能检测

1.1.1 传感器与智能检测概述

1. 工业过程检测与智能检测系统

工业过程检测是指在生产过程中,为及时掌握生产情况和监视、控制生产过程,而对其中一些变量进行的定性检查和定量测量。

检测的目的是获取各过程变量值的信息。根据检测结果可对影响过程状况的变量进行自动调节或操纵,以达到提高质量、降低成本、节约能源、减少污染和安全生产等目的。

检测技术涉及的内容非常广泛,包括被检测信息的获取、转换、显示以及测量数据的处理等技术。随着科学技术的不断进步,特别是随着微电子技术、计算机技术等高新科技的发展以及新材料、新工艺的不断涌现,检测技术也在不断发展,已经成为一门实用性和综合性很强的新兴学科。

检测技术及仪表作为人类认识客观世界的重要手段和工具,应用领域十分广泛,工业过程是其最重要的应用领域之一。工业过程检测具有如下特点:

(1)被测对象形态多样。有气态、液态、固态介质及其混合体,也有的被测对象具有特殊性质(如强腐蚀、强辐射、高温、高压、深冷、真空、高黏度、高速运动等)。

(2)被测参数性质多样。有温度、压力、流量、液位等热工量,也有各种机械量、电工量、化学量、生物量,还有某些工业过程要求检测的特殊参数(如纸浆的打浆度)等。

(3)被测变量的变化范围宽。例如,被测温度可以是 1000℃ 以上的高温,也可以是 0℃ 以下的低温甚至超低温。

(4)检测方式多种多样。既有断续测量,又有连续测量;既有单参数检测,又有多参数同时检测；还有每隔一段时间对不同参数的巡回检测等。

（5）检测环境比较恶劣。在工业过程中，存在着许多不利于检测的影响因素，如电源电压波动，温度、压力变化，以及在工作现场存在水汽、烟雾、粉尘、辐射、振动等。

为了适应工业过程检测的上述特点，要求对原始信号的检测工具不但具有良好的静态特性和动态特性，而且要针对不同的被测对象和测量要求采用不同的测量原理和测量手段。因此，传感器的种类繁多，而且为了适应工业过程对检测技术提出的新要求，还将有各式各样的新型传感器和仪表不断涌现。

智能检测系统和所有的计算机系统一样，由硬件、软件两大部分组成。智能检测系统的硬件部分主要包括各种传感器、信号采集系统、处理芯片、输入/输出接口与输出隔离驱动电路。其中处理芯片可以是微机，也可以是单片机、DSP等具有较强处理计算能力的芯片。

2. 传感器与检测仪表

传感器是能把特定的被测量信息（包括物理量、化学量、生物量等）按一定规律转换成某种可用信号输出的器件或装置。所谓可用信号，是指便于处理与传输的信号，即把外界非电信号转换成电信号输出。随着科学技术的发展，传感器的输出信号更多的将是光信号，因为光信号更便于快速、高效处理与传输。

传感器作为智能检测系统的主要信息来源，其性能决定了整个检测系统的性能。传感器的工作原理多种多样、种类繁多，而且还在不断涌现新型传感器。

传感器可按输入量、输出量、工作原理、基本效应、能量变换关系、所蕴含的技术特征、尺寸大小以及存在形式进行分类，其中按输入量和工作原理的分类方式应用较为普遍。

1）按传感器的输入量（即被测参数）进行分类

按输入量分类的传感器以被测物理量命名，如位移传感器、速度传感器、温度传感器、湿度传感器、压力传感器等。

2）按传感器的工作原理进行分类

根据传感器的工作原理（物理定律、物理效应、半导体理论、化学原理等），可以将传感器分为电阻式传感器、电感式传感器、电容式传感器、压电式传感器、磁敏式传感器、热电式传感器、光电式传感器等。

3）按传感器的基本效应进行分类

根据传感器敏感元件所蕴含的基本效应，可以将传感器分为物理传感器、化学传感器和生物传感器。物理传感器是指依靠传感器的敏感元件材料本身的物理特性变化或转换元件的结构参数变化来实现信号变换的传感器。化学传感器是指依靠传感器的敏感元件材料本身的电化学反应来实现信号变换的传感器，用于检测无机或有机化学物质的成分和含量，如气体传感器、湿度传感器。化学传感器广泛用于化学分析、化学工业的在线检测及环境保护监测中。生物传感器是利用生物活性物质选择性的识别来实现对生物化学物质的测量,即依靠传感器的敏感元件材料本身的生物效应来实现信号的变换。由于生物活性物质对某种物质具有选择性亲和力(即功能识别能力),因此可以利用生物活性物质的这种单识别能力来判定某种物质是否存在、其含量是多少;待测物质经扩散作用进入固定化生物敏感膜层,经分子识别,发生生物学反应,产生的信息被相应的化学或物理换能器转变成可定量和可处理的电信号,如酶传感器、免疫传感器。生物传感器近年发展很快,在医学诊断、环保监测等方面有广泛的应用前景。

4) 按传感器的能量变换关系进行分类

按能量变换关系,传感器分为能量变换型传感器和能量控制型传感器。

能量变换型传感器,又称为发电型或有源型传感器,在进行信号转换时不需要另外提供能量,直接由被测对象输入能量,把输入信号能量变换为另一种形式的能量输出使其工作。它无须外加电源就能将被测的非电能量转换成电能量输出,它无能量放大作用(基于能量守恒定律),要求从被测对象获取的能量越大越好。这类传感器包括热电偶、光电池、压式传感器、磁电感应式传感器、固体电解质气体传感器等,属于换能器。对于无人值守的物联网应用,能够自供能量的有源传感器应用前景广阔。

能量控制型传感器,又称为参量型或无源型传感器,本身不能换能,其输出的电能量必须由外加电源供给,而不是由被测对象提供。但由被测对象的信号控制电源提供给传感器输出端的能量,并将电压(或电流)作为与被测量相对应的输出信号。由于能量控制型传感器的输出能量是由外加电源供给的,因此,传感器输出的电能量可能大于输入的非电能量,所以这种传感器具有一定的能量放大作用。这种类型的传感器包括电阻式、电感式、电容式、霍尔式和某些光电式传感器。

5) 按传感器所蕴含的技术特征进行分类

按所蕴含的技术特征,传感器可分为普通传感器和新型传感器。普通传感器发展较早,是一类应用传统技术的传感器。随着量子信息、计算机、嵌入式系统、网络通信和微加工技术的发展,现在出现了包括量子传感器、感知系统在内的许多新型传感器。例如,传感器与微处理器结合,产生了具有一定数据处理能力和自检、自校、自补偿等功能的智能传感器;模糊数学原理在传感器中应用,产生了输出量为非数值符号的模糊传感器;传感器与微机电系统(micro-electro mechanical system,MEMS)技术结合,产生了具有微小尺寸的微传感器;网络接口芯片、微处理器、嵌入式通信协议和传感器结合,产生了能够方便接入现场总线测控网络或组建传感器网络的网络传感器。所有这些新型传感器的出现,对传感器与检测技术的发展起到了巨大的推动作用。

对于传感器的其他分类方式,不再赘述。

检测仪表是能确定所感受的被测变量大小的仪表。它可以是传感器、变送器以及自身兼有检出元件和显示装置的仪表。

检测仪表可按下述方法进行分类：

（1）按被测量分类。检测仪表可分为温度检测仪表、压力检测仪表、流量检测仪表、物位检测仪表、机械量检测仪表以及过程分析仪表等。

（2）按测量原理分类。检测仪表可分为电容式检测仪表、电磁式检测仪表、压电式检测仪表、光电式检测仪表、超声波式检测仪表、核辐射式检测仪表等。

（3）按输出信号分类。检测仪表可分为输出模拟信号的模拟式仪表、输出数字信号的数字式仪表，以及输出开关信号的检测开关（如振动式物位开关）等。

（4）按结构和功能特点分类。检测仪表可按照测量结果是否就地显示，分为测量与显示功能集于一身的一体化仪表和将测量结果转换为标准输出信号并远传至控制室集中显示的单元组合仪表；或者，按照仪表是否含有微处理器，而分为不带有微处理器的常规仪表和以微处理器为核心的微机化仪表。后者的集成度越来越高，功能越来越强，有的已具有一定的人工智能，常被称为智能化仪表。目前，有的仪表供应商又提出了"虚拟仪器"的概念。所谓虚拟仪器是在标准计算机的基础上加一组软件或（和）硬件，使用者操作这台计算机，即可充分利用最新的计算机技术来实现和扩展传统仪表的功能。这套以软件为主体的系统能够享用普通计算机的各种计算、显示和通信功能。在基本硬件确定之后，就可以通过改变软件的方法来适应不同的需求，实现不同的功能。虚拟仪器彻底打破了传统仪表只能由生产厂家定义，用户无法改变的局面。用户可以自己设计、自己定义，通过软件的改变来更新自己的仪表或检测系统，改变传统仪表功能单一或有些功能用不上的缺陷，从而节省开发、维护费用，减少开发专用检测系统的时间。

不同类型检测仪表的构成方式不尽相同，其组成环节也不完全一样。通常，检测仪表由原始敏感环节（传感器或检出元件）、变量转换与控制环节、数据传输环节、显示环节、数据处理环节等诸环节组成。检测仪表内各组成环节可以构成一个开环测量系统，也可以构成一个闭环测量系统。开环测量系统由一系列环节串联而成，其特点是信号只沿着从输入到输出的一个方向（正向）流动，如图 1-1 所示。一般较常见的检测仪表大多为开环测量系统。例如，图 1-2 所示的温度检测仪表，以被测温度为输入信号，以毫伏计指针的偏移作为输出信号的响应，信号在该系统内仅沿着正向流动。闭环测量系统的构成方式如图 1-3 所示，其特点是除信号传输的正向通路外，还有一个反馈回路。在采用零值法进行测量的自动平衡式显示仪表中，各组成环节即构成一个闭环测量系统。

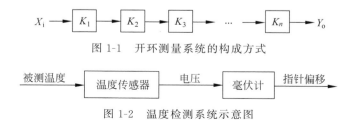

图 1-1　开环测量系统的构成方式

图 1-2　温度检测系统示意图

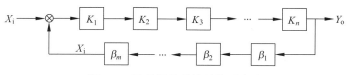

图 1-3　闭环测量系统的构成方式

1.1.2　传感器的基本特性

1. 测量范围

传感器的测量范围（measuring range）又称为工作区间，是指在传感器正常工作并维持其性能的条件下，传感器能够感测出的一组同类量的量值。

传感器所能感测出的这组同类量的量值的最高值、最低值分别称为传感器测量范围的上限值和下限值。传感器测量范围上、下限值之间的代数差为传感器的量程。

2. 灵敏度

传感器灵敏度（sensitivity）是指传感器输出量的变化值与相应的被测量的变化值之比：

$$K = \frac{\Delta Y}{\Delta X} \tag{1-1}$$

式中，K 为灵敏度；ΔY 为传感器输出量的变化值；ΔX 为被测量的变化值。当传感器与后续测量设备不固定配套使用时，灵敏度是直接影响测量输出的最重要指标之一。

对于线性传感器或非线性传感器的近似线性段，灵敏度就是传感器特性直线的斜率，为一常数或可近似为一常数，如图 1-4 所示。对于非线性传感器，如图 1-5 所示，灵敏度随输入变量的变化而变化，可用其特性曲线的一阶导数形式表示。当非线性传感器特性曲线具有单调性时，为了测量方便，通常在后续环节对传感器输出量进行线性化处理。

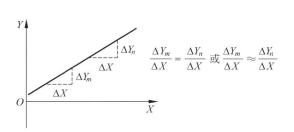

图 1-4　输出-输入关系为线性

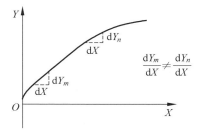

图 1-5　输出-输入关系为非线性

需要注意的是，在工业应用中，使用、安装、环境条件等因素往往也会引起传感器输出的变化，从而成为传感器灵敏度误差或传感器误差来源的一部分。当这些因素的影响需要定量分析时,一般根据影响参量名称或类别命名,如安装灵敏度、温度灵敏度、磁灵敏度等。

3. 线性度

传感器的线性度(linearity)用以确定和表征传感器输入-输出关系曲线与某一规定直线一致的程度。一般以传感器输出的拟合直线作为规定直线,如图 1-6 所示。由于灵敏度反映了传感器输入-输出关系,故传感器的线性度在一些场合对应于输入量的幅值变化,又称为传感器灵敏度幅值线性度。

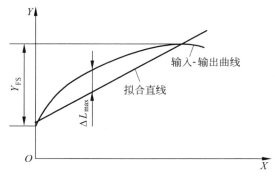

图 1-6　校准曲线与所选定的拟合直线

线性度通常表示为

$$\delta_L = \frac{\Delta L_{\max}}{Y_{FS}} \times 100\% \tag{1-2}$$

式中,$\Delta L_{\max}$ 为输入-输出曲线与拟合直线间的最大偏差;Y_{FS} 为理论满量程输出值。

线性度的具体值与具体采用的拟合直线计算方法有很大关系。在测量范围内获得的同样一组传感器输出数据,采用不同的拟合直线,得到的线性度也不同。一般以在传感器标称输出范围中标定曲线的各点偏差平方和最小(即最小二乘法拟合)的直线作为拟合直线。

4. 分辨力与阈值

传感器的分辨力(resolution)是指在规定的测量范围内可检测出的被测量的最小变化量。当输入变量从某个任意值(非零值)缓慢增加,直至可以观测到输出变量的变化时为止的输入变量的增量即为传感器的分辨力。而传感器的阈值(threshold)是指能使其输出端产生可测变化量的被测量的最小变化量。

大部分传感器的分辨力与阈值和敏感机理或敏感元件结构有关,也可能被噪声、摩擦等影响或者与被测量的值及其变化是如何施加的有关。

5. 迟滞

传感器的迟滞(hysteresis)是指传感器在规定的测量范围内,输入量增大行程期间和输入量减小行程期间任意被测量值处输出量的最大差值,如图 1-7 所示,一般采用最大差值 ΔH_{max} 与满量程输出值之比的百分数表示,即

$$\delta_H = \frac{\Delta H_{max}}{Y_{FS}} \times 100\%　　　（1-3）$$

它反映传感器正行程特性曲线与反行程特性曲线不一致的程度。

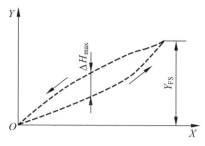

图 1-7　输入-输出的迟滞关系

在工业应用中,往往传感器输入信号的变化情况很难预测,因此采用一般的数字拟合方法很难对传感器的迟滞进行补偿。对于物理量传感器来说,迟滞一般是由塑性变形或磁滞现象引起的,可通过对传感器敏感元件的优化设计加以改善。对于部分化学生物量传感器,迟滞特性尤为重要,一般都会给出这一指标。

6．重复性

传感器的重复性(repeatability)是指在相同测量条件下,传感器连续多次测量同一被测量,所得输出值之间的一致性。它是传感器随机误差分量的表现,用实验标准偏差来定量表示。在重复性条件下,取足够多次测量的平均值,可以消除传感器随机误差的影响。重复性条件包括测量程序、人员、仪器、环境等,同时为尽可能保证在相同的条件下进行测量,必须在尽量短的时间内完成重复性测量。

需要注意的是,因为标准差本质是不确定度,使用"重复性误差"这一叫法不尽合理。实际上,传感器重复性的影响并不能通过修正消除,它是传感器测量不确定度的一个基本分量。

与其他测量设备一样,表示传感器重复性的实验标准差一般用贝塞尔公式计算:

$$s = \sqrt{\frac{\sum_{i=1}^{n}(y_i - \bar{y}_i)^2}{n-1}}　　　（1-4）$$

式中,s 为实验标准差,在此即传感器的重复性;y_i 为第 i 次测量值,$i = 1, 2, \cdots, n$;$\bar{y}_i$ 为 n 次测量值的算术平均值;n 为测量次数。

传感器重复性的评价还可采用最大残差法和极差法。这两种方法只适用于呈正态分布的测量数据,当分布偏离正态较大时,应采用贝塞尔公式法计算。另外,比较所得的实验标准差的自由度大小可知,贝塞尔公式法更可靠。但在测量次数受到限制,如测量时间很长或测量成本很高时,采用这两种方法比较好。

7．准确度或测量不确定度

表示传感器测量结果与被测量的真值间的一致程度的量称为传感器的准确度

（accuracy）。准确度是一个定性的概念，其定量表述的主要形式是示值误差。示值误差指测量示值与被测量的真值之差，示值误差大，则其准确度低；示值误差小，则其准确度高。但是示值误差是随测量条件不断变化的，很难用某一次测量结果的示值误差来反映准确度。不过示值误差的变化范围在规定的条件下不会超过最大允许误差。因此，传感器准确度有时定量地表达为传感器的最大允许误差。

测量不确定度（uncertainty of measurement）是指根据所获信息，表征赋予被测量值分散性的非负参数。该参数是一个分散性参数，是一个可以定量表示测量结果的质量指标，可以是称为标准测量不确定度的标准偏差（或其特定倍数），或是说明了包含概率的区间半宽度。

传感器的测量不确定度和传感器测量结果的不确定度是有区别的。传感器的测量不确定度是指由所用传感器引起的对被测量测量结果不确定度的分量，一般通过对传感器校准而得到。关于测量不确定度的详细内容，读者可参看有关文献进一步学习和了解。

通常，包括传感器在内，测量设备的主要技术指标表述一般至少包括三项基本内容：测量参数，测量范围，测量不确定度、准确度等级或最大允许误差。

8. 稳定性与漂移

传感器的稳定性（stability）一般指传感器保持其灵敏度随时间恒定的能力，可用灵敏度变化到某个规定的值所经过的时间间隔表示，或用灵敏度在规定时间内发生的变化表示。通过考核传感器的稳定性，可以估计其灵敏度保持有效的周期；可以估计传感器在计量检定/校准有效周期内，灵敏度可能的变化对不确定度的影响。

传感器的漂移（drift）一般指传感器特性变化引起的输出在一段时间内的连续或增量变化，如零点漂移、量程漂移等。通过测量传感器的漂移，可以确定传感器工作条件和预热或预工作周期，以保证传感器可以工作在一个可靠的状态下；可以估计测量的时间对不确定度的影响。

在工业应用中，传感器指标给出的以分钟或小时计的"短稳"或"短期稳定性"实际上应该属于漂移，而"长稳"或"长期稳定性"才应该是稳定性。需要注意的是，常用的"温漂"是指传感器的温度响应，反映传感器的灵敏度随温度变化而变化的情况。传感器的漂移与被测量的变化以及任何已知的外在影响量的变化无关，是由其自身特性变化引起的。

传感器的重复性、漂移和稳定性是反映传感器输出或灵敏度变化的三个特性。重复性反映的是传感器的随机效应，一般在重复性条件下、尽量短的时间内通过重复多次测量而得到。漂移反映的是传感器的系统效应，一般在工作时特别是被测量刚输入到传感器或刚开机过程中以一定时间间隔重复多次测量,通过输出值或灵敏度随时间变化情况而得到。稳定性反映的是传感器灵敏度在间隔了足够长的时间后仍然能够得到保持或其变化仍然满足要求的能力,其中包含了重复性和漂移的影响。

9. 动态特性

动态特性(dynamic characteristic)指被测量随时间迅速变化时,仪表输出追随被测量变化的特性。

很多被测量要在动态条件下检测,被测量可能以各种形式随时间变化。只要输入量是时间的函数,则输出量也将是时间的函数,其间关系要用动态特性来说明,也可用动态误差来说明。

动态误差包括两个部分:

(1) 输出量达到稳定状态以后与理想输出量之间的差别;

(2) 当输入量发生跃变时,输出量由一个稳态到另一个稳态之间的过渡状态中的误差。

由于实际测试时输入量是千变万化的,且往往事先并不知道,故工程上通常采用输入"标准"信号函数的方法进行分析,并据此确立若干评定动态特性的指标。常用的"标准"信号函数是正弦函数与阶跃函数,因为它们既便于求解又易于实现。从而仪表(或传感器)的性能指标中就出现了频率响应(仪表对正弦输入的响应)和阶跃响应(仪表对阶跃输入的响应)。

1) 频率响应

由物理学可知,在一定条件下,任意信号均可分解为一系列不同频率的正弦信号,也就是说,一个以时间作为独立变量进行描述的时域信号,可以变换成一个以频率作为独立变量进行描述的频域信号。一个复杂的被测实际信号,往往包含了许多种不同频率的正弦波。如果把正弦信号作为仪表的输入,然后测出它的响应,就可以对仪表(或传感器)的频域动态性能做出分析和评价。

将各种频率不同而幅值相等的正弦信号输入传感器,其输出正弦信号的幅值、相位与频率之间的关系称为频率响应(frequency resonance)。

设输入幅值为 X、角频率为 ω 的正弦量为

$$x = X\sin\omega t$$

则获得的输出量为

$$y = Y\sin(\omega t + \varphi)$$

式中,Y、φ 分别为输出量的幅值和初相角。

其频率传递函数的指数形式为

$$\frac{y(\mathrm{j}\omega)}{x(\mathrm{j}\omega)} = \frac{Y\mathrm{e}^{\mathrm{j}(\omega t + \varphi)}}{X\mathrm{e}^{\mathrm{j}\omega t}} = \frac{Y}{X}\mathrm{e}^{\mathrm{j}\varphi}$$

由此可得频率特性的模

$$A(\omega) = \left| \frac{y(j\omega)}{x(j\omega)} \right| = \frac{Y}{X} \tag{1-5}$$

称为传感器的动态灵敏度(或称增益)。$A(\omega)$ 表示输入、输出的幅值比随 ω 而变，故又称为幅频特性。

一般用分贝表示：

$$1dB = X lg A(\omega), \quad X = 10 \text{ 或 } 20$$

当 $A(\omega) = 1$ 时，则增益为 0dB。

图 1-8 所示为典型的对数幅频特性。图中 0dB 水平线表示理想的幅频特性。工程上通常将 ±3dB 所对应的频率范围作为频响范围，又称通频带，简称频带。对于仪表(或传感器)，则常根据所需测量精度来确定正负分贝数，所对应的频率范围即为频响范围，或称工作频带。

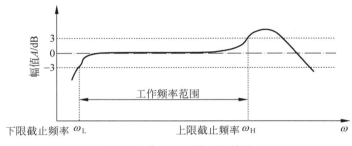

图 1-8 典型的对数幅频特性

2）阶跃响应

当给静止的仪表(或传感器)输入一个如图 1-9 所示的阶跃信号

$$u(t) = \begin{cases} 0, & t \leqslant t_0 \\ 1, & t > t_0 \end{cases}$$

时，其输出信号为阶跃响应(step resonance)，如图 1-10 所示。

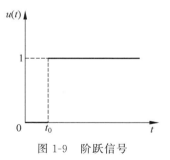

图 1-9 阶跃信号

当施加一个阶跃信号时，仪表的输出在一段时间内呈非线性向终值(100%输出值)变化，如图 1-10 所示。

（1）响应时间：输出上升到终值的 95%（或 98%）所需的时间。它总体上反映仪表响应的快慢。

（2）上升时间：规定为由终值的 10%上升到终值的 90%所需的时间。它反映仪表(或传感器)在初始阶段响应的快慢。

（3）时间常数：输出由零上升到终值的 63.5%所需的时间，通常用 τ 表示。

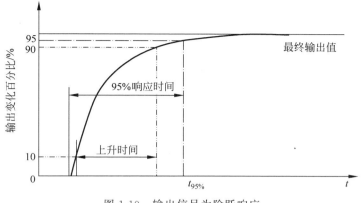

图 1-10 输出信号为阶跃响应

1.1.3 传感器校准与标定方法

标定和校准的基本方法是：将已知的被测量作为待标定传感器的输入，同时用输出量测量环节将待标定传感器的输出信号进行测量并显示出来，待标定传感器本身包括后续测量电路和显示部分时，标定系统的输出量测量环节可以省略，对所获得的传感器输入量和输出量数值进行处理和比较，从而画出一系列表征两者对应关系的标定曲线，进而得到传感器性能指标的实测结果。

1. 静态标定

静态标定是指在输入信号不随时间变化的静态标准条件下，对传感器的静态特性如灵敏度、线性度、迟滞、重复性等指标的检定。静态标定主要用于检验、测试传感器的静态特性指标的含义及其计算方法。根据传感器的功能，静态标定首先需要建立静态标定系统。

传感器的静态标定系统一般由以下几部分组成：

（1）被测物理量；

（2）被测物理量标准测试系统；

（3）被标定传感器所配接的信号调节器和显示记录器等。

1）应变式测力传感器的静态标定

标定时，把力传感器安放在标准测力设备上，其测量系统由传感器、信号调节器和显示记录仪器等组成。把该类型传感器接入标准测量装置后，先加负荷 20 次以上，超载量为传感器额定负荷的 120%～150%，然后接正行程和反行程卸载额定负荷的 10%，经过多次试验后经计算机处理，即可求得该传感器的全部静态特性，如线性度、迟滞、重复性和灵敏度等。

在无负荷情况下对传感器缓慢加温或降温，可测得传感器的温度稳定性或温度误差系数。对传感器或试验设备加恒温，则可测得漂移性能指标。

2）压电式测力传感器的标定

压电式测力传感器的静态标定方法与应变式测力传感器相同。电荷放大器的性能比电压放大器优越,故标定时大多采用电荷放大器作前置放大器,还需要显示仪器、磁带记录仪和数字式峰值电压表等。数字式峰值电压表具有峰值保持功能,直接记录峰值电压,经处理后可直接指示力的大小。

2. 动态标定

传感器输入标准的激励信号后,测出数据并作出输出值与时间的关系曲线,将输出曲线与输入标准激励信号进行比较就可以标定传感器的动态响应、幅频特性、相频特性等。需要说明的是,一些传感器除静态性能指标要满足要求外,其动态特性也常需要满足要求。在进行静态校准和标定后还需要进行动态标定,确定它们的动态灵敏度和固有频率。动态标定常用的方法有绝对标定法和比较法,二者相比,绝对标定法具有精度高、可靠等优点,但要求设备精度高,标定时间长;而比较法原理简单、操作方便,对设备的精度要求较低,所以应用很广。

1.2 测量误差与数据处理基础

任何测量过程都不可避免地存在误差。一般情况下,被测量的真值是未知的。对含有误差的测量数据进行科学的分析和处理,才能求得被测量真值的最佳估计值,估计其可靠程度,并给出测量结果的科学表达。对测量数据的这种去粗取精、去伪存真的数学处理过程,即为本章所要讨论的数据处理。

1.2.1 测量误差及其分类

1. 测量误差的定义

被测变量的被测值与真值之间总是存在着一定的误差。所谓真值(true value),是一个严格定义的量的理想值。或者说,是在一定的时间及空间条件下,某被测量的真实数值。一个量的真值是一个理想概念,它是无法测得的。在实际工作中,通常用"约定真值"来代替真值。所谓约定真值(conventional true value),是为达到使用目的所采用的接近真值因而可代替真值的值。它与真值之差可忽略不计。一个量的约定真值一般是用适合该特定情况的精确度的仪表和方法来确定的。通常,高一级标准器的误差与低一级标准器或普通仪表的误差相比,为其 $1/3\sim1/10$ 时,即可认为前者的示值是后者的约定真值。在实际测量中,以无系统误差情况下足够多次测量所获一系列测量结果的算术平均值作为约定真值。

根据误差表示方法的不同,有绝对误差、相对误差和引用误差三种定义。

1）绝对误差

被测量的测量值 x 与该被测量的真值 A_0 之间的代数差 Δ,称为绝对误差

第 1 章　检测技术基础

（absolute error）：

$$\Delta = x - A_0 \tag{1-6}$$

绝对误差与被测量具有相同的量纲，其大小表示测量值偏离真值的程度。式中，真值 A_0 可用约定真值 X_0 代替，则式(1-6)可改写为

$$\Delta = x - X_0 \tag{1-7}$$

2）相对误差

对于同等大小的被测量，测量结果的绝对误差越小，其测量的精确度越高，而对于不同大小的被测量，却不能只凭绝对误差来评定其测量的精确度。在这种情况下，需采用相对误差(relative error)的形式来说明测量精确度的高低。相对误差的量纲为 1，通常以百分数表示。相对误差有如下两种表示法：

（1）实际相对误差。实际相对误差是指绝对误差 Δ 与被测量的约定真值（实际值）X_0 之比，记为

$$\delta_A = \frac{\Delta}{X_0} \times 100\% \tag{1-8}$$

（2）公称相对误差。公称相对误差是指绝对误差 Δ 与仪表公称值(示值)X 之比，记为

$$\delta_x = \frac{\Delta}{X} \times 100\% \tag{1-9}$$

公称相对误差一般用于误差较小时，此时由于仪表的示值 X 与被测量的真值 A_0 很接近，故 δ_x 与 δ_A 相差很小。

3）引用误差

绝对误差与测量范围上限值、量程或标度盘满刻度之比，称为引用误差 (fiducial error/percentage error)，用绝对误差 Δ 与仪表量程 B 的百分比值来表示，也称相对百分误差，记为

$$\delta_m = \frac{\Delta}{B} \times 100\% \tag{1-10}$$

式中，仪表的量程 B 等于仪表的测量范围上限值与下限值之差。若测量范围下限值为零，则上式便可写成绝对误差与仪表测量范围上限值（或标度盘满刻度值）之比。

2. 工业过程检测仪表的精度等级

工业过程检测仪表常以最大引用误差作为判断精度等级的尺度。人为规定：取最大引用误差百分数的分子作为检测仪器(系统)精度等级的标志，也即用最大引用误差去掉正负号和百分号后的数字来表示精度等级，用符号 G 表示。

工业过程测量和控制用的检测仪表和显示仪表的精确度等级有 0.01，0.02，(0.03)，0.05，0.1，0.2，(0.25)，(0.3)，(0.4)，0.5，1.0，1.5，(2.0)，2.5，4.0，5.0，共 16 个，其中括号里的 5 个不推荐使用。依据标准为《工业过程测量和控制用检

033

测仪表和显示仪表精确度等级》(GB/T 13283—2008)。

例如,量程为 $0 \sim 1000\text{V}$ 的数字电压表,如果其整个量程中最大绝对误差为 1.05V,则有

$$\delta_{\text{m}} = \frac{|\Delta_{\text{max}}|}{B} \times 100\% = \frac{1.05}{1000} \times 100\% = 0.105\%$$

由于 0.105 不是标准化精度等级值,因此需要就近套用标准化精度等级值。0.105 位于 0.1 级和 0.2 级之间,尽管该值与 0.1 更为接近,但按"选大不选小"的原则,该数字电压表的精度等级 G 应为 0.2 级。因此,任何符合计量规范的检测仪器(系统)都满足

$$\delta_{\text{max}} \leqslant G\%$$

由此可见,仪表的精度等级是反映仪表性能的最主要的质量指标,它充分说明了仪表的测量精度,可较好地用于评估检测仪表在正常工作时(单次)测量的测量误差范围。

3. 测量误差的分类

根据测量误差的性质及产生的原因,可将其分为以下三类。

1) 系统误差

系统误差(systematic error)简称系差,是在相同条件下,多次测量同一被测量值的过程中出现的一种误差,它的绝对值和符号或者保持不变,或者在条件变化时按某一规律变化。此处所谓条件是指人员、仪表及环境等条件。

按照误差值是否变化,可将系统误差进一步划分为恒定系差和变值系差。变值系差又可进一步分为累进性的、周期性的以及按复杂规律变化的几种。累进性系差是一种在测量过程中,误差随着时间的增长逐渐加大或减小的系差。周期性系差是指测量过程中误差大小和符号均按一定周期发生变化的系差。按复杂规律变化的系差是一种变化规律仍未掌握的系差,在某些条件下,它向随机误差转化,可按随机误差进行处理。

按照对系统误差掌握的程度,又可将其大致分为已定系差(方向和绝对值已知)与未定系差(方向和绝对值未知,但可估计其变化范围)。已定系差可在测量中予以修正,而未定系差只能估计其误差限(又称系统不确定度)。

系统误差的特性是误差出现的规律性和产生原因的可知性。所以,在测量过程中可以分析各种系统误差的成因,并设法消除其影响和估计出未能消除的系统误差值。

2) 随机误差

随机误差(random error)又称偶然误差,是在相同条件下,多次测量同一被测量值的过程中出现的误差,它的绝对值和符号以不可预计的方式变化。它是由于测量过程中许多独立的、微小的、偶然的因素所引起的综合结果。

单次测量的随机误差没有规律,也不能用实验方法加以消除。但是,随机误差

在多次重复测量的总体上服从统计规律,因此可以通过统计学的方法来研究这些误差的总体分布特性,估计其影响并对测量结果的可靠性做出判断。

3）粗差

明显歪曲测量结果的误差称为粗差(gross error)。产生粗差的主要原因有测量方法不当或实验条件不符合要求,或由于测量人员粗心、不正确地使用仪器、测量时读错数据、计算中发生错误等。

从性质上来看,粗差本身并不是单独的类别,它既可能具有系统误差的性质,也可能具有随机误差的性质,只不过在一定测量条件下其绝对值特别大而已。含有粗差的测量值称为坏值或异常值,所有的坏值都应剔除不用。所以,在进行误差分析时,要估计的误差只有系统误差与随机误差两类。

在测量过程中,系统误差与随机误差通常是同时发生的,一般很难把它们从测量结果中严格区分开来。而且,误差的性质是可以在一定条件下互相转化的。有时可以把某些暂时没有完全掌握或分析起来过于复杂的系统误差当作随机误差来处理。对于按随机误差处理的系统误差,通常只能给出其可能的取值范围,即系统不确定度。此外,对某些随机误差(如环境温度、电源电压波动等引起的误差),若能设法掌握其确定规律,则可将其视为系统误差并设法加以修正。

"不确定度"一词也用来表征随机误差的可能范围,称之为随机不确定度。当同时存在系统误差和随机误差时,则用测量的不确定度来表征总的误差范围。

4. 准确度、精密度和精确度

测量的准确度又称正确度(correctness),表示测量结果中的系统误差大小程度。系统误差越小,则测量的准确度越高,测量结果偏离真值的程度越小。

测量的精密度(precision)表示测量结果中的随机误差大小程度。随机误差越小,精密度越高,说明各次测量结果的重复性越好。

准确度和精密度是两个不同的概念,使用时不得混淆。图 1-11 形象地说明了准确度与精密度的区别。图中,圆心代表被测量的真值,符号×表示各次测量结果。由图可见,精密度高的测量不一定具有高准确度。因此,只有消除了系统误差之后,才可能获得正确的测量结果。一个既"精密"又"准确"的测量称为"精确"测量,并用精确度来描述。精确度(accuracy)反映的是被测量的测量结果与(约定)真值间的一致程度。精确度高,说明系统误差与随机误差都小。

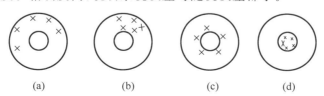

图 1-11　准确度与精密度的区别

(a) 低准确度,低精密度;(b) 低准确度,高精密度;(c) 高准确度,低精密度;(d) 高准确度,高精密度

1.2.2 系统误差的消除方法

1. 消除产生误差的根源

首先从测量装置的设计入手,选用最合适的测量方法和工作原理,以避免方法误差;选择最佳的结构设计与合理的加工、装配、调校工艺,以避免和减小工具误差。此外,应做到正确安装、使用,测量应在外界条件比较稳定时进行,对周围环境的干扰应采取必要的屏蔽防护措施,等等。

2. 对测量结果进行修正

在测量之前,应对仪器仪表进行校准或定期进行检定。通过检定,可以由上一级标准(或基准)给出受检仪表的修正值。将修正值加入测量值中,即可消除系统误差。

所谓修正值(correction),是指与测量误差的绝对值相等而符号相反的值。例如,用标准温度计检定某温度传感器时,在温度为 50℃ 的测温点处,受检温度传感器的示值为 50.5℃,则测量误差为

$$\Delta x = x - X_0 = (50.5 - 50)℃ = 0.5℃$$

于是,修正值 $C = -\Delta x = -0.5℃$。将此修正值加入测量值 x 中,即可求出该测温点的实际温度:

$$X_0 = x + C = (50.5 - 0.5)℃ = 50℃$$

从而消除了系统误差 Δx。

修正值给出的方式不一定是具体的数值,也可以是一条曲线、一个公式或图表。在某些自动检测仪表中,修正值已预先编制成相应的软件,存储于微处理器中,可对测量结果中的某些系统误差自动修正。

3. 采用特殊测量法

在测量过程中,选择适当的测量方法,可使系统误差抵消而不带入测量值中去。

1) 恒定系差消除法

(1) 零示法。

零示法属于比较法中的一种,它是将被测量与已知的标准量进行比较,当两者的差值为零时,被测量就等于已知的标准量。电位差计是采用零示法的典型例子。

图 1-12 给出用电位差计测量热电偶热电势的工作原理。图中,R 为高线性度的线绕电阻,I 为恒定的工作电流,G 为高灵敏度的检流计,E_t 为被测的未知热电势。测量时调节滑动触点 C 的位置,可改变 R_{CB} 上的压

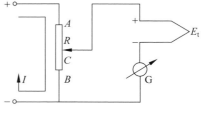

图 1-12　电压平衡原理图

降 U_{CB}。当检流计中无电流流过时，$U_{CB}=E_t$，读出此时的 U_{CB}，即可知热电势 E_t。这里采用的是电压平衡原理。

在零示法中，被测量与标准已知量之间的平衡状态判断得是否准确，取决于零指示器的灵敏度。指示器的灵敏度足够高时，测量的准确度主要取决于已知的标准量。

（2）替代法。

替代法又称为置换法，是指先将被测量接入测量装置使之处于一定状态，然后以已知量代替被测量，并通过改变已知量的值使仪表的示值恢复到替代前的状态。替代法的特点是将被测量与已知量通过测量装置进行比较，当两者的效应相同时，其数值也必然相等。测量装置的系统误差不会带给测量结果，它只起辨别两者有无差异的作用，因此测量装置要有一定的灵敏度和稳定度。

（3）交换法。

交换法又称为对照法。在测量过程中将某些测量条件相互交换，使产生系差的原因对交换前后的测量结果起相反作用。对两次测量结果进行数学处理，即可消除系统误差或求出系差的数值。图 1-13 所示为交换法在电阻电桥中的应用。设 $R_1=R_2$，第一次按图 1-13（a）进行测量，调节标准电阻 R_s 使电桥平衡，此时有 $R_x=R_s(R_1/R_2)$。第二次按图 1-13（b）交换测量位置，重新调节 $R_s=R'_s$ 使电桥平衡，于是有 $R_x=R'_s(R_2/R_1)$。将两次测量结果加以处理后得

$$R_x=\sqrt{R_s R'_s}\approx\frac{1}{2}(R_s+R'_s)$$

当 R_1、R_2 分别存在恒定系统误差 ΔR_1、ΔR_2 时，在单次测量结果中会出现由 ΔR_1、ΔR_2 引起的系差。但从交换法的测量结果表达式中可以看出，被测电阻值 R_x 与 R_1、R_2 及 ΔR_1、ΔR_2 无关，从而消除了恒定系差的影响。

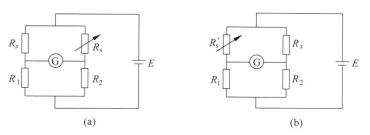

图 1-13　用交换法测量电阻

（a）第一次交换测量；（b）第二次交换测量

2）变值系差消除法

（1）等时距对称观测法。

利用等时距对称观测法可以有效消除随时间成比例变化的线性系统误差。假设系统误差 ε_i 按图 1-14 所示的线性规律变化，若以某一时刻 t_3 为中点，则与此点对称的各对称系统误差的算术平均值彼此相等，即

$$\frac{\varepsilon_1 + \varepsilon_5}{2} = \frac{\varepsilon_2 + \varepsilon_4}{2} = \varepsilon_3$$

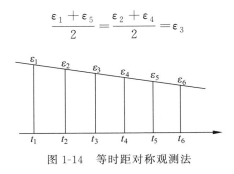

图 1-14　等时距对称观测法

利用上述关系,采用适当的测量步骤对测量结果进行一定的处理后,即可消除这种随时间按线性规律变化的系统误差。

（2）半周期偶数观测法。

某些周期性系统误差的特点是,每隔半个周期产生的误差大小相等、符号相反。针对这一特点,采用半周期偶数观测法可以消除周期性系统误差。

设周期性系统误差的变化规律为

$$\varepsilon = A \sin\varphi$$

当 $\varphi = \varphi_1$ 时,有

$$\varepsilon_1 = A \sin\varphi_1$$

该周期性系统误差 ε 的变化周期为 2π。当 $\varphi = \varphi_1 + \pi$ 时,有

$$\varepsilon_2 = A \sin(\varphi_1 + \pi) = -A \sin\varphi_1$$

取 ε_1 和 ε_2 的算术平均值,可得

$$\bar{\varepsilon} = \frac{\varepsilon_1 + \varepsilon_2}{2} = 0$$

由上式可知,对于周期性变化的系统误差,如果在测得一个数据后,相隔半个周期再测量一个数据,然后取这两个数据的算术平均值作为测量结果,即可从测量结果中消除周期性系统误差。

1.2.3　随机误差及其估算

在测量过程中,系统误差与随机误差通常是同时发生的。由于系统误差可以用各种方法加以消除,所以在后面的讨论中,均假定测量值中只含有随机误差。

随机误差的数值事先是无法预料的,它受各种复杂的随机因素的影响,通常把这类依随机因素而变、以一定概率取值的变量称为随机变量。根据概率论的中心极限定理可知,如果一个随机变量是由大量微小的随机变量共同作用的结果,那么只要这些微小随机变量是相互独立或弱相关的,且均匀地小（即对总和的影响彼此差不多）,则无论它们各自服从什么分布,其总和必然近似于正态分布。显然,随机误差不过是随机变量的一种具体形式,当随机误差是由大量的、相互独立的微小作

用因素所引起时,通常它都遵从正态分布规律。

1）随机误差的正态分布曲线

随机误差的正态分布概率密度函数的数学表达式为

$$p(x) = \frac{1}{\sigma\sqrt{2\pi}} e^{-\frac{(x-X_0)^2}{2\sigma^2}}$$ (1-11)

和

$$p(\varepsilon) = \frac{1}{\sigma\sqrt{2\pi}} e^{-\frac{\varepsilon^2}{2\sigma^2}}$$ (1-12)

以上两式称为高斯(Gauss)公式。式中,ε 为随机误差,是测量值 x 与被测量真值 x_0 之差;X_0 为随机变量 x 的期望;$p(\varepsilon)$ 为随机误差的概率密度函数;σ 为标准偏差。图 1-15 给出随机误差的正态分布曲线。

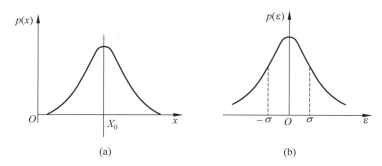

图 1-15　随机误差的正态分布曲线

（a）测量值的概率密度函数；（b）随机误差的概率密度函数

由图 1-15 可以看出,随机误差的统计特性表现在以下四个方面。

（1）有界性:在一定条件下的有限测量值中,误差的绝对值不会超过一定的界限;

（2）单峰性:绝对值小的误差出现的次数比绝对值大的误差出现的次数多;

（3）对称性:绝对值相等的正误差和负误差出现的次数大致相等;

（4）抵偿性:相同条件下对同一量进行多次测量,随机误差的算术平均值随着测量次数 n 的无限增加而趋于零,即误差平均值的极限为零。

应当指出,有些误差并不完全满足上述特性,但根据其具体情况,仍可按随机误差处理。

2）正态分布的随机误差的数字特征

在实际测量时,真值 x_0 不可能得到。但如果随机误差服从正态分布,则算术平均值处随机误差的概率密度最大。对被测量进行等精度的 n 次测量,得 n 个测量值 $x_1, x_2, \cdots, x_n$,它们的算术平均值为

$$\bar{x} = \frac{1}{n}(x_1 + x_2 + \cdots + x_n) = \frac{1}{n}\sum_{i=1}^{n} x_i \qquad (1\text{-}13)$$

算术平均值是诸测量值中最可信赖的,它可以作为等精度多次测量的结果。

上述的算术平均值反映随机误差的分布中心,而均方根偏差则反映随机误差的分布范围。均方根偏差越大,测量数据的分散范围也越大,所以均方根偏差 σ 可以描述测量数据和测量结果的精度。图 1-16 所示为不同 σ 下的正态分布曲线。由图可见,σ 越小,分布曲线越陡峭,说明随机变量的分散性越小,测量精度越高;反之,σ 越大,分布曲线越平坦,随机变量的分散性越大,测量精度越低。

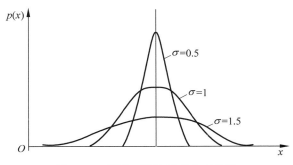

图 1-16　不同 σ 下的正态分布曲线

均方根偏差 σ 可由下式求出:

$$\sigma = \sqrt{\frac{\sum_{i=1}^{n}(x_i - x_0)^2}{n}} = \sqrt{\frac{\sum_{i=1}^{n}\varepsilon_i^2}{n}} \qquad (1\text{-}14)$$

式中,n 为测量次数;x_i 为第 i 次测量值;$\varepsilon_i = x_i - x_0$。

在实际测量时,由于真值 x_0 是无法确切知道的,因此用测量值的算术平均值 $\bar{x}$ 代替,各测量值与算术平均值的差值称为残余误差,即

$$v_i = x_i - \bar{x}$$

用残余误差计算的均方根偏差称为均方根偏差的估计值 σ_s,即

$$\sigma_s = \sqrt{\frac{\sum_{i=1}^{n}(x_i - \bar{x})^2}{n-1}} = \sqrt{\frac{\sum_{i=1}^{n}v_i^2}{n-1}} \qquad (1\text{-}15)$$

通常在有限次测量时,算术平均值不可能等于被测量的真值 x_0,它也是随机变动的。设对被测量进行 m 组的"多次测量",各组所得的算术平均值 $\bar{x}_1, \bar{x}_2, \cdots, \bar{x}_m$ 围绕真值 x_0 有一定的分散性,也是随机变量。算术平均值 $\bar{x}$ 的精度可由算术平均值的均方根偏差 $\sigma_{\bar{z}}$ 来评价。它与 σ_s 的关系如下:

$$\sigma_{\bar{z}} = \frac{\sigma_s}{\sqrt{n}} \qquad (1\text{-}16)$$

3）正态分布的概率计算

人们利用分布曲线进行测量数据处理的目的是求取测量的结果，确定相应的误差限以及分析测量的可靠性等。为此，需要计算正态分布在不同区间的概率。

置信区间：算术平均值 $\bar{x}$ 在规定概率下可能的变化范围。置信区间表明测量结果的离散程度，可作为测量精密度的标志。

置信概率：算术平均值 $\bar{x}$ 落入某一置信区间的概率 P。置信概率表明测量结果的可靠性即值得信赖的程度。

分布曲线下的全部面积应等于总概率。由残余误差 v 表示的正态分布概率密度函数为

$$p(v) = \frac{1}{\sigma\sqrt{2\pi}} e^{-\frac{v^2}{2\sigma^2}} \tag{1-17}$$

故

$$\int_{-\infty}^{+\infty} p(v)\mathrm{d}v = 100\% = 1$$

在任意误差区间 (a,b) 出现的概率为

$$P(a \leqslant v \leqslant b) = \frac{1}{\sigma\sqrt{2\pi}} \int_a^b e^{-\frac{v^2}{2\sigma^2}} \mathrm{d}v$$

σ 是正态分布的特征参数，误差区间通常表示成 σ 的倍数，如 $t\sigma$。由于随机误差分布具有对称性，常取对称的区间，即

$$P_c = p(-t\sigma \leqslant v \leqslant +t\sigma) = \frac{1}{\sigma\sqrt{2\pi}} \int_{-t\sigma}^{+t\sigma} e^{-\frac{v^2}{2\sigma^2}} \mathrm{d}v \tag{1-18}$$

式中，t 为置信系数；P_c 为置信概率；$\pm t\sigma$ 为误差限。表 1-1 给出了几个典型的 t 值及其相应的概率。

表 1-1　几个典型的 t 值及其相应的置信概率（$n>30$）

t	0.6745	1	1.96	2	2.58	3	4
P_c	0.5	0.6827	0.95	0.9545	0.99	0.9973	0.9994

随机误差在 $\pm t\sigma$ 范围内出现的概率为 P_c，则超出的概率为显著度（置信水平），用 α 表示：

$$\alpha = 1 - P_c$$

P_c 与 α 的关系见图 1-17。

由表 1-1 可知，当 $t=1$ 时，$P_c = 0.6827$，即测量结果中随机误差出现在 $-\sigma \sim +\sigma$ 内的概率为 68.27%，而 $|v|>\sigma$ 的概率为 31.73%。出现在 $-3\sigma \sim +3\sigma$ 内的概率是 99.73%。因此，可以

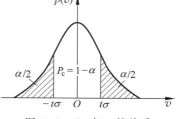

图 1-17　P_c 与 α 的关系

认为绝对值大于 3σ 的误差是不可能出现的,通常把这个误差称为极限误差 σ_{lim}。按照上面分析,测量结果可表示为

$$x = \bar{x} \pm \sigma_{\bar{x}}, \quad P_c = 68.27\% \tag{1-19}$$

或

$$x = \bar{x} \pm 3\sigma_{\bar{x}}, \quad P_c = 99.73\% \tag{1-20}$$

1.2.4 测量结果的数据处理

1. 测量结果的表示方法与有效数字的处理原则

1) 测量结果的数字表示方法

常见的测量结果表示方法是在观测值或多次观测结果的算术平均值后加上相应的误差限。同一测量如果采用不同的置信概率 P_c,测量结果的误差限也不同。因此,应该在相同的置信水平 α 下比较测量的精确程度。为此,测量结果的表达式通常具有确定的概率意义。下面介绍几种常用的表示方法,它们都是以系统误差已被消除为前提条件的。

(1) 单次测量结果的表示方法。

如果已知测量仪表的标准偏差 σ,作一次测量,测得值为 x,则通常将被测量 x_0 的大小表示为

$$x_0 = x \pm \sigma \tag{1-21}$$

上式表明被测量 x_0 的估计值为 x,当取置信概率 $P_c = 68.27\%$ 时,测量误差不超出 $\pm\sigma$。为更明确地表达测量结果的概率意义,上式应写成下面更完整的形式:

$$x_0 = x \pm \sigma, \quad 置信概率 P_c = 68.27\%$$

(2) n 次测量结果的表示方法。

当用 n 次等精度测量的算术平均值 $\bar{x}$ 作为测量结果时,其表达式为

$$x_0 = \bar{x} \pm C\sigma_{\bar{x}} \tag{1-22}$$

式中,$\sigma_{\bar{x}}$ 为算术平均值的标准偏差,其值为 $\sigma/\sqrt{n}$;置信系数 C 可根据所要求的置信概率 P_c 及测量次数 n 而定。一般情况下,当极限误差取为 $3\sigma_{\bar{x}}$(即置信系数 $C = 3$)时,为了使置信概率 $P_c > 99\%$,应有 $n > 14$,一般测量次数 n 最好不低于 10。如果测量次数少于 14 次,若仍用 $3\sigma_{\bar{x}}$ 作为极限误差,则对应的置信概率 P_c 将下降到 $98\% \sim 80\%$。

2) 有效数字的处理原则

当以数字表示测量结果时,在进行数据处理的过程中,应注意有效数字的正确取舍。

(1) 有效数字的基本概念。

一个数据,从左边第一个非零数字起至右边含有误差的一位为止,中间的所有数码均为有效数字。测量结果一般为被测真值的近似值,有效数字位数的多少决定了这个近似值的准确度。

有些数据中会出现前面或后面为零的情况。例如,$25\mu m$ 也可写成 $0.025mm$,后一种写法前面的两个零显然是由于单位改变而出现的,不是有效数字。又如,$25.0\mu m$,小数点后面的一个零应认为是有效数字。为避免混淆,通常将后面带零的数据中不作为有效数字的零表示为 10 的幂的形式;而作为有效数字的零,则不可表示为 10 的乘幂形式。例如,$2.5\times10^{2}mm$ 为两位有效数字,而 $250mm$ 为三位有效数字。

（2）数据舍入规则。

对测量结果中多余的有效数字,在进行数据处理时不能简单地采取四舍五入的方法,这时的数据舍入规则为“4 舍 6 入 5 看右”。若保留 n 位有效数字,当第 $n+1$ 位数字大于 5 时则入,小于 5 时则舍;其值恰好等于 5 时,如 5 之后还有数字则入,5 之后无数字或为零时,若第 n 位为奇数则入,为偶数则舍。

（3）有效数字运算规则。

① 参加运算的常数如 π、e、$\sqrt{2}$ 等数值,有效数字的位数可以不受限制,需要几位就取几位。

② 加减运算:不超过 10 个测量数据相加减时,要把小数位数多的进行舍入处理,使其比小数位数最少的数只多一位小数;计算结果应保留的小数位数要与原数据中有效数字位数最少者相同。

③ 乘除运算:两个数据相乘或相除时,要把有效数字多的数据作舍入处理,使之比有效数字少的数据只多一位有效数字;计算结果应保留的有效数字位数要与原数据中有效数字位数最少者相同。

④ 乘方及开方运算:运算结果应比原数据多保留一位有效数字。

⑤ 对数运算:取对数前后的有效数字位数应相等。

⑥ 多个数据取算术平均值时,由于误差相互抵消的结果,所得算术平均值的有效数字位数可增加一位。

2. 异常测量值的判别与舍弃

在测量过程中,有时会在一系列测量值中混有残差绝对值特别大的异常测量值。这种异常测量值如果是由测量过程中出现粗差而造成的“坏值”,则应剔除不用,否则将会明显歪曲测量结果。然而,有时异常测量值的出现,可能是客观反映了测量过程中的某种随机波动特性。因此,对异常测量值不应为了追求数据的一致性而轻易舍去。为了科学地判别粗差,正确地舍弃坏值,需要建立异常测量值的判别标准。

通常采用统计判别法加以判别。统计判别法有许多种,下面介绍常用的两种。

1）拉依达准则

凡超过此值的测量误差均进行粗差处理,相应的测量值即为含有粗差的坏值,应予以剔除。

设对某个被测参数重复进行 n 次测量,得到的 n 个观测值组成一个测量列

$x_1, x_2, \cdots, x_n$，相应的残差为 $v_1, v_2, \cdots, v_n$。若其中某个观测值 x_d 的残差 v_d（$1 \leqslant d \leqslant n$）为

$$|v_d| > 3\sigma \tag{1-23}$$

则认为 x_d 是含有粗差的坏值，应从测量列中剔除。

显然，拉依达准则是以正态分布和置信概率 $P_c > 99\%$ 为前提的。当测量次数 n 有限时，用估计值 $\hat{\sigma}$ 代替式（1-23）中的标准偏差 σ。若测量次数 n 较少，则会因 $\hat{\sigma}$ 的可靠性较差而直接影响到拉依达准则的可靠性。

2）t 检验准则

设对某一被测量进行 n 次测量后，得到一个测量列 $x_1, x_2, \cdots, x_i, \cdots, x_n$，首先观察各测量值中是否有偏离较大者，如有某测量值 x_d 比其他测得值偏离较大，则先假定它为可疑测量值，然后计算不包含 x_d 的算术平均值：

$$\bar{x}' = \sum_{i \neq d} \frac{x_i}{n-1} \tag{1-24}$$

以及相应的标准偏差：

$$\hat{\sigma}' = \sqrt{\sum_{i \neq d} \frac{(x_i - \bar{x}')^2}{n-2}} \tag{1-25}$$

这时如果

$$|x_d - \bar{x}'| > K(\alpha, n)\hat{\sigma}'$$

成立，则可判定 x_d 确实是坏值，应予以剔除。式（1-25）中，$K(\alpha, n)$ 为 t 检验时用的系数，其值列于表 1-2 中备查；$\alpha = 1 - P_c$ 为超差概率，称为显著度或置信水平；n 为测量次数。

表 1-2　t 检验 $K(\alpha, n)$ 数值表

α \ n	0.01	0.05
4	11.46	4.97
5	6.53	3.56
6	5.04	3.04
7	4.36	2.78
8	3.96	2.62
9	3.71	2.51
10	3.54	2.43
11	3.41	2.37
12	3.31	2.33

以上介绍了两种坏值剔除的准则，其中拉依达准则（3σ 准则）无须查表，运用简便。应当注意到，在 t 检验准则的应用中，$K(\alpha, n)$ 值不仅与置信水平 α 有关，而且与测量次数 n 有关，由表 1-2 可以看出，当置信水平 α 相同时，测量次数 n 越大，

$K(\alpha,n)$ 值越小,则对坏值的剔除就越严格。当测量次数 $n>19$ 时,$K(\alpha,n)<3$,这就弥补了 3σ 准则的不足。

除此之外,还有其他准则,如肖维勒准则、格拉布斯准则等,此处不再介绍。

3. 等精度测量结果的数据处理步骤

如前所述,在无系差或已消除了系差的情况下测量同一参数,凡具有相同的标准偏差的测量都可称为等精度测量。

4. 不等精度测量的权与误差

前面讲述的内容是等精度测量的问题。即多次重复测量得到的各个测量值具有相同的精度,可用同一个均方根偏差 σ 值来表征,或者说具有相同的可信赖程度。严格说来,绝对的等精度测量是很难保证的,但对条件差别不大的测量,一般都当作等精度测量对待,某些条件的变化,如测量时温度的波动等,只作为误差来考虑。因此,一般的测量实践基本上都属于等精度测量。

但在科学实验或高精度测量中,为了提高测量的可靠性和精度,往往在不同的测量条件下,用不同的测量仪表、不同的测量方法、不同的测量次数以及不同的测量者进行测量与对比,这种情况被认为是不等精度的测量。

1) “权”的概念

在不等精度测量时,对同一被测量进行 m 组测量,得到 m 组测量列(进行多次测量的一组数据称为一测量列)的测量结果及其误差,它们不能同等看待。精度高的测量列具有较高的可靠性,将这种可靠性的大小称为“权”。

“权”可理解为各组测量结果相对的可信赖程度。测量次数多,测量方法完善,测量仪表精度高,测量的环境条件好,测量人员的水平高,则测量结果可靠,其权也大。权是相比较而存在的。权用符号 p 表示,有两种计算方法:

(1) 用各组测量列的测量次数 n 的比值表示,并取测量次数较小的测量列的权为 1,则有

$$p_1 : p_2 : \cdots : p_m = n_1 : n_2 : \cdots : n_m \tag{1-26}$$

(2) 用各组测量列的误差平方的倒数的比值表示,并取误差较大的测量列的权为 1,则有

$$p_1 : p_2 : \cdots : p_m = \left(\frac{1}{\sigma_1}\right)^2 : \left(\frac{1}{\sigma_2}\right)^2 : \cdots : \left(\frac{1}{\sigma_m}\right)^2 \tag{1-27}$$

2) 加权算术平均值

加权算术平均值不同于一般的算术平均值,该值考虑各测量列的权的情况。若对同一被测量进行 m 组不等精度测量,得到 n 个测量列的算术平均值 $\bar{x}_1$,$\bar{x}_2,\cdots,\bar{x}_m$,相应各组的权分别为 $p_1 : p_2 : \cdots : p_m$,则加权平均值可用下式表示:

$$\bar{x}_p = \frac{\bar{x}_1 p_1 + \bar{x}_2 p_2 + \cdots + \bar{x}_m p_m}{p_1 + p_2 + \cdots + p_m} = \frac{\sum\limits_{i=1}^{m} \bar{x}_i p_i}{\sum\limits_{i=1}^{m} p_i} \tag{1-28}$$

3）加权算术平均值 $\bar{x}_p$ 的标准误差 $\sigma_{\bar{x}_p}$

当进一步计算加权算术平均值 $\bar{x}_p$ 的标准误差时，也要考虑各测量列的权的情况，标准误差 $\sigma_{\bar{x}_p}$ 可由下式计算：

$$\sigma_{\bar{x}_p} = \sqrt{\frac{\sum_{i=1}^{m} p_i v_i^2}{(m-1)\sum_{i=1}^{m} p_i}} \tag{1-29}$$

式中，v_i 为各测量列的算术平均值 $\bar{x}_i$ 与加权算术平均值 $\bar{x}_p$ 之差值。

1.3 智能检测系统

智能检测系统和所有的计算机系统一样，由硬件、软件两大部分组成。智能检测系统的硬件部分主要包括各种传感器、信号采集系统、处理芯片、输入/输出接口与输出隔离驱动电路。其中，处理芯片可以是微机，也可以是单片机、DSP 等具有较强处理计算能力的芯片。

1.3.1 数据采集

数据采集系统是计算机、智能检测系统与外界物理世界联系的桥梁，是获取信息的重要途径，它对整个系统进行控制和数据处理。它的核心是计算机，而计算机所处理的是数字信号，因此输入的模拟信号必须进行模/数（A/D）转换，将连续的模拟信号量化。所以数据采集系统一般由多路开关、放大器、采样/保持器和 A/D 转换器等几部分组成。

1. 数据采集系统的结构形式

在设计数据采集系统时，首先根据被测信号的特点及对系统性能的要求，选择系统的结构形式。在设计结构时，应主要考虑被测信号的变化速率和通道数，对测量精度、分辨力和速度的要求等。此外，还要考虑性价比等其他因素。常见的数据采集系统有以下几种结构形式。

1）多通道共享采样保持器和 A/D 转换器

这种结构形式的数据采集系统结构框图如图 1-18 所示，它采用分时转换的工作方式，各路被测参数共用一个采样/保持器和一个 A/D 转换器。在某一时刻，多路开关只能选择其中某一路，把它接入到采样保持器的输入端。当采样保持器的输出已充分逼近输入信号（按给定精度）时，在控制命令的作用下，采样保持器由采样状态进入保持状态，A/D 转换器开始进行转换，转换完毕后输出数字信号。在转换期间，多路开关可以将下一路接到采样保持器的输入端。系统不断重复上述操作，实现对多通道模拟信号的数据采集，采样方式可以按顺序或随机进行。这种结构形式简单,所用芯片数量少,适用于信号变化速率不高,对采样信号不要求同步的场合。如果信号变化速率慢,也可以不用采样保持器。如果信号比较弱,混入的干扰信号比较大,还需要使用数据放大器和滤波器。

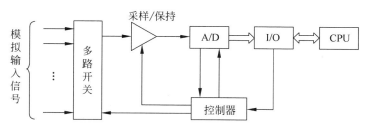

图 1-18　多通道共享采样保持器和 A/D 转换器的数据采集系统结构框图

2) 多通道同步型数据采集系统

多通道同步型数据采集系统结构框图如图 1-19 所示。该结构虽然也属于分时转换系统,各路信号共用一个 A/D 转换器,但每一路通道都有一个采样保持器,可以在同一个指令控制下对各路信号同时进行采样,得到各路信号在同一时刻的瞬时值。模拟开关分时地将各路采样保持器接到 A/D 转换器上进行模/数转换。这些同步采样的数据可以描述各路信号的相位关系,这种结构的系统被称为同步数据采集系统。例如,为了测量三相瞬时功率,数据采集系统必须对同一时刻的三相电压、电流进行采样,然后进行计算。由于各路信号必须串行地在共用的 A/D 转换器中进行转换,因此这种结构的速度仍然较慢。

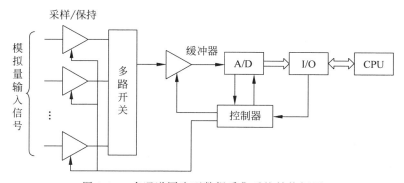

图 1-19　多通道同步型数据采集系统结构框图

3) 多通道并行数据采集系统

多通道并行数据采集系统结构框图如图 1-20 所示。在该类系统中,每个通道都有独自的采样保持器和 A/D 转换器,各个通道的信号可以独立进行采样和 A/D 转换。转换的数据可经过接口电路直接送到计算机中,数据采集速度快。另外,如果系统中的被测信号较分散,模拟信号经过较长距离传输后再采样,势必会受到干扰。这种结构形式可以在每个被测信号源附近加采样保持器和 A/D 转换器,就近进行采样保持和 A/D 转换。转换的数字信号也可以通过光电转换变成光信号再传输,从而使传感器和数据处理中心在电气上完全隔离,避免由接地电位差引起的共模干扰。多通道并行数据采集系统所用的硬件多,成本高。这种结构形式适用于高速系统、分散系统。

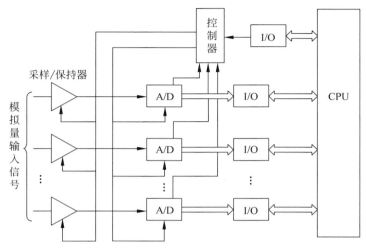

图 1-20　多通道并行数据采集系统结构框图

2. A/D 转换器

对上述任何一种结构的数据采集系统而言,A/D 转换器都是数据采集系统的核心部分。A/D 转换器的种类繁多,用于智能仪器设计的 A/D 转换器主要有逐次逼近式、积分式、并行式和改进型四类。

逐次逼近式 A/D 转换器的转换时间与转换精度比较适中,转换时间一般在微秒级,转换精度一般在 0.1% 上下,适用于一般场合。

积分式 A/D 转换器的核心部件是积分器,因此速度较慢,其转换时间一般在毫秒级或更长。但其抗干扰性能强,转换精度可达 0.01% 或更高,适于在数字电压表类仪器中采用。

并行式 A/D 转换器又称为闪烁式 A/D 转换器,由于采用并行比较,因而转换速率可以达到很高,其转换时间可达微秒级,但抗干扰性能较差。由于工艺限制,其分辨率一般不高于 8 位。这类 A/D 转换器可用于数字示波器等要求转换速度较快的仪器中。

改进型 A/D 转换器是在上述某种形式 A/D 转换器的基础上,为满足某种高性能指标而改进或复合而成的。例如,余数比较式 A/D 转换器即是在逐次逼近式 A/D 转换器的基础上加以改进的,使其在保持原有较高转换速率的前提下精度可达 0.01% 以上。

3．采样保持器

无论 A/D 转换器的速度多快，A/D 转换总需要时间。由此产生两个问题：在 A/D 转换期间，输入的模拟信号发生变化，将会使 A/D 转换产生误差，而且信号变化的快慢将影响误差的大小。为了减小误差，需要保持采样信号不变。首先考虑输入模拟信号的变化对 A/D 转换的影响。如果输入的是直流信号，在 A/D 转换期间信号不变，则对模/数转换没有影响。假设输入信号是正弦波，而且要求对输入信号的瞬时值进行测量，为了使模拟信号变化产生的 A/D 转换误差小于 A/D 转换器分辨率 LSB 的 1/2，需要满足下式：

$$\frac{\mathrm{d}V_x}{\mathrm{d}t} \times t_c \leqslant \frac{1}{2}\mathrm{LSB} = \frac{1}{2}\frac{V_{\mathrm{FS}}}{2^n} \tag{1-30}$$

式中，V_{FS} 为 A/D 转换器的满度值；t_c 为转换时间；V_x 为输入信号，$V_x = V_{\mathrm{m}}\sin\omega t$。则有

$$f_s \leqslant \frac{1}{2^{n+2}\pi t_c} \tag{1-31}$$

上式给出了输入模拟信号最大变化频率和 A/D 转换器转换时间的关系。若使用 12 位 A/D 转换器，$t_c = 25\mu s$，可求得信号 V_x 的频率 $f_s < 0.78\mathrm{Hz}$。可见，在保证精度的条件下，直接用 A/D 转换器进行转换，输入信号的频率很低。为了解决这个问题，需要在 A/D 转换期间保持输入信号不变，用采样保持器将信号锁定，避免在 A/D 转换期间由于信号变化而产生误差。

采样保持器可以取出输入信号某一瞬间的值并在一定时间内保持不变。采样保持器有两种工作方式，即采样方式和保持方式。在采样方式下，采样保持器的输出必须跟踪模拟输入电压；在保持方式下，采样保持器的输出将保持采样命令发出时刻的电压输入值，直到保持命令撤销为止。目前比较常用的集成采样保持器如 AD582 等，将采样电路、保持器制作在一个芯片上，保持电容器外接，由用户选用。电容的大小与采样频率及要求的采样精度有关。一般来讲，采样频率越高，保持电容越小，但此时衰减也越快，精度较差。反之，如果采样频率比较低，但要求精度比较高，则可选用较大电容。

4．模拟开关

模拟开关是数据采集系统中的主要部件之一，它的作用是切换各路输入信号。在测控系统中，被测物理量经常为几个或几十个。为了降低成本和减小体积，系统中通常使用公共的采样保持器、放大器及 A/D 转换器等器件，因此，需要使用多路开关轮流把各路被测信号分时地与这些公用器件接通。多路开关有机械触点式开关和集成模拟电子开关两种类型。机械触点式开关中最常用的是干簧继电器，它的导通电阻小，但切换速率慢。集成模拟电子开关的体积小，切换速率快且无抖动，耗电少，工作可靠，容易控制。它的缺点是导通电阻较大，输入电压、电流容量有限，动态范围小。集成模拟电子开关在测控技术中得到广泛应用。

模拟开关的主要技术参数如下：

(1) 通道数量。它是模拟开关的主要指标之一，表示最多输入信号的路数。通道数量对输入信号传输的精度和切换速率有直接影响。当某一路被选通时，其他被阻断的通道并不能完全断开，而是处于高阻状态，泄漏电流将对导通的那一路产生影响。显然，通道数越多，漏电流越大，寄生电容的影响也越大。

(2) 泄漏电流 I_S。理想开关要求导通时电阻为 0，断开时电阻为 ∞，漏电流为 0。实际上开关断开时漏电流不为 0。如果信号源内阻很高，传输的是电流信号，就特别需要考虑模拟开关的泄漏电流的影响，一般希望泄漏电流越小越好。

(3) 导通电阻 R_{on}。导通电阻会使输入信号损失，精度降低，尤其是当开关串联的负载为低阻抗时信号损失更大。应用时要根据实际情况选择导通电阻足够低的开关。导通电阻值与电源电压有直接关系，通常电源电压越高，导通电阻越小。另外，导通电阻和泄漏电流相矛盾，制造过程中，若要求导通电阻小，则应扩大沟道使开关体积变大，但这会使泄漏电流增大。

(4) 导通电阻的平坦度 ΔR_{on}。导通电阻随着输入电压的变化会产生波动。导通电阻的平坦度是指在指定的输入电压范围内，导通电阻的最大起伏值，即 $\Delta R_{on} = \Delta R_{on(max)} - \Delta R_{on(min)}$，它表明导通电阻的平坦程度，$\Delta R_{on}$ 越小越好。

(5) 切换速度。它是模拟开关的重要指标，表明模拟开关接通或断开的速度，通常用接通时间 t_{on} 和断开时间 t_{off} 来表示。传输快速变化的信号时，要求开关的切换速度快。选择开关速度时，还要充分考虑与后级的采样保持器及 A/D 转换器的速度相适应。

(6) 电源电压范围。器件的工作电压也是一个重要参数，它不仅与开关导通电阻的大小及切换速度的快慢有直接关系，而且决定输入信号的动态范围。电源电压越高，切换速度越快，导通电阻越小；电源电压越低，切换速度越慢，导通特性越差。在选择器件时，要根据系统情况选择高电压型器件或低电压型器件。例如，对于 3V 或 5V 的电压系统，必须选择低电压型器件以保证系统正常工作。另外，电源电压还限制了信号的动态范围，因为输入电压最高只能达到电源电压的幅度。

为了满足不同的需要，现已开发出各种各样的集成模拟开关。按输入信号的连接方式可分为单端输入和差动输入；按信号的传输方向可分为单向开关和双向开关，双向开关可以实现两个方向的信号传输，既能完成从多到一的转换，也能完成从一到多的转换。一般选择集成模拟开关时首先考虑路数，常用的集成模拟开关有 4 选 1、双 4 选 1、8 选 1、双 8 选 1、16 选 1、32 选 1 等多种。另外，还可分为电压开关和电流开关，分别用来传输电压信号和电流信号。目前常用的集成模拟开关有 AD7501、CD4051 和 LF13508 等。

在实际的数据采集系统中，有时采样点数远不止 8 路、16 路，而需要 32 路、64 路，甚至 128 路或更多。因此，经常需要使用多个集成模拟开关进行通道扩展，以满足要求。

1.3.2　输入/输出通道

1. 输入通道接口技术

检测系统输入通道主要指传感器与微机之间的接口通道。智能化检测系统中，在传感器和微机之间，需要恰当的信号变换和接口电路。信号变换以及与微机的接口电路要根据所选用的传感器类型、传感器与检测系统中心之间的距离以及系统性能指标的要求来选定。在大多数智能检测系统中，选用的传感器多为模拟量输出，模拟信号调理技术主要包括信号的预变换、放大、滤波、调制与解调、多路转换、采样/保持、A/D 转换等。如果传感器本身为数字式传感器，即输出为开关量脉冲信号或已编码的数字信号，则仅需进行脉冲整形、电平匹配或数码变换就可以和微机接口。

检测系统中，各种传感器输出的信号是千差万别的。从仪器仪表间的匹配考虑，必须将传感器输出的信号转换成统一的标准电压或电流信号输出。

标准信号是各种仪器仪表输入、输出之间采用的统一规定的信号模式，采用统一标准信号可使各种仪表的组合联用成为可能。

大多数传感器的输出信号都是模拟信号，采用模拟信号传输可使信号处理电路大大简化，降低成本。模拟信号有直流电流、电压及交流电流、电压四种。直流信号与交流信号相比，有如下优点：

（1）在信号传输中，直流不受交流感应影响，易于解决系统的抗干扰问题；

（2）直流不受传输线路的电感、电容及负荷性质的影响，不存在相移问题，使连接简化；

（3）用直流信号便于进行模/数转换，因而巡回检测装置、数据处理装置、顺序控制装置以及智能检测系统的部分接口都是以直流信号作为输入的，采用统一的直流信号有利于与这些装置的匹配。

通常标准电压信号为 $0\sim\pm10\mathrm{V}$、$0\sim\pm5\mathrm{V}$ 等几种形式；标准电流信号为 $0\sim10\mathrm{mA}$、$4\sim20\mathrm{mA}$ 等。电流信号传输与电压信号传输各有特点。电流信号抗干扰能力强，适于远距离传输；电压信号的系统连接简便，但不适于远距离传输。

传感器输出的信号在处理、传输的过程中，常常用到各种信号变换电路，如：

（1）电压-电流变换电路。目前，国内外已经生产出传感器专用的集成电压-电流变换芯片。

（2）电流-电压变换电路。采用高输入阻抗运放，如 LM356、CF3140 等，很容易组成电流-电压变换电路。

（3）电荷-电压变换电路。压电式传感器可以将被测量转换成电荷或电压输出。对于电压输出型压电式传感器，用到电荷-电压变换电路，由于传感器本身输出阻抗很高，所以必须配用高输入阻抗的电压放大器，否则电荷会通过电容和电阻放电而不能保存。在远距离传送或被测量变化极为缓慢时，将损失较多的信息，此时压电式传感器应配用电荷放大器,以减少信息损失。

(4) 电压-频率变换电路。电压-频率变换电路(VFC)可以将输入电压的绝对值转换成信号的频率输出。

2. 输出通道的隔离与驱动

检测系统输出通道的任务主要有两个方面:一方面,需要把检测结果数据转换成显示和记录机构所能接收的信号,加以直观地显示或形成可保存的文件;另一方面,对以控制为目的的系统,需把微机所采集的过程参量经过调节运算转换成生产过程执行机构所能接收的驱动控制信号,使被控对象能按预定的要求得到控制。

显然,各类输出装置所需的数据驱动信号不同。例如,驱动 CRT 或 LED 显示装置,需要字形显示代码信号;驱动 X-Y 记录仪,需要 0～10V 连续变化的电压信号;驱动行程开关或继电器线圈,需要开关量脉冲信号;驱动某些电动执行机构,需要 4～20mA 的标准电流信号或大功率信号等。总之,驱动信号不外乎模拟量电压、电流信号和数字量信号两种类型。模拟量输出驱动由于受模拟器件的漂移等影响,很难达到较高的控制精度。随着电子技术的迅速发展,特别是计算机技术的应用,数字量输出驱动控制已越来越广泛地被应用,而且可以达到很高的精度。目前,除某些特殊场合,数字量(开关量)输出控制已逐渐取代了传统的模拟量输出的控制方式。

1) 数字量(开关量)的输出隔离

数字量(开关量)输出隔离的目的在于隔断微处理机与执行机构之间的直接电气联系,以防外界强电磁干扰或工频电压通过输出通道反串到检测系统。目前,输出通道的隔离主要有光电耦合隔离和继电器隔离两种技术。

(1) 光电耦合隔离技术。

在输出通道的隔离中,最常用的是光电耦合隔离技术。光电耦合器使执行机构与微处理机的电源互相独立,消除了地电位不同产生的干扰,同时光电耦合器中的发光器件为电流驱动器件,可以形成电流传送方式,形成低阻抗电路,对噪声敏感度低,抗干扰能力强。光电耦合器在检测系统中的应用是多方面的,如信号隔离转换、隔离驱动、远距离隔离传输、A/D 转换、固态继电器等。

光电耦合器可根据要求不同,由不同种类的发光元件和受光元件组合成许多系列。常用的光电耦合器可分为直流输出和交流输出两种类型。直流输出型采用晶体管、达林顿管、施密特触发器等作为输出;交流输出型采用单向晶闸管、双向晶闸管等作为输出。目前应用最广的是发光二极管与光敏三极管组合的光电耦合器。光电耦合器的驱动可采用 TTL 或 CMOS 数字电路。

光电耦合器的主要特点是:

① 输出信号与输入信号在电气上完全隔离,抗干扰能力强,隔离电压可达千伏以上;

② 无触点,寿命长,可靠性高;

③ 响应速度快,易与 TTL 电路配合使用。

在使用光电耦合器时,应注意区分输入部分和输出部分的极性,防止接反而烧坏器件,同时其工作参数不应超过规定的极限参数。

（2）继电器隔离技术。

继电器的线圈和触点之间没有电气上的联系,因此可以利用继电器的线圈接收信号,利用触点发送和输出信号,从而避免强电与弱电信号之间的直接接触,实现了抗干扰隔离。

2）数字量（开关量）的输出驱动

测控系统中,大功率、大电流驱动设计是不可缺少的环节,其性能好坏直接影响现场控制的质量。目前常用的开关量输出驱动电路主要有功率晶体管、达林顿管、晶闸管（SCR）、功率场效应管（MOSFET）、集成功率电子开关、固态继电器以及各种专用集成驱动电路。这里简单介绍集成功率电子开关、晶闸管、固态继电器三种输出驱动电路。

（1）集成功率电子开关。

集成功率电子开关是一种直流功率电子开关器件,可由 TTL、HTL、DTL、CMOS 等逻辑电路直接驱动。该器件具有开关速度快、工作频率高（可达 $1.5\mathrm{MHz}$）、无触点、无噪声、寿命长等特点。目前在测控系统中常用来替代机械触点式继电器,越来越多地用于微电机控制、电磁阀驱动等场合,特别适用于在抗潮湿、抗腐蚀和抗爆场合使用。TWH8751、TWH8728 是目前应用最广的两种集成功率电子开关,其控制电流为 $100\sim200\mu\mathrm{A}$,输出电压为 $12\sim24\mathrm{V}$,输出电流为 $2\mathrm{A}$。

（2）晶闸管。

晶闸管是一种大功率半导体器件,分为单向晶闸管（SCR）和双向晶闸管（BCR）。在测控系统中,晶闸管可作为大功率驱动器件,具有用较小功率控制大功率、无触点等特点,广泛应用于交直流电机调速系统、调功系统、随动系统中。

（3）固态继电器。

固态继电器（solid state relay,SSR）是一种新型无触点功率型电子继电器。当施加触发信号后,其主回路呈导通状态,无信号时呈阻断状态,从而实现了控制回路（输入）与负载回路（输出）之间的电气隔离及信号耦合。其输入端仅要求输入很小的驱动电流,用 TTL、HTL、CMOS 等 IC 电路或加简单的辅助电路就可直接驱动,因此适于在测控系统中作为输出通道的控制元件;其输出可利用晶体管或晶闸管驱动,无触点。另外,其输入端与输出端之间采用光电隔离,绝缘电压可达 $2500\mathrm{V}$ 以上。

固态继电器的输入电压为 $4\sim32\mathrm{V}$,输出暂态电流一般小于 $5\mathrm{mA}$,最大可控电流为 $30\mathrm{mA}$,开关时间小于 $200\mu\mathrm{s}$,具有工作可靠、驱动功率小、无触点、无噪声、抗干扰、开关速度快、寿命长等优点,因此应用领域十分广泛。

第 1 章教学资源

第 2 章

数据处理基础

数据处理是智能传感的后续数据分析过程。基本目的是从大量的、杂乱无章的、难以理解的数据中抽取并推导出具有某些特定价值、意义的信息,进而进行建模分析。分析过程一般分为描述型分析和预测型分析。描述型分析,即描述目标行为模式,通常基于关联规则、序列规则、聚类等模型。预测型分析,也就是量化未来一段时间内,某个事件的发生概率,主要包括分类预测和回归预测。本章主要对常用的数据处理方法以及分析模型进行简要介绍。

2.1 特征工程

一般来说,智能系统的输入是传感器对实物或过程进行测量所得到的一些数据,其中有一些数据可以直接作为特征,有一些数据经过处理之后可以作为特征,这样的一组特征一般称为原始特征。特征矢量的每一个分量并不一定是独立的,它们之间可能具有一定的相关性。特征工程、特征选择和提取,旨在经过选择或变换,组成识别特征,尽可能保留数据信息,在保证数据分析模型一定精度的前提下,减少数据冗余信息,使模型尽可能快速又准确。

2.1.1 特征选择

特征是被观察过程的个体可测量属性。使用一组特征,任何机器学习算法都可以执行分类。在过去的几年里,在机器学习或模式识别的应用中,特征的领域已经从几十个变量或特征扩展到了数百个在这些应用中使用的变量或特征。特征选择(变量剔除)有助于理解数据,减少计算量,降低维数灾难的影响,提高预测器的性能。

特征选择的重点是从输入中选择能够有效描述输入数据的变量子集,减少噪声或无关变量的影响,同时仍能提供良好的预测结果。例如,基因微阵列分析,标准化的基因表达数据可以包含数百个变量,其中许多变量可能与其他变量高度相关(例如,当两个特征完全相关时,只有一个特征足以描述数据)。相互依赖的变量不提供关于类别的额外信息,可以视为预测模型的噪声。这意味着可以从包含关于类别的最大区分信息的较少维度特征中获得总的信息内容。因此,通过消除因变量,可以减少数据量,从而提高分类性能。在一些应用中,与类别无关的变量作为纯噪声可能会在预测器中引入偏差,从而降低分类性能。通过应用特征选择技术,可以更深入地了解这一过程,并可以提高计算需求和预测精度。图 2-1 所示为特征选择的过程。

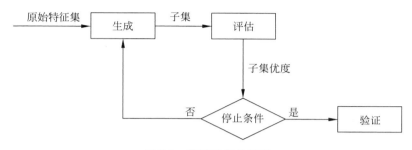

图 2-1　特征选择的过程

特征选择有很多种分类方式。根据有无类别特征,可以分为有监督、无监督特征选择算法;按照搜索策略,有全局最优、序列和随机搜索的特征选择算法;依据特征选择和学习器的不同结合方式,有过滤式(filter)、封装式(wrapper)、嵌入式(embedded)和集成式(ensemble)四种方法。过滤式方法用作对特征进行排序的预处理,从中选择高排序的特征并将其应用于预测器。在封装式方法中,特征选择的标准是预测器的性能,即预测器被包裹在搜索算法上,该算法将找到给出最高预测器性能的子集。嵌入式方法将变量选择作为训练过程的一部分,而不会将数据分成训练集和测试集。嵌入式特征选择算法嵌入在学习算法中,当分类算法训练过程结束就可以得到特征子集。嵌入式特征选择算法可解决基于特征排序的过滤式算法结果冗余度过高的问题,还可以解决封装式算法时间复杂度过高的问题,它是过滤式算法和封装式算法的折中。集成式特征选择算法借鉴集成学习思想,它训练多个特征选择方法,并整合所有特征选择方法的结果,可获得比单个特征选择方法更好的性能。

1. 过滤式方法

过滤式方法使用变量排序技术作为按顺序选择变量的主要标准。排序方法简单易行,在实际应用中取得了较好的效果。使用合适的排序标准对变量进行评分,并且使用阈值来移除低于阈值的变量。排序方法是过滤方法,因为它们在分类之前被应用,以过滤掉相关性较小的变量。特征的一个基本属性是包含有关数据中不同类的有用信息。该属性可以定义为特征相关性,它提供了特征在区分不同类别时的有用性的量度。

有学者给出了变量相关性的定义和衡量标准:"如果一个特征有条件地独立于类别标签,那么它可以被认为是不相关的。"这本质上是在声明,如果一个特征是相关的,那么它可以独立于输入数据,但不能独立于类别标签,即对类别标签没有影响的特征可以被丢弃。因此,特征间相关性在确定独特特征方面起着重要作用。对于实际应用,潜在的分布是未知的,并且通过分类器的精度来衡量。所以,最佳特征子集可能不是唯一的,因为使用不同的特征集可能实现相同的分类器精度。

为便于理解特征的相关性,现介绍两种排序方法。使用标准表示法来表示数据和变量。输入数据$[x_{ij}, y_k]$由 N 个样本组成,D 个变量$j=1 \sim D$,x_i 是第 i 个样本,$y_k(k=1,2,\cdots,Y)$是分类标签。

1) 相关标准法

最简单的标准之一是皮尔逊相关系数,定义为

$$R(i) = \frac{\text{cov}(x_i, y)}{\sqrt{\text{var}(x_i) \cdot \text{var}(y)}} \tag{2-1}$$

式中,x_i 是第 i 个变量；y 是输出(类标签)；cov( )是协方差；var( )是方差。相关性排序只能检测变量和目标之间的线性相关性。

2) 互信息法

信息论排名标准使用两个变量之间的相关性量度。为了描述互信息(mutual information,MI),必须从 Shannons 给出的熵定义开始:

$$H(y) = -\sum_y p(y)\log(p(y)) \tag{2-2}$$

式(2-2)表示输出 y 中的不确定性(信息量)。假设我们观察变量 x,则条件熵由下式给出:

$$H(y \mid x) = -\sum_x \sum_y p(x,y)\log(p(y \mid x)) \tag{2-3}$$

式(2-3)意味着通过观察变量 x,减少了输出 y 中的不确定性。不确定性的降低如下所示:

$$I(Y,X) = H(Y) - H(Y \mid X) \tag{2-4}$$

由上式可知,如果 x 和 y 是独立的,那么 MI 将为零；如果它们是相互依赖的,则 MI 将大于零。这意味着一个变量可以提供关于另一个变量的信息,从而证明了依赖性。对于连续变量,用积分代替求和也可以得到同样的定义。MI 也可以定义为由以下公式给出的距离量度:

$$K(f,g) = \int f(y)\log\left(\frac{f(y)}{g(y)}\right) \tag{2-5}$$

式(2-5)中的量度 K 是两个密度之间的 Kullback-Leibler 散度,它也可以用作 MI 的量度。在上面的方程式中,需要知道变量的概率密度函数(PDF)来计算 MI。由于数据是有限样本,所以不能准确地计算出 PDF。如今已经发展了几种估计 MI 的方法。一旦选择了一种特定的方法来计算 MI,那么最简单的特征选择方法之一就是找到每个要素和输出类标签之间的 MI,并根据该值对它们进行排序。特征排序的优点是计算简单,可避免过度拟合,并且被证明对某些数据集很有效。但所选择的子集可能不是最优的,因为可能获得冗余子集。一些排序方法,如皮尔逊相关

准则和 MI,也没有区分变量与其他变量的相关性。

2. 封装式方法

封装式方法以预测器为黑盒,以预测器性能为目标函数对变量子集进行评估。由于评估 2N 个子集成为一个 NP-Hard 问题,通过使用启发式寻找子集的搜索算法来找到次优子集。可以使用多种搜索算法来寻找最大化目标函数(即分类性能)的变量子集。分支定界方法使用树结构来评估给定特征选择数的不同子集。但对于更多的特征,搜索量将呈指数级增长。对于较大的数据集,穷举搜索方法可能会变得计算密集。因此,采用诸如顺序搜索之类的简化算法或诸如遗传算法(GA)及粒子群优化(PSO)之类的进化算法来产生局部最优结果,这些算法可以产生良好的结果并且在计算上是可行的。

封装式方法大致分为顺序选择算法和启发式搜索算法。顺序选择算法从空集(全集)开始,然后添加特征(移除特征),直到获得最大目标函数。为了加快选择速度,选择一个准则,该准则递增地增加目标函数,直到用最小数量的特征达到最大值。启发式搜索算法通过评估不同的子集来优化目标函数。通过在搜索空间中搜索或通过生成优化问题的解来生成不同的子集。

1) 顺序选择算法

顺序选择算法是一种按顺序执行的算法。一次通过,从头到尾,没有其他处理执行,也不是同时执行或并行执行。大多数标准计算机算法是顺序选择算法,如顺序正向选择(SFS)算法与顺序浮动正向选择(SFFS)算法。SFS 算法从空集开始,并为第一步添加一个特征,该特征给出目标函数的最高值。从第二步开始,将剩余的特征单独添加到当前子集,并评估新的子集。如果单个特征提供了最大的分类精度,则它被永久地包括在子集中。重复该过程,直到添加了所需数量的特征。这是一种简单的 SFS 算法,因为没有考虑特征之间的依赖性。也可以构造类似于 SFS 的顺序向后选择(SBS)算法,但是该算法从完整的变量集开始,并且一次移除一个特征,这样会降低预测器性能。

SFFS 算法比朴素的 SFS 算法更灵活,因为它引入了额外的回溯步骤。图 2-2 给出了其基本流程,其中 k 为当前子集大小,d 为所需的维度。该算法的第一步与基于目标函数一次添加一个特征的 SFS 算法相同。SFFS 算法增加了另一个步骤,该步骤从第一步获得的子集中一次排除一个特征,并评估新的子集。如果排除某个特征增加了目标函数的值,则该特征被移除并返回到具有新的缩减子集的第一步,否则从顶部重复该算法。重复此过程,直到添加了所需数量的功能或达到所需的性能为止。

2) 启发式搜索算法

在介绍启发式搜索之前先了解一下状态空间搜索。状态空间搜索,就是将问题求解过程表示为从初始状态到目标状态寻找这个路径的过程。例如,在两点之间求一线路,这两点分别是求解的开始和问题的结果,而这一线路不一定是直线,

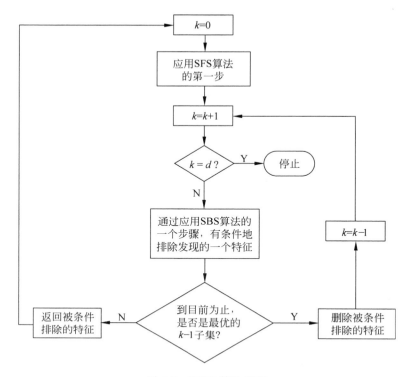

图 2-2　SFFS 算法流程

可以是曲折的。由于求解问题的过程中分枝有很多,主要是求解过程中求解条件的不确定性、不完备性造成的,使得求解的路径很多,这就构成了一个图,称为状态空间。问题的求解实际上就是在这个状态空间中找到一条路径可以从开始到结果。这个寻找的过程就是状态空间搜索。

启发式搜索就是在状态空间中的搜索,对每一个搜索的位置进行评估,得到最好的位置,再从这个位置进行搜索直到目标。这样可以省略大量无谓的搜索路径,提高了效率。在启发式搜索中,对位置的估计是十分重要的。采用不同的估计可以有不同的效果,代表性的方法主要包括遗传算法和 CHCGA 算法。

(1)遗传算法。

遗传算法(genetic algorithm,GA)最早是由美国的 John Holland 于 20 世纪70 年代提出的。该算法是根据大自然中生物体进化规律而设计提出的,是模拟达尔文生物进化论的自然选择和遗传学机理的生物进化过程的计算模型,是一种通过模拟自然进化过程搜索最优解的方法。该算法通过数学的方式,利用计算机仿真运算,将问题的求解过程转换成类似生物进化中的染色体基因的交叉、变异等过程。在求解较为复杂的组合优化问题时,相对一些常规的优化算法,通常能够较快地获得较好的优化结果。

遗传算法的基本运算过程如下：

① 初始化：设置进化代数计数器 $t=0$，设置最大进化代数 T，随机生成 M 个个体作为初始群体 $P(0)$。

② 个体评价：计算群体 $P(t)$ 中各个个体的适应度。

③ 选择运算：将选择算子作用于群体。选择的目的是把优化的个体直接遗传到下一代或通过配对交叉产生新的个体再遗传到下一代。选择操作是建立在群体中个体的适应度评估基础上的。

④ 交叉运算：将交叉算子作用于群体。遗传算法中起核心作用的就是交叉算子。

⑤ 变异运算：将变异算子作用于群体，即对群体中的个体的某些基因座上的基因值作变动。群体 $P(t)$ 经过选择、交叉、变异运算之后成为下一代群体 $P(t+1)$。

⑥ 终止条件判断：若 $t=T$，则以进化过程中所得到的具有最大适应度个体作为最优解输出，终止计算。

遗传操作包括三个基本遗传算子（genetic operator）：选择（selection），交叉（crossover），变异（mutation）。

（2）CHCGA 算法。

CHCGA 是一种非传统遗传算法，与 GA 在以下方面有所不同：

① 最好的 N 个个体是从父母和后代中挑选出来的，也就是说，更好的后代取代了不太适应的父母。

② 使用高度破坏性的半均匀交叉（HUX）算子，该算子正好交叉了一半的非匹配等位基因，其中随机选择要交叉的位。

③ 在繁殖步骤中，随机选择亲本群体中的每个成员而不进行替换，并将其配对以进行交配。不是所有配对都交叉，但在配对之前，计算双亲之间的汉明距离，如果该距离的一半没有超过阈值 d，则它们不配对。阈值通常被初始化为 $L/4$，其中 L 是染色体长度。如果在世代中没有获得后代，则阈值减 1。由于采用这些只交配不同亲本的交配标准，随着阈值的降低，种群会收敛。

④ 如果没有后代产生，阈值降到零，就会引入一种灾难性的突变来创造一个新的种群。以当前亲本种群中最优秀的个体为模板，生成新的种群，其余 $N-1$ 个个体通过随机翻转一定百分比（35%～40%）的模板位而获得。每次交叉步骤后的规则突变被跳过，如果需要则携带上述突变。

CHCGA 的收敛速度更快，通过保持种群多样性和避免种群停滞，提供了更有效的搜索。

封装式方法的主要缺点是获得特征子集所需的计算量较大。对于每个子集评估，预测器创建一个新模型，即针对每个子集训练预测器并进行测试，以获得分类器精度。如果样本数量很大，则算法执行的大部分时间都花在训练预测器上。使用分类器性能作为目标函数的另一个缺点是分类器容易过度拟合。如果分类器模型学习数据太好，并且提供的泛化能力较差，则会发生过拟合。为了避免这种情况,可以使用单独的测试集来指导搜索的预测精度。

3. 嵌入式方法

过滤式和封装式算法的特征选择过程与学习器训练过程有明显的界限,与过滤式和封装式特征选择算法不同,嵌入式特征选择是将特征选择过程与学习器训练过程融为一体,两者在同一个优化过程中完成,即在学习器训练过程中自动地进行了特征选择。相对于封装式方法,嵌入式特征选择方法不用将数据集分为训练集和验证集两部分,避免了为评估每一个特征子集对学习机所进行的重复训练,可以快速地得到最佳特征子集,是一种高效的特征选择方法。但是该类方法较大程度上依赖于参数调整,因此其性能对参数非常敏感,而且如何构造目标函数也是一个研究难点。

常用的嵌入式方法有:①带有 L_1 正则项的 LASSO(least absolute shrinkage and selection operator),又译为最小绝对值收敛和选择算子、套索算法;②带有 L_2 正则项的岭回归(ridge regression)。这两种方法常用于构建线性模型,可以将许多特征缩小到零或几乎接近于零。

给定数据集 $D=\{(\boldsymbol{x}_1,y_1),(\boldsymbol{x}_2,y_2),\cdots,(\boldsymbol{x}_m,y_m)\}$,其中 $\boldsymbol{x}\in\mathbb{R}^d,y\in\mathbb{R}$。我们考虑最简单的线性回归模型,以平方误差为损失函数,则优化目标为:

$$L(\boldsymbol{x},y)=\mathrm{RSS}=\min_{w}\sum_{i=1}^{n}(y_i-\boldsymbol{w}^{\mathrm{T}}x_i)^2$$

当样本特征很多,而样本数相对较少时,上式很容易陷入过拟合。为了缓解过拟合问题,可对上式引入正则化项。正则化项越大,模型越简单,系数越小,当正则化项增大到一定程度时,所有的特征系数都会趋于 0,在这个过程中,会有一部分特征的系数先变成 0,即实现了特征选择过程。

1) 岭回归

岭回归执行 L_2 正则化,即它在优化目标中添加了系数平方和的因子。则优化目标为

$$L(x,y)=\mathrm{RSS}+\lambda\parallel\boldsymbol{w}\parallel_2^2$$

此处,λ 是平衡最小化 RSS 与最小化系数平方和 $\parallel\boldsymbol{w}\parallel_2^2$ 的强调量的参数,$\lambda>0$。岭回归有如下特点:

(1) 岭回归惩罚过大的系数,但是它不会将系数降低(缩小)到零,而是使系数接近于零。

(2) 它有助于降低模型复杂性并处理数据中的任何多重共线性。

(3) 当数据包含大量特征而其中只有少数是真正重要的时,岭回归并不可取。

(4) 岭回归降低了模型的复杂性,但不会减少变量的数量,因为它永远不会导致系数为零,而只会使其最小化。因此,该模型不利于特征减少。

2) LASSO 回归

LASSO 回归执行 L_1 正则化,即在优化目标中添加一个系数绝对值之和的因

子。则优化目标为

$$L(x,y) = \text{RSS} + \lambda \parallel w \parallel_1$$

类似于岭回归,LASSO 回归同样平衡 RSS 和系数大小之间的关系。LASSO 回归有如下特点:

(1) LASSO 回归对模型参数值的总和施加了限制,总和必须小于特定的固定值。

(2) 它惩罚模型中的系数,会将一些系数缩小为零,表示某个预测器或某些特征将乘以零以估计目标。

(3) 选择收缩后具有非零系数的变量作为模型的一部分。

与岭回归最重要的区别是 LASSO 回归可以强制系数为零,这将从模型中删除该特征。尤其是当需要降低模型复杂性时,相比于岭回归,LASSO 才是首选。强制系数为零后,模型具有的特征数量越少,复杂性越低。

由于 LASSO 使用 L_1 正则项,所以具有一定的特征选择功能,因为 L_1 正则更容易获得稀疏解,它将一些"对标签没有用处"的特征对应的系数压缩为 0,进而将对结果有较大影响的特征突显出来。而岭回归中 L_2 正则项不具备这个功能,它只会将一些无关特征的系数降到一个较小的值,但不会降为 0。所以还有一种对岭回归和 LASSO 折中的方法——弹性网络(elastic net),同时使用 L_1 范数和 L_2 范数,既可避免过拟合,同时也实现了降维,并筛选出相应的特征。优化目标为:

$$L(x,y) = \text{RSS} + \lambda_1 \parallel w \parallel_2^2 + \lambda_2 \parallel w \parallel_1$$

2.1.2 特征提取

特征提取从初始的一组测量数据开始,并建立旨在提供信息和非冗余的派生值(特征),从而促进后续的学习和泛化步骤,并且在某些情况下带来更好的可解释性。特征提取与降维有关。特征的好坏对泛化能力有至关重要的影响。特征抽取的方法很多,下面以基于离散 K-L 变换(DKLT)和小波变换的特征抽取为例进行介绍。

1. 离散 K-L 变换

离散 Karhunen-Loeve(简称 K-L)变换又称主成分分析(principal component analysis,PCA),是一种基于目标统计特性的最佳正交变换,被广泛应用于数据压缩、特征降维等方面。离散 K-L 变换具有一些很好的特性:

(1) 可以使变换后所生成的新分量正交或不相关;

(2) 在用较少的新分量表示原特征向量时,可达到均方误差最小;

(3) 变换得到的向量能量更趋集中。

1) 离散有限 K-L 展开

设 X 是一个 n 维的随机向量,则它可以用下式无误差地展开:

$$X = \sum_{j=1}^{n} \alpha_j \boldsymbol{\varphi}_j = \boldsymbol{\Phi}\boldsymbol{\alpha} \qquad (2\text{-}6)$$

式中,$\boldsymbol{\Phi} = (\boldsymbol{\varphi}_1, \boldsymbol{\varphi}_2, \cdots, \boldsymbol{\varphi}_n)$,满足 $\boldsymbol{\varphi}_i^{\mathrm{T}} \boldsymbol{\varphi}_j = \begin{cases} 1, & i=j \\ 0, & i \neq j \end{cases}$,即 $\boldsymbol{\Phi}^{\mathrm{T}}\boldsymbol{\Phi} = \boldsymbol{I}$,则表明 $\boldsymbol{\Phi}$ 为正交矩阵。可得 $\boldsymbol{\alpha} = \boldsymbol{\Phi}^{\mathrm{T}} X$,进而说明 $\boldsymbol{\alpha}$ 为向量 X 在由 $\boldsymbol{\Phi}$ 张成的空间中的坐标,即 α_j 为 X 在 $\boldsymbol{\varphi}_j$ 上的投影。

下面讨论 K-L 展开式的若干性质:

(1) 满足 $E(\alpha_i \alpha_i) = \begin{cases} \lambda_i, & i=j \\ 0, & i \neq j \end{cases}$,即展开式系数正交,因此 K-L 变换又称为双正交变换。

(2) 系数 α_i 的二阶统计量 $E(\alpha_i^2)$ 就是样本总体自相关矩阵 $E(XX^{\mathrm{T}})$ 的第 i 个特征值,$\boldsymbol{\varphi}_i$ 是对应的特征向量。

K-L 展开式的求解步骤如下:

步骤 1 求随机向量 X 的自相关矩阵 $R = E(XX^{\mathrm{T}})$。

步骤 2 求出 R 的特征值 λ_j 和对应的特征向量 $\boldsymbol{\varphi}_j$,$j = 1, 2, \cdots, n$,得矩阵 $\boldsymbol{\Phi} = (\boldsymbol{\varphi}_1, \boldsymbol{\varphi}_2, \cdots, \boldsymbol{\varphi}_n)$。

步骤 3 求出展开式的系数 $\boldsymbol{\alpha} = \boldsymbol{\Phi}^{\mathrm{T}} X$。

2) 基于 K-L 变换的数据压缩

从 n 个特征向量 $\boldsymbol{\Phi}$ 中取出 m 个组成变换矩阵 A,即 $A_{m \times n} = (\boldsymbol{\varphi}_1, \boldsymbol{\varphi}_2, \cdots, \boldsymbol{\varphi}_m)$,$m < n$,欲将 X 降为 m 维,下面讨论怎样选 m 个特征向量使效果最优。

首先介绍使降维的新向量在最小均方误差准则下接近原来向量 X 的求解思路。

对于 $X = \sum_{j=1}^{n} \alpha_j \boldsymbol{\varphi}_j$,现只取其中的 m 项,而略去的 $n-m$ 项用常数 b_j 来代替。这时对 X 的估计值为 $\hat{X} = \sum_{j=1}^{m} \alpha_j \boldsymbol{\varphi}_j + \sum_{j=m+1}^{n} b_j \boldsymbol{\varphi}_j$。由此产生的误差为 $\Delta X = \sum_{j=m+1}^{n} (\alpha_j - b_j) \boldsymbol{\varphi}_j$。则均方误差为

$$\varepsilon^2 = E[\|\Delta X\|^2] = \sum_{i=m+1}^{n} E[(\alpha_i - b_i)^2]$$

要使 ε^2 最小,对 b_j 的选择应满足

$$\frac{\partial \varepsilon^2}{\partial b_j} = \frac{\partial}{\partial b_j} \sum_{i=m+1}^{n} E[(\alpha_i - b_i)^2] = \frac{\partial}{\partial b_j} E[(\alpha_j - b_j)^2]$$
$$= E[-2(\alpha_j - b_j)] = 0 \qquad (2\text{-}7)$$

即

$$b_j = E[\alpha_j]$$

如果在 K-L 变换之前,将模式的总体均值向量作为新的坐标系原点,即在新的坐标系中 $E[\boldsymbol{X}]=0$,则此时均方误差变为

$$
\begin{aligned}
\varepsilon^2 &= \sum_{j=m+1}^{n} E[\alpha_j^2] = \sum_{j=m+1}^{n} E[(\boldsymbol{\varphi}_j^{\mathrm{T}}\boldsymbol{X})(\boldsymbol{\varphi}_j^{\mathrm{T}}\boldsymbol{X})^{\mathrm{T}}] = \sum_{j=m+1}^{n} E[\boldsymbol{\varphi}_j^{\mathrm{T}}\boldsymbol{X}\boldsymbol{X}^{\mathrm{T}}\boldsymbol{\varphi}_j] \\
&= \sum_{j=m+1}^{n} \boldsymbol{\varphi}_j^{\mathrm{T}}\boldsymbol{R}\boldsymbol{\varphi}_j = \sum_{j=m+1}^{n} \lambda_j
\end{aligned}
\tag{2-8}
$$

因此选择 m 个最大的特征值对应的特征向量组成变换矩阵 $\boldsymbol{A}$,将使 ε^2 最小,即为最小的 $n-m$ 个特征值之和。因此也将 K-L 变换称为主成分分析(PCA)。

基于 K-L 展开式的特征抽取算法的步骤如下:

步骤 1　平移坐标系,将模式的总体均值向量作为新坐标系的原点。

步骤 2　求随机向量 $\boldsymbol{X}$ 的自相关矩阵 $\boldsymbol{R}=E(\boldsymbol{X}\boldsymbol{X}^{\mathrm{T}})$。

步骤 3　求 $\boldsymbol{R}$ 的特征值 $\lambda_1,\lambda_2,\cdots,\lambda_n$ 及其对应的特征向量 $\boldsymbol{\varphi}_1,\boldsymbol{\varphi}_2,\cdots,\boldsymbol{\varphi}_n$。

步骤 4　将特征值按从大到小的顺序排序,如 $\lambda_1 \geqslant \lambda_2 \geqslant \cdots \geqslant \lambda_m \geqslant \cdots \geqslant \lambda_n$,取前 m 个大的特征值所对应的特征向量构成变换矩阵 $\boldsymbol{A}=(\boldsymbol{\varphi}_1,\boldsymbol{\varphi}_2,\cdots,\boldsymbol{\varphi}_m)$。

步骤 5　将 n 维向量变换成 m 维新向量 $\boldsymbol{Y}=\boldsymbol{A}^{\mathrm{T}}\boldsymbol{X}$。

2. 小波变换

小波变换(wavelet transform,WT)是一种新的变换分析方法,它继承和发展了短时傅里叶变换局部化的思想,同时又克服了窗口大小不随频率变化等缺点,能够提供一个随频率改变的"时间-频率"窗口,是进行信号时频分析和处理的理想工具。它能够通过变换充分突出问题某些方面的特征,具有时间(空间)频率局部化分析的特点,通过伸缩平移运算对信号(函数)逐步进行多尺度细化,最终达到高频处时间细分,低频处频率细分,能自动适应时频信号分析的要求,从而可聚焦到信号的任意细节,解决了傅里叶变换的困难问题,成为继傅里叶变换以来在科学方法上的重大突破。

给定一个基本函数 $\psi(t)$,令

$$
\psi_{a,b}(t) = \frac{1}{\sqrt{a}} \psi\left(\frac{t-b}{a}\right)
\tag{2-9}
$$

式中,a、b 均为常数,且 $a>0$。显然,$\psi_{a,b}(t)$ 是基本函数 $\psi(t)$ 先作移位再作伸缩以后得到的。若 a、b 不断地变化,则可得到一族函数 $\psi_{a,b}(t)$。给定平方可积的信号 $x(t)$,即 $x(t) \in L^2(\boldsymbol{R})$,则 $x(t)$ 的小波变换定义为

$$
\begin{aligned}
\mathrm{WT}_x(a,b) &= \frac{1}{\sqrt{a}} \int x(t) \psi^*\left(\frac{t-b}{a}\right) \mathrm{d}t \\
&= \int x(t) \psi_{a,b}^*(t) \mathrm{d}t = \langle x(t), \psi_{a,b}(t) \rangle
\end{aligned}
\tag{2-10}
$$

式中,a、b 和 t 均是连续变量,因此该式又称为连续小波变换(CWT),如无特别说明,该式中及以后各式中的积分都是从 $-\infty \sim +\infty$。信号 $x(t)$ 的小波变换

$WT_x(a,b)$ 是 a 和 b 的函数，其中 b 为时移，a 为尺度因子。$\psi(t)$ 又称为基本小波或母小波。$\psi_{a,b}(t)$ 是母小波经移位和伸缩所产生的一族函数，称为小波基函数，或简称小波基。这样，式(2-10)中的 WT 又可解释为信号 $x(t)$ 和一族小波基的内积。

母小波可以是实函数，也可以是复函数。若 $x(t)$ 是实信号，$\psi(t)$ 也是实的，则 $WT_x(a,b)$ 也是实的；反之，$WT_x(a,b)$ 为复函数。

式(2-9)中，时移 b 的作用是确定对 $x(t)$ 进行分析的时间位置，也即时间中心。尺度因子 a 的作用是把基本小波 $\psi(t)$ 进行伸缩，使 $\psi(t)$ 变成 $\psi\left(\dfrac{t}{a}\right)$，当 $a>1$ 时，a 越大，则 $\psi\left(\dfrac{t}{a}\right)$ 的时域支撑范围（即时域宽度）较 $\psi(t)$ 变得越大；反之，当 $a<1$ 时，a 越小，则 $\psi\left(\dfrac{t}{a}\right)$ 的宽度越窄。a 和 b 联合起来就决定了对 $x(t)$ 进行分析的中心位置及分析的时间宽度。

这样，式(2-10)中的 WT 可理解为用一族分析宽度不断变化的基函数对 $x(t)$ 进行分析，这一变化正好适应了我们对信号进行分析时在不同频率范围需要不同的分辨率这一基本要求。

式(2-9)中的因子 $\dfrac{1}{\sqrt{a}}$ 是为了保证在不同的尺度 a 时，$\psi_{a,b}(t)$ 始终能和母函数 $\psi(t)$ 有相同的能量，即

$$\int |\psi_{a,b}(t)|^2 \mathrm{d}t = \frac{1}{a}\int \left|\psi\left(\frac{t-b}{a}\right)\right|^2 \mathrm{d}t \tag{2-11}$$

令 $\dfrac{t-b}{a}=t'$，则 $\mathrm{d}t=a\,\mathrm{d}t'$，这样，上式的积分即等于 $\int |\psi_{a,b}(t)|^2 \mathrm{d}t$。

令 $x(t)$ 的傅里叶变换为 $x(\Omega)$，$\psi(t)$ 的傅里叶变换为 $\psi(\Omega)$，由傅里叶变换的性质，$\psi_{a,b}(t)$ 的傅里叶变换为

$$\psi_{a,b}(t)=\frac{1}{\sqrt{a}}\psi\left(\frac{t-b}{a}\right) \quad \Leftrightarrow \quad \Psi_{a,b}(\Omega)=\sqrt{a}\,\Psi(a\Omega)\mathrm{e}^{-\mathrm{j}\Omega b} \tag{2-12}$$

由 Parsevals 定理，式(2-11)可重新表示为

$$WT_x(a,b)=\frac{1}{2\pi}\langle X(\Omega),\Psi_{a,b}(\Omega)\rangle$$

$$=\frac{\sqrt{a}}{2\pi}\int_{-\infty}^{+\infty}X(\Omega)\Psi^*(a\Omega)\mathrm{e}^{\mathrm{j}\Omega b}\,\mathrm{d}\Omega \tag{2-13}$$

此式即为小波变换的频域表达式。

2.2 数据分析与机器学习

数据分析是指用适当的方法对收集的大量数据进行分析，提取有用信息并形成结论，进而对数据加以详细研究和概括总结的过程。机器学习是计算机科学和

统计学的交叉学科,核心目标是借助于函数映射、数据训练、最优化求解、模型评估等一系列算法使计算机拥有对数据进行自动分类和预测的功能,常用于智能感知的后续分析,主要包括分类、回归和聚类三种,也是本节的重点,下文分别进行介绍。

2.2.1　模式分类

分类是利用标记数据训练得到的模型将新样本作为输入映射到输出的过程,对输出进行简单的判断从而实现分类的目的,即具有了对未知数据进行分类的能力。随着智能传感器的发展与应用,不论是手动特征提取结合传统的分类模型,还是如今的深度学习,分类问题是其中很常见的一个问题,接下来简要介绍几种分类方法。

1. 最近邻法

最近邻法是一种较常见的非参数分类方法。它是上述多中心点的极端情况,即把各类各个训练样本点都作为该类的中心点。图 2-3 所示为一个二维二类的例子。要对未知类别的模式 x 进行分类,就要计算它和所有训练样本间的距离,取其中最小的距离,把 x 归入最近样本所在的类。分界面是可以分段线性的,如图 2-3 所示,也可以是相当复杂的。

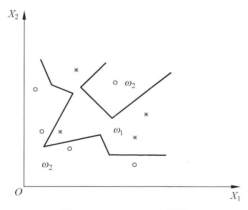

图 2-3　最近邻法示意图

最近邻法的思想很直观。首先,要说明的是当训练样本数很多(即 $N \rightarrow +\infty$)时,x 的最近邻 x'_N 将和 x 点相当接近。或者说当 $N \rightarrow +\infty$ 时,$p(x'_N \mid x) \rightarrow \delta(x'_N - x)$。即 $N \rightarrow +\infty$ 时,x 的最近邻的密度在 x 点有个很高的峰值。样本数很大时,最近邻点离 x 很远的概率接近于 0。

设密度函数 $p(x'_N \mid x)$ 是个连续函数且不为 0,一个训练样本落在以 x 为中心的小超球 S 里的概率为 $P_S - \int_{x' \in_j} p(x') \mathrm{d}x' > 0$,这个训练样本落在 S 外的概率

为 $1-P_S$。N 个独立样本落在 S 外的概率为 $(1-P_S)N$，因为 $P_S>0$，故当 $N\to +\infty$ 时，$(1-P_S)N\to 0$，本式的含义即 N 个样本中总有一些点落在邻域 S 内，只要训练样本点数足够多。从最近邻点位置的观点来看问题，上述结论等于是说当 $N\to +\infty$ 时，最近邻点以概率 1 落在 x 点的小邻域 S 内。当小超球变得越来越小时，只要 N 足够大，则有 $x'_N\to x$ 或 $\lim\limits_{N\to\infty} p(x'_N|x)-\delta(x'_N-x)$，最近邻点 x'_N 所属类别是个离散型随机变量，可能的取值范围在 $\omega_1\sim\omega_M$ 之间。把最近邻点 x'_N 属 i 类的概率记为 $p(\omega_i|x'_N)$，按最近邻法分类规则，相当于按 $p(\omega_i|x'_N)$ 对 x 点进行分类。而 N 充分大时，x'_N 接近于 x 点。可见，最近邻法是近似地按 $p(\omega_i|x)$ 来进行分类。

2. K-NN（K 近邻）算法进行

1）K-NN 算法的概述

K 近邻算法，即给定一个训练数据集，对新的输入实例，在训练数据集中找到与该实例最邻近的 K 个实例，这 K 个实例的多数属于某个类，就把该输入实例分类到这个类中。

如图 2-4 所示，有两类不同的样本数据，分别用小正方形和小三角形表示，而图正中间的那个圆点所标示的数据则是待分类的数据。我们的目的是，对于这个新的数据，判断它的类别是什么。下面根据 K 近邻的思想来对圆点进行分类。

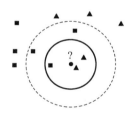

图 2-4　样本数据图

如果 $K=3$，圆点最邻近的三个点是两个小三角形和一个小正方形，少数从属于多数，基于统计的方法，判定圆点这个待分类点属于三角形一类。如果 $K=5$，圆点最邻近的五个点是两个三角形和三个正方形，还是少数从属于多数，基于统计的方法，判定圆点这个待分类点属于正方形一类。

从上面例子中可以看出，K 近邻的算法思想非常简单，也非常容易理解，对于新来的点，只要找到离它最近的 K 个实例，判断哪个类别最多即可。

2）距离的量度

在上文中说到，K 近邻算法是在训练数据集中找到与该实例最邻近的 K 个实例，这 K 个实例的多数属于哪个类，预测点就属于哪个类。

定义中所说的最邻近是如何量度的？怎么知道谁跟测试点最邻近？这里就会引出一种量度两个点之间距离的标准。可以采用以下量度方式。

设特征空间 Z 是 n 维实数向量空间 $\mathbf{R}^n$，有

$$\boldsymbol{x}_i\boldsymbol{x}_j\in Z,\quad \boldsymbol{x}_i=(x_i^{(1)},x_i^{(2)},\cdots,x_i^{(n)})^{\mathrm{T}},\quad \boldsymbol{x}_j=(x_j^{(1)},x_j^{(2)},\cdots,x_j^{(n)})^{\mathrm{T}}$$

$$(2\text{-}14)$$

$x_i x_j$ 的 L_p 距离（闵可夫斯基距离）定义为

$$L_p(\boldsymbol{x}_i, \boldsymbol{x}_j) = \left(\sum_{l=1}^{n} \mid x_i^{(l)} - x_j^{(l)} \mid^p \right)^{\frac{1}{p}} \tag{2-15}$$

这里 $p \geqslant 1$。当 $p=2$ 时，称为欧氏距离，即

$$L_2(\boldsymbol{x}_i, \boldsymbol{x}_j) = \left(\sum_{l=1}^{n} \mid x_i^{(l)} - x_j^{(l)} \mid^2 \right)^{\frac{1}{2}} \tag{2-16}$$

当 $p=1$ 时，称为曼哈顿距离，即

$$L_1(\boldsymbol{x}_i, \boldsymbol{x}_j) = \sum_{l=1}^{n} \mid x_i^{(l)} - x_j^{(l)} \mid \tag{2-17}$$

当 $p=\infty$ 时，它是各个坐标距离的最大值，即

$$L_\infty(\boldsymbol{x}_i, \boldsymbol{x}_j) = \max_l \mid x_i^{(l)} - x_j^{(l)} \mid \tag{2-18}$$

其中，当 $p=2$ 时，就是最常见的欧氏距离，我们一般都用欧氏距离来衡量高维空间中两点间的距离。在实际应用中，距离函数的选择应该根据数据的特性和分析的需要而定，一般选取 $p=2$ 即欧氏距离表示。

K-NN 算法的思想总结如下：在训练集中数据和标签已知的情况下，输入测试数据，将测试数据的特征与训练集中对应的特征进行相互比较，找到训练集中与之最为相似的前 K 个数据，则该测试数据对应的类别就是 K 个数据中出现次数最多的那个类别。该算法的步骤如下：

（1）初始化距离为最大值。

（2）计算未知样本和每个训练样本的距离 dist，然后对所有的距离进行排序，选择前 K 个距离。

（3）得到目前 K 个最邻近样本中的最大距离 maxdist。

（4）如果 dist 小于 maxdist，则将该训练样本作为 K-最近邻样本，然后在邻近样本空间中选择最多的类别。

（5）重复步骤（2）～步骤（4），直到未知样本和所有训练样本的距离都算完。

（6）统计 K-最近邻样本中每个类标号出现的次数。

（7）选择出现频率最高的类标号作为未知样本的类标号。

3. 逻辑回归

逻辑回归可看作线性回归算法的延伸。该算法基本上与线性回归相同，但主要用于离散分类任务。

逻辑回归应用在离散目标变量场景下，如二分类场景。在这些场景下，一些线性回归的假设（如目标属性和特征）不再是线性关系，残差也可能不是正态分布，或者误差项是异方差的。在逻辑回归中，将目标重构为其优势比的对数，再拟合回归方程，即

$$\log\left(\frac{P}{P-1}\right) = mx + b \tag{2-19}$$

优势比反映了某个事件发生的概率或可能性与其不发生的概率之比。若 P

是一个事件/类别存在的概率，则 $P-1$ 是另一个事件/类别存在的概率。

4. 支持向量机

采用核函数将数据映射到高维特征空间后，在特征空间构造广义最大间隔分类器等价于将原数据空间中的广义最大间隔线性分类器中的线性内积 $\boldsymbol{x}_i^{\mathrm{T}}\boldsymbol{x}_j$ 用核函数 $K(\boldsymbol{x}_i,\boldsymbol{x}_j)$ 代替，这样就在原数据空间中构造了由如下凸优化问题确定的非线性广义最大间隔分类器，称为支持向量机(support vector machines，SVM)。

$$\begin{cases} \max\limits_{\alpha}\sum\limits_{i=1}^{m}\alpha_i - \dfrac{1}{2}\sum\limits_{i,j}^{m}\alpha_i\alpha_j y_i y_j K(\boldsymbol{x}_i,\boldsymbol{x}_j) \\ \text{s. t. } \sum\limits_{i=1}^{m}\alpha_i y_i - 0 \\ 0 \leqslant \alpha_i \leqslant C, \quad i=1,2,\cdots,m \end{cases} \tag{2-20}$$

其最优解确定的分类器决策函数为

$$f(x) - \sum_{\varepsilon_i>0}\alpha_i y_i K(\boldsymbol{x}_i,\boldsymbol{x}) + b \tag{2-21}$$

其中，常数项 b 由满足 $\alpha_i<C$ 的支持向量通过下式计算：

$$\sum_{0<\alpha_i,\alpha_j<C}\alpha_i\alpha_j y_i y_j K(\boldsymbol{x}_i,\boldsymbol{x}_j) + \left(\sum_{0<\alpha_i<C}\alpha_i y_i\right)b = 0 \tag{2-22}$$

线性的支持向量机(即广义最大间隔线性分类器)需要事先确定一个参数 C；非线性的支持向量机需要事先确定多个参数，如对高斯核，需要事先确定 C 和高斯核参数 σ。参数的选择对支持向量的分类结果有重要影响，如何根据具体的数据选择最佳的参数是一个至今没有很好解决的问题。通常的做法是从有限个离散的参数值中，采用"交叉验证"(cross-validation)的方法，确定适应给定数据的较好的参数值。具体来说，先将训练数据随机等分成 n 份(n-fold)，随机取一份作为验证数据(validation data)，其他数据用作训练数据，用不同参数值下的支持向量机对验证数据进行分类，将分类精度最高的一组参数值选作最佳的参数值。

5. 随机森林

随机森林是用随机的方式建立一个由很多的决策树组成的森林，即在变量(列)的使用和数据(行)的使用上进行随机化，生成很多分类决策树，再汇总分类决策树的结果。随机森林的每一棵决策树之间没有关联，当一个新的输入样本进入的时候，森林中的每一棵决策树分别进行一次判断，最后根据"投票"策略决定样本所属类别。随机森林在运算量没有显著提高的前提下提高了预测精度。随机森林对多元共线性不敏感，结果对缺失数据和非平衡的数据比较稳健，可以很好地预测多达几千个解释变量的作用，被誉为当前最好的算法之一。

1) 实现步骤

(1) 给定原始数据集 N，其样本数为 M，特征属性数为 S；通过 Bootstrap 重采样方法从原始数据集 N 中有放回地随机采样，生成训练子集，其中训练子集样

本数应小于 M 。

（2）从 S 个特征属性中随机选取 s 个，将训练子集输入，按照决策树生成算法生成决策树。

（3）重复步骤（1）、步骤（2）K 次，生成 K 个决策树，组成随机森林。

（4）用生成的决策树对测试集进行决策，汇总所有决策树结果，用集成投票方法计算出最终样本决策结果，即为随机森林算法决策结果。

2）随机森林优点

（1）在数据集上表现良好，两个随机性的引入，使得随机森林不容易陷入过拟合。

（2）在当前的很多数据集上，相对其他算法有着很大的优势，两个随机性的引入，使得随机森林具有很好的抗噪声能力。

（3）它能够处理很高维度特征的数据，并且不用做特征选择，对数据集的适应能力强，既能处理离散型数据，也能处理连续型数据，数据集无需规范化。

（4）训练速度快，可以得到变量重要性排序。

（5）在训练过程中，能够检测到特征间的互相影响。

（6）容易做成并行化方法。

2.2.2 回归预测

回归预测就是将预测的相关性原则作为基础，把影响预测目标的各因素找出来，然后找出这些因素和预测目标之间的函数关系的近似表达，并且用数学的方法找出来。再利用样本数据对其模型估计参数，并且对模型进行误差检验。如果模型确定，就可以用模型对因素的变化值进行预测。

1. 回归预测的步骤

（1）根据预测目标，确定自变量和因变量。明确预测的具体目标，也就确定了因变量。如预测的具体目标是下一年度的销售量，那么销售量 y 就是因变量。通过市场调查和查阅资料，寻找与预测目标相关的影响因素，即自变量，并从中选出主要的影响因素。

（2）建立回归预测模型。依据自变量和因变量的历史统计资料进行计算，在此基础上建立回归分析方程，即回归预测模型。

（3）进行相关分析。回归分析是对具有因果关系的影响因素（自变量）和预测对象（因变量）所进行的数理统计分析处理。只有当自变量与因变量确实存在某种关系时，建立的回归方程才有意义。因此，作为自变量的因素与作为因变量的预测对象是否有关，相关程度如何，以及判断这种相关程度的把握性多大，就成为进行回归分析必须要解决的问题。进行相关分析，一般要求出相关关系，以相关系数的大小来判断自变量和因变量的相关程度。

（4）检验回归预测模型，计算预测误差。回归预测模型是否可用于实际预测，取决于对回归预测模型的检验和对预测误差的计算。回归方程只有通过各种检验，且预测误差较小，才能作为预测模型进行预测。

（5）计算并确定预测值。利用回归预测模型计算预测值，并对预测值进行综合分析，确定最后的预测值。

2. 回归预测的常用方法

1）一元线性回归

一元线性回归分析预测法，是根据自变量 x 和因变量 y 的相关关系，建立 x 与 y 的线性回归方程进行预测的方法。

一元线性回归分析法的预测模型为

$$y_t = ax_t + b \tag{2-23}$$

式中，x_t 代表 t 期自变量的值；y_t 代表 t 期因变量的值；a、b 分别为一元线性回归方程的参数。

a、b 参数由下列公式求得：

$$\begin{cases} b = \dfrac{\sum y_i}{n} - a\,\dfrac{\sum x_i}{n} \\[3mm] a = \dfrac{n\sum x_i y_i - \sum x_i \sum y_i}{n\sum x_i^2 - \left(\sum x_i\right)^2} \end{cases} \tag{2-24}$$

2）偏最小二乘回归

偏最小二乘回归用于找出两个矩阵（X 和 Y）的基本关系，即一个在这两个空间对协方差结构建模的隐变量方法。偏最小二乘模型将试图找到 x 空间的多维方向来解释 y 空间方差最大的多维方向。偏最小二乘回归特别适合预测矩阵比观测矩阵有更多变量，以及 x 的值中有多重共线性的情况。通过投影预测变量和观测变量到一个新空间来寻找一个线性回归模型。

（1）数学原理。

为了实现偏最小二乘回归的基本思想，要求 t_1 和 u_1 的协方差最大，即求解下面的优化问题：

$$\begin{cases} \max\{\mathrm{cov}(t_1, u_1)\} = \max(E_0 w_1, F_0 c_1) \\ \mathrm{s.\,t.} \begin{cases} w_1^{\mathrm{T}} w_1 = 1 \\ c_1^{\mathrm{T}} c_1 = 1 \end{cases} \end{cases} \tag{2-25}$$

利用拉格朗日乘数法求出 w_1 和 c_1，满足

$$\begin{cases} E_0^{\mathrm{T}} F_0 F_0^{\mathrm{T}} E_0 w_1 = \theta_1^2 w_1 \\ F_0^{\mathrm{T}} E_0 E_0^{\mathrm{T}} F_0 c_1 = \theta_1^2 c_1 \end{cases} \tag{2-26}$$

式中，E_0、F_0 分别为 x 与 y 的标准化数据；w_1 是 $E_0^{\mathrm{T}} F_0 F_0^{\mathrm{T}} E_0$ 的单位特征向量；θ_1^2 是对应的特征值，同时也是目标函数值的平方；c_1 是 $F_0^{\mathrm{T}} E_0 E_0^{\mathrm{T}} F_0$ 最大特征值

θ_1^2 的单位特征向量。

求出 w_1 和 c_1 即可得成分 t_1 和 u_1,然后分别求 E_0 和 F_0 对 t_1 的回归方程:

$$\begin{cases} E_0 = t_1 p_1^T + E_1 \\ F_0 = t_1 r_1^T + F_1 \end{cases} \tag{2-27}$$

回归系数向量为

$$p_1 = \frac{E_0^T t_1}{t_1^2}, \quad r_1 = \frac{F_0^T t_1}{t_1^2} \tag{2-28}$$

式(2-28)中,E_1、F_1 为回归方程的残差矩阵。用残差矩阵 E_1、F_1 取代 E_0 和 F_0,求出 w_2 和 c_2,以及第二个主成分 t_2、u_2,有

$$t_2 = E_1 w_2, \quad u_2 = F_1 c_2 \tag{2-29}$$

建立回归方程:

$$\begin{cases} E_1 = t_2 p_2^T + E_2 \\ F_1 = t_2 r_2^T + F_2 \end{cases} \tag{2-30}$$

回归系数向量为

$$p_2 = \frac{E_1^T t_2}{t_2^2}, \quad r_2 = \frac{F_1^T t_2}{t_2^2} \tag{2-31}$$

如此计算下去,得到

$$F_0 = t_1 r_1^T + \cdots + t_A r_A^T + F_A = E_0 \left[\sum_{j=1}^{A} w_j^* r_j^T \right] + F_A \tag{2-32}$$

其中,$w_j^* = \prod_{i=1}^{j-1} (I - w_i p_i^T) w_j$,则 $\sum_{j=1}^{A} w_j^* r_j^T$ 是偏最小二乘回归系数向量,A 为 x 的秩。

偏最小二乘回归的成分、残差矩阵有许多优良的性质,其中之一是成分之间是相互正交的,这在一定程度上消除了多重线性相关性。偏最小二乘回归算法的实质是按照协方差极大化准则,在分解自变量数据矩阵 x 的同时,也在分解因变量数据矩阵 y,并且建立相互对应的解释隐变量与反应隐变量之间关系的回归方程,充分体现了偏最小二乘回归的基本思想。

（2）建模原理。

假定 p 个自变量 $\{x_1, x_2, \cdots, x_p\}$ 和 q 个因变量 $\{y_1, y_2, \cdots, y_q\}$,构成自变量与因变量的数据表 $x = (x_1, x_2, \cdots, x_p)$ 和 $y = (y_1, y_2, \cdots, y_q)$。在 x 与 y 中提取出成分 t_1 和 u_1,在提取 t_1 和 u_1 成分时,满足 t_1 和 u_1 应尽可能大地携带它们各自数据表中的变异信息,以及 t_1 和 u_1 的相关程度能够达到最大。第一个成分 t_1 和 u_1 被提取后,分别实施 x 对 t_1 以及 y 对 u_1 的回归,若回归方程此时已经达到满意的精度,则成分确定;否则将利用 x 被 t_1 以及 y 被 u_1 解释后的残余信息进行第二轮的成分 t_2 和 u_2 提取,继续实施 x 和 y 对 t_2 和 u_2 的回归,对上述过程进行

迭代,直到精度满足要求为止。若最终对 x 共提取了 m 个成分 $t_1,t_2,\cdots,t_m$,再通过实施 y 对 $t_1,t_2,\cdots,t_m$ 的回归,最后都可转化为 y 对原变量 $x_1,x_2,\cdots,x_p$ 的回归方程,从而完成了偏最小二乘的回归建模。

（3）建模过程。

步骤 1 数据标准化。

步骤 2 求相关系数矩阵。

步骤 3 分别提出自变量组与因变量组的成分。在这里,我们的标准是当前 k 个成分解释自变量的比率达到 90% 时,取前 k 个成分。

步骤 4 求 k 个成分对时,标准化指标变量与成分变量之间的回归方程。

步骤 5 求因变量与自变量组之间的回归方程,即将步骤 3 中的成分代入步骤 4 中所得的回归方程,得到标准化指标变量之间的回归方程,再将标准化的回归变量还原成原始变量。

3. 回归模型的评价标准

1）相关系数检验

相关系数是描述两个变量之间线性关系的密切程度的数量指标。相关系数 r 的取值范围是 $[-1,1]$。若 $r=1$,则说明完全正相关;若 $r=-1$,则说明完全负相关;若 $r=0$,则说明不相关。r 的值在 $(0,1)$ 之间为正相关,在 $(-1,0)$ 之间则为负相关。

相关系数的计算公式为

$$r=\frac{\sum(x-\bar{x})(y-\bar{y})}{\sqrt{\sum(x-\bar{x})^2\sum(y-\bar{y})^2}} \tag{2-33}$$

或者写成

$$r=\frac{\sum xy-\frac{1}{n}\sum x\sum y}{\sqrt{\sum x^2-\frac{1}{n}\left(\sum x\right)^2}\sqrt{\sum y^2-\frac{1}{n}\left(\sum y\right)^2}} \tag{2-34}$$

另一个来自方差分析的相关系数的计算公式是

$$r=\sqrt{1-\frac{\sum(x-\bar{x})^2}{\sum(y-\bar{y})^2}} \tag{2-35}$$

2）决定系数 R^2

定义

$$R^2=1-\frac{\text{SSE}}{\text{SST}} \tag{2-36}$$

其中,$\text{SST}=\sum_{i=1}^{n}(y_i-\bar{y}_i)^2$,$\text{SSE}=\sum_{i=1}^{n}(y_i-\hat{y}_i)^2$。显然 $R^2\leqslant1$。R^2 大,表示观

测值 y_i 与拟合值 $\hat{y}_i$ 比较靠近,也就意味着从整体上看,n 个点的散布离曲线较近,因此选 R^2 大的方程为好。

3）剩余标准差 s

定义

$$s = \sqrt{\mathrm{SSE}/(n-2)} \tag{2-37}$$

s 类似于一元线性回归方程中对 σ 的估计,可以将 s 看成平均残差平方和的算术根,自然其值小的方程为好。

其实上面两个准则所选方程总是一致的,因为 s 小必有残差平方和小,从而 R^2 必定大。不过,这两个量从两个角度给出我们定量的概念。R^2 的大小给出了总体上拟合程度的好坏,s 给出了观测点与回归曲线偏离的一个量值,所以,通常在实际问题中将两者都求出来,供使用者从不同角度去认识所拟合的曲线回归。

2.2.3　聚类分析

不论是分类问题还是回归问题,都需要先知道训练样本的标签,计算机根据训练样本集所提供的统计特征对数据进行建模,在实际应用中,由于条件限制有些场合无法获取数据的标签信息,因此,需发展一种算法,它不依靠训练样本集,而是按大量未知类别数据内在的特性进行分类,把特性彼此接近的归入同类,而把特性不相似的分到不同的类中去。这种算法称为聚类算法,即按"物以类聚"的原则进行分类的方法。聚类分析的方法主要包括系统聚类法和动态聚类法。

系统聚类法的基本思想是:先把 N 个样本各自看成一个类,规定某种点与点、点集与点集之间的距离（每个点集作为一个类）,把距离最近的两个类合并,每合并一次少一个类,直到最后所有点都归成一类。若给定一个门限 T,当类间距离大于 T 以后就不再合并,则有可能把 N 个点归并成若干类。根据归并的先后,以及每步合并前两类之间的距离,可作出聚类图。聚类图清楚地反映了数据的构成情况。类与类之间的距离有许多定义的方法,不同的定义就产生了系统聚类的不同方法,主要包括最短距离法、最长距离法和中间距离法,重心法、类平均和可变类平均法,离差平方和法等。

用系统聚类法分类时,若在某一步将样本分错了类,则以后会一直错下去,因为按照算法,它不再修正各点的类别情况,因此在系统聚类法中每步都要慎重。另外,系统聚类法要求计算 $N \times N$ 对称阵,并存储于内存中,当 N 值较大时就会产生问题。而动态聚类法是先对数据粗略地分一下类,然后根据一定的原则对初始分类进行迭代修正,希望经过多次迭代,修正收敛到一个合理的外类结果,其大致过程示于图 2-5。

本节主要介绍 K-means 算法及其改进算法。

1. K-means 算法

K-means 算法的基本思想仍然是极小化离差平方和,但是在具体实现上,采用逐

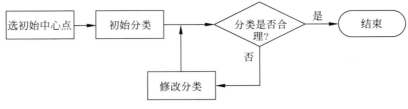

图 2-5　动态聚类方框图

次迭代修正的办法。先选定中心个数 K 并作初始分类,然后不断改变样本在 K 类中的划分及 K 个中心的位置,达到使离差平方和 J 为极小。具体方法分为以下四步:

步骤 1　选定中心个数 K,并任意指定 K 个中心 x,例如可以把最初考虑的 K 个样本指定为 K 个中心。

步骤 2　把样本划分到离它最近的中心所代表的类中去。

步骤 3　对每个类 x 计算其均值向量作为下次迭代时的新中心,即

$$\lambda_j^{n+1} = \frac{1}{N_j} \sum_{x \in X_j} x, \quad j = 1, 2, \cdots, K \tag{2-38}$$

容易看出,这样求得的中心可以在迭代当时的分类情况下使离差平方和最小。

步骤 4　若 $\lambda_j^{n+1} = \lambda_j^n$ 对所有 $j = 1, 2, \cdots, K$ 成立,即迭代修正以后没有改变任何点的分类情况及中心位置,则称算法收敛了,可以结束。否则转步骤 2 继续修正样本划分及 K 个中心点的位置。

2．K-means 改进算法

1) K-means++

K-means++ 是一种为 K-means 聚类算法选择初始值(或"种子")的算法。K 个初始化的质心的位置选择对最后的聚类结果和运行时间都有很大的影响,因此需要选择 K 个合适的质心。如果完全随机选择,有可能导致算法收敛很慢。K-means++ 算法就是对 K-means 随机初始化质心的方法的优化。K-means++ 算法与 K-means 算法最本质的区别是在 K 个聚类中心的初始化过程。

K-means++ 算法在聚类中心的初始化过程中的基本原则是使得初始的聚类中心之间的相互距离尽可能远,这样可以避免出现上述的问题。K-means++ 算法的初始化过程如下所示:

(1) 从样本集中随机选择一个点作为第一个聚类中心。

(2) 对于样本集中的每一个样本,计算其与已存在的各个聚类中心的距离,取最近的距离,记为 d_i。

(3) 按照 d_i 较大的点被选为聚类中心概率较大的原则,选取一个新的数据点作为聚类中心。

(4) 重复步骤(2)和步骤(3)直到选出 K 个聚类中心。

(5) 用选出的 K 个聚类中心作为初始聚类中心运行 K-means 迭代过程。

所以,总的来说,K-means++ 只是优化了初始聚类的中心选取的方式,能够获

得更好的聚类效果,而聚类的中心后续的迭代方式和最初的 K-means 还是一样。综上,K-means++算法分为以下步骤:

步骤 1　在数据点之间随机选择一个中心 u_1;

步骤 2　对于尚未选择的每个数据点 x,计算 $\sum_{i=1}^{j} d(x, u_i)$,即 x 与已经选择的最接近中心之间的距离;

步骤 3　使用加权概率分布随机选择一个新的数据点作为新中心,其中选择的点 x 的概率与 $\sum_{i=1}^{j} d(x, u_i)$ 成正比;

步骤 4　重复步骤 2 和步骤 3,直到选择了 K 个中心(即 $j=K$);

步骤 5　现在已经选择了初始中心,继续使用标准 K 均值聚类。

2) ISODATA 算法

ISODATA 是 iterative sell-organization data analysis technigues 的缩写,由美国标准研究所提出。从 20 世纪 60 年代出现,到现在仍有广泛的应用。其算法步骤较复杂精细,有较强的人机交互及自适应能力。一方面,人可以通过控制若干参数对聚类过程加以控制,利用人在二、三维空间时的较强理解力帮助机器;另一方面,算法有较强的自适应能力,对人的控制方面的误差可以自动纠正,从而减少人在控制时的困难。输入的参数只要大致合理,机器即可按数据内在的特征作合理的聚类。算法的主体部分步骤如下:

步骤 1　从数据集中随机选取 K_0 个样本作为初始聚类中心 $C = \{c_1, c_2, \cdots, c_{K_0}\}$;

步骤 2　针对数据集中每个样本 x_i,计算它到 K_0 个聚类中心的距离并将其分到距离最小的聚类中心所对应的类中;

步骤 3　判断上述每个类中的元素数目是否小于 $N_{\min}$。如果小于 $N_{\min}$ 则需要丢弃该类,令 $K = K-1$,并将该类中的样本重新分配给剩下类中距离最小的类;

步骤 4　针对每个类别 c_i,重新计算它的聚类中心 $c_i = \dfrac{1}{|c_i|} \sum_{x \in c_i} x$(即属于该类的所有样本的质心);

步骤 5　如果当前 $K \leqslant \dfrac{K_0}{2}$,说明当前类别数太少,前往分裂操作;

步骤 6　如果当前 $K \geqslant 2K_0$,说明当前类别数太多,前往合并操作;

步骤 7　如果达到最大迭代次数则终止,否则回到步骤 2 继续执行。

总之,ISODATA 灵活性大,自适应能力强,只要参数选得基本合适,经若干次迭代后就会得到较好的结果。

第 2 章教学资源

热敏元件、温度传感器及应用

　　热敏元件是一种对外界温度或辐射具有响应和转换功能的敏感元件。温度传感器是能感受温度,并能将其转换成可用输出信号的传感器。一个理想的温度传感器应该具备各种条件,如测温范围广、精度高、可靠性高、体积小、响应速度快、价格便宜等。同时满足以上所有条件的温度传感器是不存在的,应该按不同的用途灵活选用各种温度传感器。

　　温度传感器的种类很多,本章只介绍最常用的三种类型:热电偶、热电阻、热敏电阻。

3.1　热电偶

　　热电偶是将温度变化量转换为电势变化的热电式传感器。

3.1.1　热电效应

　　1823 年塞贝克(Seebeck)发现,在两种不同的金属所组成的闭合回路中,当两接触处的温度不同时,回路中就会产生热电势,称为塞贝克电势。这个物理现象称为热电效应。

　　如图 3-1 所示,两种不同材料制成的导体 A 和 B 两端连接在一起,一端温度为 T_0,另一端温度为 T(设 $T > T_0$),在这个回路中将产生一个与温度 T、T_0 以及导体材料性质有关的电势 $E_{AB}(T, T_0)$,显然可以利用这种热电效应来测量温度。在测量技术中,把由两种不同材料构成的上述热电交换元件称为热电偶,称 A、B 导体为热电极。两个接点:一个为热端(T),又称工作端;另一个为冷端(T_0),又称自由端或参考端。

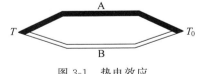

图 3-1　热电效应

　　热电势 $E_{AB}(T, T_0)$ 的产生,是由两种效应引起的,如下所述。

1. 珀尔帖（Peltier）效应

将温度相同的两种不同金属相互接触,如图 3-2 所示,由于不同金属内自由电子的密度不同,在两金属 A 和 B 的接触处会发生自由电子的扩散现象。自由电子将从密度大的金属 A 扩散到密度小的金属 B,使 A 失去电子带正电,B 得到电子带负电,直至在接点处建立了强度充分的电场,阻止电子扩散,最终达到动态平衡。两种不同金属的接点处产生的电动势称为珀尔帖电势,又称接触电势。此电势 $E_{AB}(T)$ 由两个金属的特性和接触点处的温度决定。

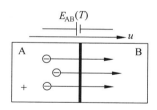

图 3-2　接触电势

根据电子理论,有

$$E'_{AB}(T)=\frac{kT}{e}\ln\frac{n_A}{n_B}\quad \text{或}\quad E'_{AB}(T_0)=\frac{kT_0}{e}\ln\frac{n_A}{n_B}$$

式中,k 为玻尔兹曼常数,其值为 1.38×10^{-23}J/K;T、T_0 为接触处的热力学温度,K;e 为电子电荷量,其值为 1.6×10^{-19}C;n_A、n_B 分别为电极 A、B 的自由电子密度。

由于 $E'_{AB}(T)$ 与 $E'_{AB}(T_0)$ 的方向相反,故回路的接触电势为

$$E'_{AB}(T)-E'_{AB}(T_0)=\frac{kT}{e}\ln\frac{n_A}{n_B}-\frac{kT_0}{e}\ln\frac{n_A}{n_B}$$

$$=\frac{k}{e}(T-T_0)\ln\frac{n_A}{n_B} \tag{3-1}$$

2. 汤姆逊（Thomson）效应

假设在一匀质棒状导体的一端加热,如图 3-3 所示,则沿此棒状导体有温度梯度。导体内自由电子将从温度高的一端向温度低的一端扩散,并在温度较低的一端积聚起来,使棒内建立起一电场,当该电场对电子的作用力与扩散力相平衡时,扩散作用即停止,电场产生的电势称为汤姆逊电势或温差电势。当匀质导体两端的温度分别是 T、T_0 时,温差电势为

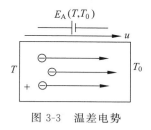

图 3-3　温差电势

$$E_A(T,T_0)=\int_{T_0}^{T}(-\sigma_A)\mathrm{d}T$$

或

$$E_B(T,T_0)=\int_{T_0}^{T}(-\sigma_B)\mathrm{d}T$$

式中,σ 称为汤姆逊系数,它表示温差为 1℃时所产生的电势值。σ 的大小与材料性质和导体两端的平均温度有关,是金属本身所具有的热电能。它是以铂等标准电极为基准进行测量的相对值。例如,铜和康铜的热电能在 0~100℃内的平均值

分别为 $7.6\mu V/\text{℃}$ 和 $-3.5\mu V/\text{℃}$。

通常规定：当电流方向与导体温度降低的方向一致时，σ 为正值；当电流方向与导体温度升高的方向一致时，σ 取负值。对于导体 A、B 组成的热电偶回路，当接触点温度 $T > T_0$ 时，回路的温差电势等于导体温差电势的代数和，即

$$E_A(T,T_0) - E_B(T,T_0) = \int_{T_0}^{T}(-\sigma_A)\mathrm{d}T - \int_{T_0}^{T}(-\sigma_B)\mathrm{d}T = -\int_{T_0}^{T}(\sigma_A - \sigma_B)\mathrm{d}T$$

（3-2）

上式表明，热电偶回路的温差电势只与热电极材料 A、B 和两接点的温度 T、T_0 有关，而与热电极的几何尺寸和沿热电极的温度分布无关。如果两接点温度相同，则温差电势为零。

综上所述，热电极 A、B 组成的热电偶回路如图 3-4 所示，当接点温度 $T > T_0$ 时，其总热电势为

$$\begin{aligned}
E_{AB}(T,T_0) &= E'_{AB}(T) + E_B(T,T_0) - E'_{AB}(T_0) - E_A(T,T_0) \\
&= E'_{AB}(T) - E'_{AB}(T_0) - [E_A(T,T_0) - E_B(T,T_0)] \\
&= E'_{AB}(T) - E'_{AB}(T_0) + \left[\int_{T_0}^{T}(\sigma_A - \sigma_B)\mathrm{d}T\right] \\
&= E_{AB}(T) - E_{AB}(T_0)
\end{aligned}$$

（3-3）

式中，$E_{AB}(T)$ 为热端的分热电势；$E_{AB}(T_0)$ 为冷端的分热电势。

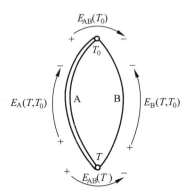

图 3-4　总热电势

由上面的讨论可知：当两接点的温度相同时，无汤姆逊电势，即 $E_A(T_0,T_0) = E_B(T_0,T_0) = 0$；而珀尔帖电势大小相等、方向相反，所以 $E_{AB}(T_0,T_0) = 0$。当两种相同金属组成热电偶时，两接点温度虽不同，但两个汤姆逊电势大小相等、方向相反，而两接点处的珀尔帖电势皆为零，所以回路总电势仍为零。因此可以得出如下结论：

（1）如果热电偶两个电极的材料相同，即使两个接点的温度不同，也不会产生电势。

（2）如果两个电极的材料不同，但两接点温度相同，也不会产生电势。

（3）若热电偶两个电极的材料不同，当 A、B 固定后，热电势 $E_{AB}(T,T_0)$ 便为两接点温度 T 和 T_0 的函数，即

$$E_{AB}(T,T_0)=E_{AB}(T)-E_{AB}(T_0)$$

当 T_0 保持不变，即 $E(T_0)$ 为常数时，热电势 $E_{AB}(T,T_0)$ 便为热电偶热端温度 T 的函数：

$$E_{AB}(T,T_0)=E_{AB}(T)-C=f(T) \tag{3-4}$$

由此可知，$E_{AB}(T,T_0)$ 和 T 有单值对应关系。上式是热电偶测温的基本公式，热电偶的分度表就是根据这个原理在热电偶冷端温度等于 0℃ 的条件下测得的。

热电极的极性：测量端失去电子的热电极为正极，得到电子的热电极为负极。热电势符号 $E_{AB}(T,T_0)$ 中，规定写在前面的 A、T 分别为正极和高温，写在后面的 B、T_0 分别为负极和低温。如果它们的前后位置互换，则热电势极性相反，如 $E_{AB}(T,T_0)=-E_{AB}(T_0,T)$，$E_{BA}(T,T_0)=-E_{BA}(T_0,T)$ 等。判断热电势极性最可靠的方法是将热端稍微加热，在冷端用直流电表辨别。

3.1.2 热电偶的基本法则

通过对热电偶回路的大量研究工作，对电流、电阻和电动势做了准确的测量，并建立了几个基本法则，这些法则都是通过实验验证的。

1. 均质导体法则

两种均质金属组成的热电偶，其电势大小与热电极直径、长度及沿热电极长度上的温度分布无关，只与热电极材料和两端温度有关。

如果材料不均匀，则当热电极上各处温度不同时，将产生附加热电势，造成无法估计的测量误差。因此，热电极材料的均匀性是衡量热电偶质量的重要指标之一。

2. 中间导体法则

在热电偶回路中插入第三种、第四种……导体，只要插入导体的两端温度相等，且插入导体是均质的，则无论插入导体的温度分布如何，都不会影响原来热电偶的热电势的大小。因此，将毫伏表用铜线 C 接入热电偶回路，并保证两个接点温度一致（图 3-5），就可对热电势进行测量，而不影响热电偶的输出。

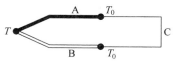

图 3-5 中间导体法则

设 A、B、C 三个金属导体的自由电子密度分别为 n_A、n_B、n_C，热端的 A、B 导体接点温度为 T，冷端的 A 和 C、B 和 C 接点的温度为 T_0，则根据前文中公式可知三个接点的接触电势分别为

$$E'_{AB}(T) = \frac{kT}{e} \ln \frac{n_A}{n_B}$$

$$E'_{BC}(T_0) = \frac{kT_0}{e} \ln \frac{n_B}{n_C}$$

$$E'_{CA}(T_0) = \frac{kT_0}{e} \ln \frac{n_C}{n_A}$$

故回路总的接触电势为

$$E'_{AB}(T) + E'_{BC}(T_0) + E'_{CA}(T_0)$$

$$= \frac{kT}{e} \ln \frac{n_A}{n_B} + \frac{kT_0}{e} \ln \frac{n_B}{n_C} + \frac{kT_0}{e} \ln \frac{n_C}{n_A}$$

$$= \frac{kT}{e} \ln \frac{n_A}{n_B} + \frac{kT_0}{e} \ln \frac{n_B}{n_A}$$

$$= \frac{k}{e}(T - T_0) \ln \frac{n_A}{n_B}$$

$$= E'_{AB}(T - T_0)$$

与式（3-1）相同。

很显然,带有中间导体的热电偶回路的温差电势与不带中间导体的热电偶回路相同。由此得出结论:回路总的热电势的大小与冷端第三导体无关。

3．中间温度法则

热电偶在接点温度为 T、T_0 时的热电势等于该热电偶在接点温度为 T、T_n 和 T_n、T_0 时相应的热电势的代数和,即

$$E_{AB}(T, T_0) = E_{AB}(T, T_n) + E_{AB}(T_n, T_0) \tag{3-5}$$

若 $T_0 = 0$,则有

$$E_{AB}(T, 0) = E_{AB}(T, T_n) + E_{AB}(T_n, 0)$$

4．标准热电极法则

从原理上讲,任何两种不同材料的热电极都可以组成热电偶,其热电势与温度的关系一般由实验求得(热电偶分度表就是这样求得的)。如果选定某一热电极,分别与其他热电极配对组成热电偶,并求出相应的热电势,则其他热电极相互配对组成的热电偶的热电势便可通过计算求出,这就是标准热电极法则。该法则可叙述如下:由三种不同材料的热电极 A、B、C 分别组成三对热电偶回路,如图 3-6 所示,如果热电极 A 和 B 分别与热电极 C 配对组成的热电偶回路所产生的热电势已知,则由热电极 A 和 B 配对组成的热电偶回路的热电势可用计算法求出。

设这三对热电偶测量端的温度都是 T,而参比端温度都是 T_0,则热电偶 AC、BC 的热电势分别为

$$E_{AC}(T, T_0) = E_{AC}(T) - E_{AC}(T_0)$$

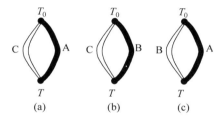

图 3-6　标准热电极法则

$$E_{BC}(T,T_0) = E_{BC}(T) - E_{BC}(T_0)$$

以上两式相减得

$$
\begin{aligned}
E_{AC}(T,T_0) - E_{BC}(T,T_0) &= E_{AC}(T) - E_{AC}(T_0) - E_{BC}(T) + E_{BC}(T_0) \\
&= -[E_{BC}(T) + E_{CA}(T)] + [E_{BC}(T_0) + E_{CA}(T_0)] \\
&= E_{AB}(T) - E_{AB}(T_0) \\
&= E_{AB}(T,T_0)
\end{aligned}
$$

由上式可以看出,热电偶 AB 的热电势可由热电偶 AC 和热电偶 BC 的热电势通过计算求得。热电极 C 称为标准电极,它通常用纯度很高、物理化学性能非常稳定的铂制成,即标准铂热电极。

3.1.3　热电偶冷端温度及其补偿

热电偶热电势的大小与热电极材料及两接点的温度有关。只有在热电极材料一定,其冷端温度 T_0 保持不变的情况下,其热电势 $E_{AB}(T,T_0)$ 才是其工作端温度 T 的单值函数。热电偶的分度表是在热电偶冷端温度等于 0℃ 的条件下测得的,所以使用时,只有满足 $T_0 = 0℃$ 的条件,才能直接应用分度表或分度曲线。

在工程测量中,冷端温度常随环境温度变化而变化,将引入测量误差,因此必须采取以下的修正或补偿措施。

1. 冷端温度修正法

对于冷端温度不等于 0℃,但能保持恒定不变的情况,可采用修正法。

1) 热电势修正法

在工作中,由于冷端温度不是 0℃ 而是某一恒定温度 T_n,当热电偶工作在温度 $T \sim T_n$ 时,其输出电势为 $E(T,T_n)$,如果不加修正,根据这个电势查标准分度表,显然对应较低的温度。

根据中间温度定律,将电势换算到冷端为 0℃ 时应为

$$E(T,0) = E(T,T_n) + E(T_n,0) \tag{3-6}$$

也就是说,在冷端温度为不变的 T_n 时,要修正到冷端为 0℃ 的电势,应再加上一个修正电势,即这个热电偶工作在 0℃ 和 T_n 之间的电势值 $E(T_n,0)$。

【例 3-1】　用镍铬-镍硅热电偶测炉温。当冷端温度 $T_0 = 30℃$ 时,测得热电势

为 $E(T, T_0) = 39.17\text{mV}$,则实际炉温是多少摄氏度?

由 $T_0 = 30℃$ 查分度表得 $E(30, 0) = 1.2\text{mV}$,则

$$E(T, 0) = E(T, 30) + E(30, 0)$$
$$= (39.17 + 1.2)\text{mV} = 40.37\text{mV}$$

再用 40.37mV 查分度表得 977℃,即实际炉温为 977℃。

若直接用测得的热电势 39.17mV 查分度表,则其值为 946℃,比实际炉温低 31℃,即产生 $-31℃$ 的测量误差。

2）温度修正法

令 T' 为仪表的指示温度,T_0 为冷端温度,则被测的真实温度 T 为

$$T = T' + kT_0 \tag{3-7}$$

式中,k 为热电偶的修正系数,由热电偶种类和被测温度范围决定。

2．冷端温度自动补偿法

在实际测量中,热电偶冷端一般暴露在空气中,受到周围介质温度波动的影响,它的温度不可能恒定或保持 0℃ 不变,不宜采用修正法,可用电势补偿法。产生补偿电势的方法很多,下面主要介绍电桥补偿法和 PN 结冷端温度补偿法。

1）电桥补偿法

电桥补偿法是用电桥的不平衡电压（补偿电势）去消除冷端温度变化的影响,这种装置称为冷端温度补偿器。图 3-7 所示为冷端温度补偿器线路图。冷端补偿器内有一个不平衡电桥,其输出端串联在热电偶回路中。桥臂电阻 R_1、R_2、R_3 和限流电阻 R_S 的电阻值几乎不随温度变化。R_{Cu} 为铜电阻,其阻值随温度升高而增大。电桥由直流稳压电源供电。

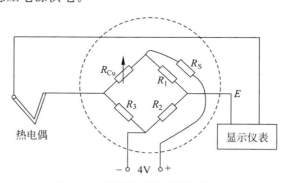

图 3-7　冷端温度补偿器线路图

在某一温度下,电桥处于平衡状态,则电桥输出为 0,该温度称为电桥平衡点温度或补偿温度。此时补偿电桥对热电偶回路的热电势没有影响。

当环境温度变化时,冷端温度随之变化,热电偶的电势值随之变化 ΔE_1;同时,R_{Cu} 的电阻值也随环境温度变化,使电桥失去平衡,有不平衡电压 ΔE_2 输出。如果设计的 ΔE_1 与 ΔE_2 数值相等、极性相反,则二者叠加后互相抵消,因而起到

冷端温度变化自动补偿的作用。这就相当于将冷端恒定在电桥平衡点温度。

在使用冷端补偿器时应注意以下两点：

（1）不同分度号的热电偶要配用与热点偶相应型号的补偿电桥；

（2）我国冷端补偿器的电桥平衡点温度为 20℃，在使用前要把显示仪表的机械零位调到相应的补偿温度 20℃上。

2）PN 结冷端温度补偿法

PN 结在 $-100 \sim 100$℃内，其端电压与温度有较理想的线性关系，温度系数约为 -2.2mV/℃，因此它是理想的温度补偿器件。采用二极管作冷端补偿，精度可达 $0.3 \sim 0.8$℃；采用三极管作冷端补偿，精度可达 $0.05 \sim 0.2$℃。

采用二极管作冷端补偿的电路及其等效电路如图 3-8 所示。

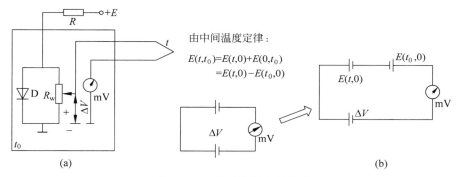

图 3-8　PN 结冷端温度补偿器

（a）原理图；（b）等效电路

其补偿电压 ΔV 是由 PN 结端电压 V_D 通过电位器分压得到的，PN 结置于与热电偶冷端相同的温度 t_0 中，ΔV 反向接入热电偶测量回路。

设 $E(t_0, 0) = k_1 t_0$，式中 k_1 为热电偶在 0℃附近的灵敏度，则热电偶测量回路的电势为

$$E(t, 0) - E(t_0, 0) - \Delta V = E(t, 0) - k_1 t_0 - \frac{u_D}{n}$$

而

$$u_D = u_0 - 2 \times 2 t_0$$

式中，u_D 为二极管 D 的 PN 结端电压；u_0 为 PN 结在 0℃时的端电压（对硅材料为 700mV）；n 为电位器 R_w 的分压比。

令

$$k_1 = \frac{2.2}{n} \quad （调节 R_w 可得不同的 n 值）$$

对以上公式进行整理可得回路电势为

$$E(t, 0) - \frac{u_0}{n} = E(t, 0) - \frac{700}{n}$$

可见,回路电势与冷端温度变化无关,只要用 u_0/n 作相应的修正,就可得到真实的热电偶热电势 $E(t,0)$,从而可得到适用的分度表。

对于不同的热电偶,由于它们在 0℃附近的灵敏度 k_1 不同,则应有不同的 n 值,可用 R_w 调整。

3.2   热电阻

由于温度在 500℃以下时,热电偶产生的热电势较小,例如:

铂铑 10-铂热电偶	4.22mV	500℃
镍铬-镍硅热电偶	20.65mV	500℃
镍铬-考铜热电偶	40.15mV	500℃
铂铑 30-铂铑 6 热电偶	1.242mV	500℃

因而,测量精确度较低。因此,工业上广泛应用热电阻温度传感器测量−200~500℃范围内的温度。而且,电阻温度计不存在冷端问题,信号便于传送。其缺点是易受导线电阻的影响。

大多数金属导体和半导体的电阻率都会随温度发生变化,都称为热电阻。其工作原理是根据导体或半导体的电阻值随温度变化而改变,通过测量其电阻值推算出被测物体的温度。

3.2.1   铂电阻

铂电阻的阻值与温度之间的关系接近于线性,在 0~85℃范围内,有

$$R_t = R_0(1 + At + Bt^2) \tag{3-8}$$

在−200~0℃范围内,有

$$R_t = R_0[1 + At + Bt^2 + C(t - 100)t^3] \tag{3-9}$$

式中,R_0、R_t 分别为温度是 0℃及 t℃时铂电阻的电阻值;A、B、C 为常数,由实验法求出:$A = 3.96847 \times 10^{-3}/℃$,$B = -5.847 \times 10^{-7}/℃^2$,$C = -4.22 \times 10^{-12}/℃^4$。

由以上两式可以看出,当 R_0 值不同时,在同样温度下其 R_t 值不同。目前国内统一设计的一般工业用标准铂电阻,R_0 值有 100Ω 和 500Ω 两种,并将电阻值 R_t 与温度 t 的相应关系统一列成表格,称其为铂电阻的分度表,分度号分别用 Pt100 和 Pt500 表示。

3.2.2   铜热电阻

铂是贵金属,成本较高。因此在测量精度要求不高,测温范围比较小的情况下(−50~150℃),可采用铜作热电阻材料,其价格便宜,电阻温度函数表达式为

$$R_t = R_0(1 + at) \tag{3-10}$$

式中,$a = 4.25 \times 10^{-3} \sim 4.28 \times 10^{-3}/℃$;$R_0$、$R_t$ 分别为温度是 0℃和 t℃时铜的电

阻值。

我国目前统一设计分度号为 $G(R_0=53\Omega)$、$Cu50(R_0=50\Omega)$ 和 $Cu100(R_0=100\Omega)$，故在应用铜电阻分度表时，应注意区别，以防止相互混淆。

3.2.3　其他热电阻

近年来，在低温和超低温测量中，开始采用新的热电阻，如铟、锰、碳等。

铟电阻：在 $4.2\sim15\mathrm{K}$ 温域内，其测温灵敏度比铂电阻高 10 倍，是一种高准确度低温热电阻。其缺点是材料很软，可复制性差。

锰电阻：在 $2\sim6.3\mathrm{K}$ 的温度范围内电阻值随温度变化很大，灵敏度高；在 $2\sim16\mathrm{K}$ 的温度范围内，电阻率与温度平方成正比。磁场对锰电阻影响不大。其缺点是很脆，难以控制成形。

碳电阻：在低温下灵敏度高，热容量小，对磁场不敏感，适合作液氢温域（$0\sim4.55\mathrm{K}$）的温度计。其缺点是热稳定性较差。

3.3　热敏电阻

热敏电阻是利用半导体的电阻值随温度变化这一特性制成的一种热敏元件。对于一般金属，当温度变化 1℃时，其电阻值变化 0.4% 左右，而半导体热敏电阻变化可达 3%～6%。

热敏电阻一般可分为负温度系数热敏电阻（NTC）、正温度系数热敏电阻（PTC）和临界温度热敏电阻（CTR）三类。

NTC 热敏电阻具有很高的负电阻温度系数，特别适用于 $-100\sim300$℃之间测温，在点温、表面温度、温差、温场等测量中得到日益广泛的应用，同时也广泛地应用在自动控制及电子线路的热补偿线路中。因而，通常讲的热敏电阻一般指 NTC 热敏电阻。

3.3.1　NTC 热敏电阻的温度特性

NTC 热敏电阻的基本特性是电阻与温度之间的关系，其曲线是一条指数曲线：

$$R_T = A\mathrm{e}^{B/T} \tag{3-11}$$

式中，R_T 为温度为 T 时的电阻值；A 为与热敏电阻尺寸、形成以及它的半导体物理性能有关的常数；B 为与半导体物理性能有关的常数（热敏电阻材料常数）；T 为热敏电阻的热力学温度。

若测得两个温度点 T_1 和 T_2 的电阻值 R_1 和 R_2，便可求出 A、B 两个常数：

$$\begin{cases} R_1 = A\mathrm{e}^{\frac{B}{T_1}} \\ R_2 = A\mathrm{e}^{\frac{B}{T_2}} \end{cases}$$

$$B = \frac{T_1 T_2}{T_2 - T_1} \ln \frac{R_1}{R_2} \tag{3-12}$$

$$A = R_1 e^{-\frac{B}{T_1}} \tag{3-13}$$

将 A 值代入式(3-11)，可获得以电阻 R_1 作为一个参数的温度特性表达式：

$$R_T = R_1 e^{\frac{B}{T} - \frac{B}{T_1}} \tag{3-14}$$

通常取 20℃时的热敏电阻的阻值为 R_1，称为额定电阻，记作 R_{20}，取相应于 100℃时的电阻 R_{100} 作为 R_2，此时将 $T_1 = 293K$，$T_2 = 373K$ 代入式(3-12)可得

$$B = 1365 \ln \frac{R_{20}}{R_{100}}$$

一般生产厂都在此温度下测量电阻值，从而求得 B，将 B 及 R_{20} 代入式(3-14)，就可确定热敏电阻的温度特性，B 为热敏电阻常数。

3.3.2　NTC 热敏电阻的温度系数

NTC 热敏电阻在其本身温度变化 1℃时，电阻值的相对变化量，称为热敏电阻的温度系数。即

$$\alpha = \frac{1}{R} \cdot \frac{\mathrm{d}R}{\mathrm{d}T} \tag{3-15}$$

对式(3-14)求微分后得

$$R'_T = R_1 e^{\frac{B}{T} - \frac{B}{T_1}} \left(-\frac{B}{T^2} \right) T' \text{（利用微分公式} (e^v)' = e^v v')$$

$$R'_T = R_T \left(-\frac{B}{T^2} \right) T'$$

$$\alpha = -\frac{B}{T^2}$$

α 值和 B 值都是表示热敏电阻灵敏度的参数。热敏电阻的温度系数比金属丝的高很多，所以它的灵敏度很高。

除温度特性（见图 3-9）外，热敏电阻的伏-安特性和安-时特性也是十分重要的。

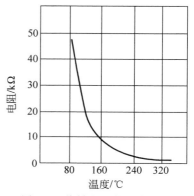

图 3-9　热敏电阻的温度特性

3.3.3　NTC 热敏电阻的伏-安特性

在稳态情况下，通过热敏电阻的电流 I 与其两端的电压 U 之间的关系，称为热敏电阻的伏-安特性（$U = f(I)$）曲线，如图 3-10 所示。

当流过热敏电阻的电流很小时，不足以使之加热，电阻值只取决于环境温度，伏-安特性曲线是直线，遵循欧姆定律，主要用来测温。

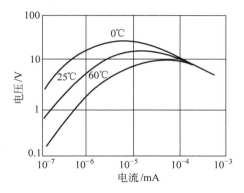

图 3-10　热敏电阻的伏-安特性曲线

当电流增大到一定值时,流过热敏电阻的电流使之加热,本身温度升高,出现负阻特性。因电阻减小,即使电流增大,端电压反而下降,其所能升高的温度与环境条件(周围介质的温度及散热条件)有关。当电流和周围介质温度一定时,热敏电阻的电阻值取决于介质的流速、流量、密度等散热条件,根据这个原理可用它来测量流体速度和介质密度等。

3.3.4　NTC 热敏电阻的安-时特性

负温度系数热敏电阻安-时特性表示热敏电阻在不同的外加电压下,电流达到稳定最大值所需的时间。NTC 热敏电阻的安-时特性曲线如图 3-11 所示。热敏电阻受电流加热后,一方面使自身温度升高,另一方面也向周围介质散热,只有在单位时间内从电流得到的能量与向四周介质散发的热量相等,达到热平衡时,才能有相应的平衡温度,即有固定的电阻值。完成这个热平衡过程需要时间。对于一般结构的热敏电阻,其值在 0.5~1s 之间。

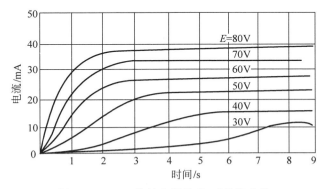

图 3-11　NTC 热敏电阻的安-时特性曲线

第 3 章教学资源

应变式电阻传感器及应用

电阻式传感器的基本原理是利用电阻元件把待测的物理量如位移、力、加速度等变量变换成电阻值的变化,然后通过对电阻值的测量来达到测量非电量的目的。

按其工作原理可以分为以下两类:

(1) 电位计式电阻传感器;

(2) 应变式电阻传感器。

电位计式电阻传感器工作于电阻值变化较大的状态,适于被测对象参数变化较大的场合,它与一般电位计相同。而应变式电阻传感器工作于电阻值变化微小的状态,灵敏度较高,因而下文主要介绍此种传感器。

4.1 应变式电阻传感器的工作原理

电阻式应变片是一种能将试件上的应变变化转换为电阻变化的传感元件。

下面以金属丝电阻应变片为例介绍其工作原理。用一根具有高电阻系数的金属丝如康铜或镍铬合金等,直径 $d=0.025\text{mm}$,绕成栅形,粘贴在绝缘的基片和覆盖层之间,由引出导线接于电路上。当金属丝电阻应变片在外力作用下发生机械变形时,其电阻值发生变化,此现象称为电阻应变效应。这也是电阻应变片工作的物理基础。图 4-1 所示为金属电阻应变片的结构示意图。

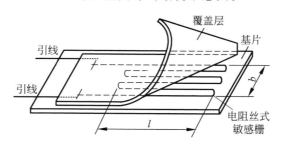

图 4-1 金属电阻应变片的结构示意图

在测量时,将应变片用黏结剂牢固地黏结在被测试件的表面上,随着试件受力变形,应变片的敏感栅也获得同样的变形,从而使其电阻值随之发生变化。此电阻值变化与试件应变成比例,这样就可以反映出外界作用力的大小。

敏感栅是应变片的核心部分,它粘贴在绝缘的基片上,其上再粘贴起保护作用的覆盖层,两端焊接引出导线。

金属电阻应变片的敏感栅有丝式、箔式和薄膜式三种。箔式应变片是利用光刻、腐蚀等工艺制成的一种很薄的金属箔栅,其厚度一般在 0.003~0.01mm。其优点是散热条件好,允许通过的电流大,可制成各种所需的形状,便于批量生产。薄膜式应变片是采用真空蒸发或真空沉淀等方法在薄的绝缘片上形成 0.1μm 以下的金属电阻薄膜的敏感栅,最后再加上保护层。它的优点是应变灵敏度系数大,允许通过的电流大,工作范围广。

半导体应变片是用半导体材料制成的,其工作原理是基于半导体材料的压阻效应。所谓压阻效应,是指半导体材料受外力作用时,其电阻率发生变化的现象。半导体应变片突出的优点是灵敏度高,比金属丝式应变片高 50~80 倍,尺寸小,但它有温度系数大、应变时非线性比较严重等缺点。

目前,一般多采用箔式应变片。

下面以金属电阻丝为例来讨论应变片的应变效应(图 4-2)。

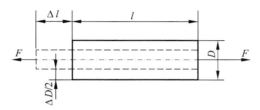

图 4-2　金属电阻丝应变效应

导体的电阻值可以用下式计算:

$$R = \frac{\rho l}{S} \tag{4-1}$$

当此电阻丝两端受拉以后,其尺寸将发生变化,长度伸长而横截面积 S 将减小,一般 ρ 值也发生变化。对式(4-1)进行微分得

$$\mathrm{d}R = \frac{\rho}{S}\mathrm{d}l - \frac{\rho l}{S^2}\mathrm{d}S + \frac{l}{S}\mathrm{d}\rho$$

用相对变化量,则有

$$\frac{\mathrm{d}R}{R} = \frac{\mathrm{d}l}{l} - \frac{\mathrm{d}S}{S} + \frac{\mathrm{d}\rho}{\rho}$$

或

$$\frac{\Delta R}{R} = \frac{\Delta l}{l} - \frac{\Delta S}{S} + \frac{\Delta \rho}{\rho} \tag{4-2}$$

对于直径为 D 的圆形截面的电阻丝,有

$$S = \frac{\pi D^2}{4}$$

将其微分得

$$\Delta S = \frac{\pi}{4} \cdot 2D \cdot \Delta D$$

则

$$\frac{\Delta S}{S} = \frac{2\Delta D}{D} \tag{4-3}$$

当电阻丝沿轴向伸长时，其直径将缩小，两者相对变形之比称为材料的泊松系数 μ：

$$\mu = -\frac{\dfrac{\Delta D}{D}}{\dfrac{\Delta l}{l}} \tag{4-4}$$

负号表示直径缩小。式中，$\dfrac{\Delta D}{D} = \dfrac{\Delta r}{r} = \varepsilon_r$，为金属丝半径的相对变化，即径向应变；

$\dfrac{\Delta l}{l} = \varepsilon$，为金属丝长度方向的相对变化，即轴向应变。

因此有

$$\varepsilon_r = -\mu\varepsilon \tag{4-5}$$

将式(4-3)、式(4-4)代入式(4-2)得

$$\frac{\Delta R}{R} = (1+2\mu)\frac{\Delta l}{l} + \frac{\Delta \rho}{\rho} = \left(1+2\mu+\frac{\dfrac{\Delta \rho}{\rho}}{\dfrac{\Delta l}{l}}\right) \cdot \frac{\Delta l}{l} = K\frac{\Delta l}{l} = K\varepsilon \tag{4-6}$$

式中

$$K = 1+2\mu+\frac{\dfrac{\Delta \rho}{\rho}}{\dfrac{\Delta l}{l}}$$

式(4-6)即为应变效应的表达式，其中 K 为应变片的灵敏系数。

灵敏系数 K 受两个因素影响：一个是 $1+2\mu$，它是由电阻丝的几何尺寸改变而引起的，材料确定，μ 就确定了；另一个是 $\dfrac{\Delta \rho/\rho}{\Delta l/l}$，它是电阻丝的电阻率随应变的改变所引起的，对于大多数电阻丝来说，其值也是常数，而且数值通常很小，可以忽略不计。一般金属丝应变片 K 值的数值多为 $1.7 \sim 3.6$。例如：康铜，$K = 1.7 \sim 2.1$；铜镍合金，$K = 2.1$。

4.2 测量电路

由电阻式应变片的工作原理可知，应变片可以把机械量变换为电阻变化，但这个变化是很小的，用一般测量电阻的仪表很难直接检测出来，通常把它转换成电压

变化,用电测仪器来进行测定。采用电桥电路是进行这种变换的一种最常用的方法。传感器可以放在桥路四个臂中的任何一个臂内,工作臂的数目可以从一个到四个任选。

4.2.1　直流电桥

图 4-3(a)所示为最常用的直流电桥,通常输出电压很小,不能用仪表直接测量,一般需要加以放大,而一般放大器的输入阻抗较电桥内阻要高得多,故桥路输出端之间可以看成开路,则输出电压 U_{o} 为

$$U_{\mathrm{o}} = E\left(\frac{R_4}{R_3 + R_4} - \frac{R_1}{R_1 + R_2}\right) = E\frac{R_1 R_4 - R_2 R_3}{(R_1 + R_2)(R_3 + R_4)} \tag{4-7}$$

在实际测量中,电桥已预调平衡,输出电压只与桥臂电阻变化有关。($R_1 R_4 = R_2 R_3$,$U_{\mathrm{o}} = 0$)

当电桥四个臂都产生电阻变化 ΔR_1、ΔR_2、ΔR_3、ΔR_4 时,如图 4-3(b)所示,根据式(4-7)可得输出电压与电阻变化的关系为

$$U_{\mathrm{o}} = \frac{(R_1 + \Delta R_1)(R_4 + \Delta R_4) - (R_2 + \Delta R_2)(R_3 + \Delta R_3)}{(R_1 + \Delta R_1 + R_2 + \Delta R_2)(R_3 + \Delta R_3 + R_4 + \Delta R_4)} E$$

由于 $\Delta R \ll R$,忽略分子、分母中 ΔR 的高次项,而 $R_1 R_4 = R_2 R_3$,则输出电压为

$$U_{\mathrm{o}} = \frac{R_1 R_2}{(R_1 + R_2)^2} \cdot \left(\frac{\Delta R_1}{R_1} - \frac{\Delta R_2}{R_2} - \frac{\Delta R_3}{R_3} + \frac{\Delta R_4}{R_4}\right) E \tag{4-8}$$

将 $\dfrac{\Delta R}{R} = K\varepsilon$ 代入上式可得

$$U_{\mathrm{o}} = \frac{R_1 R_2}{(R_1 + R_2)^2} \cdot (\varepsilon_1 - \varepsilon_2 - \varepsilon_3 + \varepsilon_4) KE \tag{4-9}$$

(采用相同的应变片,则 K 相同,而测量的电阻值变化不同,因此 ε 不同。)

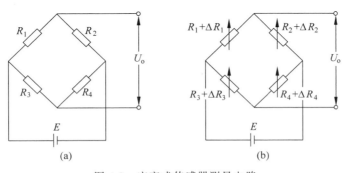

图 4-3　应变式传感器测量电路

(a) 直流电桥;(b) 四个工作臂直流电桥

当 $R_1 = R_2 = R_3 = R_4$，即为等臂电桥时，式(4-8)可写为

$$U_o = \frac{E}{4R}(\Delta R_1 - \Delta R_2 - \Delta R_3 + \Delta R_4) \tag{4-10}$$

（1）当桥臂只有 R_1 产生 ΔR 时，即单臂工作，其输出电压为

$$U_o = \frac{E}{4} \cdot \frac{\Delta R}{R} = \frac{E}{4}K\varepsilon \tag{4-11}$$

（2）当两个相邻臂工作时，例如 R_1、R_2 为工作臂，$R_1 \to R_1 + \Delta R_1$，$R_2 \to R_2 + \Delta R_2$，$R_3 = R_4 = R$ 为固定臂电阻值，则输出电压为

$$U_o = \frac{E}{4}\left(\frac{\Delta R_1}{R_1} - \frac{\Delta R_2}{R_2}\right)$$

① 当 $R_1 = R_2$，$\Delta R_1 = \Delta R_2$ 时，则有 $U_o = 0$；

② 当 $R_1 = R_2$，$\Delta R_1 = \Delta R$（受拉应力），$\Delta R_2 = -\Delta R$（受压应力）时，则

$$U_o = \frac{E}{4}\left(\frac{\Delta R_1}{R_1} - \frac{\Delta R_2}{R_2}\right) = \frac{2E}{4} \cdot \frac{\Delta R}{R} = 2 \times \frac{E}{4}K\varepsilon \tag{4-12}$$

此时电桥的输出电压比单臂工作时提高一倍，灵敏度也提高一倍。

【例 4-1】 等臂电桥，在两个相邻臂工作时，$E = 4\text{V}$，应变片的应变系数 $K = 2$，测得 $U_o = 20\text{mV}$，求 ε。

由式(4-12)即 $U_o = 2 \times \frac{E}{4}K\varepsilon$ 得

$$20 \times 10^{-3} = 2 \times \frac{4}{4} \times 2\varepsilon$$

$$\varepsilon = 5 \times 10^{-3} = 5000 \times 10^{-6} = 5000\mu\varepsilon（微应变）$$

如果用单臂工作，即 R_1 为应变片，其余为固定电阻，应变量仍为 $5000\mu\varepsilon$ 时，则桥的输出电压 $U_o = 10\text{mV}$，因此，用半桥输出电路可提高测量灵敏度。

（3）两个相对臂工作，R_1、R_4 为工作臂，R_2、R_3 为固定电阻，则输出电压为

$$U_o = \frac{E}{4}\left(\frac{\Delta R_1}{R_1} + \frac{\Delta R_4}{R_4}\right)$$

① 当 $R_1 = R_4$，$\Delta R_1 = \Delta R_4 = \Delta R$ 时，则

$$U_o = \frac{2E}{4} \cdot \frac{\Delta R}{R} = 2 \times \frac{E}{4}K\varepsilon$$

② 当 $R_1 = R_4$，$\Delta R_1 = \Delta R$（受拉应力），$\Delta R_4 = -\Delta R$（受压应力）时，则 $U_o = 0$。

（4）全臂工作时，即 $R_1 = R_2 = R_3 = R_4 = R$ 都是工作片，且 $\Delta R_1 = \Delta R_4 = \Delta R$，$\Delta R_2 = \Delta R_3 = -\Delta R$，则由式(4-8)得

$$U_o = \frac{E}{4}\left(\frac{\Delta R_1}{R_1} - \frac{\Delta R_2}{R_2} - \frac{\Delta R_3}{R_3} + \frac{\Delta R_4}{R_4}\right) = 4 \times \frac{E}{4} \times \frac{\Delta R}{R} = 4 \times \frac{E}{4}K\varepsilon \tag{4-13}$$

比较式(4-11)、式(4-12)、式(4-13)可知，此时电桥的输出是单臂工作时的 4 倍，是

双臂工作时的 2 倍。以上三式的统一表达式为

$$U_{\mathrm{o}} = \frac{\alpha E}{4} \cdot \frac{\Delta R}{R} \quad \Rightarrow \quad \frac{U_{\mathrm{o}}}{\dfrac{\Delta R}{R}} = \frac{\alpha E}{4}$$

此式即为单位电阻值的变化引起的输出电压的变化,称为电桥电压灵敏度,表示为

$$K_U = \frac{U_{\mathrm{o}}}{\dfrac{\Delta R}{R}} = \frac{\alpha E}{4}$$

式中,α 为桥臂系数,其值的大小取决于电桥的连接方式和电阻的变化状态。式(4-11)中的 $\alpha = 1$,式(4-12)中的 $\alpha = 2$,式(4-13)中的 $\alpha = 4$。很显然,桥臂系数 α 越大,电桥灵敏度越高,供电电压 U 越大,电桥灵敏度也越高。但供电电压的提高受到应变片允许功耗的限制,所以应进行适当选择。

由以上分析可知,当电桥中的相邻臂有异号(一个受拉,一个受压)或相对臂有同号(同受拉或同受压)的电阻变化时,电桥能把各臂电阻的变化引起的输出电压自动相加后输出。

当电桥相对臂有异号、相邻臂有同号的电阻值变化时,电桥能够把各臂电阻变化引起的输出电压自动相减后输出。

上述情况即为电桥的加减特性。在贴片和接桥中应注意电阻变化或应变值的符号。

以上讨论是在忽略 ΔR 的高次项的前提下进行的,得出的结果均为线性关系。即输出电压 U_{o} 与应变 ε 为线性关系。当上述假定不成立时,按线性关系刻度的仪表用来测量此种情况下的应变必然带来非线性误差。

(1) 同样在等臂电桥的情况下(即 $R_1 = R_2 = R_3 = R_4 = R$),当单臂工作时,即桥臂只有 R_1 产生 ΔR 时,由式(4-7)得其输出电压为

$$U'_{\mathrm{o}} = E\,\frac{(R_1 + \Delta R)R_4 - R_2 R_3}{(R_1 + \Delta R + R_2)(R_3 + R_4)} = E\,\frac{(R + \Delta R)R - R^2}{(2R + \Delta R) \cdot 2R}$$

$$= \frac{E}{4} \cdot \frac{\Delta R}{R\left(1 + \dfrac{1}{2} \cdot \dfrac{\Delta R}{R}\right)} = \frac{E}{4} \cdot \frac{\Delta R}{R}\left(1 + \frac{1}{2} \cdot \frac{\Delta R}{R}\right)^{-1}$$

$$= \frac{E}{4} K\varepsilon \left(1 + \frac{1}{2} K\varepsilon\right)^{-1}$$

由上式展开级数,得

$$U'_{\mathrm{o}} = \frac{E}{4} K\varepsilon \left[1 - \frac{1}{2} K\varepsilon + \frac{1}{4}(K\varepsilon)^2 - \frac{1}{8}(K\varepsilon)^3 + \cdots\right]$$

则电桥的相对非线性误差为

$$e_L = \frac{U_o - U_o'}{U_o} = \frac{\dfrac{E}{4}K\varepsilon - \dfrac{E}{4}K\varepsilon \left[1 - \dfrac{1}{2}K\varepsilon + \dfrac{1}{4}(K\varepsilon)^2 - \dfrac{1}{8}(K\varepsilon)^3 + \cdots \right]}{\dfrac{E}{4}K\varepsilon}$$

$$= \frac{1}{2}K\varepsilon - \frac{1}{4}(K\varepsilon)^2 + \frac{1}{8}(K\varepsilon)^3 - \cdots$$

通常 $K\varepsilon \ll 1$，上式可近似地写为

$$e_L \approx \frac{1}{2}K\varepsilon \tag{4-14}$$

【例 4-2】 设 $K = 2$，要求非线性误差 $e_L < 1\%$，试求允许测量的最大应变值 ε_{max}。

由式(4-14)得

$$\frac{1}{2}k\varepsilon_{max} < 1\%$$

$$\varepsilon_{max} < \frac{2 \times 0.01}{k} = \frac{2 \times 0.01}{2} = 0.01 = 10000\mu\varepsilon$$

上式表明：如果被测应变大于 $10000\mu\varepsilon$，采用等臂电桥，单臂工作时的非线性误差大于 1%。

(2) 当相邻两个桥臂工作时，即 R_1、R_2 为工作臂，$R_1 \rightarrow R_1 + \Delta R_1$，$R_2 \rightarrow R_2 + \Delta R_2$，$R_3$、$R_4$ 为固定臂电阻值，则输出电压为

$$U_o' = \frac{(R_1 + \Delta R_1)R_3 - (R_2 + \Delta R_2)R_4}{(R_1 + \Delta R_1 + R_2 + \Delta R_2)(R_3 + R_4)}E = \frac{(R + \Delta R_1) - (R + \Delta R_2)}{(2R + \Delta R_1 + \Delta R_2) \times 2R}E$$

① 当 $\Delta R_1 = \Delta R_2$ 时，则 $U_o' = 0$；

② 当 $\Delta R_1 = \Delta R$(受拉应力)，$\Delta R_2 = -\Delta R$(受压应力)时，则

$$U_o' = \frac{2E}{4} \times \frac{\Delta R}{R} = 2 \times \frac{E}{4}K\varepsilon$$

与式(4-12)理想的电压输出 U_o 相同，即相邻两个桥臂工作时的实际电压输出值与应变成线性关系。不难推出当全桥工作时，其实际电压输出值与应变也呈线性关系，即非线性误差为零。因此，在实际应用中，应尽量选择半桥工作或全桥工作。

4.2.2 交流电桥

载波放大式应变仪中都采用交流电桥，交流电桥的输出可以直接接入无零漂的交流放大器，所以在不少纯电阻的测量中也往往采用交流电桥。交流电桥可以为单臂或多臂工作。

1. 交流电桥的电压输出及平衡条件

一般用正弦交流电供电，即

$$\dot{U} = U_m \sin\omega t$$

在实际测量时,连接导线间存在的分布电容,相当于应变片并联一个电容,所以应变片桥臂实际由电阻和电容并联组成,如图 4-4 所示。此时各桥臂的阻抗分别为

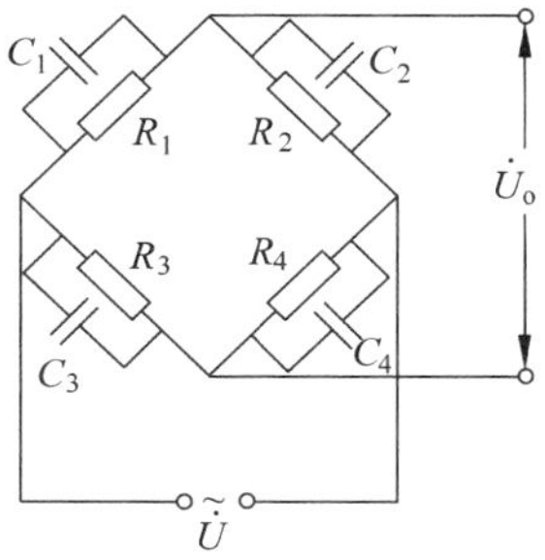

$$Z_1 = \cfrac{1}{\cfrac{1}{R_1} + j\omega C_1}, \quad Z_2 = \cfrac{1}{\cfrac{1}{R_2} + j\omega C_2}$$

$$Z_3 = \cfrac{1}{\cfrac{1}{R_3} + j\omega C_3}, \quad Z_4 = \cfrac{1}{\cfrac{1}{R_4} + j\omega C_4}$$

图 4-4　交流电桥

交流电桥的输出公式与直流电桥相似,即

$$\dot{U}_{\rm o} = \frac{Z_1 Z_4 - Z_2 Z_3}{(Z_1 + Z_2)(Z_3 + Z_4)}\dot{U}$$

则平衡条件为

$$Z_1 Z_4 = Z_2 Z_3$$

对于半桥测量(相邻两臂),各桥臂阻抗分别为

$$Z_1 = \cfrac{1}{\cfrac{1}{R_1} + j\omega C_1}, \quad Z_2 = \cfrac{1}{\cfrac{1}{R_2} + j\omega C_2}$$

$$Z_3 = R_3, \quad Z_4 = R_4 \quad (\text{精密无感电阻})$$

代入平衡条件公式中得

$$\frac{R_4}{R_2} + R_4 \cdot j\omega C_2 = \frac{R_3}{R_1} + R_3 \cdot j\omega C_1$$

其实部、虚部分别相等,整理可得交流电桥的平衡条件为

$$\frac{R_1}{R_2} = \frac{R_3}{R_4}, \quad \frac{C_1}{C_2} = \frac{R_4}{R_3}$$

由此可知,要使交流电桥平衡,除电阻平衡外,还要使电容平衡。由于 R_3、R_4 用的是精密无感电阻,且 $R_3 = R_4$,故要使电容平衡,则只有使 $C_1 = C_2$。

当被测应力变化引起 $Z_1 \to Z_1 + \Delta Z$,$Z_2 \to Z_2 + \Delta Z$ 变化,且 $Z_1 = Z_2 = Z$ 时,电桥输出为

$$\dot{U}_{\rm o} = \frac{\dot{U}}{2} \cdot \frac{\Delta Z}{Z}$$

其在形式上与直流电桥的相同。

2. 电桥平衡装置

由于电桥各臂的阻值不可能绝对相等,导线电阻和接触电阻也有差异;连接导线和电阻应变片有分布电容存在,使各桥臂的电容值也不相等,所以交流电桥必须进行电阻和电容的平衡调节,否则会产生零位输出。电阻不平衡会带来非线性误差,容抗不平衡会影响电桥的灵敏度和输出电压的相移,产生与电源相位成 90°

的正交分量,导致放大器过早饱和。常用的电阻平衡装置如图 4-5 所示。常用的电容平衡装置如图 4-6 所示。

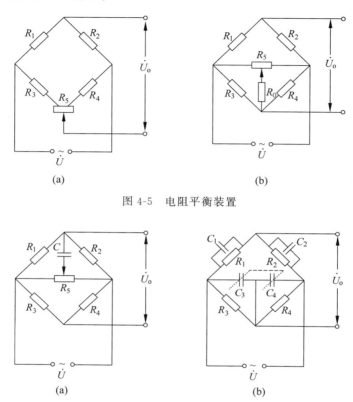

图 4-5　电阻平衡装置

图 4-6　电容平衡装置

4.3　应变式传感器的温度特性

粘贴在试件上的应变片,当环境温度发生变化时,其电阻也将随之发生变化。有些情况下,这个数值甚至要大于应变引起的信号变化。这种由温度变化引起的应变输出称为热输出。

4.3.1　使应变片产生热输出的因素

(1) 当温度变化时,应变片敏感元件材料的电阻值将随之变化(即受电阻温度系数的影响),其电阻变化率为

$$\left(\frac{\Delta R}{R}\right)_\alpha = \alpha \cdot \Delta t \tag{4-15}$$

式中,α 为敏感元件材料的电阻温度系数;Δt 为环境温度的变化量。

（2）当温度变化时，应变片与试件材料产生线膨胀。

如果应变片敏感元件与试件材料的线膨胀系数不同，它们的伸缩量也将不同，从而使应变片敏感元件产生附加应变，并引起电阻变化，其电阻变化率为

$$\left(\frac{\Delta R}{R}\right)_{\beta} = K(\beta_E - \beta_S)\Delta t \tag{4-16}$$

式中，β_S，β_E 分别为应变片与试件材料的线膨胀系数；K 为应变片的灵敏系数。因此，应变片由电阻变化所引起的总电阻变化为

$$\left(\frac{\Delta R}{R}\right)_{t} = \left(\frac{\Delta R}{R}\right)_{\alpha} + \left(\frac{\Delta R}{R}\right)_{\beta} = \left[\alpha + K(\beta_E - \beta_S)\right] \cdot \Delta t \tag{4-17}$$

应变片的热输出为

$$\varepsilon_t = \frac{\left(\frac{\Delta R}{R}\right)_t}{K} = \left[\frac{\alpha}{K} + (\beta_E - \beta_S)\right] \cdot \Delta t \tag{4-18}$$

【例 4-3】　贴在钢质试件上的康铜电阻应变片，其 $K = 2$，$\alpha = 20 \times 10^{-6}/^{\circ}\text{C}$，$\beta_S = 15 \times 10^{-6}/^{\circ}\text{C}$，$\beta_E = 11 \times 10^{-6}/^{\circ}\text{C}$，当温度变化 $\Delta t = 10^{\circ}\text{C}$ 时，应变片的热输出为

$$\varepsilon_t = \left[\frac{20 \times 10^{-6}}{2} + (11 - 15) \times 10^{-6}\right] \times 10 = 60 \times 10^{-6} = 60\mu\varepsilon \quad \text{（微应变）}$$

若钢质试件的弹性模量 $E = 2 \times 10^6 \text{kg/cm}^2$，则上述热输出相当于试件在以下应力时的应变值：

$$\sigma = E\varepsilon_t = 2 \times 10^6 \times 60 \times 10^{-6} \text{kg/cm}^2 = 120\text{kg/cm}^2$$

由此可见，由于温度变化而引起的热输出是比较大的，必须采取温度补偿措施以减少或消除温度变化的影响。

4.3.2　电阻应变片的温度补偿方法

电阻应变片的温度补偿方法通常有线路补偿法和应变片自补偿法两大类。

1. 线路补偿法

这种方法是利用电桥电路的特点进行温度补偿。

在 4.2.2 节中讲过，当相邻两桥臂均为应变片时，若满足 $R_1 = R_2$，$\Delta R_1 = \Delta R_2$（$R_3 = R_4$ 为固定电阻），则电桥平衡，即 $U_o = 0$。

因此，将 R_1 作为工作片，即测量片，承受应力；R_2 作为补偿片，不承受应力；工作片 R_1 粘贴在被测试件上需要测量应变的地方，补偿片 R_2 粘贴在一块不受应力但与被测试件材料相同的补偿块上，放置于相同的温度环境中，如图 4-7 所示。

当温度发生变化时，工作片 R_1 和补偿片 R_2 的电阻都发生变化，由于 R_1 与 R_2 为同类应变片，又粘贴在相同的材料上，因此，由温度变化而引起的应变片的电阻变化量相同，即 $\Delta R_{1t} = \Delta R_{2t}$，由式（4-10）得

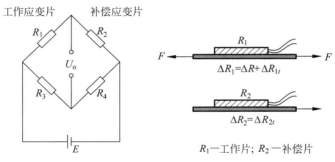

图 4-7　电桥电路补偿法

$$U_o = \frac{E}{4R}(\Delta R_1 - \Delta R_2 - \Delta R_3 + \Delta R_4)$$

$$= \frac{E}{4R}(\Delta R_1 - \Delta R_2)$$

$$= \frac{E}{4R}[(\Delta R + \Delta R_{1t}) - \Delta R_{2t}]$$

$$= \frac{E}{4} \cdot \frac{\Delta R}{R}$$

相当于电桥单臂工作。很明显,由于工作片 R_1 和补偿片 R_2 分别接在电桥的相邻两桥臂上,此时因温度变化而引起的电阻变化 ΔR_{1t} 和 ΔR_{2t} 的作用相互抵消,试件未受应力时,电桥仍然平衡;工作时,只有工作片 R_1 感受应变,因此,电桥输出只与被测试件的应变有关,而与环境温度无关,从而起到温度补偿作用。

线路补偿法的优点是简单、方便,在常温下补偿效果比较好;缺点是在温度变化梯度较大时,很难做到工作片与补偿片处于温度完全一致的状态,因而影响了补偿效果。

2. 应变片自补偿法

这种方法使用的是自身具有温度补偿作用的特殊应变片,这种应变片称为温度自补偿应变片。

1) 选择式自补偿应变片

由式(4-17)不难得出,实现温度自补偿的条件是

$$\alpha = -K(\beta_E - \beta_S)$$

即当被测试件选定后,就可以选择合适的敏感材料的应变片以满足上式要求,从而达到温度自补偿的目的。

这种方法的优点是简便实用,在检测同一材料构件及精度要求不高时尤为重要;缺点是只适用特定试件材料,因此局限性很大。

2) 敏感栅自补偿应变片

这种应变片又称为组合式自补偿应变片,是利用某些材料的电阻温度系数有

正、负的特性,将这两种不同的电阻丝栅串联成一个应变片来实现温度补偿。应变片两段敏感栅随温度变化而产生的电阻增量大小相等,符号相反,即 $\Delta R_1 = -\Delta R_2$,就可以实现温度补偿。

这种补偿方法的优点是在制造时可以调节两段敏感栅的线段长度,以便在一定受力件材料上于一定的温度范围内获得较好的温度补偿。补偿效果可达 $\pm 0.45\mu\varepsilon/℃$ 。

4.4　应变式电阻传感器的应用

应变式电阻传感器在测试中除直接用于测定试件的应变和应力外,还广泛用来制成各种应变式传感器,以测定其他物理量。只要是能设法变换成应变的物理量,都可以通过应变片进行测量。

应变式传感器的基本构成通常可以分为两部分:弹性敏感元件和应变片。弹性敏感元件在被测物理量如力、扭矩、加速度的作用下,产生一个与它成比例的应变,然后用应变片作为传感元件将应变转换为电阻变化。

4.4.1　几种常见的弹性敏感元件的应变值 ε 与外作用力 F 之间的关系

在应变式电阻传感器中,一般是将四个电阻应变片成对地横向或纵向粘贴在弹性敏感元件的表面,使应变片分别感受到零件的压缩和拉伸变形。通常四个应变片接成电桥电路,可以从电桥的输出中直接得到应变量的大小,从而得知作用于弹性敏感元件上的力。

弹性敏感元件的应变值 ε 的大小不仅与作用在弹性敏感元件上的力有关,而且与弹性敏感元件的形状有关。下面介绍几种常见的弹性敏感元件的应变值 ε 与外作用力 F 之间的关系。

1. 悬臂梁式弹性敏感元件

应变片在悬臂梁式弹性敏感元件上的位置如图 4-8 所示。

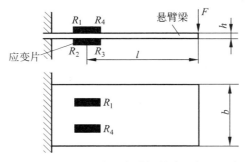

图 4-8　应变片在悬臂梁式弹性敏感元件上的位置

悬臂梁式弹性敏感元件的应变公式为

$$\varepsilon_x = \frac{24Fl}{bh^2E} \qquad (4\text{-}19)$$

式中，ε_x 为悬臂梁弹性敏感元件受外力作用时电桥输出的应变值；b 为悬臂宽，mm；h 为悬臂厚，mm；l 为悬臂外端距应变片中心的距离，mm；E 为所用悬臂梁材料的弹性模量，MPa；F 为对悬臂梁所施加的力，N。

2. 等强度悬臂梁式弹性敏感元件

应变片在等强度悬臂梁式弹性敏感元件上的位置如图 4-9 所示。

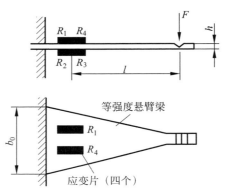

图 4-9　应变片在等强度悬臂梁式弹性敏感元件上的位置

等强度悬臂梁弹性敏感元件的应变公式为

$$\varepsilon_D = \frac{6Fl}{b_0h^2E} \qquad (4\text{-}20)$$

式中，ε_D 为等强度悬臂梁弹性敏感元件受外力作用时电桥输出的应变值；l 为等强度悬臂梁长度，mm；b_0 为等强度悬臂梁宽度，mm；h 为等强度悬臂梁厚度，mm。

3. 两端固定梁式弹性敏感元件

应变片在两端固定梁式弹性敏感元件上的位置如图 4-10 所示。

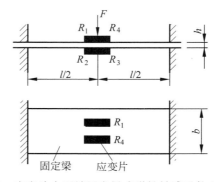

图 4-10　应变片在两端固定梁式弹性敏感元件上的位置

两端固定梁弹性敏感元件的应变公式为

$$\varepsilon_S = \frac{3Fl}{bh^2E} \tag{4-21}$$

式中,ε_S 为两端固定梁弹性敏感元件受到外力作用时电桥输出的应变值;l 为两端固定点的长度,mm;b 为固定梁的宽度,mm;h 为固定梁的厚度,mm。

4. 薄臂环式弹性敏感元件

应变片在薄臂环式弹性敏感元件上的位置如图 4-11 所示。

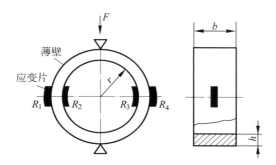

图 4-11　应变片在薄臂环式弹性敏感元件上的位置

薄臂环式弹性敏感元件的应变公式为

$$\varepsilon_h = \frac{4.35Fr}{bh^2E} \tag{4-22}$$

式中,ε_h 为薄壁环式弹性敏感元件受外力作用时电桥输出的应变值;r 为薄壁环内圆半径,mm;b 为薄壁环的宽度,mm;h 为薄壁环的厚度,mm。

4.4.2　应变式电阻传感器的应用

1. 电子皮带秤

应变式电阻传感器在电子自动秤上的应用很普遍,如电子汽车秤、电子轨道秤、电子吊车秤、电子配料秤、电子皮带秤、自动定量灌装秤等。其中,电子皮带秤是一种能连续称量散装材料(如矿石、煤、水泥、米、面等)质量的装置,如图 4-12 所示。它不但可以称出某一瞬间在输送带上输出的物料的质量,而且还可以称出某一段时间内输出的物料的总质量。

测力传感器通过秤架感受到称重段 L 的物料量,即单位长度上的物料量 $A(t)$（单位:kg/m）,测力传感器的输出信号为电压值 U_1,测速传感器将皮带的传送速度 $v(t)$（单位:m/h）转换成电压 U_2,再经乘法器将 U_1 与 U_2 相乘后即可得到皮带在单位时间内的输运量 $X(t)$（单位:kg/h）,即

$$X(t) = A(t) \times v(t)$$

$X(t)$ 值再经积分放大器积分处理后,即可得到 $0 \sim t$ 段时间内运送物料的总质

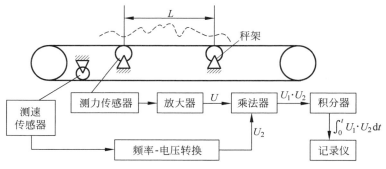

图 4-12　电子皮带秤物料称量系统示意图

量,在记录仪上显示出来。

2. 应变式加速度传感器

如图 4-13 所示,应变式加速度传感器由应变片、质量块、弹性悬臂梁和基座组成。测量时,基座固定在被测对象上,当被测对象以加速度 a 运动时,质量块受到一个与加速度方向相反的惯性力的作用而使弹性梁变形,应变片产生与加速度成比例的应变值,利用电阻应变仪即可测定加速度。

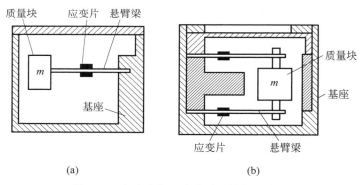

图 4-13　应变式加速度传感器结构示意图
（a）单悬臂梁式；（b）双悬臂梁式

将应变片接入相邻两个桥臂,则 $U_o = \dfrac{E}{2} K \varepsilon_x$,由 $\varepsilon_x = \dfrac{24Fl}{bh^2 E}$ 得到质量块 m 所受到的力 F,由 $F = ma$ 得质量块的加速度 $a = \dfrac{F}{m}$。

应变式加速度传感器的缺点是频率范围有限,不适用于频率较高的振动和冲击,一般适用于频率为 $10 \sim 60\text{Hz}$ 的范围。

第 4 章教学资源

电感式传感器及应用

利用电磁感应原理将被测物理量转换成线圈自感系数 L 或互感系数 M 的变化,进而转换为电压或电流的变化量输出的传感装置称为电感式或电磁式传感器。电感式传感器具有结构简单、工作可靠、测量精度高、零点稳定、输出功率较大等优点;其主要缺点是灵敏度、线性度和测量范围相互制约,传感器自身频率响应低,不适用于快速动态测量。这种传感器能实现信息的远距离传输、记录、显示和控制,在工业自动控制系统中被广泛采用。

本章主要介绍自感式(变磁阻式)、互感式和电涡流式三种类型的电感式传感器。

5.1 变磁阻式传感器

5.1.1 工作原理

变磁阻式传感器的结构示意图如图 5-1 所示,它由线圈、铁芯和衔铁三部分组成。铁芯和衔铁由导磁材料如硅钢片或坡莫合金制成,在铁芯和衔铁之间有气隙,气隙厚度为 δ,传感器的运动部分与衔铁相连。当衔铁移动时,气隙厚度 δ 发生改变,引起磁路中磁阻变化,从而导致电感线圈的电感值变化。因此只要能测出这种电感量的变化,就能确定衔铁位移量的大小和方向。

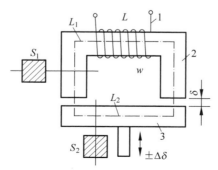

1—线圈;2—铁芯(定铁芯);3—衔铁(动铁芯)。

图 5-1 变磁阻式传感器的结构示意图

根据电感的定义,线圈中的电感量可由下式确定:

$$L = \frac{\Psi}{I} = \frac{w\Phi}{I} \tag{5-1}$$

式中,Ψ 为线圈总磁链;I 为通过线圈的电流;w 为线圈的匝数;Φ 为穿过线圈的磁通。

由磁路欧姆定律,得

$$\Phi = \frac{Iw}{R_m} \tag{5-2}$$

式中,R_m 为磁路总磁阻。对于变隙式传感器,因为气隙很小,所以可以认为气隙中的磁场是均匀的。若忽略磁路磁损,则磁路总磁阻为

$$R_m = \frac{L_1}{\mu_1 S_1} + \frac{L_2}{\mu_2 S_2} + \frac{2\delta}{\mu_0 S_0} \tag{5-3}$$

式中,μ_1 为铁芯材料的磁导率;μ_2 为衔铁材料的磁导率;L_1 为磁通通过铁芯的长度;L_2 为磁通通过衔铁的长度;S_1 为铁芯的截面积;S_2 为衔铁的截面积;μ_0 为空气的磁导率;S_0 为气隙的截面积;δ 为气隙的厚度。

通常气隙磁阻远大于铁芯和衔铁的磁阻,即

$$\begin{cases} \dfrac{2\delta}{\mu_0 S_0} \gg \dfrac{L_1}{\mu_1 S_1} \\ \dfrac{2\delta}{\mu_0 S_0} \gg \dfrac{L_2}{\mu_2 S_2} \end{cases} \tag{5-4}$$

则式(5-3)可近似为

$$R_m = \frac{2\delta}{\mu_0 S_0} \tag{5-5}$$

联立式(5-1)、式(5-2)及式(5-5),可得

$$L = \frac{w^2}{R_m} = \frac{w^2 \mu_0 S_0}{2\delta} \tag{5-6}$$

上式表明,当线圈匝数为常数时,电感 L 仅仅是磁路中磁阻 R_m 的函数,改变 δ 或 S_0 均可导致电感变化,因此变磁阻式传感器又可分为变气隙厚度 δ 的传感器和变气隙面积 S_0 的传感器。使用最广泛的是变气隙厚度 δ 式电感传感器。

5.1.2 输出特性

设电感传感器初始气隙为 δ_0,初始电感量为 L_0,衔铁位移引起的气隙变化量为 $\Delta\delta$,由式(5-6)可知 L 与 δ 之间是非线性关系,特性曲线如图 5-2 表示,初始电感量为

$$L_0 = \frac{\mu_0 S_0 w^2}{2\delta_0} \tag{5-7}$$

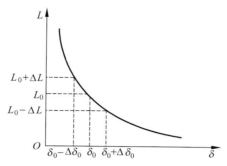

图 5-2　变隙式电感传感器的 L-δ 特性曲线

当衔铁上移 $\Delta\delta$ 时,传感器气隙减小 $\Delta\delta$,即 $\delta = \delta_0 - \Delta\delta$,则此时输出电感为 $L = L_0 + \Delta L$,代入式(5-6)并整理,得

$$L = L_0 + \Delta L = \frac{w^2 \mu_0 S_0}{2(\delta_0 - \Delta\delta)} = \frac{L_0}{1 - \dfrac{\Delta\delta}{\delta_0}} \tag{5-8}$$

当 $\Delta\delta/\delta_0 \ll 1$ 时,可将上式用泰勒级数展开成级数形式:

$$L = L_0 + \Delta L = L_0\left[1 + \frac{\Delta\delta}{\delta_0} + \left(\frac{\Delta\delta}{\delta_0}\right)^2 + \left(\frac{\Delta\delta}{\delta_0}\right)^3 + \cdots\right] \tag{5-9}$$

由上式可求得电感增量 ΔL 和相对增量 $\Delta L / L_0$ 的表达式,即

$$\Delta L = L_0 \frac{\Delta\delta}{\delta_0}\left[1 + \frac{\Delta\delta}{\delta_0} + \left(\frac{\Delta\delta}{\delta_0}\right)^2 + \left(\frac{\Delta\delta}{\delta_0}\right)^3 + \cdots\right] \tag{5-10}$$

$$\frac{\Delta L}{L_0} = \frac{\Delta\delta}{\delta_0}\left[1 + \frac{\Delta\delta}{\delta_0} + \left(\frac{\Delta\delta}{\delta_0}\right)^2 + \left(\frac{\Delta\delta}{\delta_0}\right)^3 + \cdots\right] \tag{5-11}$$

同理,当衔铁随被测体的初始位置向下移动 $\Delta\delta$ 时,有

$$\Delta L = L_0 \frac{\Delta\delta}{\delta_0}\left[1 - \frac{\Delta\delta}{\delta_0} + \left(\frac{\Delta\delta}{\delta_0}\right)^2 - \left(\frac{\Delta\delta}{\delta_0}\right)^3 + \cdots\right] \tag{5-12}$$

$$\frac{\Delta L}{L_0} = \frac{\Delta\delta}{\delta_0}\left[1 - \frac{\Delta\delta}{\delta_0} + \left(\frac{\Delta\delta}{\delta_0}\right)^2 - \left(\frac{\Delta\delta}{\delta_0}\right)^3 + \cdots\right] \tag{5-13}$$

对式(5-11)、式(5-13)作线性处理并忽略高次项,可得

$$\frac{\Delta L}{L_0} = \frac{\Delta\delta}{\delta_0} \tag{5-14}$$

灵敏度为

$$K_0 = \frac{\dfrac{\Delta L}{L_0}}{\Delta\delta} = \frac{1}{\delta_0} \tag{5-15}$$

由此可见,变隙式电感传感器的测量范围与灵敏度及线性度相矛盾,所以变隙式电感传感器用于测量微小位移时是比较精确的。

5.1.3 测量电路

电感式传感器的测量电路有交流电桥式、变压器式交流电桥以及谐振式等几种形式。

1. 交流电桥式测量电路

图 5-3 所示为交流电桥测量电路,把传感器的两个线圈作为电桥的两个桥臂 Z_1 和 Z_2,另外两个相邻的桥臂用纯电阻代替。对于高 Q 值$(Q=\omega L/R)$的差动式电感传感器,其输出电压为

$$\dot{U}_o = \frac{\dot{U}_{AC}}{2} \cdot \frac{\Delta Z_1}{Z_1} = \frac{\dot{U}_{AC}}{2} \cdot \frac{\mathrm{j}\omega \Delta L}{R_0 + \mathrm{j}\omega L_0} \approx \frac{\dot{U}_{AC}}{2} \cdot \frac{\Delta L}{L_0} \tag{5-16}$$

式中,L_0 为衔铁在中间位置时单个线圈的电感;ΔL 为两线圈电感的差量。

将 $\Delta L = 2L\dfrac{\Delta\delta}{\delta_0}$代入式(5-16)得 $\dot{U}_o = \dot{U}_{AC}\dfrac{\Delta\delta}{\delta_0}$,可知电桥输出电压与 $\Delta\delta$ 有关。

2. 变压器式交流电桥测量电路

变压器式交流电桥测量电路如图 5-4 所示,电桥两臂 Z_1、Z_2 为传感器线圈阻抗,另外两桥臂为交流变压器次级线圈的 1/2 阻抗。当负载阻抗为无穷大时,桥路输出电压为

$$\dot{U}_o = \frac{Z_1\dot{U}}{Z_1+Z_2} - \frac{\dot{U}}{2} = \frac{Z_1-Z_2}{Z_1+Z_2} \cdot \frac{\dot{U}}{2} \tag{5-17}$$

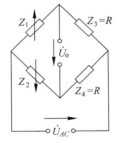

图 5-3 交流电桥测量电路

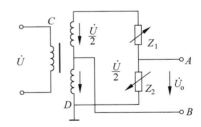

图 5-4 变压器式交流电桥测量电路

当传感器的衔铁处于中间位置时,$Z_1 = Z_2 = Z$,有 $\dot{U}_o = 0$,电桥平衡。

当传感器衔铁上移时,$Z_1 = Z - \Delta Z$,$Z_2 = Z + \Delta Z$,有

$$\dot{U}_o = -\frac{\dot{U}}{2} \cdot \frac{\Delta Z}{Z} = -\frac{\dot{U}}{2} \cdot \frac{\Delta L}{L} \tag{5-18}$$

当传感器衔铁下移时,$Z_1 = Z + \Delta Z$,$Z_2 = Z - \Delta Z$,有

$$\dot{U}_o = \frac{\dot{U}}{2} \cdot \frac{\Delta Z}{Z} = \frac{\dot{U}}{2} \cdot \frac{\Delta L}{L} \tag{5-19}$$

由式(5-18)及式(5-19)可知,衔铁上下移动相同距离时,输出电压的大小相等,但方向相反,由于 $\dot{U}_o$ 是交流电压,仅依靠输出电压无法判断位移方向,必须配合相敏检波电路来实现。

3. 谐振式测量电路

谐振式测量电路有谐振式调幅电路(图 5-5)及谐振式调频电路(图 5-6)两种。

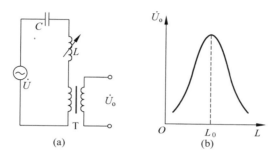

图 5-5　谐振式调幅电路
(a) 电路图;(b) 输出电压信号与电感之间的关系

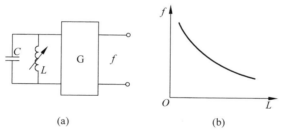

图 5-6　谐振式调频电路
(a) 电路图;(b) 输出频率信号与电感之间的关系

在调幅电路中,传感器电感 L 与电容 C、变压器原边串联在一起,接入交流电源 $\dot{U}$,变压器副边将有电压 $\dot{U}_o$ 输出,输出电压的频率与电源频率相同,幅值随着电感 L 而变化。图 5-5(b)所示为输出电压 $\dot{U}_o$ 与电感 L 的关系曲线,其中 L_0 为谐振点的电感值。此电路灵敏度很高,但线性差,适用于线性要求不高的场合。

调频电路的基本原理是传感器电感 L 变化将引起输出电压频率的变化。一般把传感器电感 L 和电容 C 接入一个振荡回路中,其振荡频率 $f=1/\left[2\pi(LC)^{\frac{1}{2}}\right]$。当 L 变化时,振荡频率随之变化,根据 f 的大小即可测出被测量的值。图 5-6(b)表示出了 f 与 L 的特性,它具有明显的非线性关系。

5.1.4 变磁阻式传感器的应用

图 5-7 所示为变隙式电感压力传感器的结构示意图。它由膜盒、铁芯、衔铁及线圈等组成,衔铁与膜盒的上端连在一起。

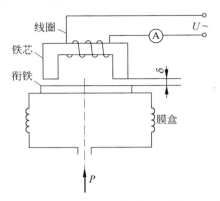

图 5-7 变隙式电感压力传感器的结构示意图

当压力作用于膜盒时,膜盒的顶端在压力 P 的作用下产生与压力 P 大小成正比的位移,于是衔铁也发生移动,从而使气隙发生变化,流过线圈的电流也发生相应的变化,电流表指示值就反映了被测压力的大小。

图 5-8 所示为变隙式差动电感压力传感器的结构示意图。它主要由 C 形弹簧管、衔铁、铁芯和线圈等组成。

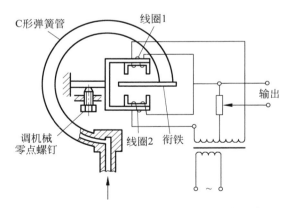

图 5-8 变隙式差动电感压力传感器的结构示意图

当被测压力作用于 C 形弹簧管时,C 形弹簧管产生变形,其自由端发生位移,带动与自由端连接成一体的衔铁运动,使线圈 1 和线圈 2 中的电感发生大小相等、符号相反的变化,即一个电感量增大,另一个电感量减小。电感的这种变化通过电桥电路转换成电压输出。由于输出电压与被测压力之间成正比例关系,所以只要用检测仪表测量出输出电压,即可得知被测压力的大小。

5.2 差动变压器式传感器

把被测的非电量变化转换为线圈互感量变化的传感器称为互感式传感器。这种传感器是根据变压器的基本原理制成的,并且次级绕组都用差动形式连接,故称差动变压器式传感器。

差动变压器结构形式较多,有变隙式、变面积式和螺线管式等,但其工作原理基本一样。非电量测量中,应用最多的是螺线管式差动变压器,它可以测量 $1\sim$ 100mm 范围内的机械位移,并具有测量精度高、灵敏度高、结构简单、性能可靠等优点。

5.2.1 工作原理

螺线管式差动变压器的结构示意图如图 5-9 所示。它由初级线圈、两个次级线圈和插入线圈中央的圆柱形铁芯等组成。

差动变压器式传感器中两个次级线圈反向串联,并且在忽略铁损、导磁体磁阻和线圈分布电容的理想条件下,其等效电路如图 5-10 所示。当对初级绕组 w_1 加以激励电压 $\dot{U}_1$ 时,根据变压器的工作原理,在两个次级绕组 w_{2a} 和 w_{2b} 中便会产生感应电势 $\dot{E}_{2a}$ 和 $\dot{E}_{2b}$。如果工艺上保证变压器结构完全对称,则当活动衔铁处于初始平衡位置时,必然会使两互感系数 $M_1 = M_2$。根据电磁感应原理,将有 $\dot{E}_{2a} = \dot{E}_{2b}$。由于变压器两次级绕组反向串联,因而 $\dot{U}_2 = \dot{E}_{2a} - \dot{E}_{2b} = 0$,即差动变压器输出电压为零。

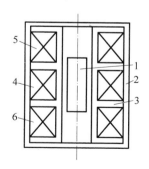

1—活动衔铁;2—导磁外壳;3—骨架;
4—匝数为 w_1 的初级绕组;
5—匝数为 w_{2a} 的次级绕组;
6—匝数为 w_{2b} 的次级绕组。

图 5-9 螺线管式差动变压器的结构示意图

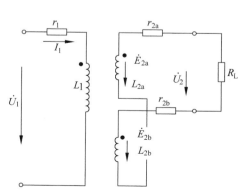

图 5-10 差动变压器等效电路

当活动衔铁向上移动时，由于磁阻的影响，w_{2a} 中磁通将大于 w_{2b} 中磁通，使 $M_1 > M_2$，因而 $\dot{E}_{2a}$ 增加，而 $\dot{E}_{2b}$ 减小；反之，w_{2b} 增加，w_{2a} 减小。因为 $\dot{U}_2 = \dot{E}_{2a} - \dot{E}_{2b}$，所以当 $\dot{E}_{2a}$、$\dot{E}_{2b}$ 随着衔铁位移 x 变化时，$\dot{U}_2$ 也必将随 x 变化。图 5-11 给出了变压器输出电压 $\dot{U}_2$ 与活动衔铁位移 x 的关系曲线。实际上，当衔铁位于中心位置时，差动变压器输出电压并不等于零。差动变压器在零位移时的输出电压称为零点残余电压，记作 $\dot{U}_x$，它的存在使传感器的输出特性不过零点，造成实际特性与理论特性不完全一致。零点残余电压的产生主要是由传感器的两次级绕组的电气参数与几何尺寸不对称，以及磁性材料的非线性等问题引起的。

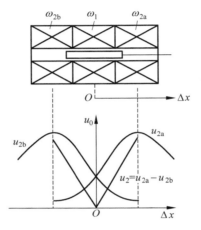

图 5-11   差动变压器的输出电压特性曲线

零点残余电压的波形十分复杂，主要由基波和高次谐波组成。基波的产生主要是由于传感器的两次级绕组的电器参数与几何尺寸不对称，导致它们产生的感应电势幅值不等、相位不同，因此不论怎样调整衔铁位置，两线圈中感应电势都不能完全抵消。高次谐波中起主要作用的是三次谐波，产生的原因是磁性材料磁化曲线的非线性（磁饱和磁滞）。零点残余电压一般在几十毫伏以下，在实际使用时，应设法减小 $\dot{U}_x$，否则将会影响传感器的测量结果。

5.2.2   基本特性

差动变压器等效电路如图 5-10 所示。当次级开路时，有

$$\dot{I}_1 = \frac{\dot{U}_1}{r_1 + j\omega L_1} \tag{5-20}$$

式中，ω 为初级线圈激励电压 $\dot{U}_1$ 的角频率；$\dot{I}_1$ 为初级线圈激励电流；r_1、L_1 分别

为初级线圈直流电阻和电感。

根据电磁感应定律,次级绕组中感应电势的表达式分别为

$$\dot{E}_{2a} = -j\omega M_1 \dot{I}_1 \tag{5-21}$$

$$\dot{E}_{2b} = -j\omega M_2 \dot{I}_1 \tag{5-22}$$

式中,M_1、M_2 分别为初级绕组与两次级绕组的互感系数。

由于两次级绕组反向串联,且考虑到次级开路,则由以上关系可得

$$\dot{U}_2 = \dot{E}_{2a} - \dot{E}_{2b} = -\frac{j\omega(M_1 - M_2)\dot{U}_1}{r_1 + j\omega L_1} \tag{5-23}$$

输出电压的有效值为

$$\dot{U}_2 = -\frac{\omega(M_1 - M_2)\dot{U}_1}{[r_1^2 + (\omega L_1)^2]^{1/2}} \tag{5-24}$$

下面分三种情况进行分析。

（1）活动衔铁处于中间位置时:

$$M_1 = M_2 = M, \quad 故 \quad \dot{U}_2 = 0$$

（2）活动衔铁向上移动:

$$M_1 = M + \Delta M, \quad M_2 = M - \Delta M$$

故 $\dot{U}_2 = 2\omega\Delta M\dot{U}_1/[r_1^2 + (\omega L_1)^2]^{1/2}$,与 $\dot{E}_{2a}$ 同极性。

（3）活动衔铁向下移动:

$$M_1 = M - \Delta M, \quad M_2 = M + \Delta M$$

故 $\dot{U}_2 = -2\omega\Delta M\dot{U}_1/[r_1^2 + (\omega L_1)^2]^{1/2}$,与 $\dot{E}_{2b}$ 同极性。

5.2.3　差动变压器式传感器测量电路

差动变压器输出的是交流电压,若用交流电压表测量,只能反映衔铁位移的大小,而不能反映移动方向。另外,其测量值中将包含零点残余电压。为了达到辨别移动方向及消除零点残余电压的目的,实际测量时,常常采用差动整流电路和相敏检波电路。

1. 差动整流电路

这种电路是把差动变压器的两个次级输出电压分别整流,然后将整流的电压或电流的差值作为输出,图 5-12 给出了几种典型电路形式。其中,图 5-12(a)、(c) 适用于交流负载阻抗,图 5-12(b)、(d)适用于低负载阻抗,电阻 R_0 用于调整零点残余电压。

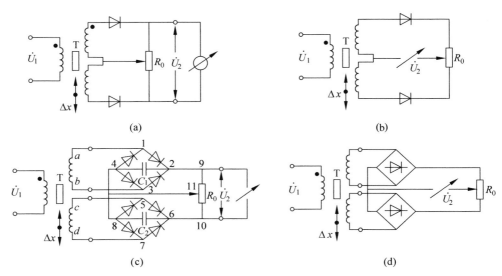

图 5-12 差动整流电路

（a）半波电压输出；（b）半波电流输出；（c）全波电压输出；（d）全波电流输出

下面结合图 5-12(c)，分析差动整流的工作原理。

由图 5-12(c)所示的电路结构可知，不论两个次级线圈的输出瞬时电压极性如何，流经电容 C_1 的电流方向总是从 2 到 4，流经电容 C_2 的电流方向总是从 6 到 8，故整流电路的输出电压为

$$U_2 = U_{24} - U_{68} \tag{5-25}$$

当衔铁在零位时，因为 $U_{24} = U_{68}$，所以 $U_2 = 0$；当衔铁在零位以上时，因为 $U_{24} > U_{68}$，则 $U_2 > 0$；而当衔铁在零位以下时，因为 $U_{24} < U_{68}$，则 $U_2 < 0$。

差动整流电路具有结构简单、不需要考虑相位调整和零点残余电压的影响、分布电容影响小和便于远距离传输等优点，因而获得广泛应用。

2．相敏检波电路

相敏检波电路如图 5-13 所示。VD_1、VD_2、VD_3、VD_4 为四个性能相同的二极管，以同一方向串联接成一个闭合回路，形成环形电桥。输入信号 u_2（差动变压器式传感器输出的调幅波电压）通过变压器 T_1 加到环形电桥的一条对角线上。参考信号 u_0 通过变压器 T_2 加入环形电桥的另一个对角线上。输出信号 u_L 从变压器 T_1 与 T_2 的中心抽头引出。平衡电阻 R 起限流作用，避免二极管导通时变压器 T_2 的次级电流过大。R_L 为负载电阻。u_0 的幅值远大于输入信号 u_2 的幅值，以便有效控制四个二极管的导通状态，且 u_0 和差动变压器式传感器激磁电压 u_1 由同一振荡器供电，保证二者同频、同相（或反相）。

图 5-14 示出了图 5-13 中几个信号的波形。

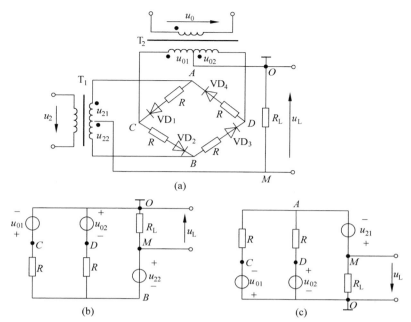

图 5-13　相敏检波电路

（a）相敏检波电路原理图；（b）u_0、u_2 均为正半周时等效电路；（c）u_0、u_2 均为负半周时等效电路

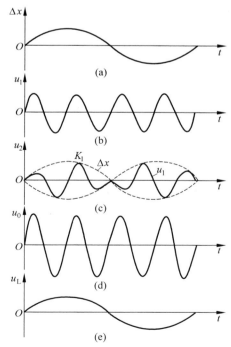

图 5-14　相敏检波电路波形图

（a）被测位移变化波形图；（b）差动变压器激磁电压波形；（c）差动变压器输出电压波形；

（d）相敏检波解调电压波形；（e）相敏检波输出电压波形

由图 5-14(a)、(c)、(d)可知,当位移 $\Delta x > 0$ 时,u_2 与 u_0 同频同相;当位移 $\Delta x < 0$ 时,u_2 与 u_0 同频反相。

当 $\Delta x > 0$ 时,u_2 与 u_0 同频同相,当 u_2 与 u_0 均为正半周时(见图 5-13(a)),环形电桥中二极管 VD_1、VD_4 截止,VD_2、VD_3 导通,则可得图 5-13(b)所示的等效电路。

根据变压器的工作原理,考虑到 O、M 分别为变压器 T_1、T_2 的中心抽头,则有

$$u_{01} = u_{02} = \frac{u_0}{2n_2} \tag{5-26}$$

$$u_{21} = u_{22} = \frac{u_2}{2n_1} \tag{5-27}$$

式中,n_1、n_2 分别为变压器 T_1、T_2 的变比。采用电路分析的基本方法,可求得图 5-14(b)所示电路的输出电压 u_L 的表达式:

$$u_L = \frac{R_L u_2}{n_1(R + 2R_L)} \tag{5-28}$$

同理,当 u_2 与 u_0 均为负半周时,二极管 VD_2、VD_3 截止,VD_1、VD_4 导通。其等效电路如图 5-13(c)所示,输出电压 u_L 表达式与式(5-28)相同,说明只要位移 $\Delta x > 0$,不论 u_2 与 u_0 是正半周还是负半周,负载 R_L 两端得到的电压 u_L 始终为正。

当 $\Delta x < 0$ 时,u_2 与 u_0 为同频反相。采用与上述相同的分析方法不难得到当 $\Delta x < 0$ 时,不论 u_2 与 u_0 是正半周还是负半周,负载电阻 R_L 两端得到的输出电压 u_L 的表达式总是为

$$u_L = -\frac{R_L u_2}{n_1(R + 2R_L)} \tag{5-29}$$

所以上述相敏检波电路输出电压 u_L 的变化规律充分反映了被测位移量的变化规律,即 u_L 的值反映位移 Δx 的大小,而 u_L 的极性则反映了位移 Δx 的方向。

5.2.4 差动变压器式传感器的应用

差动变压器式传感器可以直接用于位移测量,也可以测量与位移有关的任何机械量,如振动、加速度、应变、相对密度、张力和厚度等。

图 5-15 所示为差动变压器式加速度传感器的结构示意图。它由悬臂梁 1 和差动变压器 2 构成。测量时,将悬臂梁底座及差动变压器的线圈骨架固定,而将衔铁的 A 端与被测振动体相连。当被测体带动衔铁以振幅 $\Delta x(t)$ 振动时,导致差动变压器的输出电压也按相同规律变化。

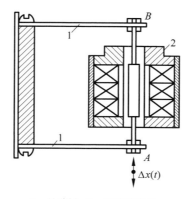

1—悬臂梁；2—差动变压器。

图 5-15　差动变压器式加速度传感器结构示意图

5.3　电涡流式传感器

　　根据法拉第电磁感应定律,块状金属导体置于变化的磁场中或在磁场中作切割磁力线运动时,导体内将产生呈涡旋状的感应电流,此电流叫电涡流,以上现象称为电涡流效应。

　　根据电涡流效应制成的传感器称为电涡流式传感器。根据电涡流在导体内的贯穿情况,此传感器可分为高频反射式和低频透射式两类,但其基本工作原理是相似的。

　　电涡流式传感器最大的特点是能对位移、厚度、表面温度、速度、应力、材料损伤等进行非接触式连续测量,另外还具有体积小、灵敏度高、频率响应宽等特点,应用极其广泛。

5.3.1　工作原理

　　图 5-16 所示为电涡流式传感器的原理图,该图由传感器线圈和被测导体组成线圈-导体系统。

　　根据法拉第定律,当传感器线圈通以正弦交变电流 $\dot{I}_1$ 时,线圈周围空间必然产生正弦交变磁场 $\dot{H}_1$,使置于此磁场中的金属导体中感应电涡流 $\dot{I}_2$,$\dot{I}_2$ 又产生新的交变磁场 $\dot{H}_2$。根据楞次定律,$\dot{H}_2$ 的作用将反抗原磁场 $\dot{H}_1$,导致传感

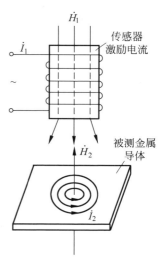

图 5-16　电涡流式传感器原理图

器线圈的等效阻抗发生变化。由上可知,线圈阻抗的变化完全取决于被测金属导体的电涡流效应。而电涡流效应既与被测导体的电阻率 ρ、磁导率 μ 以及几何形状有关,又与线圈几何参数、线圈中激磁电流频率 f 有关,还与线圈和导体间的距离 x 有关。因此,传感器线圈受电涡流影响时的等效阻抗 Z 的函数关系式为

$$Z = F(\rho, \mu, r, f, x) \tag{5-30}$$

式中,r 为线圈与被测体的尺寸因子。

如果保持上式中其他参数不变,而只改变其中一个参数,传感器线圈阻抗 Z 就仅仅是这个参数的单值函数。通过与传感器配用的测量电路测出阻抗 Z 的变化量,即可实现对该参数的测量。

5.3.2　基本特性

电涡流式传感器简化模型如图 5-17 所示。模型中把在被测金属导体上形成的电涡流等效成一个短路环,即假设电涡流仅分布在环体之内,模型中 h 由以下公式求得:

$$h = \left(\frac{\rho}{\pi \mu_0 \mu_z f}\right)^{1/2} \tag{5-31}$$

式中,f 为线圈的激磁电流频率。

根据简化模型,可画出如图 5-18 所示的等效电路图。图中 R_2 为电涡流短路环等效电阻,其表达式为

$$R_2 = \frac{2\pi\rho}{h \ln \dfrac{r_2}{r_1}} \tag{5-32}$$

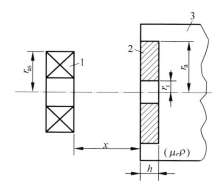

1—传感器线圈；2—短路环；3—被测金属导体。

图 5-17　电涡流式传感器简化模型

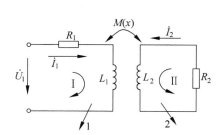

1—传感器线圈；2—电涡流短路环。

图 5-18　电涡流式传感器等效电路

根据基尔霍夫第二定律,可列出如下方程:

$$R_1 \dot{I}_1 + j\omega L_1 \dot{I}_1 - j\omega M \dot{I}_2 = \dot{U}_1 \tag{5-33}$$

$$-\mathrm{j}\omega M\dot{I}_1 + R_2\dot{I}_2 - \mathrm{j}\omega L_2\dot{I}_2 = 0 \tag{5-34}$$

式中，ω 为线圈激磁电流角频率；R_1、L_1 分别为线圈电阻和电感；L_2 为短路环等效电感；R_2 为短路环等效电阻。

由式(5-33)和式(5-34)可得等效阻抗 Z 的表达式为

$$Z = \frac{\dot{U}_1}{\dot{I}_1} = \frac{R_1 + \omega^2 M^2 R_2}{R_2^2 + (\omega L_2)^2} + \mathrm{j}\omega\,\frac{L_1 - \omega^2 M^2 L_2}{R_2^2 + (\omega L_2)^2}$$
$$= R_{\mathrm{eq}} + \mathrm{j}\omega L_{\mathrm{eq}} \tag{5-35}$$

式中，R_{eq} 为线圈受电涡流影响后的等效电阻，可表示为

$$R_{\mathrm{eq}} = (R_1 + \omega^2 M^2 R_2)/[R_2^2 + (\omega L_2)^2]$$

L_{eq} 为线圈受电涡流影响后的等效电感，可表示为

$$L_{\mathrm{eq}} = (L_1 - \omega^2 M^2 R_2)/[R_2^2 + (\omega L_2)^2]$$

线圈的等效品质因数 Q 值为

$$Q = \frac{\omega L_{\mathrm{eq}}}{R_{\mathrm{eq}}} \tag{5-36}$$

综上所述，根据电涡流式传感器的简化模型和等效电路，运用电路分析的基本方法得到的式(5-35)和式(5-36)，即为电涡流基本特性。

5.3.3　电涡流形成范围

1. 电涡流强度与距离的关系

理论分析和实验都已证明，当 x 改变时，电涡流密度发生变化，即电涡流强度随距离 x 变化而变化。根据线圈-导体系统的电磁作用，可以得到金属导体表面的电涡流强度为

$$I_2 = I_1\left[\frac{1-x}{(x^2 + r_{\mathrm{as}}^2)^{1/2}}\right] \tag{5-37}$$

式中，I_1 为线圈激励电流；I_2 为金属导体中等效电流；x 为线圈到金属导体表面的距离；r_{as} 为线圈外径。

根据上式作出的归一化曲线如图 5-19 所示。

以上分析表明：

(1) 电涡流强度与距离 x 呈非线性关系，且随着 x/r_{as} 的增加而迅速减小。

(2) 当利用电涡流式传感器测量位移时，只有在 $x/r_{\mathrm{as}} \ll 1$(一般取 $0.05 \sim 0.15$)的范围才能得到较好的线性和较高的灵敏度。

2. 电涡流的径向形成范围

线圈-导体系统产生的电涡流密度既是线圈与导体间距离 x 的函数，又是沿线

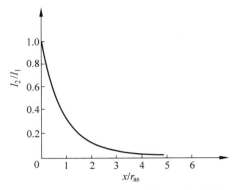

图 5-19　电涡流强度与距离归一化曲线

圈半径方向 r 的函数。当 x 一定时,电涡流密度 J 与半径 r 的关系曲线如图 5-20
所示。由图可知:

（1）电涡流的径向形成范围大约在传感器线圈外径 r_{as} 的 1.8～2.5 倍范围
内,且分布不均匀。

（2）电涡流密度在短路环半径 $r＝0$ 处为零。

（3）电涡流的最大值在 $r＝r_{as}$ 附近的一个狭窄区域内。

（4）可以用一个平均半径为 $r_{as}(r_{as}＝(r_i＋r_a)/2)$ 的短路环来集中表示分散
的电涡流（图 5-20 中阴影部分）。

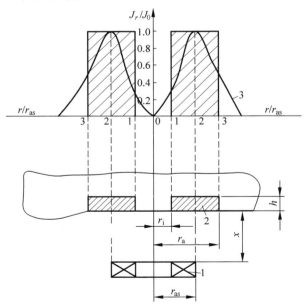

1—电涡流线圈；2—等效短路环；3—电涡流密度分布。

图 5-20　电涡流密度 J 与半径 r 的关系曲线

3．电涡流的轴向贯穿深度

由于趋肤效应,电涡流沿金属导体纵向 H_1 分布是不均匀的,其分布按指数规律衰减,可用下式表示:

$$J_d = J_0 e^{-d/h} \tag{5-38}$$

式中,d 为金属导体中某一点与表面的距离;J_d 为沿 H_1 轴向 d 处的电涡流密度;J_0 为金属导体表面的电涡流密度,即电涡流密度最大值;h 为电涡流轴向贯穿深度(趋肤深度)。

图 5-21 所示为电涡流密度轴向分布曲线。由图可见,电涡流密度主要分布在表面附近。

由前面分析所得式(5-31)可知,被测体电阻率越大,相对磁导率越小,传感器线圈的激磁电流频率越低,则电涡流贯穿深度就越大。

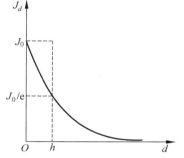

图 5-21　电涡流密度轴向分布曲线

5.3.4　电涡流式传感器的应用

1．低频透射式涡流厚度传感器

图 5-22 所示为低频透射式涡流厚度传感器工作原理图。在被测金属板的上方设有发射传感器线圈 L_1,下方设有接收传感器线圈 L_2。当在 L_1 上加低频电压 U_1 时,L_1 上产生交变磁场 Φ_1,若两线圈间无金属板,则交变磁场直接耦合至 L_2 中,L_2 上产生感应电压 U_2。如果将被测金属板放入两线圈之间,则 L_1 线圈产生的磁场将导致在金属板中产生电涡流。此时磁场能量受到损耗,到达 L_2 的磁场将减弱为 Φ_1',从而使 L_2 产生的感应电压 U_2 下降。金属板越厚,涡流损失越大,U_2 电压越小。因此,可根据 U_2 电压的大小获知被测金属板的厚度。透射式涡流厚度传感器的检测范围可达 $1 \sim 100\text{mm}$,分辨力为 $0.1\mu\text{m}$,线性度为 1%。

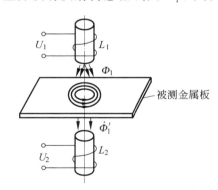

图 5-22　低频透射式涡流厚度传感器
　　　　　工作原理图

2．电涡流式转速传感器

图 5-23 所示为电涡流式转速传感器工作原理图。在软磁材料制成的输入轴上加工一键槽,在距输入表面 d_0 处设置电涡流传感器,输入轴与被测旋转轴相连。

当被测旋转轴转动时,输出轴的距离发生 $d_0 + \Delta d$ 的变化。由于电涡流效应,这种变化将导致振荡谐振回路的品质因数变化,使传感器线圈电感随 Δd 的变化

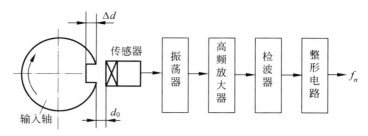

图 5-23　电涡流式转速传感器工作原理图

也发生变化,它们将直接影响振荡器的电压幅值和振荡频率。因此,随着输入轴的旋转,从振荡器输出的信号中含有与转数成正比的脉冲频率信号。该信号由检波器检出电压幅值的变化量,然后经整形电路输出脉冲频率信号 f_n。该信号经电路处理便可得到被测转速。

　　这种转速传感器可实现非接触式测量,抗污染能力很强,可安装在旋转轴近旁长期对被测转速进行监视。最高测量转速可达 $6.0 \times 10^5 \mathrm{r/min}$。

第 5 章教学资源

电容式传感器及应用

  电容式传感器是指能将被测的物理量的变化转换为电容量变化的一种传感器。它结构简单、体积小、分辨力高,可非接触式测量,并能在高温、辐射和强烈振动等恶劣条件下工作,广泛应用于压力、差压、液位、振动、位移、加速度、成分含量等多方面测量。

  电容式传感器种类很多,本章主要介绍常用的变极距型、变面积型和变介质型电容式传感器。

6.1 电容式传感器的工作原理和结构

  用两块金属板,中间充以绝缘介质就组成了最简单的平板电容器。如果不考虑边缘效应,其电容量为

$$C = \frac{\varepsilon A}{d} \tag{6-1}$$

式中,ε 为电容极板间介质的介电常数,$\varepsilon = \varepsilon_0 \varepsilon_r$,其中 ε_0 为真空介电常数,ε_r 为极板间介质相对介电常数;A 为电极面积;d 为极板间距。

  由上式可知,当 d、A 和 ε 变化时,电容 C 也随之变化,如果保持其中两个参数不变而改变其中一个参数,就可把该参数的变化转换为电容量的变化,再通过一定测量电路将其转换为有用的电信号,根据此信号的大小来判定被测物理量的大小。

6.1.1 变极距型电容式传感器

  图 6-1 所示为变极距型电容式传感器的原理图。当传感器的 ε_r 和 A 为常数,初始极距为 d_0 时,由式(6-1)可知其初始电容量 C_0 为

$$C_0 = \frac{\varepsilon_0 \varepsilon_r A}{d_0} \tag{6-2}$$

若电容器极板间距离由初始值 d_0 缩小 Δd,电容量增大 ΔC,则有

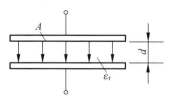

图 6-1 变极距型电容式
传感器原理图

$$C_1 = C_0 + \Delta C = \frac{\varepsilon_0 \varepsilon_r A}{d_0 - \Delta d} = \frac{C_0}{1 - \frac{\Delta d}{d_0}} = \frac{C_0 \left(1 + \frac{\Delta d}{d_0}\right)}{1 - \frac{\Delta d^2}{d_0^2}} \tag{6-3}$$

由式(6-3)可知,传感器的输出特性 $C = f(d)$ 不是线性关系,而是如图 6-2 所示的双曲线关系。

若 $\Delta d/d_0 \ll 1$, $1 - \Delta d^2/d_0^2 \approx 1$,则式(6-3)可以简化为

$$C_1 = C_0 + \frac{C_0 \Delta d}{d_0} \tag{6-4}$$

此时 C_1 与 Δd 近似呈线性关系,所以变极距型电容式传感器只有在 $\Delta d/d_0$ 很小时,才有近似的线性输出。

另外,由式(6-4)可以看出,在 d_0 较小时,同样的 Δd 变化所引起的 ΔC 可以增大,从而使传感器灵敏度提高。但 d_0 过小,容易引起电容器击穿或短路。为此,极板间可采用高介电常数的材料(云母、塑料膜等)作介质(图 6-3)。

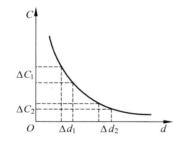

图 6-2　电容量与极板间距离的关系

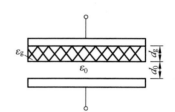

图 6-3　放置云母片的电容器结构示意图

此时电容 C 变为

$$C = \frac{A}{\frac{d_g}{\varepsilon_0 \varepsilon_g} + \frac{d_0}{\varepsilon_0}} \tag{6-5}$$

式中,ε_g 为云母的相对介电常数,$\varepsilon_g = 7$; ε_0 为空气的介电常数,$\varepsilon_0 = 1$; d_0 为空气气隙厚度; d_g 为云母片的厚度。

云母片的相对介电常数是空气的 7 倍,其击穿电压不小于 1000kV/mm,而空气仅为 3kV/mm。因此有了云母片,极板间起始距离可大大减小。同时,式(6-5)中的 $(d_g/\varepsilon_0 \varepsilon_g)$ 项是恒定值,它可以使传感器输出特性的线性度得到改善。

一般变极板间距离电容式传感器的起始电容为 $20 \sim 100 \text{pF}$,极板间距离在 $25 \sim 200 \mu\text{m}$ 的范围内,最大位移应小于间距的 1/10,故在微位移测量中应用较广。

6.1.2　变面积型电容式传感器

图 6-4 所示为变面积型电容式传感器的结构示意图。被测量通过移动动极板

引起两极板有效覆盖面积 A 改变,从而得到电容的变化量。设动极板相对定极板沿长度方向的平移为 Δx,则电容为

$$C = C_0 - \Delta C = \varepsilon_0 \varepsilon_r (a - \Delta x) \frac{b}{d} \qquad (6\text{-}6)$$

式中,$C_0 = \varepsilon_0 \varepsilon_r ba / d$ 为初始电容。电容相对变化量为

$$\frac{\Delta C}{C_0} = \frac{\Delta x}{a} \qquad (6\text{-}7)$$

很明显,这种形式的传感器其电容量增量 ΔC 与水平位移 Δx 间是线性关系。

图 6-5 所示为电容式角位移传感器原理图。当动极板有一个角位移 θ 时,它与定极板间的有效覆盖面积就改变,从而改变了两极板间的电容量。当 $\theta = 0°$ 时,有

$$C_0 = \varepsilon_0 \varepsilon_r \frac{A_0}{d_0} \qquad (6\text{-}8)$$

式中,ε_r 为介质相对介电常数;d_0 为两极板间距离;A_0 为两极板间初始覆盖面积。

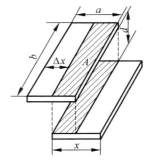

图 6-4　变面积型电容式传感器结构示意图

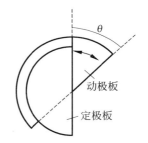

图 6-5　电容式角位移传感器原理图

当 $\theta \neq 0°$ 时,有

$$C_1 = \varepsilon_0 \varepsilon_r A_0 \frac{1 - \dfrac{\theta}{\pi}}{d_0} = C_0 - \frac{C_0 \theta}{\pi} \qquad (6\text{-}9)$$

由式(6-9)可以看出,传感器的电容量 C 与角位移 θ 呈线性关系。

6.1.3　变介质型电容式传感器

图 6-6 所示为一种变极板间介质的电容式传感器用于测量液位高低的结构示意图。设被测介质的介电常数为 ε_1,液面高度为 h,变换器总高度为 H,内筒外径为 d,外筒内径为 D,则此时变换器电容值为气体介质间的电容量 C_1 和液体介质

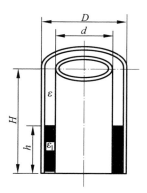

图 6-6 电容式液位变换器结构示意图

间的电容量 C_2 之和。C_1 和 C_2 分别为

$$C_1 = \frac{2\pi\varepsilon(H-h)}{\ln\dfrac{D}{d}}, \quad C_2 = \frac{2\pi\varepsilon_1 h}{\ln\dfrac{D}{d}}$$

因此,总电容量 C 为

$$
\begin{aligned}
C = C_1 + C_2 &= \frac{2\pi\varepsilon(H-h)}{\ln\dfrac{D}{d}} + \frac{2\pi\varepsilon_1 h}{\ln\dfrac{D}{d}} \\
&= \frac{2\pi\varepsilon H}{\ln\dfrac{D}{d}} + \frac{2\pi(\varepsilon_1 - \varepsilon)h}{\ln\dfrac{D}{d}} \\
&= C_0 + \frac{2\pi(\varepsilon_1 - \varepsilon)h}{\ln\dfrac{D}{d}}
\end{aligned}
\tag{6-10}
$$

式中,ε 为空气的介电常数;C_0 为由变换器的基本尺寸决定的初始电容值。

由式(6-10)可见,此变换器的电容增量正比于被测液位高度 h。

变介质型电容式传感器有较多的结构形式,可以用来测量纸张、绝缘薄膜等的厚度,也可用来测量粮食、纺织品、木材或煤等非导电固体介质的湿度。图 6-7 所示为一种常用的结构形式。图中两平行电极固定不动,极距为 d_0,相对介电常数为 ε_{r2} 的电介质以不同深度插入电容器中,从而改变两种介质的极板覆盖面积。传感器总电容量 C 为

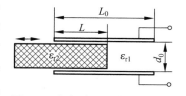

图 6-7 变介质型电容式传感器

$$C = C_1 + C_2 = \varepsilon_0 b_0 \frac{\varepsilon_{r1}(L_0 - L) + \varepsilon_{r2} L}{d_0} \tag{6-11}$$

式中,L_0、b_0 分别为极板长度和宽度;L 为第二种介质进入极板间的长度。

若电介质的相对介电常数 $\varepsilon_{r1} = 1$，当 $L = 0$ 时，传感器初始电容 $C_0 = \varepsilon_0 \varepsilon_{r1} L_0 b_0 / d_0$。当相对介电常数为 ε_{r2} 的电介质进入极间 L 后，引起电容的相对变化为

$$\frac{\Delta C}{C_0} = \frac{C - C_0}{C_0} = \frac{(\varepsilon_{r2} - 1)L}{L_0} \tag{6-12}$$

可见，电容的变化与电介质 ε_{r2} 的移动量 L 呈线性关系。

6.2　电容式传感器的灵敏度和非线性

由以上分析可知，除变极距型电容式传感器外，其他几种形式传感器的输入量与输出电容量之间的关系均为线性的，故下面只讨论变极距型平板电容式传感器的灵敏度及非线性。

由式(6-7)可知，电容的相对变化量为

$$\frac{\Delta C}{C_0} = \frac{\dfrac{\Delta d}{d_0}}{1 - \dfrac{\Delta d}{d_0}} = \frac{\Delta d}{d_0}\left(1 - \frac{\Delta d}{d_0}\right)^{-1} \tag{6-13}$$

当 $|\Delta d / d_0| \ll 1$ 时，上式可按级数展开，故得

$$\frac{\Delta C}{C_0} = \frac{\Delta d}{d_0}\left[1 + \frac{\Delta d}{d_0} + \left(\frac{\Delta d}{d_0}\right)^2 + \left(\frac{\Delta d}{d_0}\right)^3 + \cdots\right] \tag{6-14}$$

由此可见，输出电容的相对变化量 $\Delta C/C$ 与输入位移 Δd 之间呈非线性关系。当 $\Delta d / d_0 \ll 1$ 时，可略去高次项，则得近似的线性关系式：

$$\frac{\Delta C}{C_0} \approx \frac{\Delta d}{d_0} \tag{6-15}$$

电容式传感器的灵敏度为

$$K = \frac{\Delta C}{\Delta d} = \frac{C_0}{d_0} \tag{6-16}$$

它说明单位输入位移所引起输出电容量相对变化的大小与 d_0 呈反比关系。

如果考虑式(6-14)中的相对非线性项与二次项，则

$$\frac{\Delta C}{C_0} = \frac{\Delta d}{d_0}\left(1 + \frac{\Delta d}{d_0}\right) \tag{6-17}$$

由此可得出传感器的相对非线性误差 δ 为

$$\delta = \frac{\left|\left(\dfrac{\Delta d}{d_0}\right)^2\right|}{\left|\dfrac{\Delta d}{d_0}\right|} \times 100\% = \left|\frac{\Delta d}{d_0}\right| \times 100\% \tag{6-18}$$

由式(6-16)与式(6-18)可以看出,要提高灵敏度,应减小其初始间隙 d_0,但非线性误差却随着 d_0 的减小而增大。

在实际应用中,为了提高灵敏度,减小非线性误差,大多采用差动式结构。图 6-8 所示为变极距型差动平板式电容传感器结构示意图。

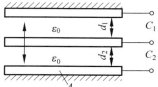

在差动平板式电容器中,当动极板发生位移 Δd 时,电容器 C_1 的间隙 d_1 变为 $d_0 - \Delta d$,电容器 C_2 的间隙 d_2 变为 $d_0 + \Delta d$,则

图 6-8　变极距型差动平板式电容
传感器结构示意图

$$C_1 = C_0 \frac{1}{1 - \frac{\Delta d}{d_0}} \tag{6-19}$$

$$C_2 = C_0 \frac{1}{1 + \frac{\Delta d}{d_0}} \tag{6-20}$$

当 $\Delta d / d_0 \ll 1$ 时,按级数展开得

$$C_1 = C_0 \left[1 + \frac{\Delta d}{d_0} + \left(\frac{\Delta d}{d_0} \right)^2 + \left(\frac{\Delta d}{d_0} \right)^3 + \cdots \right] \tag{6-21}$$

$$C_2 = C_0 \left[1 - \frac{\Delta d}{d_0} + \left(\frac{\Delta d}{d_0} \right)^2 - \left(\frac{\Delta d}{d_0} \right)^3 + \cdots \right] \tag{6-22}$$

电容值总的变化量为

$$\Delta C = C_1 - C_2 = C_0 \left[2 \frac{\Delta d}{d_0} + 2 \left(\frac{\Delta d}{d_0} \right)^3 + 2 \left(\frac{\Delta d}{d_0} \right)^5 + \cdots \right] \tag{6-23}$$

电容值相对变化量为

$$\frac{\Delta C}{C_0} = 2 \frac{\Delta d}{d_0} \left[1 + \left(\frac{\Delta d}{d_0} \right)^2 + \left(\frac{\Delta d}{d_0} \right)^4 + \cdots \right] \tag{6-24}$$

略去高次项,则 $\Delta C / C_0$ 与 $\Delta d / d_0$ 近似呈线性关系:

$$\frac{\Delta C}{C_0} \approx \frac{2 \Delta d}{d_0} \tag{6-25}$$

如果只考虑式(6-24)中的线性项和三次项,则电容式传感器的相对非线性误差 δ 近似为

$$\delta = \frac{2 \left| \left(\frac{\Delta d}{d_0} \right)^3 \right|}{\left| 2 \left(\frac{\Delta d}{d_0} \right) \right|} \times 100\% = \left(\frac{\Delta d}{d_0} \right)^2 \times 100\% \tag{6-26}$$

比较式(6-15)与式(6-25)及式(6-18)与式(6-26)可见,电容式传感器做成差动式之后,灵敏度提高一倍,而且非线性误差大大降低了。

6.3　电容式传感器的信号调节电路

电容式传感器的电容值十分微小,必须借助于信号调节电路将这微小电容的增量转换成与其成正比的电压、电流或频率,才可以显示、记录以及传输。

6.3.1　运算放大器式电路

这种电路的最大特点是能够克服变间隙电容式传感器的非线性而使其输出电压与输入位移(间隙变化)呈线性关系。图 6-9 所示为这种线路的原理图,其中 C_x 为传感器电容。

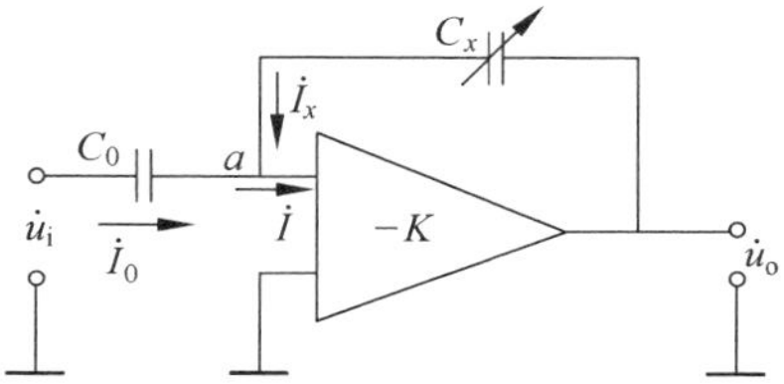

由 $\dot{U}_a = 0$, $\dot{I}_a = 0$ 得

$$\begin{cases} \dot{U}_i = -j\dfrac{1}{\omega C_0}\dot{I}_0 \\[2mm] \dot{U}_o = -j\dfrac{1}{\omega C_x}\dot{I}_x \\[2mm] \dot{I}_0 = -\dot{I}_x \end{cases} \qquad (6\text{-}27)$$

图 6-9　运算放大器式电路原理图

解得

$$\dot{U}_o = -\dot{U}_i \frac{C_0}{C_x} \qquad (6\text{-}28)$$

而 $C_x = \varepsilon A / d$,将其代入式(6-28),得

$$\dot{U}_o = -\dot{U}_i \frac{C_0}{\varepsilon A} d \qquad (6\text{-}29)$$

由式(6-29)可知,输出电压 U_o 与极板间距 d 呈线性关系,这就从原理上解决了变间隙的电容式传感器特性的非线性问题。这里假设 $K = \infty$,输入阻抗 $z_1 = \infty$,因此仍然存在一定非线性误差,但在 K 和 z_1 足够大时,这种误差相当小。

6.3.2　电桥电路

图 6-10 所示为电容式传感器的电桥测量电路。一般传感器包括在电桥内。用稳频、稳幅和固定波形的低阻信号源去激励,最后经电流放大及相敏整流得到直流输出信号。

由图 6-10(a)可以看出平衡条件为

$$\frac{Z_1}{Z_1 + Z_2} = \frac{C_2}{C_1 + C_2} = \frac{d_1}{d_1 + d_2}$$

此处,C_1 和 C_2 组成差动电容,d_1 和 d_2 为相应的间隙。若中心电极移动了 Δd,电

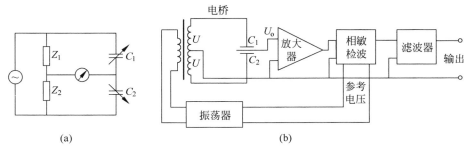

图 6-10　电容式传感器的电桥测量电路

(a) 电桥电路原理图；(b) 变压器电桥线路

桥重新平衡时有

$$\frac{d_1 + \Delta d}{d_1 + d_2} = \frac{Z_1'}{Z_1 + Z_2}$$

因此

$$\Delta d = (d_1 + d_2)\frac{Z_1' - Z_1}{Z_1 + Z_2} \tag{6-30}$$

Z_1、Z_2 通常设计成一线性分压器,分压系数 $\dfrac{Z_1}{Z_1 + Z_2}$ 在 $Z_1 = 0$ 时为 0,而在 $Z_2 = 0$ 时为 1。于是有 $\Delta d = (b - a)(d_1 + d_2)$,其中 $a = \dfrac{Z_1}{Z_1 + Z_2}$,$b = \dfrac{Z_1'}{Z_1 + Z_2}$ 分别为位移前后的分压系数。

分压器原则上用电阻、电感或电容制作均可。由于电感技术的发展,用变压器电桥能够获得精度较高而且长期稳定的分压系数。用于测量小位移的变压器电桥线路如图 6-10(b)所示。此时 C_2 与放大器电势差为 $U_o + U$ 由此可得

$$\frac{2UZ_{C_2}}{Z_{C_1} + Z_{C_2}} = U_o + U$$

因此

$$U_o = U\frac{Z_{C_2} - Z_{C_1}}{Z_{C_2} + Z_{C_1}} = U\frac{\dfrac{1}{C_2} - \dfrac{1}{C_1}}{\dfrac{1}{C_2} + \dfrac{1}{C_1}} = U\frac{C_1 - C_2}{C_1 + C_2}$$

$$= U\frac{\dfrac{\varepsilon A}{d_0 - \Delta d} - \dfrac{\varepsilon A}{d_0 + \Delta d}}{\dfrac{\varepsilon A}{d_0 - \Delta d} + \dfrac{\varepsilon A}{d_0 + \Delta d}} = U\frac{\Delta d}{d_0} \tag{6-31}$$

只要放大器输入阻抗很大,则输出电压与输入位移呈理想的线性关系。

6.4　电容器式传感器的应用

6.4.1　电容式位移传感器

可以利用改变极板间的距离使电容变化的方法进行位移、形变、厚度的测量。

在厚度测量中,可进行非接触式测量。电容式传感器的极板为电容的一个极,被测工件或材料(导电体)通过与基座的接触成为另一个极。当传感器极板至基座表面的距离 D 为已知值时,测出气隙 δ 的大小,即可得到被测工件或材料的厚度为 $d=D-\delta$。

最典型的应用是电容测厚仪。电容测厚仪是用来测量金属带材在轧制过程中的厚度的,它的变换器就是电容式厚度传感器,其工作原理如图 6-11 所示。在被测带材的上下两边各放置一块面积相等、与带材距离相同的极板,这样极板与带材就形成两个电容器(带材也作为一个极板)。把两块极板用导线连接起来,就成为一个极板,而带材则是电容器的另一个极板,其总电容 $C=C_1+C_2$。

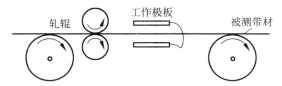

图 6-11　电容式测厚仪工作原理图

金属带材在轧制过程中不断向前送进,如果带材厚度发生变化,将引起它与上下两个极板的间距变化,即引起电容量的变化,如果总电容量 C 值作为交流电桥的一个臂,则电容的变化 ΔC 引起电桥不平衡输出,经过放大、检波、滤波,最后在仪表上显示出带材的厚度。这种测厚仪的优点是带材的振动不影响测量精度。

另外,在测转速时,也是采用改变极板的相对位置获得电容的变化,从而实现转速测量。如图 6-12 所示,当电容极板与齿顶相对时,电容量最大,而电容极板与齿隙相对时电容量最小,当齿轮旋转时,电容量就周期性地变化,计数器显示的频率对应着转速的大小。若齿数为 Z,由计数器得到的频率为 f,则转数 $N=f/Z$。该仪器除用于测转数外,也可用于产品的计数。

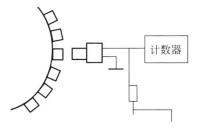

图 6-12　电容式测转速及计数器工作原理图

6.4.2　电容式荷重传感器

图 6-13 所示为电容式荷重传感器的结构示意图。它是在镍铬钼钢块上加工

出一排尺寸相同且等距的圆孔,在圆孔内壁上粘接有带绝缘支架的平板式电容器,然后将每个圆孔内的电容器并联。当钢块端面承受载荷 F 作用时,圆孔将产生变形,从而使每个电容器的极板间距变小,电容量增大。电容器容量的增值正比于被测载荷 F。

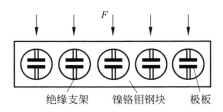

图 6-13   电容式荷重传感器的结构示意图

这种传感器的主要优点是受接触面的影响小,因此测量精度较高。另外,电容器放于钢块的孔内也提高了抗干扰能力。它在地球物理、表面状态检测以及自动检验和控制系统中得到了应用。

6.4.3   电容式压力传感器

电容式压力传感器在结构上有单端式和差动式两种形式,因为差动式的灵敏度较高,非线性误差也小,所以电容式压力传感器大都采用差动形式。

图 6-14 所示为差动式电容压力传感器的结构图。它主要由一个膜式动电极和两个在凹形玻璃上电镀成的固定电极组成差动电容器。当被测压力或压力差作用于膜片并产生位移时,形成的两个电容器的电容量一个增大,一个减小。该电容值的变化经测量电路转换成与压力或压力差相对应的电流或电压的变化,只要找出差动电容与压力的变化关系即可。

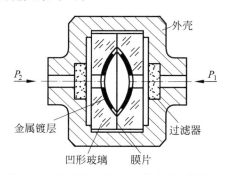

图 6-14   差动式电容压力传感器的结构图

差动式电容压力传感器的测量电路常采用双 T 型电桥电路。双 T 型电桥电路如图 6-15 所示。其中,e 为对称方波的高频信号源;C_1 和 C_2 为差动式电容传感器的一对电容;R_L 为测量仪表的内阻;VD_1 和 VD_2 为性能相同的两个二极管；R_1、$R_2(R_1 = R_2)$ 为固定电阻。

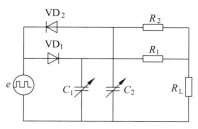

图 6-15　双 T 型电桥电路

当 e 为正半周时，VD_1 导通，VD_2 截止，电容 C_1 充电至电压 E，电流经 R_1 流向 R_L。与此同时，C_2 通过 R_2 向 R_L 放电。当 e 为负半周时，VD_2 导通，VD_1 截止，电容 C_2 充电至电压 E，电流经 R_2 流向 R_L。与此同时，C_1 通过 R_1 向 R_L 放电。

当 $C_1 = C_2$，即没有压力输给传感器时，在 e 的一个周期内流过负载 R_L 的平均值为零，R_L 上无信号输出。

当有压力作用在膜片上时，$C_1 \neq C_2$，在负载电阻上的平均电流不为零，R_L 上有信号输出。其输出在一个周期内的平均值为

$$U_o \approx \frac{R(R + 2R_L)}{(R + R_L)^2} R_L U_i f (C_1 - C_2)$$

式中，f 为电源频率。

双 T 型电桥电路具有结构简单、动态响应快、灵敏度高等优点。

第 6 章教学资源

压电式传感器及应用

压电式传感器是基于压电效应,利用电气元件和其他机械把待测的压力转换成电量,再进行相关测量工作的精密测量仪器,比如很多压力变送器和压力传感器。它的优点是频带宽、灵敏度高、信噪比高、结构简单、工作可靠和重量轻等;缺点是某些压电材料需要采取防潮措施,而且输出的直流响应差,需要采用高输入阻抗电路或电荷放大器来克服这一缺陷。

7.1 压电效应

压电效应是由居里兄弟于 1880 年首先在 α-石英晶体上发现的。

当某些晶体受到外力作用发生形变时,在它的某些表面上会出现电荷,这种效应称为压电效应。晶体的这一性质为压电性。具有压电效应的晶体称为压电晶体。

压电效应是可逆的,即晶体在外电场的作用下,要发生形变,这种效应称为逆压电效应或反向压电效应。

7.1.1 压电材料的主要特性参数

压电常数:压电常数是衡量材料压电效应强弱的参数,它直接关系到压电输出的灵敏度。

弹性常数:压电材料的弹性常数、刚度决定着压电器件的固有频率和动态特性。

介电常数:对于一定形状、尺寸的压电元件而言,其固有电容与介电常数有关,而固有电容又影响着压电传感器的频率下限。

机械耦合系数:系数值等于通过压电效应转换输出能量(如电能)与输入能量(如机械能)之比的平方根,它是衡量压电材料机电能量转换效率的一个重要参数。

电阻:压电材料的绝缘电阻将减少电荷泄漏,从而改善压电传感器的低频特性。

居里点:压电材料开始丧失压电特性的温度称为居里点。

常用压电材料的性能见表 7-1。

表 7-1　常用压电材料性能

性　　能	石英	钛酸钡	锆钛酸铅 PZT-4	锆钛酸铅 PZT-5	锆钛酸铅 PZT-8
压电系数/(pC/N)	$d_{11}=2.31$ $d_{14}=0.73$	$d_{15}=260$ $d_{31}=-78$ $d_{33}=190$	$d_{15}\approx410$ $d_{31}=-100$ $d_{33}=230$	$d_{15}\approx670$ $d_{11}=-185$ $d_{33}=600$	$d_{16}\approx330$ $d_{31}=-90$ $d_{33}=200$
相对介电常数 ε_r	4.5	1200	1050	2100	1000
居里点/℃	573	115	310	260	300
密度/(10^3 kg/m^3)	2.65	5.5	7.45	7.5	7.45
弹性模量/(10^3 N/m^2)	80	110	83.3	117	123
机械品质因数	$10^5\sim10^6$		≥500	80	≥800
最大安全应力/(10^5 N/m^2)	95～100	81	76	76	83
体积电阻率/(Ω·m)	$>10^{12}$	10^{10}(25℃)	$>10^{10}$	10^{11}(25℃)	
最高允许温度/℃	550	80	250	250	
最高允许湿度/%	100	100	100	100	

7.1.2　压电晶体的压电效应

实验证明,压电效应和反向压电效应都是线性的。即晶体表面出现电荷的多少和形变的大小成正比,当形变改变符号时(由拉伸形变到压缩形变,反之亦然),电荷也改变符号;在外电场作用下,晶体形变的大小与电场强度成正比,当电场反向时,形变也改变符号。

下面以 α-石英晶体为例,定性地解释压电效应。

晶体按其质点结合的性质可分为离子晶体、原子晶体、金属和分子晶体。石英是离子晶体,其化学成分是 SiO_2,硅离子和氧离子配置在六棱柱的晶格上。

晶体在应力的作用下,其两端能产生最强电荷的方向称为电轴。α-石英晶体中的 x 轴为电轴,z 轴为光轴——当光沿着 z 轴入射时不产生双折射。通常称 y 轴为机械轴(右手坐标系)。

硅离子带有 4 个正电荷,氧离子则带有两个负电荷。晶格中离子的电荷互相平衡,从而整个晶体不显电性。

为了简化,把处在硅离子上边和下边的两个氧离子看作是带有四个负电荷的一个氧离子,这样就得到如图 7-1 所示的石英晶体结构简图。利用该简图可以对形成压电效应的原因作定性的解释。

(1) 当晶片受到沿 x 方向的压缩力作用时,晶格沿 x 轴方向被压缩,如图 7-1(b)所示。这时硅离子 1 就挤入氧离子 2 和 6 之间,而氧离子 4 挤入硅原子 3 和 5 之间,结果在表面 A 呈现负电荷,而在表面 B 呈现正电荷。这一现象称为纵向压电效应。

(2) 当晶片受到沿 y 方向的压缩力作用时,晶格沿 y 方向被压缩,如图 7-1(c)

所示。这时硅离子 3 和氧离子 2,以及硅离子 5 和氧离子 6 都向内移动同样数值,故在电极 C 和 D 上不呈现电荷,而在表面 A 和 B 上呈现电荷,但符号与图 7-1(b) 的相反,因为硅离子 1 和氧离子 4 向外移动。这一现象称为横向压电效应。

(3) 由所研究的模型可见,如果晶片受到拉伸力而不是压缩力,则电荷符号正好相反。

(4) 当沿 z 方向压缩或拉伸时,带电粒子的不对称位移将完全不存在,表面不呈现电荷。

同样,利用图 7-1 所示的石英晶体模型也可解释反向压电效应。

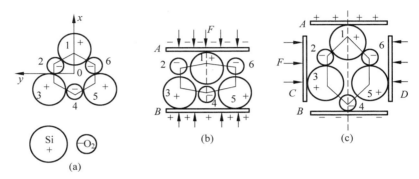

图 7-1　石英晶体结构示意图

(a) 晶片无外力作用;(b) 晶片受到沿 x 方向的压缩力;(c) 晶片受到沿 y 方向的压缩力

对于压电石英晶体而言,不是在晶体的所有方向上都有压电效应。石英晶体的化学式为 SiO_2,是单晶体结构。图 7-2(a)表示出天然结构的石英晶体外形,它是一个正六面体。石英晶体各个方向的特性是不同的。其中纵向轴 z 称为光轴,经过六面体棱线并垂直于光轴的 x 轴称为电轴,与 x 和 z 轴同时垂直的轴称为机械轴。通常把沿电轴 x 方向的力作用下产生电荷的压电效应称为"纵向压电效应",而把沿机械轴 y 方向的力作用下产生电荷的压电效应称"横向压电效应"。而沿光轴 z 方向受力时不产生压电效应。

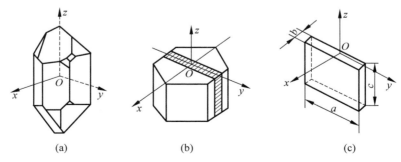

图 7-2　石英晶体的压电效应

(a) 天然结构的石英晶体外形;(b) 沿 x 和 y 方向切割示意图;(c) 切割后的晶片示意图

若从晶体上沿 y 方向切下一块如图 7-2(c)所示的晶片,当沿 x 轴方向施加作用力时,则在垂直于 x 方向的平面上将产生电荷;当沿 y 轴方向施加作用力时,则在垂直于 x 方向的平面上也将产生电荷。而在 z 轴方向施加作用力时,则在垂直于 x 方向及 y 方向的平面上均不会产生电荷。

7.1.3　压电陶瓷的压电效应

压电陶瓷是人工制造的多晶体,它的压电机理与压电晶体不同。例如,钛酸钡,它的晶粒内有许多自发极化的电畴。在极化处理以前,各晶粒内的电畴按任意方向排列,自发极化作用相互抵消,陶瓷内极化强度为零,如图 7-3(a)所示。当陶瓷上施加外电场 E 时,电畴自发极化方向转到与外加电场方向一致,如图 7-3(b)所示(为了简单起见,图中将极化后的晶粒画成单畴,实际上极化后的晶粒往往不是单畴),即进行了极化,此时压电陶瓷具有一定极化强度。当电场撤销以后,各电畴的自发极化在一定程度上按原外加电场方向取向,陶瓷内极化强度不再为零,如图 7-3(c)所示。这种极化强度称为剩余极化强度。这样在陶瓷片极化的两端就出现束缚电荷,一端为正电荷,另一端为负电荷,如图 7-4 所示。由于束缚电荷的作用,在陶瓷片的电极表面上很快吸附了一层来自外界的自由电荷。这些自由电荷与陶瓷片内的束缚电荷符号相反而数值相等,它们起着屏蔽和抵消陶瓷片内极化强度对外的作用,因此陶瓷片对外不表现极性。如果在压电陶瓷片上加一个与极化方向平行的外力,陶瓷片将产生压缩变形,片内的正、负束缚电荷之间距离变小,电畴发生偏转,极化强度也变小,因此,原来吸附在极板上的自由电荷有一部分被释放而出现放电现象。当压力撤销后,陶瓷片恢复原状,片内的正、负电荷之间的距离变大,极化强度也变大,因此电极上又吸附一部分自由电荷而出现充电现象。这种由于机械效应转变为电效应,或者说由机械能转变为电能的现象,就是压电陶瓷的正压电效应。放电电荷的多少与外力的大小成正比例关系,即在普遍情况下,晶体在应力作用下,晶格发生形变,正负电荷的中心有了偏移,使总的电偶极矩发生改变,从而晶体表面荷电,这就是正向压电效应。反向压电效应是由于正负离子在电场库仑力的作用下发生相对位移,导致晶体产生内应力,最终使晶片发生宏观形变。

这样,力与形变、电场与电荷之间的数学关系就可以用压电方程表示。

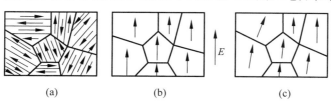

图 7-3　压电陶瓷的极化

(a) 未极化的陶瓷;(b) 正在极化的陶瓷;(c) 极化后的陶瓷

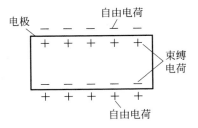

图 7-4　陶瓷片内的束缚电荷和电极表面吸附的自由电荷

7.2　压电方程

　　所谓压电方程,就是描述晶体的力学量(应力和应变)和电学量(电场强度和电位移)之间相互联系的关系式。当然,这些量还不可避免地与热学量(温度和熵)有关。

　　压电方程是由热力学函数推导出来的,最基本的压电方程为 d 型压电方程:

$$\begin{cases} S_h = S_{hk}^{E} T_k + d_{jh} E_j, & h,k=1,2,\cdots,6 \\ D_i = d_{ik} T_k + \varepsilon_{ij}^{T} E_j, & i,j=1,2,3 \end{cases} \tag{7-1}$$

式中,S_h 为应变;S_{hk}^{E} 为在电场为定值时的弹性常数;T_k 为应力;d_{jh}、d_{ik} 为压电常数;E_j 为电场;ε_{ij}^{T} 为在常应力下的介电常数。

　　通常,压电方程在恒应力或恒电场两种情况下使用。下面讨论这两种情况的特例,即电场为零和应力为零两种情况。

7.2.1　电场为零

　　此种情况即 $E=0$,晶体仅受应力作用,式(7-1)就成为

$$\begin{cases} S_h = S_{hk}^{E} T_k \\ D_i = d_{ik} T_k \end{cases} \quad (\text{遵循胡克定律})$$

如图 7-5 所示,仅 z 方向有力作用,则 $T_k = T_3$,z 方向的应变和电位移为

$$\begin{cases} S_3 = S_{33}^{E} T_3 \\ D_3 = d_{33} T_3 \end{cases} \tag{7-2}$$

式中,S_3 为在 z 方向的单位长度上的变化量;D_3 为垂直于 z 方向的单位面积上的电荷量。

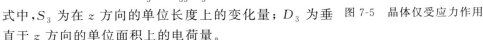

图 7-5　晶体仅受应力作用

7.2.2　应力为零

　　此种情况即 $T=0$,晶体仅受电场作用,式(7-1)就成为

$$\begin{cases} S_h = d_{jh} E_j \\ D_i = \varepsilon_{ij}^{\mathrm{T}} E_j \end{cases}$$

如图 7-6 所示,仅 z 方向有电场作用,则 $E_j = E_3$,z 方向的应变和电位移为

$$\begin{cases} S_3 = d_{33} E_3 \\ D_3 = \varepsilon_{33}^{\mathrm{T}} E_3 \end{cases} \qquad (7\text{-}3)$$

这几个关系式在工程实践中非常有用。

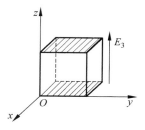

图 7-6　晶体仅受电场作用

由于压电元件的输出信号是非常微弱的,因此需要进行信号处理。

以压电陶瓷 PZT-5A 为例,当压电元件受到力的作用时,会产生电荷 Q。由压电方程 $D_3 = d_{33} T_3$ 得

$$Q_3 = d_{33} T_3 S = d_{33} F_3$$

PZT-5A 的压电常数 $d_{33} = 450\mathrm{pC/N}$,若给元件施加 1N 的力,即 $F_3 = 1\mathrm{N}$,设电极面积 $S = 1\mathrm{m}^2$,则输出的电荷为

$$Q_3 = d_{33} F_3 = 450\mathrm{pC} = 4.5 \times 10^{-10}\mathrm{C}$$

工程中往往使用电压信号,主要是为了信号处理方便。例如,A/D 转换不仅要求输入量为电压,而且要求电压为伏级。因此,对于压电元件在力的作用下产生的电荷量,最好转换成输出电压使用。

7.3　电荷放大器

7.3.1　电荷放大器的输出电压

由于被测信号很微弱,而 A/D 转换不仅要求输入量为电压,且为伏级,所以必须采用放大器。放大器的性能直接影响到整机指标。因此要求放大器必须满足下列要求:线性度好;具有高精度和高稳定性的放大倍数;具有高输入阻抗和低输出阻抗;零漂和噪声要小;抗干扰能力强;具有较快的反应速度和过载恢复时间。

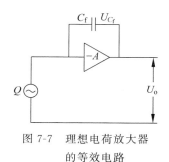

图 7-7　理想电荷放大器
　　　的等效电路

理想的电荷放大器等效电路可用图 7-7 表示。图中,A 为高增益运放。由于运放具有极高的输入阻抗,因此放大器的输入端几乎没有电流,电荷源只对 C_f 充放电,充放电电压接近放大器的输出电压,即

$$U_o \approx U_{C_f} = -Q/C_f \qquad (7\text{-}4)$$

式(7-4)说明,在理想情况下,电荷放大器的输出电压 (U_o) 与输入电荷 (Q) 成正比,与反馈电容 (C_f) 成反比,而与其他电路参数、输入信号频率无关。

考虑到压电元件、电缆和放大器本身的电阻、电容对电荷放大器性能的影响，实际电荷放大器的等效电路如图 7-8 所示。其中，C_s 为压电元件固有电容；C_c 为输入电缆等效电容；C_i 为放大器输入电容；C_f 为反馈电容；G_c 为输入电缆的漏电导；G_i 为放大器的输入电导；G_f 为反馈电导。

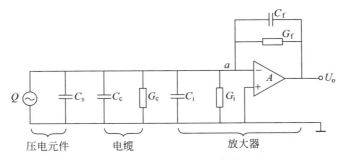

图 7-8　实际电荷放大器的等效电路

若将图 7-8 中压电元件的电荷源用电压源代替，如图 7-9 所示，则根据等效电路可得

$$(e_s - U_a)j\omega C_s = U_a\left[(G_c + G_i) + j\omega(C_c + C_i)\right] + (U_a - U_o)(G_f + j\omega C_f) \tag{7-5}$$

式中，U_a 为 a 点电压。因 a 点为虚地点，即 $U_a = -U_o/A_d$，代入式(7-5)可得

$$
\begin{aligned}
U_o &= \frac{-j\omega C_s A_d e_s}{(G_f + j\omega C_f)(1 + A_d) + G_i + G_c + j\omega(C_c + C_i + C_s)} \\
&= \frac{-j\omega Q A_d}{(G_f + j\omega C_f)(1 + A_d) + G_i + G_c + j\omega(C_c + C_i + C_s)} \\
&= \frac{-j\omega Q A_d}{G_f(1 + A_d) + G_i + G_c + j\omega C_f(1 + A_d) + j\omega(C_c + C_i + C_s)}
\end{aligned} \tag{7-6}
$$

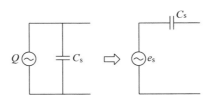

图 7-9　电荷源用电压源代替

显然，实际电荷放大器的输出电压不仅与输入电荷 Q 有关，而且与电路参数 G_f、G_c、G_i、C_i、C_c、C_s 及信号频率 f、开环增益 A_d 有关。

由于在通常情况下，G_c、G_i 和 G_f 均很小，则式(7-6)可简化为

$$U_o = \frac{-A_d Q}{C_c + C_i + C_s + (1 + A_d)C_f} \tag{7-7}$$

一般情况下，C_s 为几十皮法到几百皮法，C_f 为 $10^2 \sim 10^5 \, \mathrm{pF}$，$C_l$ 约为 $100 \mathrm{pF/m}$，所以式(7-7)中，

$$(1 + A_d) C_f \gg C_l + C_i + C_s$$

因此，式(7-7)可简化为

$$U_o = \frac{-A_d Q}{(1 + A_d) C_f} \approx -\frac{Q}{C_f} \tag{7-8}$$

由式(7-8)可见，电荷放大器的输出电压 U_o 与电缆电容 C_c 无关，且与压电传感器的电荷 Q 成正比，这是电荷放大器的最大优点。

7.3.2　实际电荷放大器的运算误差

若用 U_{io} 和 U_{po} 分别表示理想电荷放大器和实际电荷放大器的输出电压，则当 C_i 很小时，实际电荷放大器的测量误差与开环电压增益的关系为

$$
\begin{aligned}
\delta &= \frac{U_{io} - U_{po}}{U_{io}} \times 100\% \\
&= \frac{-\dfrac{Q}{C_f} - \left[-\dfrac{A_d Q}{C_s + C_c + (1 + A_d) C_f} \right]}{-\dfrac{Q}{C_f}} \times 100\% \\
&= \frac{C_c + C_s + C_f}{C_s + C_c + (1 + A_d) C_f} \times 100\%
\end{aligned}
\tag{7-9}
$$

可见，当 $(1 + A_d) C_f \gg C_c + C_s$ 时，运算误差与开环增益 A_d 成反比。因此，应选择 A_d 较大的放大器，以减小运算误差。

7.3.3　电荷放大器的下限截止频率

由式(7-6)可知

$$U_o = \frac{-j\omega Q A_d}{G_f(1 + A_d) + G_i + G_c + j\omega C_f(1 + A_d) + j\omega(C_c + C_i + C_s)}$$

此式为电荷放大器的频率特性表达式。

为了更清楚地表达 U_o 与 f 之间的关系，可将上式简化。由于开环增益 A_d 很大，通常满足(实部与实部比较，虚部与虚部比较)

$$G_f(1 + A_d) \gg G_i + G_c, \quad C_f(1 + A_d) \gg C_s + C_c + C_i$$

则式(7-6)可表达为

$$U_o = \frac{-j\omega Q A_d}{(G_f + j\omega C_f)(1 + A_d)} \approx \frac{-Q}{C_f - j\dfrac{G_f}{\omega}} \tag{7-10}$$

此式说明，电荷放大器的输出电压 U_o 不仅与输入电荷 Q 有关，而且与反馈网络参

数 G_f、C_f 有关,当信号频率 f 较低时,$|G_f/\omega|$ 就不能忽略。因此,式(7-10)是表达电荷放大器的低频响应的。当 $\left|\dfrac{G_f}{\omega}\right|=C_f$ 时,输出电压幅值为

$$U_o = \frac{Q}{\sqrt{2}\,C_f}$$

这就是下限截止频率点电压输出值。则相应的下限截止频率为

$$f_L = \frac{1}{2\pi C_f/G_f} = \frac{1}{2\pi R_f C_f} \tag{7-11}$$

式(7-11)是在 $\dfrac{G_i}{A_d} \ll G_f$ 条件下得出的。如果 $\dfrac{G_i}{A_d}$ 与 G_f 可以相比拟,且当 $\left|\dfrac{G_f+G_i/A_d}{\omega}\right|=C_f$ 时,则 f_L 应由下式决定:

$$f_L = \frac{G_f + C_i/A_d}{2\pi C_f} \tag{7-12}$$

由式(7-11)和式(7-12)可见,若要设计下限截止频率 f_L 很低的电荷放大器,则需要选择足够大的反馈电容 C_f 及反馈电阻 $R_f\left(R_f = \dfrac{1}{G_f}\right)$,也就是增大反馈电路时间常数 T_f,$R_f C_f = T_f$。

由于反馈电阻 R_f 很大,因此必须用高输入阻抗的运放,才能保证有强的直流负反馈以减小输入级零点漂移。例如,若 $R_f = 10^{10}\,\Omega$,$C_f = 100\text{pF}$,$A_d = 10^4$,则

$$f_L = 0.16\,\text{Hz}$$

若 $R_f = 10^{12}\,\Omega$,$C_f = 10^4\,\text{pF}$,则

$$f_L = 0.16 \times 10^{-4}\,\text{Hz}$$

电荷放大器的高频响应主要受输入电缆的分布电容、杂散电容的影响,特别是输入电缆很长时(几百米,甚至数千米),考虑 C_c 的影响,且当 $\left|\dfrac{G_c}{\omega}\right|=C_c+C_s$ 时,电荷放大器的上限截止频率为

$$f_H = \frac{1}{2\pi R_c(C_s + C_c)}$$

其中,R_c 和 C_c 分别为长电缆的直流电阻和分布电容;C_s 为传感器的电容。

例如,电缆长为100m,电容为100pF/m,则 $C_c = 10^4\,\text{pF}$。传感器的电容一般为几千皮法,例如1000pF,电缆的直流电阻 $R_c = 10\Omega$(一般情况下很小),则

$$f_H = 1.6\,\text{MHz}$$

若电缆长度为1000m,$C_c = 10^5\,\text{pF}$,则

$$f_H = 16\,\text{MHz}$$

压电元件的串联谐振频率 f_s 一般在1MHz以下,而压电复合材料的更低,一般小

于几十千赫兹,因此,通常不考虑电荷放大器的 f_H。

7.3.4　电荷放大器的噪声及漂移特性

如果构成换能器的压电元件的电容 C_s 很小,则换能器在低频时容抗很大,因此,换能器的噪声就很大。

1. 噪声

由图 7-10 可分析等效输入噪声电压 U_n 与它在输出端产生的噪声输出电压 U_{on} 的关系。这时,只要将输入电荷 Q 及等效零漂输入电压 U_{off} 置零即可。

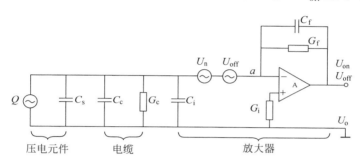

图 7-10　电荷放大器的噪声及零漂实际等效电路

由图 7-10 列出方程:
$$[U_n j\omega(C_c + C_s) + G_i + G_c] = (U_{on} - U_n)(j\omega C_f + G_f)$$
解得

$$U_{on} = \left[1 + \frac{j\omega(C_c + C_s) + G_i + G_c}{j\omega C_f + G_f}\right] U_n$$

当 $\omega(C_c + C_s) \gg G_i + G_c, \omega C_f \gg G_f$ 时,上式可简化为

$$U_{on} = \left(1 + \frac{C_s + C_c}{C_f}\right) U_n \tag{7-13}$$

由上式可见,当等效输入噪声电压 U_n 一定时,C_f 越大,输出噪声电压 U_{on} 越小。

应该注意,式(7-13)成立的前提是 $\omega(C_c + C_s) \gg G_i + G_c$,因此,$C_c + C_s$ 上升,C_f 上升,才能使 U_{on} 下降。

除输入器件及电缆会引起噪声外,50Hz 的交流电压很容易通过杂散电容耦合到输入端。为了减小 50Hz 的交流干扰电压,必须在电荷放大器的输入端进行严格的静电屏蔽。

2. 零漂

用同样的方法可求得电荷放大器的零漂 U_{of} 输出:

$$U_{of} = \left[1 + \frac{j\omega(C_c + C_s) + G_i + G_c}{j\omega C_f + G_f}\right] U_{off}$$

由于零漂是一种变化缓慢的信号，即 $\omega = 0$，代入上式可得

$$U_{of} = \left(1 + \frac{G_i + G_c}{G_f}\right) U_{off} \tag{7-14}$$

由上式可见，若要减小电荷放大器的零漂，必须提高放大器的输入电阻 R_i（即使 G_i 降低）及电缆的绝缘电阻 R_c（即使 G_c 降低），同时要减小反馈电阻 R_f（即使 G_f 增大）。

但是，减小 R_f 则下限截止频率就要相应地提高。因此，减小零漂与降低下限截止频率是相互矛盾的。必须根据具体情况选择适当的 R_f 值。

7.4 压电式传感器的应用

7.4.1 压电式加速度传感器

1. 结构原理

压电式加速度传感器一般有纵向效应型、横向效应型和剪切效应型三种结构，其中纵向效应型是最常见的一种结构，如图 7-11 所示。压电陶瓷 4 和质量块 2 为环形，通过螺母 3 对质量块预先加载，使之压紧在压电陶瓷上。测量时将传感器基座 5 与被测对象牢牢地紧固在一起。输出信号由电极 1 引出。

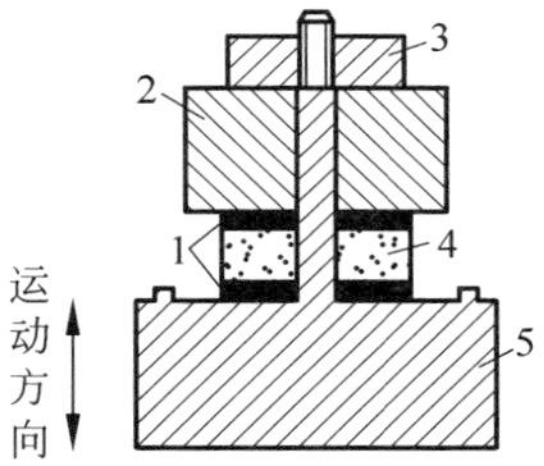

当传感器感受到振动时，因为质量块相对被测体质量较小，因此质量块感受到与传感器基座相同的振动，并受到与加速度方向相反的惯性力，此力为 $F = ma$。同时惯性力作用在压电陶瓷上产生电荷 q：

图 7-11 压电式加速度传感器结构示意图

$$q = d_{33}F = d_{33}ma$$

可得

$$q/a = d_{33}m$$

此式为加速度的灵敏度，电荷量直接反映了加速度的大小。它的灵敏度与压电材料的压电系数和质量块质量有关。为了提高传感器的灵敏度，一般选择压电系数大的压电陶瓷片。由于增加质量块的质量会影响被测振动，同时会降低振动系统的固有频率，因此，一般不用增加质量的方法来提高传感器灵敏度。此外，增加压电片的数目和采用合理的连接方法也可以提高传感器的灵敏度。

2. 动态响应

压电加速度传感器可用质量为 m 的质量块、劲度系数为 k 的弹簧、阻尼 c 的

二阶系统来模拟,如图 7-12 所示。设被测振动体在加速度 a_0 作用下的位移为 x_0,质量块相对位移为 x_m,则质量块与被测振动体的相对位移为 x_i,即

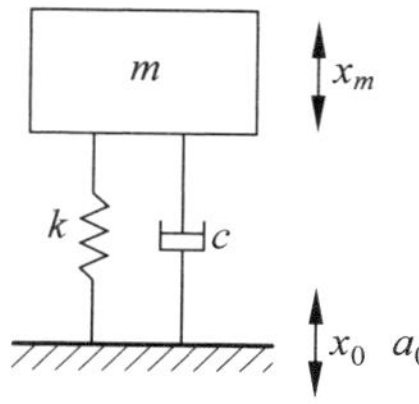

图 7-12 加速度传感器的二阶模拟系统

$$x_i = x_m - x_0$$

根据牛顿第二定律,有

$$m \frac{\mathrm{d}^2 x_m}{\mathrm{d}t^2} = -c \frac{\mathrm{d}x_i}{\mathrm{d}t} - k x_i \qquad (7\text{-}15)$$

将 $x_i = x_m - x_0$ 代入上式得

$$m \frac{\mathrm{d}^2 x_m}{\mathrm{d}t^2} = -c \frac{\mathrm{d}}{\mathrm{d}t}(x_m - x_0) - k(x_m - x_0)$$

将上式改写为

$$\frac{\mathrm{d}^2(x_m - x_0)}{\mathrm{d}t^2} + \frac{c}{m} \cdot \frac{\mathrm{d}(x_m - x_0)}{\mathrm{d}t} + \frac{k}{m}(x_m - x_0) = -\frac{\mathrm{d}^2 x_0}{\mathrm{d}t^2}$$

设输入为加速度 $a_0 = \dfrac{\mathrm{d}^2 x_0}{\mathrm{d}t^2}$,输出为 $x_m - x_0$,并引入算子 $D = \dfrac{\mathrm{d}}{\mathrm{d}t}$,将上式变为

$$D^2(x_m - x_0) + \frac{c}{m}D(x_m - x_0) + \frac{k}{m}(x_m - x_0) = -a_0$$

$$(x_m - x_0)\left(D^2 + \frac{c}{m}D + \frac{k}{m}\right) = -a_0$$

$$\frac{x_m - x_0}{a_0} = \frac{-1}{D^2 + \dfrac{c}{m}D + \dfrac{k}{m}} = \frac{-\left(\dfrac{1}{\omega_0}\right)^2}{\dfrac{D^2}{\omega_0^2} + \dfrac{2\xi}{\omega_0}D + 1}$$

$$\frac{x_m - x_0}{a_0} = \frac{K}{\dfrac{D^2}{\omega_0^2} + \dfrac{2\xi}{\omega_0}D + 1} \qquad (7\text{-}16)$$

此为二阶系统的运算传递函数。式中,$K = \dfrac{b_0}{a_0} = -\left(\dfrac{1}{\omega_0}\right)^2$ 为静态灵敏度;$\omega_0 = \sqrt{\dfrac{a_0}{a_2}} = \sqrt{\dfrac{k}{m}}$ 为固有频率;$\xi = \dfrac{C}{2\sqrt{km}}$ 为相对阻尼系数。

二阶传感器的频率传递函数为

$$W(\mathrm{j}\omega) = \frac{Y}{X}(\mathrm{j}\omega) = \frac{K}{\left(\dfrac{\mathrm{j}\omega}{\omega_0}\right)^2 + \dfrac{2\xi \mathrm{j}\omega}{\omega_0} + 1}$$

将式(7-16)写成频率传递函数,则有

$$\frac{x_m - x_0}{a_0}(\mathrm{j}\omega) = \frac{-\left(\dfrac{1}{\omega_0}\right)^2}{1 - \left(\dfrac{\omega}{\omega_0}\right)^2 + 2\xi \dfrac{\omega}{\omega_0}\mathrm{j}} \qquad (7\text{-}17)$$

其幅频特性为

$$\left|\frac{x_m - x_0}{a_0}\right| = \frac{\left(\dfrac{1}{\omega_0}\right)^2}{\sqrt{\left[1 - \left(\dfrac{\omega}{\omega_0}\right)^2\right]^2 + \left(2\xi\dfrac{\omega}{\omega_0}\right)^2}} \tag{7-18}$$

相频特性为

$$\phi = -\arctan\frac{2\xi\dfrac{\omega}{\omega_0}}{1 - \left(\dfrac{\omega}{\omega_0}\right)^2} - 180° \tag{7-19}$$

由于质量块与被测振动体的相对位移 $x_m - x_0$，也就是压电元件受力后产生的变形量，于是有

$$F = k_y(x_m - x_0) \tag{7-20}$$

式中，k_y 为压电元件的弹性常数。

当力 F 作用在压电元件上时，产生的电荷为

$$q = d_{33}F = d_{33}k_y(x_m - x_0) \tag{7-21}$$

将上式代入式(7-18)，便得到压电式加速度传感器灵敏度与频率的关系式：

$$\frac{q}{a_0} = \frac{\dfrac{d_{33}k_y}{\omega_0^2}}{\sqrt{\left[1 - \left(\dfrac{\omega}{\omega_0}\right)^2\right]^2 + \left(2\xi\dfrac{\omega}{\omega_0}\right)^2}} \tag{7-22}$$

图 7-13 所示曲线表示压电式加速度传感器的频率响应特性。由图中曲线可以看出，当被测体的振动频率 ω 远小于传感器固有频率 ω_0 时，传感器的相对灵敏度为常数，即

$$\frac{q}{a_0} \approx \frac{d_{33}k_y}{\omega_0^2} \tag{7-23}$$

压电式加速度传感器的敏感元件为压电换能器，在电路中等效为一个电容器，其等效电容为 C_0，则由式(7-23)可得

$$\frac{C_0U}{a_0} \approx \frac{d_{33}k_y}{\omega_0^2}$$

压电式加速度传感器的电压灵敏度为

$$\frac{U}{a_0} \approx \frac{d_{33}k_y}{C_0\omega_0^2} \tag{7-24}$$

由于传感器固有频率很高，因此，频率范围较宽，一般在几赫兹到几千赫兹之间。

7.4.2　压电式压力传感器

根据使用要求不同，压电式压力传感器有各种不同的结构形式，但它们的基本

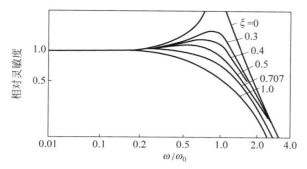

图 7-13 压电式加速度传感器的频率响应特性

原理相同。图 7-14 所示为压电式压力传感器的原理简图,它由引线 1、壳体 2、基座 3、压电晶片 4、受压膜片 5 及导电片 6 组成。

当膜片 5 受到压力 P 作用后,在压电晶片上产生电荷。在一个压电晶片上所产生的电荷为(膜片的有效面积为 S)

$$q = d_{33}F = d_{33}SP \tag{7-25}$$

如果传感器由一个压电晶片组成,则根据灵敏度的定义可知,电荷灵敏度

$$k_q = \frac{q}{P} \tag{7-26}$$

图 7-14 压电式压力传感器的原理简图

电压灵敏度

$$k_u = \frac{U_\circ}{P} \tag{7-27}$$

根据式(7-25),电荷灵敏度可表示为

$$k_q = \frac{q}{P} = \frac{d_{33}SP}{P} = d_{33}S \tag{7-28}$$

因为 $U_\circ = \dfrac{q}{C_0}$,电压灵敏度也可表示为

$$k_u = \frac{U_\circ}{P} = \frac{q}{PC_0} = \frac{d_{33}SP}{PC_0} = \frac{d_{33}S}{C_0} \tag{7-29}$$

式中,$U_\circ$ 为压电片输出电压; C_0 为压电片等效电容。

第 7 章教学资源

光电与光纤传感器及应用

光电检测方法具有精度高、反应快、非接触等优点,而且可测参数多,传感器的结构简单,形式灵活多样。光电传感器和光纤传感器作为两种典型的传感器,在生产测量中的应用比较广泛。

光电传感器是以光电元件作为检测元件的传感器。它首先把被测量的变化转换成光信号的变化,然后借助光电元件进一步将光信号转换成电信号。光电传感器一般由光源、光学通路和光电元件三部分组成。

光纤传感器是将来自光源的光经过光纤送入调制器,使待测参数与进入调制区的光相互作用后,导致光的光学性质(如光的强度、波长、频率、相位、偏正态等)发生变化,成为被调制的信号光,再经过光纤送入光探测器,经解调后,获得被测参数。

8.1 光电效应

8.1.1 外光电效应

在光线作用下,物体内的电子逸出物体表面,向外发射的现象称为外光电效应。基于外光电效应的光电器件有光电管、光电倍增管等。

我们知道,光子是具有能量的粒子,每个光子具有的能量由下式确定:

$$E = h\nu \tag{8-1}$$

式中,h 为普朗克常数,$h = 6.626 \times 10^{-34} \text{J} \cdot \text{s}$;$\nu$ 为光的频率,s^{-1}。

若物体中电子吸收的入射光子能量足以克服逸出功 A_0 时,电子就逸出物体表面,产生光电子发射。故要使一个电子逸出,光子能量 $h\nu$ 必须超过逸出功 A_0,超过部分的能量表现为逸出电子的动能,即

$$h\nu = \frac{1}{2}mv_0^2 + A_0 \tag{8-2}$$

式中,m 为电子质量;v_0 为电子逸出速度。

式(8-2)即称为爱因斯坦光电效应方程。由该式可知:

(1) 光电子能否产生,取决于光子的能量是否大于该物体的表面逸出功。这

意味着每一种物体都有一个对应的光频阈值,称为红限频率。若光线的频率小于红限频率,光子的能量不足以使物体内的电子逸出,因而小于红限频率的入射光,光强再大也不会产生光电子发射;反之,若入射光频率高于红限频率,即使光线微弱,也会有光电子发射出来。

（2）入射光的频谱成分不变,产生的光电子与光强成正比。光强越大,意味着入射光子数目越多,逸出的电子数也越多。

（3）光电子逸出物体表面时具有初始动能,因此光电管即便不加阳极电压也会有光电流产生。为使光电流为零,必须加负的截止电压,而截止电压与入射光的频率成正比。

8.1.2　内光电效应

受光照的物体电导率发生变化,或产生光生电动势的效应称为内光电效应。内光电效应又可分为以下两大类：光电导效应；光生伏特效应。

1. 光电导效应

在光线作用下,电子吸收光子能量从键合状态过渡到自由状态,而引起材料电阻率的变化,这种现象称为光电导效应。基于这种效应的光电器件有光敏电阻。

要产生光电导效应,光子能量 $h\nu$ 必须大于半导体材料的禁带宽度 E_g,由此入射光能导出光电导效应的临界波长 λ_0 满足下式：

$$h\nu = \frac{hc}{\lambda_0}, \quad \lambda_0 \approx \frac{1.24}{E_g} \text{（nm）} \tag{8-3}$$

2. 光生伏特效应

在光线作用下能够使物体产生一定方向电动势的现象称为光生伏特效应。基于该效应的光电器件有光电池和光敏晶体管。

8.2　光敏电阻

光敏电阻又称光导管,是一种均质半导体光电器件。它具有灵敏度高,光谱响应范围宽,体积小、重量轻,机械强度高,耐冲击、耐振动,抗过载能力强和寿命长等特点。

8.2.1　光敏电阻的原理和结构

当光照射到光电导体上时,若光电导体为本征半导体材料,而且光辐射能量又足够强,光导材料价带上的电子将激发到导带上去,从而使导带的电子和价带的空穴增加,致使光导体的电导率变大。为实现能级的跃迁,入射光的能量必须大于光导材料的禁带宽度 E_g,即

$$h\nu = \frac{hc}{\lambda} = \frac{1.24}{\lambda} \geqslant E_g(\mathrm{eV})$$

式中，ν 和 λ 分别为入射光的频率和波长。

也就是说，一种光电导体，存在一个照射光的波长限 λ_c，只有波长小于 λ_c 的光照射在光电导体上，才能产生电子在能级间的跃迁，从而使光电导体的电导率增加。

光敏电阻的结构很简单。图 8-1(a)所示为金属封装的 CdS(硫化镉)光敏电阻的结构图。管芯是一块安装在绝缘衬底上的带有两个欧姆接触电极的光电导体，光电导体吸收光子而产生的光电效应，只限于光照的表面薄层，虽然产生的载流子也有少数扩散到内部去，但扩散深度有限，因此光电导体一般都做成薄层。为了获得高的灵敏度，光敏电阻的电极一般采用梳状图案，见图 8-1(b)。它是在一定的掩模下向光电导薄膜上蒸镀金或铟等金属形成的。这种梳状电极，由于在间距很近的电极之间有可能采用大的灵敏面积，所以提高了光敏电阻的灵敏度。图 8-1(c)所示为光敏电阻的代表符号。

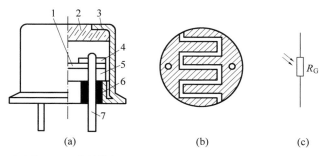

1—光导层；2—玻璃窗口；3—金属外壳；4—电极；5—陶瓷基座；6—黑色绝缘玻璃；7—电极引线。

图 8-1　CdS 光敏电阻的结构和符号

(a) 结构；(b) 电极；(c) 符号

光敏电阻的灵敏度易受湿度影响，因此要将光电导体严密封装在玻璃壳体中。

光敏电阻具有很高的灵敏度和很好的光谱特性，光谱响应可从紫外区到红外区范围内，而且体积小、重量轻、性能稳定、价格便宜，因此应用比较广泛。

8.2.2　光敏电阻的主要参数和基本特性

1. 暗电阻、亮电阻、光电流

光敏电阻在室温条件下，全暗后经过一定时间测量的电阻值称为暗电阻。此时流过的电流称为暗电流。光敏电阻在某一光照下的阻值称为该光照下的亮电阻，此时流过的电流称为亮电流。亮电流与暗电流之差称为光电流。

光敏电阻的暗电阻越大，亮电阻越小，则性能越好。也就是说，暗电流要小，光电流要大,这样的光敏电阻灵敏度就高。实际上,大多数光敏电阻的暗电阻往往超过 $1M\Omega$,甚至高达 $100M\Omega$,而亮电阻即使在正常白昼条件下也可降到 $1k\Omega$ 以下,可见光敏电阻的灵敏度是相当高的。

2. 光照特性

图 8-2(a)所示为硫化镉光敏电阻的光照特性。不同类型光敏电阻的光照特性不同,但是光照特性曲线均呈非线性。因此它不宜作为测量元件,这是光敏电阻的不足之处。一般在自动控制系统中常用作开关式光电信号传感元件。

3. 光谱特性

光谱特性与光敏电阻的材料有关。图 8-2(b)中的曲线 1、2、3 分别表示硫化镉、硒化镉、硫化铅三种光敏电阻的光谱特性。从图中可知,硫化铅光敏电阻在较宽的光谱范围内均有较高的灵敏度。光敏电阻的光谱分布不仅与材料的性质有关,而且与制造工艺有关。例如,硫化镉光敏电阻随着掺铜浓度的增加,光谱峰值由 $50\mu m$ 移到 $64\mu m$;硫化铅光敏电阻随薄层的厚度减小,光谱峰值位置向短波方向移动。

4. 伏安特性

在一定照度下,光敏电阻两端所加的电压与光电流之间的关系称为伏安特性。图 8-2(c)中曲线 1、2 分别表示照度为零及照度为某值时的伏安特性。由曲线可知,在给定偏压下,光照度越大,光电流也越大。在一定光照度下,所加的电压越大,光电流越大,而且无饱和现象。但是电压不能无限地增大,因为任何光敏电阻都受额定功率、最高工作电压和额定电流的限制。

5. 频率特性

图 8-2(d)中曲线 1 和 2 分别表示硫化镉和硫化铅光敏电阻的频率特性。从图中可以看出,这两种光敏电阻的频率特性较差。这是因为光敏电阻的导电性与被俘获的载流子有关,当入射光强上升时,被俘获的自由载流子达到相应的数值需要一定时间;同样,入射光强降低时,被俘获的电荷释放出来也比较慢,光敏电阻的阻值要经一段时间后才能达到相应的数值(新的平衡值),故其频率特性较差。有时用时间常数的大小说明频率响应的好坏。当光敏电阻突然受到光照时,电导率上升到饱和值的 63% 所用的时间被称为上升时间常数。同样地,下降时间常数是指器件突然变暗时,其导电率降到饱和值的 37%(即降低 63%)所用的时间。

6. 稳定性

图 8-2(e)中曲线 1、2 分别表示不同型号的两种硫化镉光敏电阻的稳定性。初制成的光敏电阻,由于体内机构工作不稳定,以及电阻体与其介质的作用还没有达到平衡,所以性能是不够稳定的。但在人为地加温、光照及加负载情况下,经过一至两个星期的老化,性能可以达到稳定。光敏电阻在最初一段时间的老化过程中,有些样品阻值上升,有些样品阻值下降,但最后达到一个稳定值后就不再变了。这

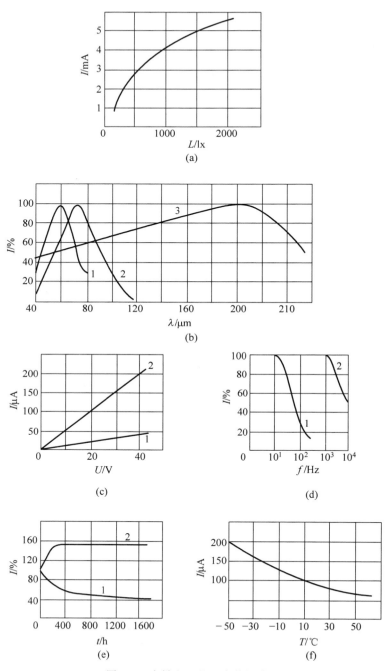

图 8-2　光敏电阻的基本特性曲线

是光敏电阻的主要优点。

光敏电阻的使用寿命,在密封良好、使用合理的情况下,几乎是无限长的。

7. 温度特性

光敏电阻和其他半导体器件一样,性能受温度的影响较大。随着温度的升高,灵敏度会下降。硫化镉的光电流 I 和温度 T 的关系如图 8-2(f)所示。有时为了提高灵敏度,将元件降温使用。例如,可利用制冷器使光敏电阻的温度降低。

随着温度的升高,光敏电阻的暗电流上升,但是亮电流增加不多。因此,它的光电流下降,即光电灵敏度下降。不同材料的光敏电阻,温度特性互不相同,一般硫化镉的温度特性比硒化镉好,硫化铅的温度特性比硒化铅好。

光敏电阻的光谱特性也随温度变化。例如,硫化铅光敏电阻,在 $-20 \sim 20\,℃$ 之间,随着温度的升高,其光谱特性向短波方向移动。因此为了使元件对波长较长的光有较高的响应,有时也可采用降温措施。

8.2.3　光敏电阻与负载的匹配

每一光敏电阻都有允许的最大耗散功率 P_{max}。如果超过这一数值,则光敏电阻容易损坏。因此,光敏电阻工作在任何照度下都必须满足

$$IU \leqslant P_{max} \quad 或 \quad I \leqslant \frac{P_{max}}{U} \tag{8-4}$$

式中,I 和 U 分别为通过光敏电阻的电流和其两端的电压。因为 P_{max} 数值一定,所以满足式(8-4)的图形为双曲线。图 8-3(b)中,P_{max} 双曲线的左下部分为允许的工作区域。由光敏电阻测量电路图 8-3(a)得到的电流 I 为

$$I = \frac{E}{R_L + R_G} \tag{8-5}$$

式中,R_L 为负载电阻;R_G 为光敏电阻;E 为电源电压。

图 8-3(b)中绘出了光敏电阻的负载线 $NBQA$ 及伏安特性 OB、OQ、OA,它们分别对应的照度为 L'、L_Q、L''。设光敏电阻工作在 L_Q 照度下,当照度变化时,工作点 Q 将变至 A 或 B,它的电流和电压都改变。设照度变化时,光敏电阻值的变化为 ΔR_G,则此时电流为

$$I + \Delta I = \frac{E}{R_L + R_G + \Delta R_G} \tag{8-6}$$

由以上两式可解得信号电流 ΔI 为

$$\Delta I = \frac{E}{R_L + R_G + \Delta R_G} - \frac{E}{R_L + R_G} = \frac{-E \cdot \Delta R_G}{(R_L + R_G)^2} \tag{8-7}$$

式(8-7)中负号所表示的物理意义是:当照度增加时,光敏电阻的阻值减小,即 $\Delta R_G < 0$,而信号电流却增加,即 $\Delta I > 0$。

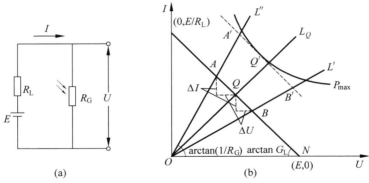

图 8-3　光敏电阻的测量电路及伏安特性

（a）测量电路；（b）伏安特性

当电流为 I 时，由图 8-3(a)可求得输出电压 U 为

$$U = E - I R_L$$

电流为 $I + \Delta I$ 时，其输出电压则为

$$U + \Delta U = E - (I + \Delta I) R_L$$

由以上两式解得信号电压为

$$\Delta U = -\Delta I R_L = \frac{E \cdot \Delta R_G}{(R_L + R_G)^2} R_L \tag{8-8}$$

光敏电阻的 R_G 和 ΔR_G 可由实验或伏安特性曲线求得。由式(8-7)和式(8-8)可以看出，在照度变化相同时，ΔR_G 越大，其输出信号电流 ΔI 及信号电压 ΔU 也越大。

当光敏电阻的 R_G 和 ΔR_G 及电源电压 E 为已知时，选择最佳的负载电阻 R_L 有可能获得最大的信号电压 ΔU。由式(8-8)，令

$$\frac{\partial (\Delta U)}{\partial R_L} = \frac{\partial}{\partial R_L}\left[\frac{E \cdot \Delta R_G R_L}{(R_L + R_G)^2}\right] = 0$$

解得

$$R_L = R_G$$

即当负载电阻 R_L 与光电阻 R_G 相等时，可获得最大的信号电压。

当光敏电阻在较高频率下工作时，除选用高频响应好的光敏电阻外，负载 R_L 应取较小值，否则时间常数较大，对高频影响不利。

8.3　光电池

光电池是利用光生伏特效应把光能直接转变成电能的器件。由于它广泛用于把太阳能直接变为电能，因此又称为太阳电池。通常，把光电池的半导体材料的名称冠于光电池(或太阳电池)名称之前以示区别，如硒光电池、砷化镓光电池、硅光

电池等。一般来说,能用于制造光电阻器件的半导体材料,如Ⅳ族、Ⅵ族单元素半导体和Ⅱ～Ⅵ族、Ⅲ～Ⅴ族化合物半导体,均可用于制造光电池。目前,应用最广、最有发展前途的是硅光电池。硅光电池的价格便宜,光电转换效率高,寿命长,比较适于接收红外光。硒光电池虽然光电转换效率低(只有 0.02%)、寿命短,但出现得最早,制造工艺较成熟,适于接收可见光(响应峰值波长 0.56 μm),所以目前仍是制造照度计最适宜的元件。砷化镓光电池的理论光电转换效率比硅光电池稍高一点,光谱响应特性则与太阳光谱最吻合。而且,工作温度最高,更耐受宇宙射线的辐射。因此,它在宇宙电源方面的应用是有发展前途的。

8.3.1　光电池的结构原理

常用的硅光电池的结构如图 8-4 所示。制造方法是:在电阻率约为 0.1～1Ω·cm 的 N 型硅片上扩散硼形成 P 型层;然后分别用电极引线把 P 型和 N 型层引出,形成正、负电极。如果在两电极间接上负载电阻 R_L,则其受光照后就会有电流流过。为了提高效率,防止表面反射光,器件的受光面要进行氧化,以形成 SiO_2 保护膜。此外,向 P 型硅单晶片扩散 N 型杂质,也可以制成硅光电池。

光电池的工作原理如图 8-5 所示,当 N 型半导体和 P 型半导体结合在一起构成一块晶体时,由于热运动,N 区中的电子就向 P 区扩散,而 P 区中的空穴则向 N 区扩散,结果在 N 区靠近交界处聚集起较多的空穴,而在 P 区靠近交界处聚集起较多的电子,于是在过渡区形成了一个电场。电场的方向由 N 区指向 P 区。这个电场阻止电子进一步由 N 区向 P 区扩散,阻止空穴进一步由 P 区向 N 区扩散。但它却能推动 N 区中的空穴(少数载流子)和 P 区中的电子(也是少数载流子)分别向对方运动。

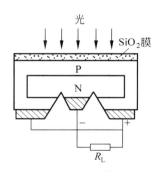

图 8-4　硅光电池的构造图

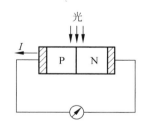

图 8-5　光电池工作原理示意图

当光照到 PN 结区时,如果光子能量足够大,就将在结区附近激发出电子-空穴对。在 PN 结电场的作用下,N 区的光生空穴被拉向 P 区,P 区的光生电子被拉向 N 区,结果,在 N 区聚积了负电荷,在 P 区聚积了正电荷,这样,N 区和 P 区之间就出现了电位差。若将 PN 结两端用导线连起来,电路中就有电流流过,电流的方向由 P 区流经外电路至 N 区。若将外电路断开,就可以测出光生电动势。

光电池的表示符号、基本电路及等效电路如图 8-6(a)、(b)、(c)所示。

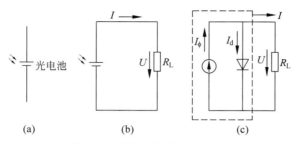

图 8-6　光电池符号及其电路

8.3.2　基本特性

1.　光照特性

图 8-7(a)、(b)分别示出了硅光电池和硒光电池的光照特性,即光生电动势和光电流与照度的关系。由图可以看出,光电池的电动势,即开路电压 U_{oc} 与照度 L 之间为非线性关系,当照度约为 2000lx 时便趋向饱和。光电池的短路电流 I_{sc} 与照度呈线性关系,而且受光面积越大,短路电流也越大。所以当光电池作为测量元件时应取短路电流的形式。

所谓光电池的短路电流,指外接负载相对于光电池内阻而言是很小的。光电池在不同照度下,其内阻也不同,因而应选取适当的外接负载近似地满足"短路"条件。图 8-7(c)所示为硒光电池在不同负载电阻时的光照特性。从图中可以看出,负载电阻 R_L 越小,光电流与强度的线性关系越好,且线性范围越宽。

2.　光谱特性

光电池的光谱特性决定于材料。图 8-7(d)中曲线 1 和 2 分别表示硒光电池和硅光电池的光谱特性。从图中可以看出,硒光电池在可见光谱范围内有较高的灵敏度,峰值波长在 54μm 附近,适宜测可见光。硅光电池的应用范围为 40～110μm,峰值波长在 85μm 附近,因此硅光电池可以在很宽的范围内应用。

实际使用中可以根据光源性质来选择光电池,反之,也可以根据现有的光电池来选择光源。

3.　频率响应

光电池作为测量、计算、接收元件时常用调制光输入。光电池的频率响应就是指输出电流随调制光频率变化的关系。图 8-7(e)所示为光电池的频率响应曲线。由图可知,硅光电池具有较高的频率响应,如曲线 2;而硒光电池的频率响应则较差,如曲线 1。因此,在高速计算器中一般采用硅光电池。

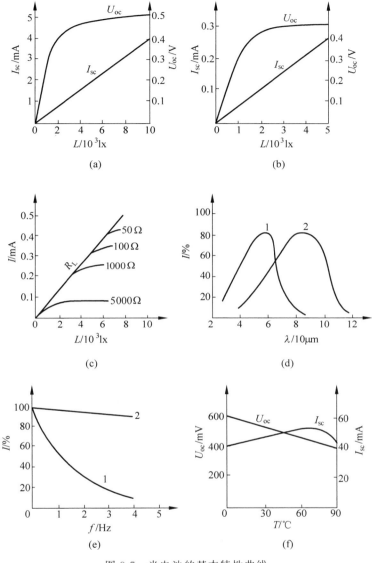

图 8-7　光电池的基本特性曲线

4．温度特性

光电池的温度特性是指开路电压和短路电流随温度变化的关系。由于它关系到应用光电池仪器设备的温度漂移，影响到测量精度和控制精度等重要指标，因此，温度特性是光电池的重要特性之一。

图 8-7(f)所示为硅光电池在 1000lx 照度下的温度特性曲线。从图中可以看出，开路电压随温度上升而下降很快，当温度上升 1℃ 时，开路电压约降低 3mV。但短路电流随温度的变化却是缓慢的，例如，温度上升 1℃ 时，短路电流只增加

$2\times10^{-6}\mathrm{A}$。

由于温度对光电池的工作有很大影响,因此当将它作为测量元件使用时,最好保证温度恒定,或采取温度补偿措施。

8.3.3 光电池的转换效率及最佳负载匹配

光电池的最大输出电功率和输入光功率的比值,称为光电池的转换效率。

在一定负载电阻下,光电池的输出电压 U 与输出电流 I 的乘积即为光电池输出功率,记为 P,其表达式如下:

$$P = IU$$

在一定的辐射照度下,当负载电阻 R_L 由无穷大变为零时,输出电压的值将从开路电压值变为零,而输出电流将从零增大到短路电流值。显然,只有在某一负载电阻 R_j 下,才能得到最大的输出功率 P_j($P_j = I_j U_j$)。R_j 称为光电池在一定辐射照度下的最佳负载电阻。同一光电池的 R_j 值随辐射照度的增强而稍微减小。

P_j 与入射光功率的比值,即为光电池的转换效率 η。硅光电池转换效率的理论值最大可达 24%,而实际上只达到 $10\%\sim15\%$。

可以利用光电池的输出特性曲线直观地表示输出功率值。在图 8-8 中,通过原点、斜率为 $\tan\theta = I_H/U_H = 1/R_L$ 的直线,就是未加偏压的光电池的负载线。此负载线与某一照度下的伏安特性曲线交于 P_H 点,P_H 点在 I 轴和 U 轴上的投影即分别为负载电阻为 R_L 时的输出电流 I_H 和输出电压 U_H。此时,输出功率等于矩形 $OI_HP_HU_H$ 的面积。

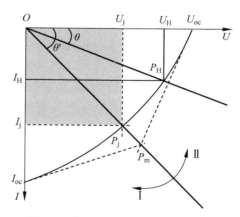

图 8-8 光电池的伏安特性及负载线

为了求取某一照度下的最佳负载电阻,可以分别从该照度下的电压-电流特性曲线与两坐标轴的交点 (U_{oc}, I_{oc}) 作该特性曲线的切线,两切线交于 P_m 点,连接 P_mO 的直线即为负载线。

此负载线所确定的阻值($R_j = 1/\tan\theta'$)即为取得最大功率的最佳负载电阻 R_j。

上述负载线与特性曲线的交点 P_j 在两坐标轴上的投影 U_j、I_j 分别为相应的输出电压和电流值。图 8-8 中画阴影线部分的面积等于最大输出功率值。

　　由图 8-8 可以看出，R_j 负载线把电压-电流特性曲线分成了 Ⅰ、Ⅱ 两部分，在第 Ⅰ 部分中，$R_L < R_j$，负载变化将引起输出电压大幅度变化，而输出电流变化却很小；在第 Ⅱ 部分中，$R_L > R_j$，负载变化将引起输出电流大幅度变化，而输出电压却几乎不变。

　　应该指出，光电池的最佳负载电阻是随入射光照度的增大而减小的，由于在不同照度下的电压-电流曲线不同，对应的最佳负载线不同，因此每个光电池的最佳负载线不是一条，而是一簇。

8.4　光敏二极管和光敏三极管

8.4.1　光敏管的结构和工作原理

　　光敏二极管是一种 PN 结单向导电性的结型光电器件，与一般半导体二极管类似，其 PN 结装在管的顶部，以便接收光照，上面有一个透镜制成的窗口，可使光线集中在敏感面上。光敏二极管在电路中通常工作在反向偏压状态。其原理电路见图 8-9。

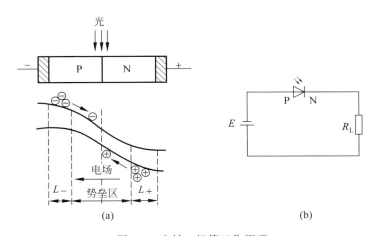

图 8-9　光敏二极管工作原理

　　如图 8-9 所示，在无光照时，处于反向偏压的光敏二极管工作在截止状态，这时只有少数载流子在反向偏压的作用下渡越阻挡层，形成微小的反向电流即暗电流。

　　当光敏二极管受到光照时，PN 结附近受光子轰击，吸收其能量而产生电子-空穴对，从而使 P 区和 N 区的少数载流子浓度大大增加，因此在外加反偏电压和内电场的作用下,P 区少数载流子渡越阻挡层进入 N 区,N 区的少数载流子渡越阻挡层进入 P 区,从而使通过 PN 结的反向电流大为增加,这就形成了光电流。

光敏三极管与光敏二极管的结构相似,但其内部有两个 PN 结。和一般三极管不同的是,它的发射极一般做得很小,以扩大光照面积。

当基极开路时,基极-集电极处于反向偏压状态。当光照射到 PN 结附近时,使 PN 结附近产生电子-空穴对,它们在内电场作用下,定向运动形成增大了的反向电流即光电流。由于光照射集电结产生的光电流相当于一般三极管的基极电流,因此集电极电流被放大了 $\beta+1$ 倍,从而使光敏三极管具有比光敏二极管更高的灵敏度。

锗光敏三极管由于其暗电流较大,为使光电流与暗电流之比增大,常在发射极与基极之间接一电阻(约 5kΩ 左右)。对于硅平面光敏三极管,由于暗电流很小(小于 10^{-9} A),一般不备有基极外接引线,仅有发射极、集电极两根引线。光敏三极管的工作原理、电路及符号见图 8-10。

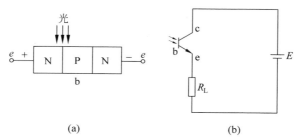

图 8-10　光敏三极管的工作原理、电路及符号

(a) 工作原理;(b) 电路及符号

8.4.2　光敏管的基本特性

1. 光谱特性

在照度一定时,输出的光电流(或相对光谱灵敏度)随光波波长的变化而变化,这就是光敏管的光谱特性。

如果照射在光敏二(三)极管上的是波长一定的单色光,且具有相同的入射功率(或光子流密度),则输出的光电流会随波长而变化。对于一定材料和工艺做成的光敏管,必须对应一定波长范围(即光谱)的入射光才会响应,这就是光敏管的光谱响应。图 8-11 所示为硅和锗光敏二(三)极管的光谱曲线。由图可见,硅和锗光敏二(三)极管的响应光谱的长波限分别约为 $110\mu m$ 和 $180\mu m$,而短波限一般在 $40\sim50\mu m$ 附近。

两类材料的光敏二(三)极管的光谱响应峰值所对应的波长各不相同。硅材料的约为 $80\sim90\mu m$,锗材料的约为 $140\sim150\mu m$,都是近红外光。

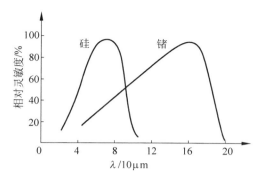

图 8-11　硅和锗光敏二(三)极管的光谱曲线

2．伏安特性

图 8-12 所示为硅光敏二(三)极管在不同照度下的伏安特性曲线。由图可见，光敏三极管的光电流比相同管型二极管的光电流大上百倍。此外，由图中曲线还可以看出，在零偏压时，二极管仍有光电流输出，而三极管则没有，这是由于光电二极管存在光生伏特效应的缘故。

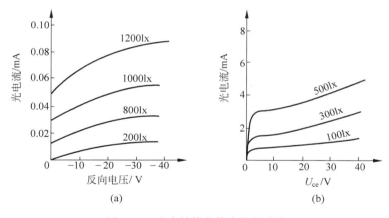

图 8-12　硅光敏管的伏安特性曲线
(a) 硅光敏二极管；(b) 硅光敏三极管

3．光照特性

图 8-13 所示为硅光敏二(三)极管的光照特性曲线。可以看出，光敏二极管的光照特性曲线的线性较好，而三极管在照度较小(弱光)时，光电流随照度增加较小，但在大电流(光照度为几千勒克斯)时有饱和现象(图中未画出)，这是由于三极管的电流放大倍数在小电流和大电流时都要下降的缘故。

4．频率响应

光敏管的频率响应是指具有一定频率的调制光照射时，光敏管输出的光电流

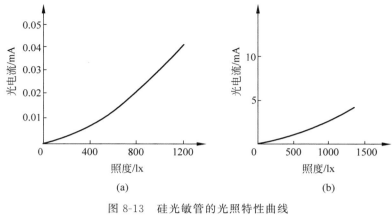

图 8-13　硅光敏管的光照特性曲线

(a) 硅光敏二极管；(b) 硅光敏三极管

(或负载上的电压)随频率的变化关系。光敏管的频率响应与其本身的物理结构、工作状态、负载以及入射光波长等因素有关。图 8-14 所示为硅光敏三极管的频率响应曲线。由曲线可知,减小负载电阻 R_L 可以提高响应频率,但同时却使输出降低。因此在实际使用中,应根据频率来选择最佳的负载电阻。

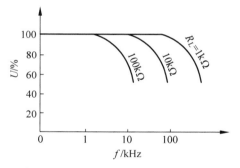

图 8-14　硅光敏三极管的频率响应曲线

光敏三极管的频率响应,通常比同类二极管差得多,这是由于载流子的形成距集电极结-基极的距离各不相同,因而各载流子到达集电极的时间也各不相同的原因。锗光敏三极管的截止频率约为 3kHz,而对应的锗光敏二极管的截止频率为 50kHz。硅光敏三极管的响应频率要比锗光敏三极管高得多,其截止频率达 50kHz 左右。

5. 暗电流-温度特性

图 8-15(a)所示为锗和硅光敏管的暗电流-温度特性曲线。由图可见,硅光敏管的暗电流比锗光敏管的小得多(约为锗光敏管的 $1\%\sim0.1\%$)。

暗电流随温度升高而增加的原因是热激发造成的。光敏管的暗电流在电路中是一种噪声电流。在高照度下工作时,由于光电流比暗电流大得多(信噪比大),温度的影响相对比较小。但在低照度下工作时,因为光电流比较小,暗电流的影响就不能不考虑(信噪比小的情况)。如果电路的各极间没有隔直电容,当锗光敏管在高温低照度情况下使用时,输出信号的稳定性就很差,以致产生误差信号。为此,在实际使用中,应在线路中采取适当的温度补偿措施。对于调制光交流放大电路,由于隔直电容的存在,可使暗电流隔断,消除温度影响。

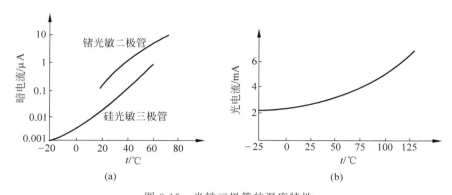

图 8-15　光敏三极管的温度特性
(a) 暗电流的温度特性;(b) 光电流的温度特性

6. 光电流-温度特性

图 8-15(b)所示为光敏三极管的光电流-温度特性曲线。在一定温度范围内,温度变化对光电流的影响较小,其光电流主要是由光照强度决定的。

8.4.3　光敏晶体电路的分析方法

光敏晶体管的原理和伏安特性与一般晶体管类似,其差别仅在于前者由光照度或光通量控制光电流,后者则由基极电流 I_b 控制集电极电流。因此,其分析计算方法可仿照共射极晶体管放大器进行。

【例 8-1】　光敏二极管 GG 的连接和伏安特性如图 8-16(a)和(b)所示。若光敏二极管上的照度发生变化,$L = (100 + 100\sin\omega t)$ lx,为使光敏二极管上有 10V 的电压变化,求所需的负载电阻 R_L 和电源电压 E,并绘出电流和电压的变化曲线。

解:与晶体管的图解法类似,找出照度为 200lx 这条伏安特性曲线上的弯曲处 a 点,它在电压 U 轴(x 轴)上的投影 c 点设为 2V。因为照度变至零时电压改变 10V,所以电源电压

$$E = (2 + 10)V = 12V$$

在电压 U 轴上找到 12V 对应的 b 点。连接 a、b 两点的直线即为所求负载线。由图 8-16 中可得 a 点的电流为 $10\mu A$,所需负载电阻

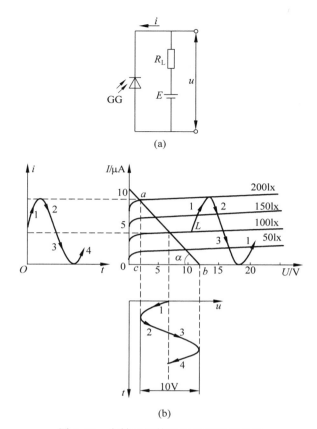

图 8-16　光敏二极管的连接和图解分析

$$R_L = \frac{1}{\tan\alpha} = \frac{bc}{ac} = \frac{12-2}{10 \times 10^{-6}}\Omega = 10^6\,\Omega$$

　　与晶体管放大器的图解法类似,当照度变化时其电流和电压的波形如图 8-16(b)所示。如果光敏二极管伏安特性的线性度较好,则电流和电压的交变分量亦作正弦变化。由上述图解法可知,加大负载电阻 R_L 和电源电压 E 可使输出的电压变化加大,但 R_L 增大使时间常数增大,响应速度降低,所以当照度的变化频率较高时,R_L 的选取要同时考虑输出电压和响应速度两个方面。

8.5　光电传感器的类型及应用

8.5.1　光电传感器的类型

　　光电传感器可用于测量多种非电量。根据光通量对光电元件的作用原理不同,制作的光学装置是多种多样的,按其输出量性质可分为两类。

　　第一类光电传感器测量系统是把被测量转换成连续变化的光电流,它与被测量间呈单值对应关系。一般有下列几种情形。

　　(1) 光辐射源本身是被测物,如图 8-17(a)所示,被测物发出的光通量射向光电元件。这种形式的光电传感器可用于光电比色高温计中,它的光通量和光谱的强度分布都是被测温度的函数。

　　(2) 恒光源是白炽灯(或其他任何光源),见图 8-17(b),光通量穿过被测物,部分被吸收后到达光电元件上。吸收量决定于被测物介质中被测的参数,例如,测量液体、气体的透明度、混浊度的光电比色计。

　　(3) 恒光源发出的光通量到被测物,见图 8-17(c),再从被测物表面反射后投射到光电元件上。被测物表面的反射条件决定于表面性质或状态,因此光电元件的输出信号是被测非电量的函数,例如,测量表面光洁度、粗糙度等仪器中的传感器等。

　　(4) 从恒光源发射到光电元件的光通量遇到被测物,被遮蔽了一部分,见图 8-17(d),由此改变了照射到光电元件上的光通量。在某些测量尺寸或振动等仪器中,常采用这种传感器。

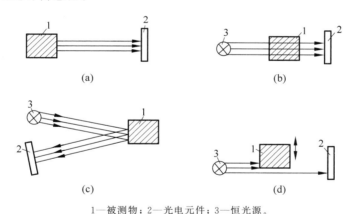

1—被测物;2—光电元件;3—恒光源。

图 8-17　光电元件的应用形式

(a) 被测物是光源;(b) 被测物能吸收光通量;(c) 被测物是有反射能力的表面;(d) 被测物遮蔽光通量

　　第二类光电传感器测量系统是把被测量转换成断续变化的光电流,系统输出为开关量的电信号。这一类传感器大多用在光电继电器式的检测装置中,如电子计算机的光电输入机及转速表的光电传感器等。

8.5.2　应用

　　光电传感器在自动检测仪表和自动控制系统中有着广泛的应用,这里仅就其在光电耦合器和光电转速传感器的转速检测中的应用加以介绍。

1. 光电耦合器

光电耦合器是由一发光元件和一光电元件同时封装在一个外壳内组合而成的转换元件。

1）光电耦合器的结构

光电耦合器的结构有金属密封型和塑料密封型两种。

金属密封型见图 8-18(a)，采用金属外壳和玻璃绝缘的结构，在其中部对接，采用环焊以保证发光二极管和光敏二极管对准，以此来提高其灵敏度。

塑料密封型见图 8-18(b)，采用双立直插式用塑料封装的结构。管心先装于管脚上，中间再用透明树脂固定，具有集光作用，故此种结构灵敏度较高。

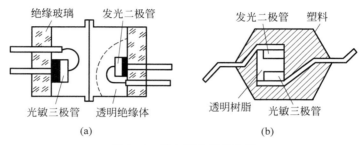

图 8-18　光电耦合器结构图

(a) 金属密封型；(b) 塑料密封型

2）砷化镓发光二极管

光电耦合器中的发光元件采用砷化镓发光二极管，它是一种半导体发光器件。和普通二极管一样，其管芯由一个 PN 结组成，也具有单向导电的特性。当给 PN 结加上正向电压后，空间电荷区势垒下降，引起载流子的注入，P 区的空穴注入 N 区，注入的电子和空穴相遇而产生复合，释放出能量。对于发光二极管来说，复合时放出的能量大部分以光的形式出现。此光为单色光，砷化镓发光二极管产生的光波波长为 $94\mu m$ 左右。随着正向电压的提高，正向电流增加，发光二极管产生的光通量亦增加，其最大值受发光二极管最大允许电流的限制。

3）光电耦合器的组合形式

光电耦合器的组合形式有四种，如图 8-19 所示。

图 8-19(a)所示的形式结构简单、成本低，通常用于 $50\,kHz$ 以下工作频率的装置内。

图 8-19(b)所示为采用高速开关管构成的高速光电耦合器，适用于较高频率的装置中。

图 8-19(c)的组合形式采用了放大三极管构成的高传输效率的光电耦合器，适用于直接驱动和较低频率的装置中。

图 8-19(d)所示为采用固体功能器件构成的高速、高传输效率的光电耦合器。

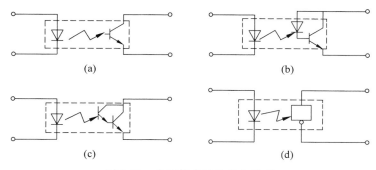

图 8-19　光电耦合器的组合形式

近年来,也有的将发光元件和光敏元件做在同一个半导体基片上,以构成全集成化的光电耦合器。

无论哪一种组合形式,都要使发光元件与光敏元件在波长上得到最佳匹配,以保证其灵敏度为最高。

4)光电耦合器的特性曲线

光电耦合器的特性曲线是由输入发光元件和输出光电元件的特性曲线合成的。作为输入元件的砷化镓发光二极管与作为输出元件的硅光敏三极管合成的光电耦合器的特性曲线如图 8-20 所示。

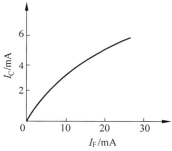

图 8-20　光电耦合器的特性曲线

光电耦合器的输入量是直流电流 I_F,输出量也是直流电流 I_C。从图中可以看出,该器件的直线性较差,但可采用反馈技术对其非线性失真进行校正。

2. 光电转速计

在被测转轴上装码盘或粘贴反光标记,如图 8-21 所示,光源经过光学系统将一束光照射到被测转轴的端面上,转轴每转一周,反射光投射到光电元件上的强弱发生一次改变,故光电元件可产生一脉冲信号,此信号经整形放大后送计数器计数,在计数器上直接显示转数,从而可得到转轴的转速。这里的光敏二极管也可采用光电池。光源一般为白炽灯泡。

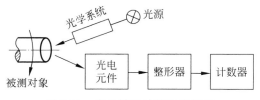

图 8-21　光电转速计的组成框图

图 8-22 所示为选用光敏二极管时的典型电路,其中包括一级整形电路。

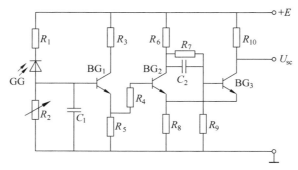

图 8-22　光敏二极管的整形放大电路

3. 火焰探测报警器

图 8-23 所示为以硫化铅光敏电阻为探测元件的火焰探测报警器电路图。硫化铅光敏电阻的暗电阻为 $1\text{M}\Omega$,亮电阻为 $0.2\text{M}\Omega$(光照度 0.01W/m^2 下测试),峰值响应波长为 $2.2\mu\text{m}$。硫化铅光敏电阻处于 V_1 管组成的恒压偏置电路中,其偏置电压约为 6V,电流约为 $6\mu\text{A}$。V_2 管集电极电阻两端并联 $68\mu\text{F}$ 的电容,可以抑制 100Hz 以上的高频,使其成为频率只有几十赫兹的窄带放大器。V_2、V_3 构成二级负反馈互补放大器,火焰的闪动信号经二级放大后送到中心控制站进行报警处理。采用恒压偏置电路是为了在更换光敏电阻或长时间使用后,器件阻值的变化不至于影响输出信号的幅度,以保证火焰探测报警器能长期稳定地工作。

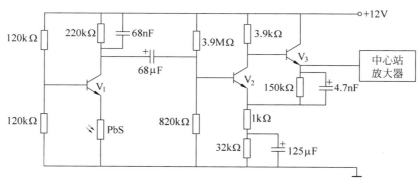

图 8-23　火焰探测报警器电路图

8.6　光纤传感器

光纤传感器是 20 世纪 70 年代中期发展起来的一种新型传感器,是光纤和光通信技术迅速发展的产物,与以电为基础的传感器相比有本质的区别。光纤传感器用光而不用电来作为敏感信息的载体;用光纤而不用导线来作为传递敏感信息的媒质。因此,它同时具有光纤及光学测量的一些极其宝贵的特点。

(1) 电绝缘。因为光纤本身是电介质,而且敏感元件也可用电介质材料制作,因此光纤传感器具有良好的电绝缘性,特别适用于高压供电系统及大容量电机的测试。

(2) 抗电磁干扰。这是光纤传感器极其独特的性能特征,因此光纤传感器特别适用于高压大电流、强磁场噪声、强辐射等恶劣环境中,能解决许多传统传感器无法解决的问题。

(3) 非侵入性。由于传感头可做成电绝缘的,而且其体积可以做得很小(最小可做到只稍大于光纤的芯径),因此,它不仅对电磁场是非侵入式的,而且对速度场也是非侵入式的,故对被测场不产生干扰。这对于弱电磁场及小管道内流速、流量等的监测特别具有实用价值。

(4) 高灵敏度。高灵敏度是光学测量的优点之一。利用光作为信息载体的光纤传感器的灵敏度很高,它是某些精密测量与控制的必不可少的工具。

(5) 容易实现对被测信号的远距离监控。由于光纤的传输损耗很小(目前石英玻璃系光纤的最小光损耗可低至 0.16dB/km),因此光纤传感器技术与遥测技术相结合,很容易实现对被测场的远距离监控。这对于工业生产过程的自动控制以及对核辐射、易燃易爆气体和大气污染等进行监测尤为重要。

8.6.1　光导纤维导光的基本原理

光是一种电磁波,一般采用波动理论来分析导光的基本原理。然而根据光学理论中指出的:在尺寸远大于波长而折射率变化缓慢的空间,可以用"光线"即几何光学的方法来分析光波的传播现象,这对于光纤中的多模光纤是完全适用的。为此,我们采用几何光学的方法来分析。下面介绍几个名词。

(1) 光纤的模。在光纤内只能离散地传输某些以特定角度入射的光,通常把这样离散传输的光线组称为模。在光纤内只能传输一定数量的模。

(2) 多模光纤。纤芯直径在 $50\mu m$ 以上、纤芯和包层的折射率差在 1% 以上的光纤,能够传输几百个以上的模,称为多模光纤。

(3) 单模光纤。纤芯直径较细($2\sim12\mu m$)、折射率较小(通常小到 0.5%)的光纤,只能传输一个模,称为单模光纤。

1. 斯涅尔定理

斯涅尔定理(Snell's law)指出:当光由光密媒质(折射率大)出射至光疏媒质(折射率小)时发生折射,如图 8-24(a)所示,其折射角 θ_r 大于入射角 θ_i,即 $n_1 > n_2$ 时,$\theta_r > \theta_i$。

n_1、n_2、θ_r、θ_i 之间的数学关系为

$$n_1 \sin\theta_i = n_2 \sin\theta_r \tag{8-9}$$

由式(8-9)可以看出：入射角 θ_i 增大时，折射角 θ_r 也随之增大，且始终有 $\theta_r > \theta_i$。当 $\theta_r = 90°$ 时，θ_i 仍小于 $90°$，此时，出射光线沿界面传播，如图 8-24(b)所示，称为临界状态。这时有

$$\sin\theta_i = \sin90° = 1$$

$$\sin\theta_{i0} = \frac{n_2}{n_1}$$

$$\theta_{i0} = \arcsin\frac{n_2}{n_1} \tag{8-10}$$

式中，θ_{i0} 为临界角。

当 $\theta_i > \theta_{i0}$ 并继续增大时，$\theta_r > 90°$，这时便发生全反射现象，如图 8-24(c)所示，其出射光不再折射而全部反射回来。

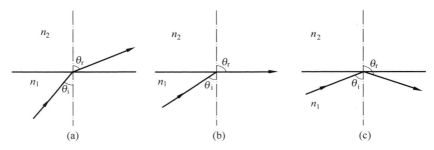

图 8-24　光在不同物质分界面的传播

(a) 光的折射示意图；(b) 临界状态示意图；(c) 光全反射示意图

2. 光纤结构

要分析光纤的导光原理，除了应用斯涅尔定理外，还需考虑光纤结构。光纤呈圆柱形，它通常由玻璃纤维芯(纤芯)和玻璃包皮(包层)两个同心圆柱的双层结构组成，如图 8-25 所示。

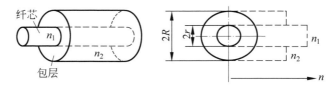

图 8-25　光纤结构示意图

纤芯位于光纤的中心部位，光主要在这里传输。纤芯折射率 n_1 比包层折射率 n_2 稍大些，两层之间形成良好的光学界面。光线在这个界面上反射传播。

3. 光纤导光原理及数值孔径 NA

由图 8-26 可以看出，入射光线 AB 与纤维轴线 OO 相交角为 θ_i，入射后折射(折射角为 θ_j)至纤芯与包层界面 C 点，与 C 点界面法线 DE 成 θ_k 角，并由界面折

射至包层，CK 与 DE 夹角为 θ_r。由图 8-26 可得

$$n_0 \sin\theta_i = n_1 \sin\theta_j \tag{8-11}$$

$$n_1 \sin\theta_k = n_2 \sin\theta_r \tag{8-12}$$

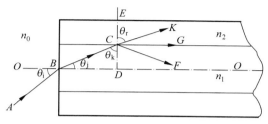

图 8-26　光纤导光原理示意图

由式(8-11)可推出

$$\sin\theta_i = \frac{n_1}{n_0}\sin\theta_j$$

因为 $\theta_j = 90° - \theta_k$，所以

$$\sin\theta_i = \frac{n_1}{n_0}\sin(90° - \theta_k)$$

$$= \frac{n_1}{n_0}\cos\theta_k = \frac{n_1}{n_0}\sqrt{1 - \sin^2\theta_k} \tag{8-13}$$

由式 (8-12) 可推出

$$\sin\theta_k = \frac{n_2}{n_1}\sin\theta_r$$

将其代入式(8-13)得

$$\sin\theta_i = \frac{n_1}{n_0}\sqrt{1 - \left(\frac{n_2}{n_1}\sin\theta_r\right)^2} = \frac{1}{n_0}\sqrt{n_1^2 - n_2^2 \sin^2\theta_r} \tag{8-14}$$

式(8-14)中，n_0 为入射光线 AB 所在空间的折射率，一般此空间中皆为空气，故 $n_0 \approx 1$；n_1 为纤芯折射率；n_2 为包层折射率。当 $n_0 = 1$ 时，由式(8-14)得

$$\sin\theta_i = \sqrt{n_1^2 - n_2^2 \sin^2\theta_r} \tag{8-15}$$

在 $\theta_r = 90°$ 的临界状态，$\theta_i = \theta_{i0}$，有

$$\sin\theta_{i0} = \sqrt{n_1^2 - n_2^2} \tag{8-16}$$

纤维光学中把式(8-16)中 $\sin\theta_{i0}$ 定义为"数值孔径"(numerical aperture, NA)。由于 n_1 与 n_2 相差较小，即 $n_1 + n_2 \approx 2n_1$，故式(8-16)又可因式分解为

$$\sin\theta_{i0} \approx n_1\sqrt{2\Delta} \tag{8-17}$$

式中，$\Delta = (n_1 - n_2)/n_1$，称为相对折射率差。

由式(8-15)及图 8-26 可以看出，$\theta_r = 90°$ 时，

$$\sin\theta_{i0} = \text{NA}, \quad \theta_{i0} = \arcsin \text{NA}$$

当 $\theta_r > 90°$ 时，光线发生全反射，由图 8-26 所示的夹角关系可以看出

$$\theta_i < \theta_{i0} = \arcsin NA$$

当 $\theta_r < 90°$ 时，式(8-15)成立，可以看出

$$\sin\theta_i > NA, \quad \theta_i > \arcsin NA$$

光线消失。

这说明 arcsin NA 是一个临界角，凡入射角 $\theta_i > \arcsin NA$ 的光线进入光纤后都不能传播而在包层消失；相反，只有入射角 $\theta_i < \arcsin NA$ 的光线才可以进入光纤被全反射传播。

8.6.2　光纤传感器及其应用

1. 光纤传感器结构原理

我们知道，以电为基础的传统传感器是一种把被测物理量转变为可测的电信号的装置，它由电源、敏感元件、信号接收和处理系统以及传输信息所用的金属导线组成，其测量原理如图 8-27 所示。光纤传感器则是一种把被测量的状态转变为可测的光信号的装置，由光发送器、敏感元件（光纤或非光纤的）、光接收器、信号处理系统以及光纤构成，如图 8-28 所示。由光发送器发出的光经源光纤引导至敏感元件。在这里，光的某一性质受到被测量的调制，已调光经接收光纤耦合到光接收器，使光信号变为电信号，最后经信号处理系统处理得到我们所期待的被测量。

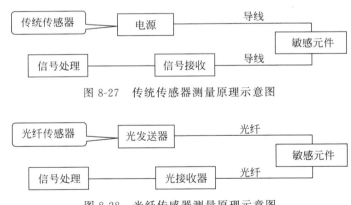

图 8-27　传统传感器测量原理示意图

图 8-28　光纤传感器测量原理示意图

由图 8-27、图 8-28 可见，光纤传感器与以电为基础的传统传感器相比较，在测量原理上有本质的区别。传统传感器是以机-电测量为基础，而光纤传感器则以光学测量为基础。下面简单地分析光纤传感器进行光学测量的基本原理。

从本质上来讲，光就是一种电磁波，其波长范围从极远红外线的 1mm 到极远紫外线的 10nm。电磁波的物理作用和生物化学作用主要因其中的电场而引起。因此，在讨论光敏测量时必须考虑光的电矢量 E 的振动。通常用下式表示：

$$E = A\sin(\omega t + \varphi)$$ (8-18)

式中,A 为电场 E 的振幅矢量;ω 为光波的振动频率;φ 为光相位;t 为光的传播时间。

由式(8-18)可见,只要使光的强度、偏振态(矢量 A 的方向)、频率和相位等参量之一随被测量状态的变化而变化,或者说受被测量调制,那么,就有可能通过对光的强度调制、偏振调制、频率调制或相位调制等进行解调,获得所需要的被测量的信息。

2. 光纤传感器的类型

光纤传感器是基于被测信号对在光导纤维及其组件中传输的可见光或红外线的调制作用来实现测量的,依其工作原理可大致分为以下两种类型。

1) 传感型

传感型光纤传感器又称功能型光纤传感器。它是以光纤本身作为敏感元件,使光纤兼有感受和传递被测信息的作用。对功能型光纤的要求是必须对于外界因素(如温度、压力、电场、磁场等)的作用敏感,在传输过程中又要保持光纤受感后所产生的特殊相位、波长及偏振态等特征。此类光纤传感器的特点是作为敏感元件的光纤长度可较长,检测灵敏度较高,但对所使用的光学部件要求较高,容易受到环境条件的干扰,在使用中必须十分注意。

2) 传光型

传光型光纤传感器又称非功能型光纤传感器。它是把由被测对象所调制的光信号输入光纤,通过在输出端进行光信号处理而进行测量的。在这种传感器中,光纤仅作为被调制光的传输线路使用。由于这种应用类型的传输功能和调制功能是分开的,所以结构简单、容易制作,可靠性高,应用领域宽,易于实用化。对于非功能型光纤的主要要求是必须具有较强的受光本领,以提高它与光敏探测元件之间的耦合效率。因此,通常采用数值孔径和纤芯直径较大的多模光纤。

光纤检测系统通常是由光纤波导、激光源、光电探测器及信号处理、显示、记录装置等组合而成的系统。它具有一系列特点:由于光纤体积小、重量轻、可塑性好,因此可以进入小孔和缝隙等难以探测到的地方进行小面积范围内的检测,而且对被测场的扰动很小;由于光纤的绝缘性能和耐热性能好,不受电磁干扰,因此适于在高温、高电压的场合及许多较恶劣的工业环境中使用;光纤传感器的灵敏度高,动态范围大,可实现远距离测量和控制,并可与计算机连接实现智能化。

3. 应用举例

1) 光纤温度传感器

利用光纤传感器测量温度有多种方案,既可采用传感型结构,也可采用传光型结构,光信号的调制方式也可以是光强、相位、波长和偏振调制等多种方式。

图 8-29 所示为应用半导体的光物理特性来测量温度的传光型光纤传感器的原理及结构。

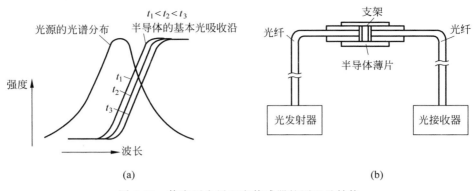

图 8-29　传光型光纤温度传感器的原理及结构

　　研究结果表明,大多数半导体材料具有陡急的基本光吸收沿,其对应波长 λ_0 随着温度的升高而向长波方向移动,如图 8-29(a)所示。凡是波长比 λ_0 短的光,几乎都被该半导体所吸收。因此,如果某半导体材料的 λ_0 包含在光源的发光光谱范围内,把该半导体与光源及光接收器用多模光纤连接起来,则透过半导体的光强将随着温度的升高而减少,根据光导纤维输出的光强度即可确定被测温度。图 8-29(b)示出了这种传感器的结构。由于这种传感器是把温度的变化转换成光强的变化来进行测量的,所以光导纤维的传输损耗和各种光连接器的损耗所引起的光强度变化是这种传感器的主要误差来源。目前已经制成的这种温度传感器测量范围在 $-30\sim300℃$,误差不超过 $\pm0.5℃$。

　　图 8-30(a)所示为光纤辐射温度计的结构图。光纤探头接收由被测物体温度决定的辐射能,并经光纤传输到检测器,由光电器件转换成电信号,再经电路转换、处理后显示出被测温度值。这种光纤辐射温度计与一般的辐射高温计相比,其明显的优点是测量探头可以不用水冷而靠近达 1000℃ 以上高温的被测物(最近可达 6cm),从而有利于克服环境的干扰,适于在恶劣的工作条件下应用。由于光纤直径细小且可弯曲性好,因此也可用于狭窄的或视场不好的场所。此外还可由多个探头借助于光扫描器进行转换,构成多点温度测量系统,如图 8-30(b)所示。这种温度测量装置的测量范围为 $80\sim1600℃$,测定误差可控制在测定值的 $\pm1.5\%$ 以内。

　　2) 光纤液位传感器

　　图 8-31 所示的光纤液位传感器是采用光强调制方式,基于光从光纤的内芯和包层漏出(即所谓光能损失)的原理工作的。它由敏感元件、信号传输光纤以及进行发光、受光和信号处理的装置构成。

　　所谓敏感元件,可以是一根环形光纤,如图 8-31(a)所示;也可以由两根光纤(一根输入,一根输出)与一个直角玻璃棱镜胶合在一起构成,如图 8-31(b)所示;

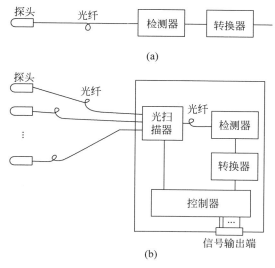

图 8-30　光纤辐射温度计的结构

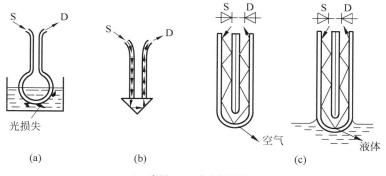

S—光源；D—光电探测器。

图 8-31　光纤液位传感器

或者采用图 8-31(c)所示的端部为球面的单光纤。由于敏感元件和信号传输部分都由玻璃光纤构成，因此在耐电磁感应噪声和绝缘性方面具有显著的特点。下面以图 8-31(c)为例，说明该传感器的检测原理。

　　由发光器件 S 射出的光线通过传输光纤被送到敏感元件的球面端部，有一部分透射出去，而其余的光被反射回来，并被光电探测器 D 接收。当敏感元件的端部与液体相接触时（与处于空气中相比），其球面端部的光透射系数增大（光损失增加），反射光强减少。因此，由光电探测器 D 接收到的反射光强的多少即可知道敏感元件是否与液体接触，由此可判定被测液位的高低。反射光强的大小取决于敏感元件（玻璃纤维或棱镜）的折射率和被测介质的折射率。被测介质的折射率越大，透射的光损失越大，反射光强则越小。

　　这种光纤液位传感器还可用于测量两种液体的界面。例如，当油和水分层存在时，由于两者的折射率相差较大，所以从敏感元件漏出的光能损失也相差较大，反射光强的多少也就相差比较明显。若传感器的敏感元件插在浮于水面的油层中，从敏感元件端部反射回来的反射光强就较小；若敏感元件继续向深处探测，当敏感元件的反射光强突然增大时，则表明敏感元件已接触到水面。由此可判定油与水的分界面位置。

　　此外，由于液体的浓度不同时，其折射率也不同，因此利用这种传感器还能根据反射光强来推定溶液的浓度。

第 8 章教学资源

超声波/激光/红外传感器

超声波是频率在人耳可听音频范围以上(约 20kHz 以上)的声波。超声波无损检测作为五大常规无损检测技术之一,由于具有穿透能力强、对人体无害,以及被测对象范围广、检测深度大、缺陷定位准确及成本低等诸多优点,因此广泛应用于工业及各种高技术产业中。

激光传感器是利用激光技术进行测量的传感器,它由激光器、激光检测器和测量电路组成。激光传感器是新型测量仪表,其优点是能实现无接触远距离测量,速度快,精度高,量程大,抗光、电干扰能力强等。

红外传感器,英文名称为 infrared sensor,是一种以红外线为介质来完成测量功能的传感器,具有响应速度快等诸多优点,现已在工农业、国防、科技等诸多领域广泛应用。

9.1 超声波传感器的工作原理

完成超声波检测,必须产生超声波和接收超声波,这就需要超声波传感器,习惯上也称为超声换能器,或者超声探头。超声波传感器主要有压电晶体(电致伸缩)及镍铁铝合金(磁致伸缩)两类。压电陶瓷超声波传感器目前已经发展较为成熟,它实际上是一种压电超声换能器。换能器就是将一种形式的能量转换成另一种形式能量的器件。

超声检测技术是利用超声波声场特性以及在媒质中的传播特性(如声速、衰减、反射、声阻抗等)来实现对非声学量(如密度、浓度、强度、弹性、硬度、黏度、温度、流速、流量、液位、厚度、缺陷等)的测定。超声波探测时,可以用连续波、调频波及脉冲波,而以脉冲波为主。

9.1.1 超声波的激发

超声波的激发是以逆压电效应为基础的。对压电晶体沿着电轴方向施加适当的交变信号,由于声场的作用,引起压电晶体内部正负电荷中心位移。这一极化位移使材料内部产生应力,导致压电晶体发生交替的压缩和拉伸,因而会产生振动,振动的频率和交变电压的频率相同。若把晶体耦合到弹性介质上,则晶体将产生一个超声波源,将超声波辐射到弹性介质中。晶体超声探头就是利用压电晶体的逆压电效应将脉冲电压转换成超声波脉冲,从而构成超声波源。

9.1.2 超声波的接收

超声波的接收是以正压电效应为基础的。压电晶体在外部拉力或压力的作用下将引起晶体内部原来重合的正负电荷中心发生相对位移,在相应表面上表现为符号相反的表面电荷,其电荷密度与应力成正比。由于超声波能够在压电晶体上产生一定大小的声压,从而在压电晶体两端产生正比于声压的电压信号。超声波能在超声探头上产生相应的脉冲电压信号。利用该原理可确定超声反射回波的大小,实现反射回波信号的采集。

9.1.3 超声波的特性

1. 声场特性

超声波所充满的空间称为超声场。与超声的波长相比,如果超声场很大,这时超声就像处在一种无限的介质中,声波自由地向外扩散。如果超声的波长与相邻介质的尺寸相近,则超声波受到界面限制不能自由地向外扩散。在研究超声场时,必须考虑介质界面的影响。超声波的声场特性,主要指超声场中的声压分布、声场的几何边界和指向性问题。

所谓声场指向性,是指超声波定向束射和传播的性质,也就是超声换能器晶片向一个方向集中辐射超声波束的性质。按换能器的互易性原理,同一个换能器用于接收时,具有同样的指向特性,它直接反映声场中声能集中的程度和几何边界。超声场的良好指向性是超声探伤的必要基础,通常用指向性系数或扩散角来表示。

声波为一点声源时,声波从声源向四面八方辐射,如果声源的尺寸比波长大,则声源集中成一波束,以某一角度扩散出去。在声源的中心轴线上声压最大,偏离中心轴线一角度时,声压减小,形成声波的主瓣(主波束),离声源近处声压交替出现最大点与最小点,形成声波的副瓣。图 9-1 给出了一个圆盘形声源超声换能器的声场指向性图。在 OA 方向辐射的能量最多,用长度为 Oa 的线段表示,并使 Oa 归一化为"1"。在 OB 和 OB' 方向,辐射的能量为 OA 方向的一半,通常称 OB 和 OB' 的夹角为半功率角,用 $\beta_{0.5}$ 表示。换能器波束角有时就定义为 $\beta_{0.5}$。有时也将主波瓣第一对零点的两条切线 OC 及 OC' 的夹角定义为波束角 β。

图 9-1 中换能器附近的副瓣是由于声波的干涉现象形成的。如果声源为圆板形,则半扩散角的大小可用下式表示:

$$\sin\theta = K\frac{\lambda}{D} \tag{9-1}$$

式中,λ 表示介质中声波的波长;D 表示声源直径;K 为一常数,其值取决于对扩散角的限制。

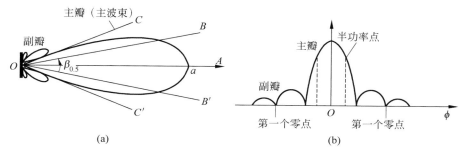

图 9-1　圆盘形声源声场指向性示意图

(a) 极坐标；(b) 直角坐标

扩散角的大小在实际检测中是有影响的,利用超声波探伤时,扩散角越小,声束越狭,方向性越好,可以提高对缺陷的分辨能力和准确地判断缺陷的位置。但有时探测形状复杂的试件时,却希望扩散角大一些,以便利用扩散声束来探测某一区域的缺陷。

2. 传播特性

1) 波形

超声波能够在任何弹性物体(包括液体、固体和气体)中传播,波的形式主要取决于介质的弹性。根据介质中质点的振动方向和声波的传播方向是否相同,超声波的波形可分为横波、纵波、表面波和兰姆波。

(1) 横波。质点振动方向与传播方向垂直的波称为横波,它只能在固体中传播。在纯粹横波中,介质中不会产生稠密和稀疏区域。

(2) 纵波。质点振动方向与传播方向一致的波称为纵波,它能在固体、液体和气体中传播。纵波在介质中传播时产生连续分布着的压缩和稀疏的区域。例如,驻波,在最大振幅点——波腹,我们将得到稠密区域;相应地在波节处得到稀疏区域。对于横波而言,在空间的任一点会交替地出现波腹和波节。

(3) 表面波。表面波又称瑞利波(Rayleigh 波),波的质点振动介于纵波与横波之间,沿表面传播,振幅随着深度的增加而迅速衰减。表面波只在固体表面传播。

(4) 兰姆波。考虑地球旋转运动,在静力平衡大气中可产生一种只沿水平方向传播的特殊声波,称为兰姆波。

2) 声速

超声波在介质中以一定的速度传播,声速 c、波长 λ 与频率 f 之间存在如下关系:

$$c = \frac{\lambda}{f} \tag{9-2}$$

纵波、横波和表面波的传播速度取决于介质的弹性常数和介质密度。通常可以认为横波声速约为纵波声速的一半,表面波声速约为横波声速的 90%。声速受温度的影响,在不同温度下声速值不同。下面以固体介质中声速的传播为例来说明超声波声速随温度变化的原因。

对于无限大固体弹性介质,纵波声速 C_L、横波声速 C_s 与介质的杨氏弹性模量 E 或剪切弹性模量 G、泊松比 σ、介质密度 ρ 有关,即

$$C_L = \sqrt{\frac{E}{\rho}} \sqrt{\frac{1-\sigma}{(1+\sigma)(1-2\sigma)}} \tag{9-3}$$

$$C_s = \sqrt{\frac{G}{\rho}} \sqrt{\frac{1}{2(1+\sigma)}} \tag{9-4}$$

弹性性能是金属的一个对成分组织不敏感的性质,力学性能较稳定,但当温度大于 50℃ 时,随温度升高,弹性模量减少,物质密度也随温度变化而变化,一般温度升高,物质密度减少。因此,随温度变化,弹性模量和物质密度发生变化,声速亦发生变化。

3. 反射和折射

如图 9-2 所示,当声波从一种介质($Z_1 = \rho_1 c_1$)传播到另一种介质($Z_1 = \rho_2 c_2$)时,在两种介质的分界面会发生反射和折射,并遵循斯涅尔(Snell)反射和折射定律。并且,声波透过界面时将发生折射和波形转换,其方向和强度也会发生变化,变化的大小决定于两种介质的声阻抗值和原波的入射方向。

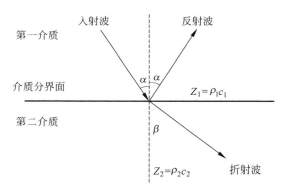

图 9-2　声波的反射和折射

4. 超声波的衰减

超声波在介质中传播时,随着传播距离的增加,能量将逐渐衰减(损失)。其影响因素有介质对声波的扩散、散射(或漫反射)及吸收。

扩散衰减是指声束在传播中波阵面不断扩大,声强也因之而减小。散射衰减是指超声波在介质中传播时遇到声阻抗不同的异质界面时产生的反射、折射和波形转换现象而引起的衰减,其快慢与扩散角的大小、超声波的频率、换能器的直径等有关。吸收衰减是指超声波在传播过程中部分声能转化为热能,导致声能的衰

减,吸收衰减与声波的频率成正比。散射衰减和吸收衰减与介质有关,是表征介质
声学特性的材质衰减。

声波在不同介质中的衰减,常用衰减系数 α 表示。例如在平面波的情况下,声
压和声强的衰减公式为

$$p = p_0 e^{-ax} \tag{9-5}$$

$$I = I_0 e^{-2ax} \tag{9-6}$$

式中,p、I 分别表示距离声源为 x 处的声压和声强;p_0、I_0 分别表示距离声源为
零处的声压和声强。

9.2　激光/红外传感器

激光传感器是利用激光技术进行测量的传感器,它由激光器、激光检测器和测
量电路组成。激光传感器是新型测量仪表,它的优点是能实现无接触远距离测量,
速度快,精度高,量程大,抗光、电干扰能力强等。

9.2.1　激光传感器的基本概念

激光是 20 世纪 60 年代出现的最重大的科学技术成就之一。它发展迅速,已
广泛应用于国防、生产、医学和非电测量等各方面。激光与普通光不同,需要用激
光器产生。激光器的工作物质在正常状态下,多数原子处于稳定的低能级 E_1,在
适当频率的外界光线的作用下,处于低能级的原子吸收光子能量受激发而跃迁到
高能级 E_2。光子能量 $E = E_2 - E_1 = h\nu$,式中 h 为普朗克常数,ν 为光子频率。反
之,在频率为 ν 的光的诱发下,处于能级 E_2 的原子会跃迁到低能级释放能量而发
光,称为受激辐射。激光器首先使工作物质的原子反常地多数处于高能级(即粒
子数反转分布),就能使受激辐射过程占优势,从而使频率为 ν 的诱发光得到增
强,并可通过平行的反射镜形成雪崩式的放大作用而产生强大的受激辐射光,简
称激光。

激光具有 3 个重要特性:

(1) 方向性(即高定向性,光速发散角小)。激光束在几千米外的扩展范围只
有几厘米;

(2) 高单色性。激光的频率宽度比普通光小 10 倍以上;

(3) 高亮度。利用激光束会聚最高可产生达几百万度的温度。

激光器按工作物质可分为以下 4 种:

(1) 固体激光器。它的工作物质是固体。常用的有红宝石激光器、掺钕的钇
铝石榴石激光器 (即 YAG 激光器)和钕玻璃激光器等。它们的结构大致相同,特
点是小而坚固、功率高。钕玻璃激光器是目前脉冲输出功率最高的器件,已达到数

十兆瓦。

(2) 气体激光器。它的工作物质为气体。现已有各种气体原子、离子、金属蒸气、气体分子激光器。常用的有二氧化碳激光器、氦氖激光器和一氧化碳激光器，其形状如普通放电管。特点是输出稳定、单色性好、寿命长，但功率较小，转换效率较低。

(3) 液体激光器。又可分为螯合物激光器、无机液体激光器和有机染料激光器，其中最重要的是有机染料激光器。它的最大特点是波长连续可调。

(4) 半导体激光器。它是较年轻的一种激光器，其中较成熟的是砷化镓激光器。特点是效率高、体积小、重量轻、结构简单，适宜于在飞机、军舰、坦克上使用以及步兵随身携带。可制成测距仪和瞄准器。但输出功率较小，定向性较差，受环境温度影响较大。

9.2.2　红外传感器的基本概念

红外传感系统是以红外线为介质的测量系统。红外技术发展到现在，已经为大家所熟知，在现代科技、国防和工农业等领域获得了广泛的应用。红外传感系统是用红外线为介质的测量系统，按照功能可以分成五类：

(1) 辐射计，用于辐射和光谱测量；

(2) 搜索和跟踪系统，用于搜索和跟踪红外目标，确定其空间位置并对它的运动进行跟踪；

(3) 热成像系统，可产生整个目标红外辐射的分布图像；

(4) 红外测距和通信系统；

(5) 混合系统，是以上各类系统中的两个或者多个的组合。

红外传感器根据探测机理可分为光子探测器(基于光电效应)和热探测器(基于热效应)。

红外辐射俗称红外线，是一种不可见光，由于它是位于可见光中红色光以外的光线，故称为红外线。红外线的波长范围在 $0.76 \sim 1000 \mu m$，在电磁波谱中的位置如图 9-3 所示。工程上又把红外线所占据的波段分为四部分，即近红外、中红外、远红外和极远红外。

红外辐射的物理本质是热辐射。一个炽热物体向外辐射的能量大部分是通过红外线辐射出来的。物体的温度越高，辐射出来的红外线越多，辐射的能量就越强。而且，红外线被物体吸收时，可以显著地转变为热能。

红外辐射和所有电磁波一样，是以波的形式在空间直线传播的。它在大气中传播时，大气层对不同波长的红外线存在不同的吸收带，红外线气体分析器就是利用该特性工作的，空气中对称的双原子气体，如 N_2、O_2、H_2 等不吸收红外线。而红外线在通过大气层时，有三个波段透过率高，分别是 $2 \sim 2.6 \mu m$、$3 \sim 5 \mu m$ 和 $8 \sim 14 \mu m$，统称它们为"大气窗口"。这三个波段对红外探测技术特别重要，因为红外

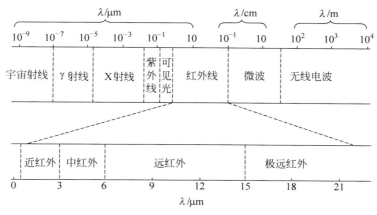

图 9-3 电磁波谱图

探测器一般都工作在这三个波段(大气窗口)之内。

红外传感器一般由光学系统、探测器、信号调理电路及显示系统等组成。红外探测器是红外传感器的核心。红外探测器的种类很多,常见的有两大类:热探测器和光子探测器。

热探测器是利用红外辐射的热效应,探测器的敏感元件吸收辐射能后引起温度升高,进而使有关物理参数发生相应变化,通过测量物理参数的变化,便可确定探测器所吸收的红外辐射。

与光子探测器相比,热探测器的探测率比光子探测器的峰值探测率低,响应时间长。但热探测器的主要优点是响应波段宽,响应范围可扩展到整个红外区域,可以在室温下工作,使用方便,应用相当广泛。

热探测器的主要类型有热释电型、热敏电阻型、热电偶型和气体型。其中,热释电探测器在热探测器中探测率最高,频率响应最宽,所以这种探测器备受重视,发展很快。这里主要介绍热释电探测器。

热释电红外探测器是由具有极化现象的热晶体或被称为"铁电体"的材料制作的。"铁电体"的极化强度(单位面积上的电荷)与温度有关。当红外辐射照射到已经极化的铁电体薄片表面上时,引起薄片温度升高,使其极化强度降低,表面电荷减少,这相当于释放一部分电荷,所以称之为热释电型传感器。如果将负载电阻与铁电体薄片相连,则负载电阻上便产生一个电信号输出。输出信号的强弱取决于薄片温度变化的快慢,从而反映出入射的红外辐射的强弱。热释电型红外传感器的电压响应率正比于入射光辐射率变化的速率。

光子探测器利用入射红外辐射的光子流与探测器材料中电子的相互作用,改变电子的能量状态,引起各种电学现象,这称为光子效应。通过测量材料电子性质的变化,可以知道红外辐射的强弱。利用光子效应制成的红外探测器统称为光子探测器。光子探测器有内光电探测器和外光电探测器两种,后者又分为光电导、光生伏特和光磁电探测器三种。光子探测器的主要特点是灵敏度高,响应速度快,具有较高的响应频率,但探测波段较窄,一般需在低温下工作。

9.3　超声波传感器的应用

随着压电陶瓷材料、超声全息、回波频谱分析、超声探头和大规模集成电路、计算机技术的迅速发展,超声无损检测的数字化、自动化、智能化和图像化成为研究热点。

9.3.1　超声波测距

超声波测距是一种有源非接触测距技术,它利用超声波在空气中的定向传播和固体反射特性,通过接收自身发射的超声波反射信号,根据超声波发出及回波接收时间差和传播速度,计算出传播距离,从而得到障碍物到测量平台的距离。由于超声波传感器具有成本低廉、采集信息速率快、距离分辨力高、质量轻、体积小和易于装卸等优点,并且超声波传感器在采集环境信息时不需要使用复杂的图像匹配技术,不需要通过大量的计算而获得距离数据,因此其测距速度快,实时性好。同时超声波传感器不易受到如天气条件、环境光照及障碍物阴影、表面粗糙度、裂缝等外界环境条件的影响。

由于超声波也是一种声波,其速度即声速 c 与温度有关,在使用时,如果温度变化不大,则可认为声速是基本不变的。如果测距精度要求很高,则应通过温度补偿的方法加以校正。声速确定后,只要测得超声波往返时间,即可求得距离。

目前常用的超声波测距方法有两种:连续波方法和脉冲回波法。连续波方法通过测量发射波和接收波之间的相移等方法来获取时间信息,脉冲回波法通过单片机或者 DSP(数字信号处理)的时间计数器或求相关函数最大值等方法来获取时间信息。

1. 连续波方法

测距系统通过相互独立的发射器和接收器来同时接收和发射信号,通过测量发射波和接收波之间的相移来获取时间的延时信息,其原理如图 9-4 所示。

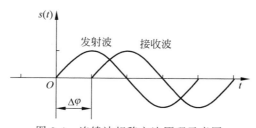

图 9-4　连续波相移方法原理示意图

设超声接收器与发射器之间的距离为 L ,则有

$$L = ct = \frac{\Delta\varphi c}{2\pi f}$$

(9-7)

式中, $\Delta\varphi$ 为发射信号与接收信号之间的相移; c 为声速; f 为超声波频率。

由图 9-4 可见,该方法的最大测量范围不能超过一个波长,否则将会产生相位混扰。例如,当超声波频率为 40kHz 时,最大测量范围仅约为 8.6mm。

连续波测量方法没有"死区"(传感器前的一段距离,在该范围内检测不到被测物)问题,并且测量精确度高。但它要求具有独立的超声波发射器和接收器,同时测量相位的硬件结构相对复杂。

2. 脉冲回波法

脉冲回波法通过测量超声波经反射到达接收传感器的时间和发射时间之差来实现测距,也叫渡越时间法。该方法简单实用,应用广泛,其原理如图 9-5 所示。首先由发射传感器向空气中发射超声波脉冲,声波脉冲遇到被测物体反射回来,由接收传感器检测回波信号。若测出第一个回波到达的时间与发射脉冲间的时间差 t ,即可算得传感器与反射点间的距离 s :

$$s = \frac{c}{2}t$$

(9-8)

式中, c 为材料中的声速; t 为声波的往返传播时间。

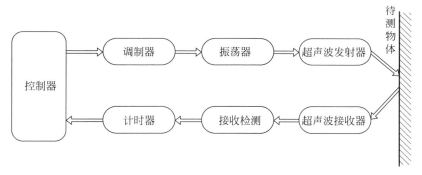

图 9-5　脉冲回波测距原理图

脉冲回波法仅需要一个超声波换能器来完成发射和接收功能,但同时收发同体的测量方式又导致了"死区"的存在。因此在监测快速变化的环境或者测量短距离时,需要有短时的尖脉冲。由于带宽有限,大部分常用的脉冲回波模式超声波测距系统不能测量小于几个厘米的范围。

9.3.2　超声波测流速

利用超声波测量流体的流速、流量是通过检测流体对超声束的影响来完成的。该技术可以用于液体、液固两相流和气体的测量,在医疗、海洋观测、河流特别是工

业管道的各种测试中有着广泛的应用。

超声波测流速及流量,按测量原理分类有传播速度差法、多普勒频移法、波束偏移法、相关法及噪声法等。下面介绍前三种。

1. 传播速度差法

传播速度差法是根据超声波信号顺流传播时间和逆流传播时间之差来计算流速的,进而可求得流量。时差法超声波流量计的基本原理如图 9-6 所示。

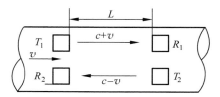

图 9-6　时差法超声波流量计的基本原理

取静止流体中的声速为 c,流体流速为 v,从上、下游两个作为发射器的超声换能器 T_1、T_2 发射两束超声波脉冲,各自到达下、上游作为接收器的两个超声换能器 R_1、R_2。

顺流(由 $T_1 \rightarrow R_1$)的传播时间为

$$t_1 = \frac{L}{c+v} \tag{9-9}$$

逆流(由 $T_2 \rightarrow R_2$)的传播时间为

$$t_2 = \frac{L}{c-v} \tag{9-10}$$

一般情况下,工业上多数流体的流速 v 不超过 10m/s,而被测流体中的声速 c 在 1000m/s 以上,因此可认为 $c^2 \gg v^2$。以上两式相减可得

$$\Delta t = t_2 - t_1 \approx 2L \frac{v}{c^2} \tag{9-11}$$

可见,只要测出时差 Δt,就可以求得流体速度 v。

2. 多普勒频移法

对于含有悬浮粒子或气泡的流体,可利用多普勒效应测量反射超声波信号的多普勒频移:

$$\Delta f = f_R - f_S = 2vf_S \sin\theta / c \tag{9-12}$$

式中,Δf 为多普勒频移;f_S 为发射信号频率;f_R 为接收信号频率;θ 为入射角(等于反射角);v 为流体流速;c 为超声波信号在流体中的传播速度。

由式(9-12)可求得流体流速

$$v = \frac{c \cdot \Delta f}{2f_S \sin\theta} \tag{9-13}$$

这一技术已在医疗仪器上得到了重要应用,多普勒血液流速计便是例证。在

工业计量测试领域,对于含泥沙的河水、下水道、排水管等含有较大颗粒的流体流量的测量也可采用这一方法。

3. 波束偏移法

波束偏移法是利用超声波束在垂直流体流动方向上入射时,流体流动会使超声波束产生偏移这一现象,以偏移量的大小来量度被测流体流速的。其工作原理如图 9-7 所示。

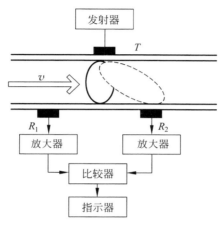

图 9-7 波束偏移法测流速原理图

管道一侧装有超声波发射换能器 T,另一侧安装有两个接收换能器 R_1、R_2,T 所发射的超声波垂直于流体流动方向。当流体静止或无流体时,超声波束如图 9-7 中实线所示,两个接收器收到的信号强度是相等的,指示器示值为零。当流体流动时,两个接收器所接收到的超声波强度不再相等,上游侧的接收器输出信号电压降低,下游侧的输出信号电压升高,两个电压之比与流速成线性关系。因此,测得两个接收波的电压幅值差,即可求得流体的流速。

9.3.3 超声波探伤

超声波探伤是利用声束的指向性对缺陷进行定位,利用超声波在异质界面的反射作用判断缺陷的存在,利用超声反射或穿透声压的大小来鉴别材料缺陷的大小,根据声束和声波在介质中传播至缺陷所需时间可测定探头到缺陷的声程。假如缺陷的尺寸小于波长的一半,由于超声波衍射作用而不产生明显的反射回波信号,从而无法显示缺陷,因此缺陷尺寸最小检测极限为 $\lambda/2$。为此,从这一角度讲,超声波探伤所用的频率应该越高越好(即波长越短越好)。但频率高的超声波在介质中传播衰减大。工业探伤用的超声波频率常在 $1\sim100\mathrm{MHz}$ 之间。

声波具有与光波相似的性质,因此可用于成像。声波可以穿透很多物体及生物体,声波在这些介质中传播时,如遇到内部缺陷或组织,由于它们的声学特性与周围介质不完全一样,声波就会被这些内部结构散射,产生回波信号,这些回波信号带有物体内部结构的声学特性信息。收集到这些回波信号后,经过一定程式的处理,可以将其转换为在显示器上人眼可见的结构图像,这就是声成像技术。超声成像是在超声频段的声成像技术。从 20 世纪 20 年代至今,已发展了多种超声成像方法。其中如 B 型扫描成像,已在临床医疗诊断中得到了广泛应用,通常称之为"B 超",这已是尽人皆知的一种常规检查手段。

参与声成像的声波可以是纵波、横波及表面波等不同类型的波。但是,一般应避免几种声波同时参与成像,以免造成叠影或伪像。脉冲声波和连续声波都可用于成像,由声波形成的图像称为声像。对于声像人眼不能直接感知,必须采用光学或电子学或其他方法将其转化为肉眼可见的图像或图形。这种肉眼可见的像称为声学像。

初期的超声成像仪都是模拟电路,20 世纪 70 年代开始采用数字扫描变换和微处理器等先进技术,使 B 超成像性能、图像处理功能大幅度提高,超声脉冲回波成像技术已日趋成熟。回波法成像可以采用 A 型显示和 B 型显示等,超声波束的方向和位置的改变可以用各种方法来实现,如可以用手动、机械扇扫、电子扇扫、电子线扫等各种方式。

尽管不同种扫描方式下的成像系统有不同的特点及具体结构,但采用脉冲回波技术的超声成像系统都具有如图 9-8 所示的基本结构电路。

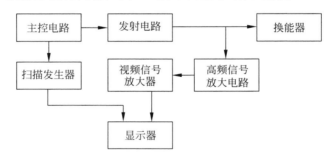

图 9-8　脉冲式回波成像系统基本结构框图

1. 只含一维信息的超声成像方式

A 型超声成像是最早出现的一维超声成像技术,是幅度调制方式,即它是将声束位置上的检测对象按距离分布的超声信息(背向散射信息和界面的反射波信息)在显示屏上以幅度(amplitude)调制方式显示出来,所以称为 A 型。

A 型图像中显示了回波的波形,横坐标代表超声传播时间,也就代表探测回波的不同深度;纵坐标代表回波幅值,也就是反射系数的大小。通过回波的分布、包络的宽度及幅值的大小,可以测定缺陷深度和大小。

2. 辉度二维成像方式

1) B 扫描技术

B 型超声成像技术是在 A 型超声成像技术的基础上发展起来的。它采用亮度

(brightness)调制方式,能将检测对象断层面上的超声信息以空间二维分布的形式显示出来。

B 型超声成像以辉度来表征回波的大小。正是由于用辉度取代了幅度,B 型超声成像可用一条线的不同辉度来表征 A 型的一系列回波及其幅值。因此采用扫描的方式获取组织内某一断面上多个扫描线上的回波并显示在对应的平面上,即组成了一幅组织内某处回波的二维图像。因此,B 型超声是一种二维超声成像技术。

2)C 扫描技术

超声波 C 扫描技术是将超声检测与微机控制和进行数据采集、存储、处理、图像显示集合在一起的技术。超声波 C 扫描系统使用计算机控制超声换能器(探头)放置在检测对象上纵横交替搜查,把在探伤距离特定范围内(指物体内部)的反射波强度作为辉度变化并连续显示出来,可以绘制出物件内部缺陷的横截面图形。这个横截面是与超声波声束垂直的,即工件内部缺陷横截面,在计算机显示器上的纵横坐标分别代表工作表面的纵横坐标,它们之间有一定的换算关系。超声波 C 扫描系统由机械传动机构、超声波 C 扫描控制器、超声波 C 扫描探伤仪以及微机系统四部分组成。

3. 脉冲回波成像系统性能分析

1)脉冲回波成像系统中的斑纹噪声

斑纹噪声的产生可以通过分立散射子模型很好地解释。所谓分立散射子模型,即假定传播媒质是均匀的,并含有大量随机分布的散射子,每个散射子可以有不同的尺度、形状和声学性质。斑纹噪声的随机特性可以在复平面内通过随机的走动来定性描述。假设分辨体积元内含有大量散射子,如图 9-9 所示,它们的散射波相位均匀地分布在 $[0,2\pi]$ 之间,$a_1,a_2,\cdots,$ $a_k,\cdots,a_n$ 分别是分辨体积元内各散射子散

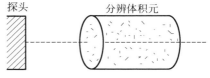

图 9-9　分辨体积元示意图

射波的贡献,而换能器所接收的回波声压是该分辨体积元内所有这些散射子背向散射的加权和,显然合成矢量 $\sum_{i=1}^{N} a_i$ 就是该分辨体积元内各散射子叠加的总结果。

图 9-10 所示为复平面内随机走动示意图,它的幅值即代表该分辨体积元对应像素点的亮度值。由于各分辨体积元内的散射子数目及各散射波抵达换能器表面的相位是随机的,因此,总的合成信号也是随机起伏的。叠加过程中相互增强的部分在图像上表现为亮点,相互减弱的部分则表现为暗点,这就形成了斑纹噪声。斑纹噪声实际上是一种随机相位叠加产生的噪声,有时也称作随机相位噪声。它的存在降低了成像系统的分辨率,所以希望加以减弱或消除。

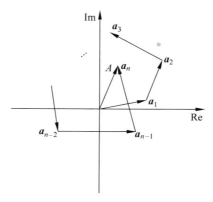

图 9-10　随机走动示意图

2）空间分辨率

超声成像系统的综合指标主要有声学像的分辨率、清晰度、信噪比和检测灵敏度等。其中,分辨率一般包括距离分辨率和方位分辨率,它们是衡量声成像系统优劣的最基本、最重要的指标。

距离分辨率 R_a 通常也称为纵向、轴向分辨率。根据经验,换能器的距离分辨率定义为可以被系统分辨的两点间的最小距离 ΔR。如果由较远点返回的脉冲回波前沿的到达时间迟于较近点返回的脉冲回波尾沿的到达时间,则在声呐回波的变化过程中可以将两点区别开。如果声波脉宽是 T,c 为检测物体中的声速,则两个可分辨点的最小距离为

$$R_a = \Delta R = cT/2 \tag{9-14}$$

R_a 即距离分辨率,它反映了超声波在其传播轴向上的识别能力。

对在同一距离、不同方向上的两个点目标的分辨率称为方位分辨率或角分辨率。成像系统的角分辨率或方位分辨率是由换能器的指向特性决定的。

如果有两个同样的点目标物 P_1 和 P_2,它们与换能器的距离相同,但角位置不同,相距为 $\Delta\varphi$。当换能器扫描搜索目标时,这两个目标的回波强度分布将如图 9-11 所示,图中表示了几种不同 $\Delta\varphi$ 的情况。

图 9-11(c)显示了换能器实际能分辨的极限,这里角分辨率即定义为 $\Delta\varphi = \frac{1}{2}\beta_0$。角分辨率还常常定义为换能器的半功率波束角,即 $\Delta\varphi = \beta_{0.5}$。这时,两个点目标的距离就定义为方位分辨率:

$$R_W \approx \Delta\varphi_R \tag{9-15}$$

换能器的指向性与其几何尺寸或孔径以及发射、接收的声波波长有关。一个孔径为 D 的换能器,工作波长为 λ,其半功率波束角为

$$\beta_{0.5} = 0.84\lambda/D, \quad \lambda/D \ll 1 \tag{9-16}$$

要提高声成像系统的方位分辨率,通常只有两条途径:①采用大孔径换能器;

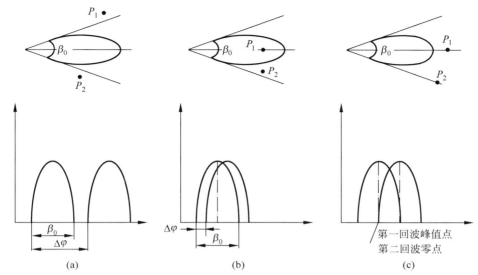

图 9-11　两个目标回波的强度分布和角分辨率

(a) $\Delta\varphi > \beta_0$；(b) $\Delta\varphi < \beta_0/2$；(c) $\Delta\varphi = \beta_0/2$

②应用高工作频率,以得到短波长声波。实际上,在很多固体介质或生物组织中,随着频率的升高,声波的传播损耗越来越大,穿透深度越来越小。这时,高方位分辨率和大的探测范围构成了一对矛盾的要求。此外,应用在界面形状复杂的固体或生物体的表面时,超声换能器的孔径也不能很大,这些都限制了超声成像系统分辨率的提高。即使如此,方位分辨率还与目标与换能器的距离有关,离得越远,方位分辨率越差。

4. 脉冲回波声成像系统性能的提高

脉冲回波声成像系统分辨率不高主要有以下几方面的原因:

(1) 系统或仪器本身的特性。具体地说,由于超声换能器具有一定的形状、尺寸和频响范围,因此发射的声波在时域上是一个具有某种形状且有一定持续时间的脉冲波,在空间上也具有一定的长度和宽度;另外,实际发射和接收电路的带宽也都是有限的,它抑制或平滑了回波信号中有用的高频信息。

(2) 由于超声在传播过程中的声衰减、声束扩散等因素的影响及传播媒质内大量随机相位的散射波在换能器表面叠加产生的随机相位噪声,其总的结果便使得一个点目标成像为一个不规则的斑点,从而降低了系统轴向和方位方向的分辨率。

针对以上两方面问题,近年来,人们一直都在致力于改善和提高脉冲回波声成像系统的空间分辨率的研究。其主要措施包括:动态多频率扫描、斑纹噪声的消除、寻求新的显像因素、对接收信号或超声图像的处理、超声数字声束形成技术和合成孔径技术等。

9.4   激光传感器的主要应用

利用激光的高方向性、高单色性和高亮度等特点可实现无接触远距离测量。激光传感器常用于长度、距离、振动、速度、方位等物理量的测量,还可用于探伤和大气污染物的监测等。

9.4.1   激光测长

精密测量长度是精密机械制造工业和光学加工工业的关键技术之一。现代长度计量多是利用光波的干涉现象来进行的,其精度主要取决于光的单色性的好坏。激光是目前最理想的单色光源,它比以往最好的单色光源(氪-86 灯)还纯 10 万倍。因此激光测长的量程大、精度高。由光学原理可知,单色光的最大可测长度 L 与波长 λ 和谱线宽度 δ 之间的关系是 $L = \lambda/\delta$。用氪-86 灯可测的最大长度为 38.5cm,对于较长物体就需分段测量而使精度降低。若用氦氖气体激光器,则最大可测几十千米。一般测量数米之内的长度,其精度可达 $0.1\mu m$。

9.4.2   激光测距

它的原理与无线电雷达相同,将激光对准目标发射出去后,测量它的往返时间,再乘以光速即得到往返距离。由于激光具有高方向性、高单色性和高功率等优点,这些对于测远距离、判定目标方位、提高接收系统的信噪比、保证测量精度等都是很关键的,因此激光测距仪日益受到重视。在激光测距仪基础上发展起来的激光雷达不仅能测距,而且还可以测目标方位、运动速度和加速度等,已成功地用于人造卫星的测距和跟踪。例如,采用红宝石激光器的激光雷达,测距范围为 500～2000km,误差仅几米。目前常采用红宝石激光器、钕玻璃激光器、二氧化碳激光器以及砷化镓激光器作为激光测距仪的光源。

9.4.3   激光测振

它基于多普勒原理测量物体的振动速度。多普勒原理是指:若波源或接收波的观察者相对于传播波的媒质运动,那么观察者所测到的频率不仅取决于波源发出的振动频率,还取决于波源或观察者的运动速度的大小和方向。所测频率与波源的频率之差称为多普勒频移。在振动方向与运动方向一致时多普勒频移 $f_d = v/\lambda$,式中 v 为振动速度,λ 为波长。在激光多普勒振动速度测量仪中,由于光往返的原因,$f_d = 2v/\lambda$。这种测振仪在测量时由光学部分将物体的振动转换为相应的多普勒频移,并由光检测器将此频移转换为电信号,再由电路部分作适当处理后送往多普勒信号处理器将多普勒频移信号变换为与振动速度相对应的电信号,最后记录于磁带。这种测振仪采用波长为 632.8nm 的氦氖激光器,用声光调制器进行光频调制,用石英晶体振荡器加功率放大电路作为声光调制器的驱动源,用光电倍增管进行光电检测,用频率跟踪器来处理多普勒信号。它的优点是使用方便,不需要固定参考系,不影响物体本身的振动,测量频率范围宽、精度高、动态范围大;缺点是测量过程受其他杂散光的影响较大。

9.5 红外传感器的主要应用

随着科学技术的不断发展以及新技术、新材料、新工艺和新器件的相继出现,人们对红外光学进行了深入研究、开发。为了实现自动化,节省人力,提高效率,增加设备功能,确保安全,保护环境,节省资源和能源,酷似人类眼睛的红外传感器担负着特别重要的角色。早在 1972 年时就已经有应用红外线遥控的电视机问世。

9.5.1 红外测温仪

红外测温仪是利用热辐射体在红外波段的辐射通量来测量温度的。当物体的温度低于 1000℃时,它向外辐射的不再是可见光而是红外光了,可用红外探测器检测温度。如采用分离出所需波段的滤光片,可使红外测温仪工作在任意红外波段。

图 9-12 所示为目前常见的红外测温仪框图,它是一个光、机、电一体化的红外测温系统。图中的光学系统是一个固定焦距的透射系统,滤光片一般采用只允许 $8\sim14\mu m$ 的红外辐射通过的材料。步进电机带动调制盘转动,将被测的红外辐射调制成交变的红外辐射线。红外探测器一般为(钽酸锂)热释电探测器,透镜的焦点落在其光敏面上。被测目标的红外辐射通过透镜聚焦在红外探测器上,红外探测器将红外辐射变换为电信号输出。

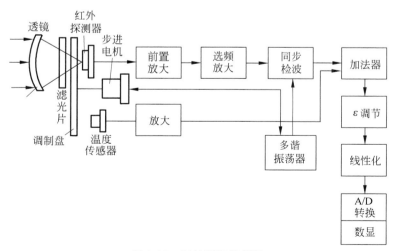

图 9-12 红外测温仪框图

红外测温仪电路比较复杂,包括前置放大、选频放大、温度补偿、线性化、发射率(ε)调节电路等。目前已发明一种带单片机的智能红外测温仪,利用单片机与软件的功能,大大简化了硬件电路,提高了仪表的稳定性、可靠性和准确性。

红外测温仪的光学系统可以是透射式,也可以是反射式。反射式光学系统多采用凹面玻璃反射镜,并在镜的表面镀金、铝、镍或铬等对红外辐射反射率很高的金属材料。

9.5.2　红外线气体分析仪

红外线气体分析仪是根据气体对红外线具有选择性吸收的特性来对气体成分进行分析的。不同气体的吸收波段(吸收带)不同。图 9-13 给出了几种气体对红外线的透射光谱,可以看出,CO 气体对波长为 $4.65\mu m$ 附近的红外线具有很强的吸收能力,CO_2 气体则在 $2.78\mu m$ 和 $4.26\mu m$ 附近以及波长大于 $13\mu m$ 的范围对红外线有较强的吸收能力。如分析 CO 气体,则可以利用 $4.26\mu m$ 附近的吸收波段进行分析。

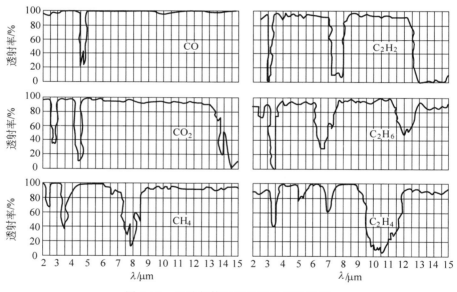

图 9-13　几种气体对红外线的透射光谱

图 9-14 所示为工业用红外线气体分析仪的结构原理图。它由红外线辐射光源、气室、红外探测器及电路等部分组成。

光源由镍铬丝通电加热发出 $3\sim10\mu m$ 的红外线,切光片将连续的红外线调制成脉冲状的红外线,以便于红外线探测器信号的检测。测量气室中通入被分析气体,参比气室中封入不吸收红外线的气体(如 N_2 等)。红外探测器是薄膜电容型,它有两个吸收气室,充以被测气体,当它吸收了红外辐射能量后,气体温度升高,导

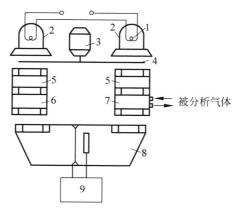

1—光源；2—抛物体反射镜；3—同步电动机；4—切光片；5—滤波气室；
6—参比气室；7—测量气室；8—红外探测器；9—放大器。

图 9-14　红外线气体分析仪结构原理图

致室内压力增大。测量时（如分析 CO 气体的含量），两束红外线经反射、切光后射入测量气室和参比气室。由于测量气室中含有一定量的 CO 气体，该气体对 $4.65\mu m$ 的红外线有较强的吸收能力，而参比气室中气体不吸收红外线，这样射入红外探测器两个吸收气室的红外线光形成能量差异，使两吸收室压力不同，测量边的压力减小，于是薄膜偏向定片方向，改变薄膜电容两电极间的距离，也就改变了电容 C。

　　被测气体的浓度越大，两束光强的差值也越大，则电容的变化也越大，因此电容变化量反映了被分析气体中被测气体的浓度。图 9-14 所示结构中还设置了滤波气室，是为了消除干扰气体对测量结果的影响。所谓干扰气体，是指与被测气体吸收红外线波段有部分重叠的气体，如 CO 气体和 CO_2 气体在 $4\sim5\mu m$ 波段内红外吸收光谱有部分重叠，则 CO_2 的存在对分析 CO 气体带来影响，这种影响称为干扰。为此，在测量边和参比边各设置了一个封有干扰气体的滤波气室，它能将 CO_2 气体对应的红外线吸收波段的能量全部吸收，因此左右两边吸收气室的红外线能量之差只与被测气体（如 CO）的浓度有关。

第 9 章教学资源

气体传感器

　　科学技术的发展改变了人们的生活方式,石油、天然气等化学燃料的大量使用在带给人们生活巨大便利的同时也引发了各种严峻的环境问题,气体传感器在检测环境问题的工作中具有重要意义,应用十分广泛。智能气体传感是一个跨学科领域,包括物理和化学材料科学、电子电路、统计学、化学计量学、通信网络和机器学习方法等。本章详细介绍了不同类型的气体传感器,包括它们的原理和应用,旨在为读者提供智能气体传感方面的基本理论和应用参考。最后,总结了智能气体传感面临的挑战,包括可重用性、电路集成和实时性等。

10.1　气体传感器概述

　　气体传感器是气体分析与检测系统的重要组成部分。气体传感器可简述为感知气体并确定其浓度的器件。该器件能够把气体的成分和气体的浓度等信息由非电量转换为电量,从而实现气体的测量。

　　考量气体传感器的主要指标有以下几个。

1. 稳定性

　　气体传感器的稳定性是指在整个工作时间内产生的响应的稳定性,它与零点漂移和区间漂移密切相关。这里的零点漂移是指在被测气体中不含有目标气体的情况下,在规定的时间内气体传感器输出的信号波动;而区间漂移则指在被测气体始终存在的情况下,传感器输出的信号波动。理想情况下,气体传感器每年的零点漂移不大于 10%。

2. 灵敏度

　　气体传感器的灵敏度通常指其输出变化量与被测输入变化量的比值,该指标取决于传感器原理及其内部结构。

　　这里要提到一种交叉灵敏度,它用于衡量在干扰气体被引入时,传感器的信号输出变化。这种灵敏度也被称为选择性。这项指标对于多种气体环境下的气体测量是一项重要指标,交叉灵敏度的存在会降低气体检测的可靠性。

3．抗腐蚀性

抗腐蚀性主要描述的是气体传感器在高体积分数的待测气体中长期暴露或是在某一气体组分骤然增加时,传感器能够承受的预期的气体体积分数,同时,在回到常规工况后,传感器仍然能回归到零点附近一定范围值的能力。

以上的传感器指标,基本依靠传感器自身材料的选择和制造工艺来保障。

气体传感器以气敏器件为核心组成,它在检测系统中的作用相当于人类的鼻子,它将气体种类、浓度等参量转化成电信号输出。对气体传感器的基本性能要求是:

(1) 有较好的选择性,不受其他气体干扰,能按要求检测出气体浓度;

(2) 可以重复多次使用,使用寿命较长和稳定性好;

(3) 能实现实时监测。

10.2　气体传感器分类

由于不同气体具有不同性质,为了能检测不同种类的气体,所需的气体传感器的种类也就比较多。按被测气体的性质分为:①检测氢气、一氧化碳、瓦斯、汽油挥发气等易燃易爆气体的传感器;②检测氯气、硫化氢、砷烷等有毒气体的传感器;③检测工业过程气体的传感器,如炼钢炉中的氧气、热处理炉中的二氧化碳;④检测甲醛、臭氧等大气污染的传感器。

根据气敏材料及作用效应可分为半导体气体传感器、电化学气体传感器、固体电解质气体传感器、光学气体传感器、催化燃烧式气体传感器等。

根据作用原理可将气体传感器分为:①电学类气体传感器,利用气敏材料的电学参量反映气体浓度的变化;②光学类气体传感器,利用气体的光学特性来检测气体成分和浓度;③高分子气敏材料气体传感器;④电化学类气体传感器。

此外,按传感器的输出可分为电阻式和非电阻式;按气体传感器的结构可分为干式和湿式。

在 20 世纪 80 年代早期,制造和使用了由许多具有不同灵敏度和选择性的材料制成的气体传感器阵列。然而,由于精度低和漂移现象的限制,气体传感器阵列技术直到近十年才成熟。本节介绍各种气敏材料,包括其原理、应用场景、优缺点和性能参数。

10.2.1　气敏材料及其传感器阵列

根据气体传感原理,基于电化学成分和其他原理,适合传感器阵列的气敏材料分为两种类型,如图 10-1 所示。

用作传感元件的常见材料有三种:金属氧化物半导体(MOS)、导电聚合物复

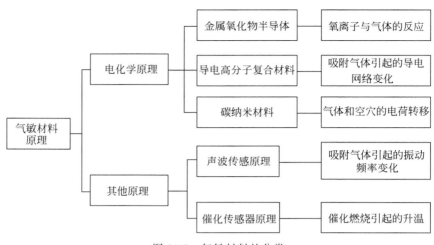

图 10-1　气敏材料的分类

合材料（CPCs）和碳纳米材料。

　　金属氧化物半导体常用 NiO、SnO_2、Fe_2O_3、ZnO 等作为传感器基体。金属氧化物半导体的主要挑战是传感操作的高温，这将导致温度漂移。目前使用的解决方案是通过纳米技术和复合材料来调整金属氧化物的结构。

　　导电聚合物复合材料（CPCs）是通过分散、混合作为基质的聚合物材料和作为填料的导电填料而制备的复合材料，包括聚苯胺（PANI）、聚吡咯（PPy）、聚噻吩（PTh）及其衍生物。其在室温和低温下工作良好。由于有机物的复杂性，氯化石蜡可以通过芳香亲电取代或亲核加成进行化学修饰，然后作为活性材料应用于电阻传感器。

　　碳纳米材料主要包括石墨烯和碳纳米管。作为二维纳米材料的典型代表，石墨烯具有原子大小的厚度，石墨烯的每个原子可以被认为是表面原子，因此，每个原子位点都可能参与气体相互作用，这导致其对甚至单个分子具有最低检测能力的高灵敏度传感器响应。通过功能化石墨烯获得的氧化石墨烯（GO）和还原氧化石墨烯（RGO）因其对不同种类气体的敏感性也越来越受到关注。

　　声波传感器（如石英晶体微量天平（QCM）和声表面波传感器）是一类对质量敏感的传感器，通过分析材料的频率变化和吸附材料的特性来测量气体特性。目标气体与传感器没有发生直接的物理或化学反应，QCM 和声表面波可以结合能够吸附目标气体的有机涂层，借助于其对频率变化的极端敏感性，实现机器嗅觉。

　　催化传感器广泛用于实时泄漏和在线管道检测，因为它们成本低，仅对可燃气体和蒸气敏感，体积小，重量轻。目标气体在催化剂上燃烧（最常见的类型是二氧化钛），并产生特定的燃烧焓，使低浓度分析物能够在短响应时间内被检测到。

　　表 10-1 总结了不同的气敏材料和方法。另外，还有一些基于不同性质的气体检测方法和仪器，如光学方法、超声波测量方法、气相色谱法、质谱法和光谱法。

表 10-1　传感器阵列用气敏材料综述

材　　料	优　　势	限 制 因 素	应　　用
氧化物半导体	(1) 尺寸小 (2) 成本低 (3) 响应时间短 (4) 寿命长 (5) 电路简单	(1) 特异性和选择性差 (2) 工作温度高 (3) 受湿度和中毒影响 (4) 高温下非线性 (5) 高能耗	几乎所有地区
导电聚合物复合材料	(1) 敏感性强 (2) 适合一般工作温度 (3) 强生物分子相互作用 (4) 适用于各种制备工艺	(1) 响应和恢复时间长 (2) 选择性低 (3) 成本高 (4) 易受湿度影响	(1) 生物传感器 (2) 疾病检测 (3) 食品质量检测 (4) 电镀材料
碳纳米材料	(1) 灵敏度高 (2) 吸附能力强 (3) 坚固轻便 (4) 稳定,适合混合其他材料 (5) 具有快速吸附能力	(1) 成本高 (2) 生产工艺复杂 (3) 标准不统一 (4) 机制复杂	(1) 环境监测 (2) 疾病检测 (3) 军事领域
声波传感器	(1) 灵敏度高,响应时间短 (2) 功耗低 (3) 适用于几乎所有气体 (4) 长期稳定性好	(1) 受温度和湿度影响 (2) 涂层工艺复杂 (3) 信噪比低	(1) 电子鼻 (2) 环境监测 (3) 食品质量检测
催化传感器	(1) 成本低 (2) 对湿度的敏感性低 (3) 重现性好	(1) 催化剂中毒 (2) 灵敏度低 (3) 选择性低	(1) 可燃气体检测 (2) 酒驾检测

　　此外,使用基于不同传感技术和不同传感材料的传感器阵列可以解决气体传感领域中的低精度和交叉选择性等挑战。主要原理是传感器阵列对不同气体产生不同的信号响应,形成独特的气体指纹。为了使气体指纹易于识别,传感器阵列中传感材料的选择变得至关重要。常用的方法是基于相同的基材混合或涂覆不同的材料,方便去除噪声。

10.2.2　半导体气体传感器

1. 半导体气体传感器的分类

　　半导体气体传感器利用气体在半导体表面的氧化还原反应以导致敏感元件组织发生变化而制成。按照半导体与气体的相互作用是在其表面还是在内部,可分为表面控制型和体控制型两种;按照半导体变化的物理性质,又可分为电阻型和非电阻型两种,如表 10-2 所示。电阻型半导体气体传感器利用半导体接触气体时阻值的改变检测气体的成分或浓度;非电阻型半导体气体传感器根据对气体的吸附反应,使半导体的某些特性发生变化实现气体直接或间接检测。

表 10-2　半导体气敏元件的主要类型

检测原理和现象		具有代表性的气敏元件与材料	检 测 气 体
电阻型	表面控制型	SnO_2、ZnO、WO_3、有机半导体等	可燃性气体、CO、NH_3、NO_2 等
	体控制型	CoC_3、TiO_2、CoO 等	可燃性气体、O_2、CO、氯气等
非电阻型	二极管整流作用	Pd/CdS、Pd/TiO_2、Au/TiO_2 等	H_2、CO、丙烷、丁烷
	FET 气敏元件、电容型	以 Pd、Pi 为栅极的 MOSFET，铝阳极氧化膜等	H_2S、NH_3、CO_2、H_2O

半导体气体传感器是最常见的气体传感器，广泛应用于家庭和工厂的可燃气体泄露检测装置，适用于甲烷、液化气、氢气等的检测。

2. 半导体气体传感器的检测原理

半导体气体传感器的检测原理如图 10-2 所示。在洁净的空气中，氧化锡表面吸附的氧会束缚氧化锡中的电子，造成电子难以流动。在泄漏的气体（还原性气体）环境中，表面的氧与还原气体反应后消失，氧化锡中的电子重获自由，受此影响，电子流动通畅。

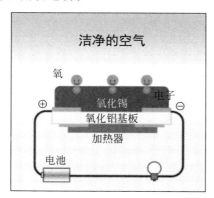
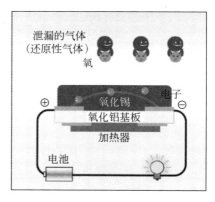
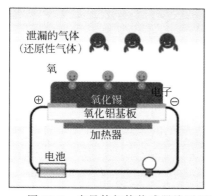
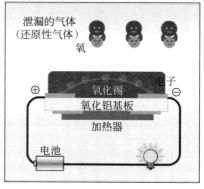

图 10-2　半导体气体传感器检测原理（费加罗传感科技（上海）有限公司）

当氧化锡粒子在数百度的温度下暴露在氧气中时,氧气捕捉粒子中的电子后,吸附于粒子表面。结果,在氧化锡粒子中形成电子耗尽层。由于气体传感器使用的氧化锡粒子一般都很小,因此在空气中整个粒子都将进入电子耗尽层的状态。这种状态称为容衰竭(volume depletion)。相反,把粒子中心部位未能达到耗尽层的状态称为域衰竭(regional depletion)。

使氧气分压从零开始按照小([O⁻](Ⅰ))→中([O⁻](Ⅱ))→大([O⁻](Ⅲ))的顺序上升时,能带结构与电子传导分布的变化如图 10-3 所示([O⁻]:吸附的氧气浓度)。在容衰竭状态下,电子耗尽层的厚度变化结束,产生费米能级转换 pkT,电子耗尽状态往前推进则 pkT 增大,后退则 pkT 缩小。

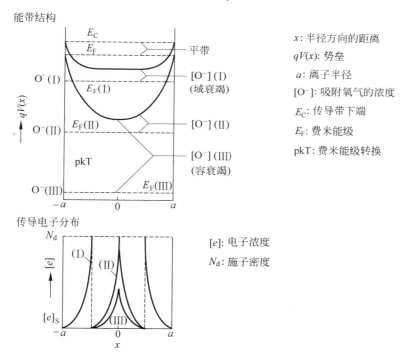

图 10-3　随着吸附的氧气浓度增加半导体粒子的耗尽状态在推进

容衰竭状态下,球状氧化锡粒子表面的电子浓度$[e]_S$可用施子密度 N_d、粒子半径 a 以及德拜长度 LD 通过下式表示:

$$[e]_S = N_d \exp\left[-\frac{1}{6}(a/LD)^2 - p\right] \tag{10-1}$$

如果 p 增大,则$[e]_S$减小;p 减小,则$[e]_S$增加。

由大小、施子密度相同的球状氧化锡粒子组成的传感器的电阻值 R,可使用平带(flat band)时的电阻值 R_0 通过下式表示:

$$R/R_0 = N_d/[e]_S \tag{10-2}$$

$[e]_S$减少,R_0 则将增大;$[e]_S$增大,R_0 则将缩小。

使用了氧化锡的半导体气体传感器,就是这样通过氧化锡粒子表面的[O⁻]的变化来体现电阻值 R 的变化。置于空气中被加热到数百度的氧化锡粒子,一旦暴露于一氧化碳这样的还原性气体中,其表面吸附的氧气就与气体发生反应,使[O⁻]减少,结果是$[e]_S$增大,R 缩小。消除还原性气体后,[O⁻]增大到暴露于气体前的浓度,R 也将恢复到暴露于气体前的大小。使用氧化锡的半导体气体传感器就是利用这种性能对气体进行检测的。

10.2.3 催化燃烧式气体传感器

催化燃烧式气体传感器是利用催化燃烧的热效应原理,由检测元件和补偿元件配对构成测量电桥,在一定温度条件下,可燃气体在检测元件载体表面及催化剂的作用下发生无焰燃烧,使载体温度升高,通过其内部的铂丝电阻也相应升高,从而使平衡电桥失去平衡,输出一个与可燃气体浓度成正比的电信号。通过测量铂丝的电阻变化的大小,就可以知道可燃性气体的浓度。

催化燃烧式气体传感器多用于多雨及高湿度地区、肮脏及粉尘的操作环境、可能存在多种可燃性气体的环境、非烷烃类可燃性气体必须被检测到的环境等。它可用于工业现场的天然气、液化气、煤气、烷类等可燃性气体的浓度检测,还可应用于可燃性气体泄漏报警器、可燃性气体探测器、气体浓度计等。

催化燃烧式气体传感器由与可燃气体进行反应的检测片(D)和不与可燃气体进行反应的补偿片(C)两个元件构成。如果存在可燃气体的话,只有检测片可以燃烧,因此检测片温度上升使检测片的电阻增加。

相反,因为补偿片不燃烧,其电阻不发生变化(图 10-4)。这些元件组成惠斯通电桥回路(图 10-5),在不存在可燃气体的氛围中,可以调整可变电阻(VR)使电桥回路处于平衡状态。当气体传感器暴露于可燃气体中时,只有检测片的电阻上升,因此电桥回路的平衡被打破,这个变化表现为不均衡电压(V_{out})而可以被检测出来。此不均衡电压与气体浓度之间存在图 10-6 所示的比例关系,因此可以通过测定电压而检出气体浓度。

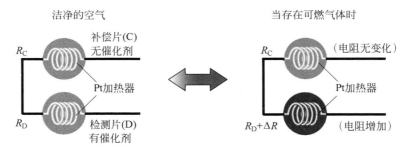

图 10-4　测定电路

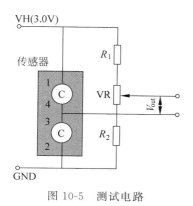

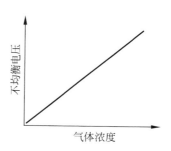

图 10-5　测试电路　　　　　图 10-6　气体浓度与不均匀电压的关系

10.2.4　电化学型气体传感器

1. 概述

电化学型气体传感器是指利用了电化学性质的气体传感器，是生产生活中较为常见的气体感知元件。其中，较为常见的是电化学型一氧化碳传感器，其工作原理可代表多数电化学气体传感器，即通过恒定电位作电化学性氧化还原这一方式，使得气体浓度数据可由电学方法检出(图 10-7)。电化学型气体传感器由工作电极与对电极组成，两组电极构成一个电极对，工作时发生放电的电化学反应，工作电极与对电极之间就会产生微弱电流。在其他参数固定的情况下，这个微弱电流值与气体浓度成正比。

电化学方法可以检出含氧元素的气体，如氧气、一氧化碳、二氧化硫等，并被制备成其他形式的传感器、检测器以及各类仪器，如火灾报警器、医学血氧量传感器等。

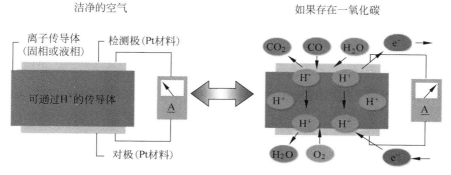

图 10-7　传感器元件构成与 CO 等气体检测原理

2. 传感器元件构成与电极反应式

传感器由来自贵金属催化剂的检测极、对极与离子传导体构成。当存在一氧

化碳等检测对象气体时,在检测极催化剂上与空气中的水蒸气发生如下反应:

$$CO + H_2O \longrightarrow CO_2 + 2H^+ + 2e^- \qquad (10\text{-}3)$$

检测极与对极接通电流(短路)后,检测极产生的质子(H^+)与同时产生的电子(e^-)分别通过离子传导体与外部电线(引线)各自到达对极,在对极上与空气中的氧之间发生反应:

$$\frac{1}{2}O_2 + 2H^+ + 2e^- \longrightarrow H_2O \qquad (10\text{-}4)$$

也就是说,此传感器构成了由反应式(10-3)、(10-4)形成的如下反应式的全电池反应:

$$CO + \frac{1}{2}O_2 + 2e^- \longrightarrow CO_2 \qquad (10\text{-}5)$$

可以认为是将气体作为活性物质的电池当作气体传感器使用时,接通检测极与对极的电流,来测定其短路电流。

通过传感器进行适当的扩散控制(控制气体的流入量),则流过外部电路的短路电流与气体浓度呈现出下式所示的比例关系,如图 10-8 所示。

$$I = F\frac{A}{\sigma}DCn \qquad (10\text{-}6)$$

式中,I 为短路电流;F 为气体流量;A 为扩散孔面积;σ 为扩散层长度;D 为气体扩散系数;C 为气体浓度;n 为反应的电子数量。

图 10-8　一氧化碳浓度与短路电流的关系

10.2.5　NDIR 气体传感器

1. 概述

非色散红外(non-dispersive infrared,NDIR)传感器是一种由红外光源(IR source)、光路(optics cell)、红外探测器(IR detector)、电路(electronics)和软件算法(algorithm)组成的光学气体传感器。它主要用于测定化合物,如 CH_4、CO_2、N_2O、CO、SO_2、NH_3、乙醇、苯等,其中包含绝大多数有机物(HC),包括挥发性有机化合物(VOC)。

NDIR 气体传感器用一个广谱的光源作为红外传感器的光源,因为并没有一个分光的光栅或棱镜将光进行分解,所以叫非色散红外。光线穿过光路中的被测气体,透过窄带滤波片,到达红外探测器。通过测量进入红外传感器的红外光的强度来判断被测气体的浓度。当环境中没有被测气体时,其强度是最强的,当有被测气体进入到气室之中时,被测气体吸收掉一部分红外光,这样,到达探测器的光强就减弱了。通过标定零点和测量点红外光吸收的程度和刻度化,仪器仪表就能够算出被测气体的浓度。

NDIR 气体传感器具有可进行实时检测、检测范围广、维护成本低和使用寿命长等优点,目前在煤矿安全、空气监测、环境控制等领域起到了非常重要的作用。

2. 工作原理

NDIR 气体传感器是通过由入射红外线引发对象气体的分子振动,利用其可吸收特定波长红外线的现象来进行气体检测的,如图 10-9 所示。红外线的透射率(透射光强度与源自辐射源的放射光强度之比)取决于对象气体的浓度。

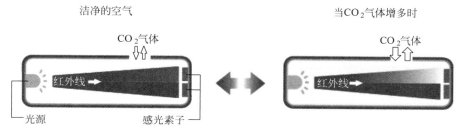

洁净的空气　　　　　　　　　　　　　　当 CO_2 气体增多时

图 10-9　NDIR 气体传感器的工作原理

传感器由红外线放射光源、感光素子、光学滤镜以及收纳它们的检测匣体、信号处理电路构成。单光源双波长型传感器中,在两个感光素子的前部分别设置了具有不同的透过波长范围阈值的光学滤镜,通过比较检测对象气体可吸收波长范围与不可吸收波长范围的透射量,就可以换算为相应的气体浓度。因此,双波长方式可实现长期而又稳定的检测。

检测原理:用中波段红外线照射气体后,由于气体分子的振动数与红外线的能级处于同一个光谱范畴,红外线与分子发生共振后,在分子振动时被气体分子所吸收。

气体浓度与红外线透射率的关系可通过下述朗伯-比尔定律进行说明。对于 NDIR 式气体传感器来说,对象气体的吸光度 ε 与光程 d 是不变的,在与成为对象的气体吸收能(波长)一致的光谱范畴,通过测定红外线的透射率 T,即可得到对象气体的浓度 c,公式为

$$T = I/I_0 = e^{-\varepsilon cd} \tag{10-7}$$

式中,T 为透射率;I 为透射光强度;I_0 为入射光强度;ε 为吸光度;c 为气体浓度;d 为光程。

来自放射源的入射光强度 I_0,通过使用不吸收红外线的零点气体校准后设定。吸光度 ε,利用已知浓度的对象气体进行校准后进行初始设定。

因为红外线是根据目标气体固有的红外能量(波长)被吸收的,所以气体选择性非常高成为其最大的特点。即使在高浓度的对象气体中长时间进行暴露,也从原理上避免了灵敏度的不可逆变化。

10.2.6　光学式气体传感器

利用气体的光学特性检测气体成分和浓度的传感器称为光学式气体传感器。根据具体的光学原理分为红外吸收式、可见光吸收光度式、光干涉式、化学发光式、试纸光电光度式、光离子化式、光纤化学材料式等。

基于红外线原理的气体传感器是最为常见的光吸收式气体传感器。这种传感器利用气体的特征红外吸收光谱来确定气体的组分和浓度。由于不同气体的特征红外吸收光谱存在差异性，且同一气体不同浓度下红外吸光度将随气体浓度的增加而成正比地上升，不同种类的气体具有各不相同的光谱吸收谱，非分散红外吸收光谱对硫化和碳化气体具有较高的灵敏度。另外紫外吸收、非分散紫外线吸收、相关分光、二次导数、自调制光吸收法对氮、硫化气体和烃类气体具有较高的灵敏度。红外气体传感器较为典型的应用就是20世纪70年代早期的多组分红外线气体检测器，该设备的广泛使用使得光学原理的气体检测在当时备受重视，从而促进了气体传感器的发展。

光学气体传感器不仅可用于各种气体的检测，还可以应用于石油成分和比例的分析、纺织产品的定量分析，并且在红外热成像、红外机械无损探测探伤、物体的识别，以及军事上的红外夜视、红外制导导航、红外隐身、红外遥测遥感等方面均取得了很好的效果。其中，光纤气体传感器以响应快、耐腐蚀、不受电磁干扰、可灵活复用等优势已在煤炭、化工、石油等部门中有了重要应用。

光纤具有体积小、频带宽、传输损耗低、抗电磁干扰性强和携带的信息量大等特点，由其构成的传感器具有抗电磁干扰、电绝缘、耐腐蚀、灵敏度高、便于复用、便于成网等诸多优点，已应用在社会生活的许多方面，例如，工业气体在线监测、有害气体分析、环境空气质量监测和爆炸气体检测以及对火山喷发气体的分析等。

光纤传感器的基本原理是将光源发出的光经光纤送入调制区，在调制区内，外界被测参量与进入调制区的光相互作用，使光的某些性质如光的强度、波长、频率、相位、偏振态等发生变化而成为信号光，再经光纤送入光探测器、解调器而获得被测参数，如图10-10所示。

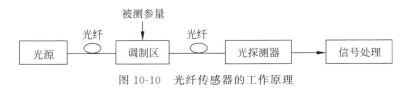

图 10-10　光纤传感器的工作原理

光纤气体传感技术是光纤传感技术的一个重要应用分支，主要基于与气体的物理或化学性质相关的光学现象或特性。近年来，它在环境监测、电力系统以及油田、矿井、辐射区的安全保护等方面的应用显示出其独特的优越性。目前，光纤气体传感器主要有光谱吸收型光纤气体传感器、荧光型光纤气体传感器、渐逝场型光纤气体传感器、折射率变化型光纤气体传感器等。

光谱吸收型光纤气体传感器是研究得最多并接近于实用化的一种气体传感器。光谱法通过检测样气透射光强或反射光强的变化来检测气体浓度。每种气体分子都有自己的吸收谱特征,光源的发射谱只有在与气体吸收谱重叠的部分产生吸收,吸收后的光强发生变化。根据比尔·朗伯定律,当波长为 λ 的单色光在充有待测气体的气室中传播距离 L 后,其通过传感器后的光强为

$$I(\lambda) = I_0(\lambda)\exp(\alpha_\lambda CL) \tag{10-8}$$

式中,$I_0(\lambda)$ 表示波长为 λ 的单色光透过不含待测气体的气室时的光强;C 为吸收气体的浓度;α_λ 为光通过介质的吸收系数。将上式进行整理得

$$C = \frac{\ln\dfrac{I_0}{I}}{\alpha_\lambda L} \tag{10-9}$$

通过检测通气前后光强的变化,就可以测出待测气体的浓度。

利用介质对光吸收而使光产生衰减这一特性制成的吸收型光纤气体传感器的原理如图 10-11 所示。光源发出的光由光纤送入气室,被气体吸收后,由出射光纤传至光电探测器,得到的信号光送入计算机进行信号处理,可得出气体浓度。

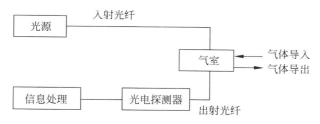

图 10-11　光纤气体传感器原理框图

光谱吸收型光纤气体传感器测量灵敏度高,抗干扰能力强,气体鉴别能力好,响应速度快,耐高温、耐潮湿,寿命长,易于集结成网,但仍存在理想的光源技术还未能突破、微弱信号检测设备复杂、成本较高等问题。

荧光型光纤气体传感器的原理是当光源发出一定波长的激光信号照射荧光材料时,荧光材料会发出特定波长的荧光,荧光与待测气体发生作用,气体分子使荧光强度或者寿命发生改变,通过测量荧光强度或者寿命的变化可以推算出待测气体的浓度。可用 Stern-Volmer 方程描述:

$$\frac{I_0}{I} = \frac{T_0}{T} + Kx(\text{air}) \tag{10-10}$$

式中,I_0、T_0 分别为不含待测气体时的荧光强度和寿命;I、T 分别为含待测气体时的荧光强度和寿命;$x(\text{air})$ 为待测气体的浓度;K 为常量。可以利用测得的荧光寿命或强度变化计算气体浓度值。

荧光型光纤气体传感器具有传感简单、抵抗干扰能力强、系统精度高、反应速

度快等突出优点。但是,由于对微弱信号检测系统的测量精度要求高、测量系统的成本昂贵,限制了它的广泛应用。

最近几年渐逝场型光纤气体传感器得到了广泛的关注和快速的发展,其原理为:光在光纤中传播不是发生全反射,而是在纤芯四周形成呈指数规律衰减的渐逝场,如果此时渐逝场周围存在被测气体,则光信号由于待测气体的吸收能量会减少,通过测量光强度的衰减可以得出气体的浓度信息。渐逝场型光纤气体传感器具有灵敏度高、能够实现分布式测量和交叉辨析、重复性比较好等优点,但存在易受环境温度、湿度和洁净程度影响,表面污染还不能很好地解决等问题。

10.3　气体传感器的应用

10.3.1　MQ-2 烟雾传感器

家用燃气是现代人们日常生活中必不可少的能源,配合相应的燃气灶具,成为家庭厨房烹饪设备的主要组成部分。燃气是易燃易爆的有毒气体,虽然现在家用燃气使用技术不断进步,但是仍会出现燃气泄漏的危险,这就需要使用气体传感器对用户家中的燃气浓度进行监测。

一般使用 MQ-2 和 MQ-5 这两种型号的气体传感器来检测家庭燃气浓度,它们都属于半导体气敏器件,将可燃气体转换成控制信号输出,用于家庭和工厂的气体泄漏检测装置,适宜于液化气、丁烷、丙烷、甲烷、烟雾等的探测,具有响应快速、使用寿命长、稳定性好等特点。MQ-2 烟雾传感器实物如图 10-12 所示。

MQ-2 烟雾传感器所使用的气敏材料是在清洁空气中电导率较低的二氧化锡(SnO_2)。当烟雾传感器所处环境中存在可燃气体时,烟雾传感器的电导率随空气中可燃气体浓度的增加而增大。使用简单的电路即可将电导率的变化转换为与该烟雾传感器气体浓度相对应的输出信号。其测试电路如图 10-13 所示,规格见表 10-3。

图 10-12　MQ-2 烟雾传感器

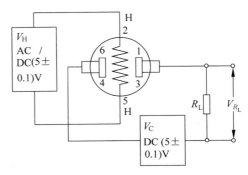

图 10-13　MQ-2 测试电路

MQ-2 气体烟雾传感器对液化气、丙烷、氢气的检测灵敏度高,对天然气和其他可燃蒸气的检测也很理想。这种气体传感器可检测多种可燃性气体,广泛用于家庭用气体泄漏报警器、工业用可燃气体报警器以及便携式气体检测仪器。

表 10-3 MQ-2 规格

产品型号		MQ-2
产品类型		半导体气敏元件
标准封装		胶木、金属罩
检测气体		可燃气体、烟雾
检测浓度		300~100ppm(可燃气体)
标准电路条件	回路电压,V_C	≤24V DC
	加热电压,V_H	(5.0±0.1)V AC/DC
	负载电压,R_L	可调
标准测试条件下气敏元件特性	加热电阻,R_H	(29±3)Ω(室温)
	加热功耗,P_H	≤950mW
	灵敏度,S	R_S(空气中)/R_S(2000ppm C_3H_8)≥5
	输出电压,V_S	2.5~4.0V(2000ppm C_3H_8 中)
	浓度斜率,α	≤0.6($R_{3000ppm/1000ppm}$ C_3H_8)
标准测试条件	温度、湿度	(20±2)℃;55%±5%RH
	标准测试电路	V_C:(5.0±0.1)V V_H:(5.0±0.1)V
	预热时间	不少于 48h
氧气含量		21%(不低于 18%,氧气浓度会影响传感器的初始值、灵敏度及重复性,在低氧气浓度下请咨询使用)
寿命		10 年

注:1ppm=10^{-6}。

10.3.2 TGS2602 气体传感器

TGS2602 气体传感器的敏感素子由集成的加热器以及在氧化铝基板上的金属氧化物半导体构成,其参数见表 10-4。如果空气中存在对象检测气体,该气体的浓度越高,传感器的电导率也会越高。仅用简单的电路,就可以将电导率的变化转换成与该气体浓度相对应的信号输出。其实物图与测试电路如图 10-14、图 10-15所示。

TGS2602 气体传感器对低浓度气味的气体具有很高的灵敏度,可以对办公室与家庭环境中的废弃物所产生的氨、硫化氢等气体进行检测。该传感器还对木材精加工与建材产品中的 VOC 挥发性气体如甲苯有很高的灵敏度。由于实现了小型化,加热器电流仅需 56mA,外壳采用标准的 TO-5 金属封装。

TGS2602 气体传感器的参数见表 10-4。

图 10-14　TGS2602 传感器

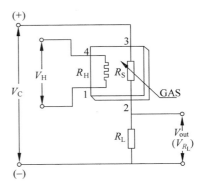

图 10-15　TGS2602 气体传感器测试电路

表 10-4　TGS2602 气体传感器参数

型号	TGS2602-B00	
检测原理	氧化物半导体式	
标准封装	TO-5 金属	
对象气体	空气中污染物(VOC、氨气、硫化氢等)	
检测范围	乙醇 1～30ppm	
标准电路条件	加热器电压,V_H	(5.0±0.2)V AC/DC	
	回路电压,V_C	(5.0±0.2)V DC	$Ps{\leqslant}15mW$
	负载电压,R_L	可变	0.45kΩ/min
标准试验条件下的电学特性	加热器电阻,R_H	室温约 59Ω(典型状态)	
	加热器电流,I_H	(56±5)mA	
	加热器功耗,P_H	280mW(典型状态)	
	传感器电阻,R_S	10～100kΩ(空气中)	
	灵敏度,α	0.08～0.5	$\dfrac{R_S(乙醇\ 10ppm)}{R_S(空气)}$
标准试验条件	试验气体条件	正常空气(20±2)℃;65%±5%RH	
	回路条件	V_C:(5.0±0.01)V V_H:(5.0±0.05)V	
	测试前预热条件	不少于 48h	

　　TGS2602 气体传感器的基本测试电路如图 10-15 所示,需要施加两个电压,即加热器电压 (V_H)与回路电压 (V_C)。当内置加热器被施加电压后,敏感素子被加热到检知主要对象气体所需的最佳动作温度。回路电压是为了测定与传感器串联在一起的负载电阻(R_L)两端电压(V_{R_L})而施加的。由于此传感器具有极性,施加回路电压应采用直流电。只要能满足传感器的电学特性要求,V_C 与 V_H 可以共用一个供电电路。对于负载电阻,为了使报警值水平最佳化,并使敏感素子最大功耗

（P_S）保持在极限值（15mW）以下，需要选定 R_L 的电阻值。当 R_L 暴露于气体中，其电阻值与 R_S 相等时，功耗值 P_S 最大。

10.3.3　定电位电解式气体传感器

烟气分析仪是对有害气体如二氧化硫、一氧化氮、二氧化氮、一氧化碳等排放以及气体的氧含量进行检测的仪器，用于燃油、燃气锅炉污染排放、烟道气及污染源附近的环境监测。气体传感器是烟气分析仪检测气体的核心。常用的气体传感器多为电化学传感器。

电化学气体传感器性能比较稳定，寿命较长，耗电很少，对气体的响应快，不受湿度影响，分辨力一般可以达到 $0.1\mu mol/mol$（随传感器不同有所不同），它的温度适应性比较宽，有时可以在 $-40\sim50$℃之间工作。但是它受温度变化的影响也比较大，所以很多仪器都有软硬件的温度补偿处理。

电化学式传感器还具有体积小、操作简单、携带方便、可用于现场监测及成本低等优点，所以在目前各类气体检测设备中，包括烟气分析仪，电化学气体传感器占有很重要的地位。

按照检测原理的不同，电化学气体传感器主要分为金属氧化物半导体式传感器、催化燃烧式传感器、定电位电解式气体传感器、迦伐尼电池式氧气传感器、红外式传感器、PID 光离子化传感器等。目前，烟气分析仪中使用较多的是定电位电解式气体传感器和迦伐尼电池式氧气传感器。

定电位电解式气体传感器通过使电极与电解质溶液的界面保持一定电位进行电解，通过改变其设定电位，有选择地使气体进行氧化或还原，从而能定量检测各种气体。

定电位电解式气体传感器的结构为：在一个塑料筒装池体内安装工作电极、对电极和参比电极，在电极之间充满电解液，用由多孔聚四氟乙烯做成的隔膜在顶部封装。前置放大器与传感器电极连接，在电极之间施加一定的电位，使传感器处于工作状态。气体在电解质内的工作电极发生氧化或还原反应，在对电极发生还原或氧化反应，电极的平衡电位发生变化，变化值与气体浓度成正比。

例如 ME3-CO 传感器（见图 10-16），一氧化碳和氧气分别在工作电极和对电极上发生相应的氧化还原反应并释放电荷形成电流，产生的电流大小与一氧化碳浓度成正比，通过测定电流的大小就可以确定待测气体的浓度，它广泛用于工业特别是民用领域的一氧化碳浓度检测。该传感器规格如表 10-5 所示，其测试电路如图 10-17 所示。

图 10-16　ME3-CO 传感器

表 10-5　ME3-CO 传感器规格

项　　目	参　　数
检测气体	一氧化碳（CO）
量程	0～1000ppm
最大测量限	2000ppm
灵敏度	$(0.070 \pm 0.015) \mu A/ppm$
分辨力	0.5ppm
响应时间（t_{90}）	＜20s
偏压	0mV
长负载电阻（推荐）	10Ω
重复性	＜2％输出值
输出线性	线性
稳定性（每月）	＜5％
零点漂移（−20～40℃）	10ppm
温度范围	−20～50℃
相对湿度范围	15％～90％
压力范围	标准大气压±10％
使用寿命	3 年（空气中）

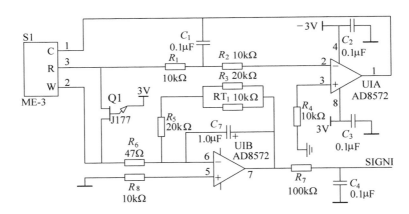

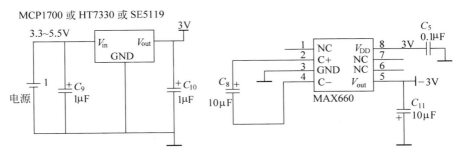

图 10-17　ME3-CO 传感器的测试电路

10.4　智能气体传感面临的挑战及其解决方案

智能气体传感的技术框架已经成熟,包括传感器阵列和模式识别技术。然而,应该注意的是,大多数智能气体传感技术仍在研究中,尚未得到广泛应用。目前,智能气体传感的发展还存在很多挑战。传感器重复性和大面积传感领域的问题还没有得到很好的解决。此外,如何保证建立的气体模型能够快速应用于不同的传感场景仍然是一个问题。在物联网场景中,弱计算能力终端快速处理大量传感器阵列数据是硬件和软件之间的另一个差距。

10.4.1　可重复性和可重用性

重复性是传感器性能的关键指标之一,包括稳定性基线、定期响应时间和定期恢复时间,它直接决定了传感器能否在实际环境中使用,而不是在实验室阶段使用。与使用单个传感器相比,传感器阵列的可重复性较差,因为阵列中传感器的任何不同步都可能导致延迟和漂移问题。如图 10-18 所示,PANI、CNT、PANI/CNT 复合物的重复性不同步,采集时间不在 t_1、t_2、t_3 的公共部分会取不稳定数据。

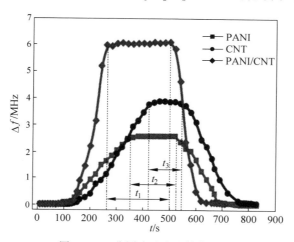

图 10-18　非同步响应和恢复曲线

纳米技术和生物技术通常用于材料层面,通过加快自恢复和提高传感原理的稳定性来解决统一的重复问题。此外,时频变换在解决信号延迟和漂移方面非常有用。Luna 等利用快速傅里叶变换以消除传感器阵列的延迟和基线漂移,并得到了良好的结果。Xing Yuxin 等开发了一种基于快速傅里叶变换的信号处理算法以保持传感器阵列的快速响应,响应时间从 10s 减少到 2s 或更少。

这里更多的讨论是关于可重用性的挑战,这是未来智能气体传感器的趋势。智能气体传感的可重用性是基于同一套传感系统,通过替换传感器类型和模式识别算法,识别不同应用场景下的多种气体。一方面受到气体传感器标准不同的限制;另一方面,模式识别技术需要基于特定训练数据的模型训练(即每次复用都需要复杂的数据校正和模型训练),因此智能感知的复用性仍然无法实现。

事实上,几乎不可能实现统一的气体传感器规格。一种首选的方法是模仿现场可编程门阵列(FPGA)来构建可编辑的智能气体传感器平台。A. AitSiAli 等进行过智能气体传感的可重用性研究,他们在 SOC 上集成多个传感器,包括内部制造的 4×4 SnO$_2$ 基传感器和 7 个商用 Figaro 传感器,并结合多种机器学习算法检测十多种气体,可以根据需要激活各种传感器。除统一平台之外,另一个有前途的方法是建立大规模开放气体数据集,这使数据科学家能够专注于开发更高效的气体传感算法而无须复杂的传感器制造和气体检测实验。比如 Liu Yingjie 等提出了一种新的数据处理方法,该方法使用基于哺乳动物嗅觉系统建模的生物启发神经网络,无须去噪、特征提取和简化等烦琐步骤即可自动学习特征。当生物测定学和计算神经科学充分发展后,智能传感器的可重用性将超过各种标准极限。

10.4.2　电路集成和小型化

电路集成是制造高能效、便携式、可穿戴气体传感系统的先决条件。这种气体检测系统必须是自动调节的,并且可以在没有任何实验室设备帮助的情况下运行。因此,气体传感系统包括特定的气体传感器、读出电路,其中读出电路包括高精度模/数转换器(ADC)的数据处理电路以及用于与微控制器单元(MCU)通信的接口电路,例如内部集成电路(IIC)、串行外围接口(SPI)等。图 10-19 示出了一个标准结构。

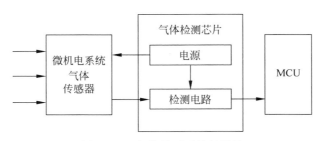

图 10-19　气体检测系统的结构

智能气体传感器电路集成的挑战包括:①减小传感器和电路的尺寸;②避免不同传感器之间气体传感原理的影响;③解决传感器之间电路中的信号传输冲突;④降低电路功耗。

对片上系统(system on chip,SOC)的研究通过高度集成电子元件为上述挑战提供了解决方案,如图 10-20 所示。

智能气体传感 SOC 由微机电系统(MEMS)气体传感器和互补金属氧化物半导体(CMOS)集成电路组成。

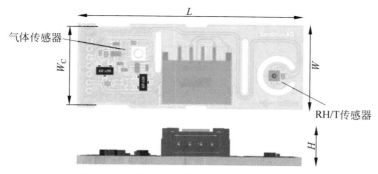

图 10-20　智能气体传感 SOC(片上系统)

J. Wang 等详细介绍了微机电系统气体传感器和集成电路的制作工艺,芯片尺寸仅为 1mm×1.5mm。虽然微机电系统气体传感器中没有耗电检测器,但加热元件成为功耗的限制因素。C. Seok 等使用电容式微机电系统超声波换能器(CMUT)来避免加热组件,并成功地将电路功耗降至微瓦(μW)水平。另外,智能气体传感器的潜在工作是检测电路的改进。最近的相关研究是由 M. Chen 等去掉了集成电路中的模/数转换器等模拟元件,而只需要一个环形振荡器来检测传感器的电阻变化。实验结果表明,该芯片的电阻测量范围为 $1\Omega\sim500M\Omega$,相当于 $145Hz\sim4.11MHz$ 的输出频率范围,能够显著满足微机电系统气体传感器的性能要求。电路集成和小型化还有很多工作要做,这需要材料、电子和其他领域人员的共同努力。

10.4.3　实时传感

火灾探测和工业生产迫切需要实时传感,以便及时发现问题并保护人员安全。例如,一个智能火灾探测器应该在烟雾爆发前做出反应,并对即将开始燃烧的物质发出警告。与便携式智能气体传感器不同,实时智能气体传感面临着计算时间和数据传输的挑战,需要从每个传感区域充分收集气体信息,并快速处理气体数据以分析结果。单个智能气体传感器(SOC)只能检测附近很小区域的气体,SOC 上的 MCU 没有足够的性能来支持快速的模式识别计算。因此,如何构建一个无线传感器网络(wireless sensor networks,WSN)来部署多个气体传感器并获得可靠的计算能力来训练模型是实时传感的关键。

一种解决方案是将数据发送到云服务器进行模型计算,这被称为集中式 WSN。F. Wang 等利用 WSN 建造基于声学传感的泄漏检测系统,如图 10-21 所示,上游和下游的远程终端单元(RTU)用全球定位系统(GPS)定时同步采样 4~20mA 信号,并采用码分多址(CDMA)将数据发送到计算服务器进行处理和计算。上述系统仅使用单跳结构的 WSN,在复杂环境下缺乏健壮性和普及性。

另一种解决方案是由 WSN 根据雾计算在本地部署多个弱计算节点,这可以

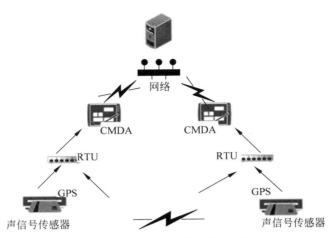

图 10-21　中央集权的 WSN 结构

节省能量和带宽消耗,并延长网络的寿命和增加其效用。F. Mahfouz 等提出了探测和估计无线传感器网络中多种气体源参数的复杂框架。如图 10-22 所示,传感区域被分成一些不同的簇,以消除传输损伤和网络故障。每个集群由一个集群头(如图 10-22 中的正方形)管理,它是一个智能中央处理器(CPU),负责处理(收集和同步)数据、执行计算、与集群中的传感器(如图 10-22 中的点)交换信息以及与其他集群头通信。

对于实时智能气体传感,需要进一步研究来优化传感器部署位置和降低无线传感器网络中的通信功耗,以确保准确、长期和实时的传感。

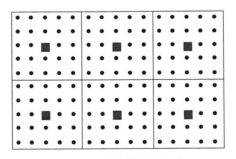

图 10-22　基于雾计算的分布式 WSN

第 10 章教学资源

视觉传感器

视觉是人类获取信息最主要的途径,视觉感知是人类最复杂的感知过程之一。视觉检测技术综合应用了图像处理与分析、模式识别、人工智能、精密仪器等技术的非接触式检测方法,是一种利用计算机视觉系统来代替人工视觉进行检测的新兴技术。视觉传感器,也称智能相机,是一种兼具图像采集、图像处理、信息传递和I/O控制功能的小型机器视觉系统。

11.1　视觉检测技术

11.1.1　机器视觉的发展

机器视觉是用机器模拟生物微观和宏观视觉功能的科学和技术。它通过获取图像、创建或恢复现实世界模型,从而实现对现实客观世界的观察、分析、判断与决策。机器视觉系统使用光学的非接触式传感设备,自动获取现实中机器或过程等目标物体的一幅或多幅图像,对所获取图像进行处理、分析和测量,取得机器或过程的信息,做出决策对机器或过程加以控制。

机器视觉从 20 世纪 60 年代开始首先处理多面体组成的积木问题,后来发展为处理桌子、椅子等室内景物,进而处理室外的现实世界。进入 20 世纪 70 年代后,一些实用性视觉系统开始出现。视觉检测技术正是在这一时代发展起来的。经过数十年的发展,自动视觉检测技术正逐渐进入到人类生产和生活的各个领域。

11.1.2　视觉检测的应用分类

视觉检测技术根据对象的空间维数特征,可以分为二维视觉检测和三维视觉检测,在三维视觉中,根据视点数目又可以分为单目视觉、双目视觉等;根据系统是否发射光线,分为有源和无源视觉方法;根据辨识原理的不同,可以分为基于区域、基于特征、基于模型、基于规则的视觉方法;根据处理的图像数据,可以分为二值、灰度、彩色等。但就检测性质和应用范围而言,自动视觉检测可分为定量检测和定性检测两大类,如图 11-1 所示。

从组成结构来分,典型的视觉传感系统分为两大类:PC 式视觉系统和嵌入式

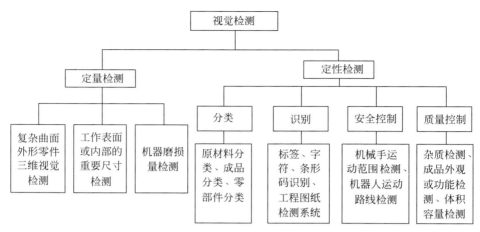

图 11-1　视觉检测应用分类

视觉系统。PC式视觉系统,亦称板卡式视觉系统(PC-based vision system),是一种基于通用计算机(PC)的视觉系统,其尺寸较大、结构复杂,开发周期较长,但可达到理想的精度及速度,能实现较为复杂的系统功能。嵌入式视觉系统,亦称智能相机(smart camera)或视觉传感器(vision sensor),具有易学、易用、易维护、易安装等特点,可在短期内构建起可靠而有效的机器视觉系统,从而极大地提高了应用系统的开发速度。

如图 11-2 所示,基于通用 PC 的视觉传感系统一般由光源、光学镜头、CCD 或 CMOS 相机、图像采集卡、图像处理软件以及一台 PC 机构成。PC 平台接收图像采集卡输出的图像,并进行图像处理、分析和识别,最后将判断结果发送给控制单元。通用处理器没有专用的硬件乘法器,故很难实现图像的实时性处理,图像采集和图像处理都消耗大量的系统资源,因此应当选用高性能的工控机作为 PC 平台,保证系统快速稳定地运行。

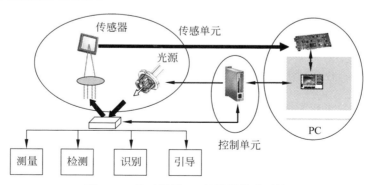

图 11-2　基于通用 PC 的视觉传感系统

11.1.3　视觉检测的特点

由于具有明确、特殊的工程应用背景,视觉传感与检测系统和普通计算机视觉、模式识别、数字图像处理系统等有着明显区别,其特点有:

（1）应用环境的特殊性。对于一个给定的系统,检测时的照明、位置、颜色、数量、背景等条件都需要反复调试。选择适合的工作条件会使得后续处理大为简化,有利于构成实际系统。

（2）检测目标的专用性。作为一个面向特定问题的系统,一般并不需要对目标物体进行三维重建,只需针对某个具体明确的目标（目的）,选择特定的算法和设备,做出决断。由于检测环境可选择,检测目标明确,视觉检测系统可以得到更多先验知识的指导。知识应用在系统的各个层面,这一点体现在算法的选择、目标特征的确定上,算法中的很多参数可以事先确定。

（3）检测系统的实用、经济和安全可靠性。视觉检测要求适应工业生产的恶劣环境,满足分辨力和处理速度两个条件的约束,性价比合理；要有通用的工业接口；能够由普通工作人员来操作；有较高的容错能力和安全性,不会破坏工业产品。

11.2　视觉传感器的硬件组成

视觉传感器将图像传感器、数字处理器、通信模块和 I/O 控制单元集成到一个单一的相机内,使相机能够完全替代传统的基于 PC 的计算机视觉系统,独立地完成预先设定的图像处理和分析任务。视觉传感器一般由图像采集单元、图像处理单元、图像处理软件、通信装置、I/O 接口等构成,如图 11-3 所示。

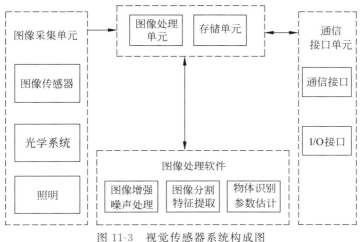

图 11-3　视觉传感器系统构成图

11.2.1 照明系统

照明系统的主要任务是以恰当的方式将光线投射到被测物体上,从而突出被测特征部分的对比度。照明系统的好坏直接关系到检测图像的质量,并决定后续检测的复杂度。好的照明系统设计能够改善整个系统的分辨力,简化软件运算,直接关系到整个系统的成败。不合适的照明系统,则会引起很多问题:曝光过度会溢出重要的信息;阴影会引起边缘的误检;信噪比的降低与不均匀的照明会导致图像分割中阈值选择困难。

1. 光源

在构建照明系统时,选择光源要考虑的因素很多,如光源的强度、偏振、均匀度、方向、寿命、稳定性、大小和形状等,除此之外,被测物体的光学特性(颜色、光滑度)、工作距离、物体大小、发光器件等都是选择光源时需要考虑的。

目前机器视觉系统使用的光源也有许多种。根据光源的发光器件进行分类,可以分为 LED、氙灯、卤素灯、荧光灯等。白炽灯、日光灯因不能长期稳定工作,一般不宜用于视觉传感系统。表 11-1 给出了按照发光器划分的几种光源的特性。

表 11-1　按发光器分类的光源

光　源	颜　色	寿命/h	亮度	功耗	稳定性	价格
卤素灯	白、黄	5000~7000	很亮	高	较差	便宜
荧光灯	白、绿	5000~7000	亮	较高	较好	较便宜
LED	白、红、黄、蓝等	3 万~10 万	较亮	低	好	便宜
氙灯	白、蓝	3000~7000	亮	高	好	较贵
电致发光管	由发光频率决定	5000~7000	较亮	低	较好	较便宜

LED 光源目前已成为构建视觉系统的首选光源,其效率高,发热少、功耗低,发光稳定,寿命长。红色 LED 的寿命可达 10 万 h,而其他颜色 LED 的寿命也可以达到 3 万 h 以上。同时,一个 LED 光源是由许多单个 LED 发光管组合而成的,因而与其他光源相比可做成更多的形状,更容易针对实际应用需要,设计光源的形状、尺寸以及投射方式(直接型、间接型、密集型等),如环形灯、穹形灯、同轴灯、条形灯等。

2. 照明方式

设计照明系统时,应该从如下几个方面进行考虑:①检测物体的特性;②检测任务的工作距离;③采用常明还是闪光;④视场大小;⑤安装环境;⑥电源的稳定性;⑦经济效益。

对于每种不同的检测对象,必须采用不同的照明方式才能突出其特征,有时可能需要采取几种方式的结合,而最佳的照明方法和光源的选择往往需要大量的试验才能得到。表 11-2 给出了不同照明方式的对比。

表 11-2 不同照明方式对比

照明方式	布光特点	示意图	优点	缺点	应用场合
逆光照明	光源置于检测对象的背面		能产生很强的对比度	物体表面特征可能会丢失	透明容器质量、液面高度检测等
连续漫反射照明	半球形柔光罩提供均匀照明		能产生较大范围的均匀照明,阴影小	体积较大、难以包装	不平整或弯曲的表面检测,如 PCB 电路板上的印刷字体或孔穴检测等
区域照明	相对于物体表面提供局部区域照明。视野内被光源照射的区域为亮域,照射不到的区域为暗域		能对检测对象的细微纹理及特征进行成像	对比度较弱,亮度较低	表面突起部分或纹理的检测
结构光照明	有方向性,投影在物体表面的有一定几何形状(如线形、圆形、正方形)		对比度高,检测面较大	体积较大	表面光滑度、平整度的检测,如钢板裂缝的检测
多轴照明	多个同轴光源进行组合,实现多重照明		根据不同特征对象提供不同的光比;光照十分均匀,能检测到细微的纹理变化	体积大、结构复杂,工作距离短	用于复杂的表面纹理检测和角度检测

11.2.2 光学镜头

镜头是视觉传感系统中的重要组件,对成像质量有着关键性的作用。镜头对成像质量的几个最主要指标,如分辨率、对比度、景深以及像差等都有重要影响。

1. 镜头的分类

根据焦距能否调节,镜头可分为定焦距镜头和变焦距镜头两大类。变焦距镜头在需要经常改变摄影视场的情况下非常方便,因此有着广泛的应用领域。但变焦距镜头的透镜片数多、结构复杂,所以最大相对孔径不能做得太大,设计中也难以针对不同焦段、各种调焦距离作像差校正,因此其成像质量无法和同档次的定焦距镜头相比。变焦距镜头最长焦距值和最短焦距值的比值称为该镜头的变焦倍率。变焦距镜头又可分为手动变焦和电动变焦两大类。

2. 镜头的选择方法

镜头的主要性能指标如下:

(1) 最大像场。摄影镜头安装在一个很大的伸缩暗箱前端,并在该暗箱后端装有一块很大的磨砂玻璃。当将镜头光圈开至最大,并对准无限远景物调焦时,在磨砂玻璃上呈现出的影像均位于一圆形面积内,而圆形外则漆黑,无影像。此有影像的圆形面积称为该镜头的最大像场。

(2) 清晰像场。在最大像场范围的中心部位,有一能使无限远处的景物呈现成清晰影像的区域,这个区域称为清晰像场。

(3) 有效像场。照相机或摄影机的靶面一般都位于清晰像场之内,这一限定范围称为有效像场。

在选取镜头时,一般从以下几个方面进行考虑:

(1) 相机 CCD 尺寸。视觉系统中所使用的摄像机的靶面尺寸有各种型号,不同的 CCD 尺寸对应不同的镜头视场,因此在选择镜头时一定要注意镜头的有效像场应该大于或等于摄像机的靶面尺寸,否则成像的边角部分会模糊甚至没有影像。

(2) 所需视场。不同的镜头其放大倍数、视野参数不同,因此,在选用光学镜头时,必须结合实际应用,考虑所需视场大小。

(3) 景深。有的检测过程中检测对象的位置可能发生变化,如果不考虑景深问题,将严重影响成像目标体积、结构的清晰度。

(4) 畸变。不恰当的镜头会导致所获取的图像发生畸变,必须根据实际应用来选择镜头。鱼眼镜头畸变严重,但视角大,因此很少应用于视觉检测,而多用于视觉监控。

镜头的选取必须考虑检测精度、范围、摄像机型号等因素,必须经过大量有效的实验与数据计算分析才能确定。

3. 特殊镜头

针对一些特殊的应用要求,在设计机器视觉系统时,还可以选择一些特殊的光学镜头来改善检测系统的性能。常用的特殊镜头有:

(1) 显微(micro)镜头。一般为成像比例大于 10∶1 的拍摄系统所用,但由于现在的摄像机的像元尺寸已经做到小于 $3\mu m$,所以一般成像比例大于 2∶1 时也会选用显微镜头。

（2）远心（tele-centric）镜头。主要是为纠正传统镜头的视差而特殊设计的镜头，它可以在一定的物距范围内，使得到的图像放大倍率不会随物距的变化而变化，这对被测物不在同一物面上的情况是非常重要的应用。

（3）紫外（ultraviolet）镜头和红外（infrared）镜头。由于同一光学系统对不同波长光线的折射率不同，导致同一点发出的不同波长的光成像时不能会聚成一点，产生色差。常用镜头的消色差设计也是针对可见光范围的，紫外镜头和红外镜头即是专门针对紫外线和红外线进行设计的镜头。

4. 接口

镜头与摄像机之间的接口有许多不同的类型，工业摄像机常用的包括 C 接口、CS 接口、F 接口、V 接口等。C 接口和 CS 接口是工业摄像机最常见的国际标准接口，为 1in-32UN 英制螺纹连接口，C 接口和 CS 接口的螺纹连接是一样的，区别在于 C 接口的后截距为 17.5mm，CS 接口的后截距为 12.5mm。所以 CS 接口的摄像机可以和 C 接口及 CS 接口的镜头连接使用，只是使用 C 接口镜头时需要加一个 5mm 的接圈，而 C 接口的摄像机不能用 CS 接口的镜头。

F 接口镜头是尼康镜头的接口标准，所以又称尼康口，也是工业摄像机中常用的类型。一般摄像机靶面大于 1in 时需用 F 接口的镜头。

V 接口镜头是著名的专业镜头品牌施奈德镜头主要使用的标准，一般也用于摄像机靶面较大或特殊用途的镜头。

11.2.3　摄像机

摄像机是机器视觉系统中的一个核心部件，其功能是将光信号转变成有序的电信号。摄像机以其小巧、可靠、清晰度高等特点在商用与工业领域都得到了广泛的使用。

1. 类型

目前使用的摄像机根据成像器件的不同可分为 CCD 摄像机和 CMOS 摄像机。1969 年美国贝尔实验室的 W. S. Boyle 和 G. E. Smith 发明了电荷耦合器件（charge couple device，CCD）。CCD 主要由一个类似马赛克的网格、聚光镜片以及垫于最底下的电子线路矩阵组成。CCD 具有灵敏度高、抗强光、畸变小、体积小、寿命长、抗振动等优点，已成为现代光电子学和测试技术中最活跃、最富有成果的领域之一。因此项成果，W. S. Boyle 和 G. E. Smith 获得了 2009 年诺贝尔物理学奖。互补性氧化金属半导体（CMOS）主要是利用硅和锗这两种元素做成的半导体。CMOS 上共存着 N（带负电）和 P（带正电）级的半导体，这两个互补效应所产生的电流即可被处理芯片记录和解读成影像。然而，由于 CMOS 在处理快速变化的影像时，电流变化过于频繁而产生过热现象，因此 CMOS 容易出现噪点。

摄像机按照其使用的器件可以分为线阵式和面阵式两大类。线阵摄像机一次只能获得图像的一行信息,被拍摄的物体必须以直线形式从摄像机前移过,才能获得完整的图像。线阵摄像机主要用于检测那些条状、筒状产品,如布匹、钢板、纸张等。面阵摄像机一次可获得整幅图像的信息。面阵式摄像机又可以按扫描方式分为隔行扫描摄像机和逐行扫描摄像机。

2. 摄像机的主要性能指标

(1) 分辨率(resolution):摄像机每次采集图像的像素点数(pixels)。对于数字摄像机,一般是直接与光电传感器的像元数对应的;对于模拟摄像机,则取决于视频制式,PAL 制为 768×576,NTSC 制为 640×480。

(2) 像素深度(pixel depth):即每像素数据的位数,一般常用的是 8b,此外还有 10b、12b 等。

(3) 最大帧率(frame rate)/行频(line rate):摄像机采集传输图像的速率。对于面阵摄像机,一般为每秒采集的帧数(frames/s);对于线阵摄像机,为每秒采集的行数(Hz)。

(4) 曝光方式(exposure)和快门速度(shutter):对于线阵摄像机都是逐行曝光的方式,可以选择固定行频和外触发同步的采集方式,曝光时间可以与运行周期一致,也可以设定一个固定的时间;面阵摄像机有帧曝光、场曝光和滚动行曝光等几种常见方式,数字摄像机一般都提供外触发采图的功能。快门速度一般可到 $10\mu s/$次,高速摄像机还可以更快。

(5) 像元尺寸(pixel size):像元大小和像元数(分辨率)共同决定了摄像机靶面的大小。目前数字摄像机像元尺寸一般为 $3 \sim 10\mu m$,像元尺寸越小,制造难度越大,图像质量也越不容易提高。

(6) 光谱响应特性(spectral range):即该像元传感器对不同光波的敏感特性,一般响应范围是 $350 \sim 1000nm$。一些摄像机在靶面前加了一个滤镜,以滤除红外光线,如果系统需要对红外感光时可去掉该滤镜。

11.2.4 图像处理器

一般嵌入式系统可以采用的处理器类型有专用集成电路(ASIC)、数字信号处理器(DSP)及现场可编程逻辑阵列(FPGA),智能相机中最常用的处理器是 DSP 和 FPGA。

ASIC 是针对具体应用定制的集成电路,可以集成一个或多个处理器内核,以及专用的图像处理模块(如镜头校正、平滑滤波、压缩编码等),实现较高程度的并行处理,处理效率最高。但是 ASIC 的开发周期较长,开发成本高,不适合中小批量的视觉系统领域。

DSP 由于信号处理能力强,编程相对容易,价格较低,在嵌入式视觉系统中得到较广泛的应用,比如德国 Vision Components 的 VC 系列和 Fastcom Technology 的 iMVS 系列。由于 DSP 在图像和视频领域日渐广泛的应用,不少 DSP 厂家近年推出了专用于图像处理领域的多媒体数字信号处理器(media processor)。典型产品有 Philip 的 Trimedia、TI 的 DM64x 和 Analog Device 的 Blackfin。

随着 FPGA 价格的下降,FPGA 开始越来越多地应用在图像处理领域。作为可编程、可现场配置的数字电路阵列,FPGA 可以在内部实现多个图像处理专用功能块,可以包含一个或多个微处理器,为实现底层图像处理任务的并行处理提供一个较好的硬件平台。典型的 FPGA 器件有 Xilinx 的 Virtex 系列芯片和 Altera 的 Stratix 系列芯片。

11.3　视觉传感器的工作原理

11.3.1　视觉传感的成像模型

在视觉传感系统中,视觉传感器成像的数学模型是视觉测量的核心技术内容,若所建的模型接近测量实际且模型参数能准确地标定出来,则可获得较高的测量精度。视觉传感器中,CCD 是摄像机的重要组成部分,是视觉系统获取三维信息的最直接来源。成像系统的建模就是建立摄像机像面坐标系与测量参考坐标系间的变换关系。

1. 成像坐标变换

成像坐标变换涉及不同坐标系之间的变换,从三维场景到数字图像的获得所经历的成像坐标变换如图 11-4 所示。

图 11-4　坐标系转换关系图

1) 图像坐标系

摄像机采集的图像是以 $M \times N$ 的二维数组存储的。如图 11-5 所示,在图像上定义的直角坐标系 uv 中,坐标系原点位于图像的左上角,图像坐标系的坐标(u,v)是以像素为单位的坐标。

2) 成像平面坐标系

图像坐标系中的坐标(u,v)只表示像素位于数组中的列数与行数,并没有用物理单位表示出该像素在图像中的位置,因此需要建立以物理单

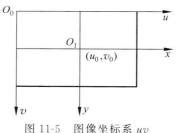

图 11-5　图像坐标系 uv

位（如毫米）表示的像平面坐标系 xy。

若原点 q 在 uv 坐标系中的坐标为 (u_0, v_0)，每一个像素在 x 轴与 y 轴方向上的物理尺寸为 $\mathrm{d}x$、$\mathrm{d}y$，则图像中任意一个像素在两个坐标系下的坐标关系为

$$u = \frac{x}{\mathrm{d}x} + u_0 \tag{11-1}$$

$$v = \frac{y}{\mathrm{d}y} + v_0 \tag{11-2}$$

用齐次坐标与矩阵将上式表示为

$$\begin{bmatrix} u \\ v \\ 1 \end{bmatrix} = \begin{bmatrix} \dfrac{1}{\mathrm{d}x} & 0 & u_0 \\ 0 & \dfrac{1}{\mathrm{d}y} & v_0 \\ 0 & 0 & 1 \end{bmatrix} \begin{bmatrix} x \\ y \\ 1 \end{bmatrix} \tag{11-3}$$

3）摄像机坐标系

摄像机坐标系是以摄像机为中心制定的坐标系。摄像机成像几何关系如图 11-6 所示。

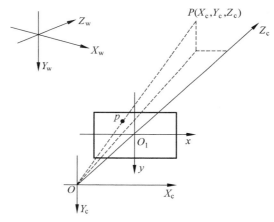

图 11-6　摄像机成像与以摄像机为中心制定的坐标系的几何关系

O 点称为摄像机光心；Z_c 轴为摄像机的光轴，它与图像平面垂直；光轴与图像平面的交点为像平面坐标系的原点 O_1；由点 O 与 X_c、Y_c、Z_c 轴组成的直角坐标系称为摄像机坐标系。OO_1 为摄像机的焦距。

4）世界坐标系

在环境中选择世界坐标系来描述摄像机的位置，一般的三维场景都是用这个坐标系来表示的。世界坐标系由 X_w、Y_w、Z_w 轴组成，如图 11-6 所示。

摄像机坐标系与世界坐标系之间的关系可以用旋转矩阵 $\boldsymbol{R}$ 与平移向量 $\boldsymbol{t}$ 来描述。

设三维空间中任意一点 P 在世界坐标系的齐次坐标为 $(X_w,Y_w,Z_w,1)^T$,在摄像机坐标系下的齐次坐标为 $(X_c,Y_c,Z_c,1)^T$,则摄像机坐标系与世界坐标系的关系为

$$\begin{bmatrix} X_c \\ Y_c \\ Z_c \\ 1 \end{bmatrix} = \begin{bmatrix} \boldsymbol{R} & \boldsymbol{t} \\ \boldsymbol{0}^T & 1 \end{bmatrix} \begin{bmatrix} X_w \\ Y_w \\ Z_w \\ 1 \end{bmatrix} = \boldsymbol{M}_1 \begin{bmatrix} X_w \\ Y_w \\ Z_w \\ 1 \end{bmatrix} \tag{11-4}$$

其中,$\boldsymbol{R}$ 为 3×2 单位正交矩阵;$\boldsymbol{t}$ 为三维平移向量;$\boldsymbol{0}=(0,0,0)^T$;$\boldsymbol{M}_1$ 为 4×4 矩阵。

2. 摄像机小孔成像模型

实际成像系统应采用透镜成像原理,物距 u、透镜焦距 f、像距 v 三者满足如下关系:

$$\frac{1}{f} = \frac{1}{u} + \frac{1}{v} \tag{11-5}$$

因为在一般情况下有 $u \gg f$,由上式可知 $v \approx f$,所以实用中可以用小孔成像模型来代替透镜成像模型。空间任何一点 P 在图像上的成像位置 p 可以采用针孔模型近似表示。这种关系也称为中心射影或透视投影,比例关系如下:

$$\begin{cases} x = \dfrac{fX_c}{Z_c} \\ y = \dfrac{fY_c}{Z_c} \end{cases} \tag{11-6}$$

或用齐次坐标与矩阵将上式表示为

$$Z_c \begin{bmatrix} x \\ y \\ 1 \end{bmatrix} = \begin{bmatrix} f & 0 & 0 & 0 \\ 0 & f & 0 & 0 \\ 0 & 0 & 1 & 0 \end{bmatrix} \begin{bmatrix} X_c \\ Y_c \\ Z_c \\ 1 \end{bmatrix} \tag{11-7}$$

综上所述,世界坐标表示的 P 点坐标与其投影点 p 的坐标 (u,v) 的关系为

$$Z_c \begin{bmatrix} u \\ v \\ 1 \end{bmatrix} = \begin{bmatrix} \dfrac{1}{\mathrm{d}x} & 0 & u_0 \\ 0 & \dfrac{1}{\mathrm{d}y} & v_0 \\ 0 & 0 & 1 \end{bmatrix} \begin{bmatrix} f & 0 & 0 & 0 \\ 0 & f & 0 & 0 \\ 0 & 0 & 1 & 0 \end{bmatrix} \begin{bmatrix} \boldsymbol{R} & \boldsymbol{t} \\ \boldsymbol{0}^T & 1 \end{bmatrix} \begin{bmatrix} X_w \\ Y_w \\ Z_w \\ 1 \end{bmatrix}$$

$$= \begin{bmatrix} a_x & 0 & u_0 & 0 \\ 0 & a_y & v_0 & 0 \\ 0 & 0 & 1 & 0 \end{bmatrix} \begin{bmatrix} \boldsymbol{R} & \boldsymbol{t} \\ \boldsymbol{0}^T & 1 \end{bmatrix} \begin{bmatrix} X_w \\ Y_w \\ Z_w \\ 1 \end{bmatrix} = \boldsymbol{M}_1 \boldsymbol{M}_2 \boldsymbol{X}_w = \boldsymbol{M} \boldsymbol{X}_w \tag{11-8}$$

其中，$\boldsymbol{M}$ 为 3×4 的投影矩阵；$\boldsymbol{M}_1$ 完全由 a_x、a_y、u_0、v_0 决定，它们只与摄像机内部结构有关，称这些参数为摄像机内部参数；$\boldsymbol{M}_2$ 完全由摄像机相对于世界坐标系的方位决定，称为摄像机外部参数。

3. 摄像机非线性成像模型

由于实际成像系统中存在着各种误差因素，如透镜像差和成像平面与光轴不垂直等，这样像点、光心和物点在同一条直线上的前提假设不再成立，这表明实际成像模型并不满足线性关系，而是一种非线性关系。尤其在使用广角镜头时，在远离图像中心处会有较大的畸变，如图 11-7 所示。像点不再是点 P 和 O 的连线与图像平面的交点，而是有了一定的偏移，这种偏移实际上就是镜头畸变。

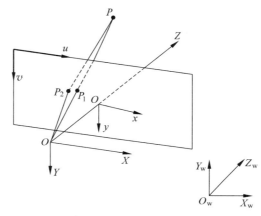

图 11-7   镜头畸变示意图

主要畸变类型有两种：径向畸变和切向畸变。其中径向畸变是畸变的主要来源，它是关于相机镜头主轴对称的，可用数学公式表示如下：

$$\begin{cases} \hat{x} = x + x[k_1(x^2+y^2) + k_2(x^2+y^2)^2] \\ \hat{y} = y + y[k_1(x^2+y^2) + k_2(x^2+y^2)^2] \end{cases} \tag{11-9}$$

4. 摄像机的标定

视觉检测根据应用需求的不同，不仅需要作缺陷等目标的定性检测，可能还需要进一步作定量检测。这就需要从相机拍摄的图像信息出发，计算三维世界中物体的位置、形状等几何信息，并由此识别检测目标中的真实景象。图像上每一点的亮度反映了空间物体表面反射光的强度，而该点在图像上的几何位置与空间物体表面相对应的几何位置有关。这些位置的相互关系，由前面所述的摄像机的成像几何模型决定。相机标定是为了在三维世界坐标系和二维图像坐标系之间建立相应的投影关系，一旦投影关系确定，就可以从二维图像信息中推导出三维信息。因此，对于任何一个需要确定三维世界坐标系和二维图像坐标之间联系的视觉系统，相机标定是一项必不可少的工作，标定的具体工作即确定成像模型中的待定系数，标定的精度往往决定了检测的精度。

1）传统的标定方法

传统的标定方法采用一个标定块（高精度的几何物体）的精确数据与摄像机获得的标定块图像数据进行匹配，求取摄像机的内部参数。

传统方法的优点是可以使用任意的相机模型，标定精度高；缺点是标定过程复杂，需要高精度的标定块。而实际应用中在很多情况下无法使用标定块，如空间机器人和危险、恶劣环境下工作的机器人等。所以，当应用场合要求的精度很高且相机的参数不经常变化时，传统标定方法应为首选。

2）自标定方法

相机自标定是指仅通过相机运动所获取的图像序列来标定内部参数，而不需要知道场景中物体的几何数据。相机自标定已成为机器视觉领域的研究热点之一。如果不知道场景的几何知识与相机的运动情况，则所有的自标定算法都是非线性的，从而需要非常复杂的计算。

自标定方法的优点是不需要标定块，仅依靠多幅图像对应点之间的关系直接进行标定，灵活性强，应用范围广泛；缺点是鲁棒性差，需要求解多元非线性方程。

自标定方法主要应用于精度要求不高的场合。这些场合主要考虑的是视觉效果而不是绝对精度，这也是自标定方法近年来受到重视的根本原因。

11.3.2　视觉传感的图像处理

摄像机所获得的图像是一个矩阵数组，视觉传感系统的目标是从图像中得到有用的信息。在图像采集的过程中，由于外界干扰和摄像机本身物理条件的影响，难免会存在噪声、成像不均匀等问题。为取得图像中的特征信息，必须进行有效的图像处理。

视觉传感系统的软件一般来说应具有实时图像处理、存储、输出显示、数据管理等功能。各个功能模块之间以图像信息流为基础相互联系，而在实现上又相对独立。在视觉传感系统中，图像处理分析模块任务最重，涉及算法最多，而且实时性要求颇为严格，其主要任务是将数据量巨大的原始数据抽象处理为反映检测对象特征的数据量很小的符号。视觉传感系统的图像处理流程如图 11-8 所示。图像处理算法通常应考虑以下几方面问题：

图 11-8　视觉传感系统图像处理的一般流程

（1）算法的实时性。要求能完整、高效地处理输入的图像数据。

（2）算法的精确性。要求能输出精度足够高的结果。

（3）算法的稳定性。

1．图像预处理

图像预处理的目的就是增强图像，以便为后续过程做好准备。但由于图像千差万别，目前还没有一种通用的方案，只能根据实际图像的质量来进行调整。具体处理方法多为图像平滑（高通或低通滤波）、图像灰度修正（如直方图均衡化、灰度拉伸、同态滤波方法）等。

（1）图像平滑。图像平滑的目的是消除图像中的噪声，可在空间域采用邻域平均、中值滤波的方法来减少噪声。由于噪声频谱通常在高频段，因此可以采用各种形式的低通滤波方法来减少噪声。

（2）图像灰度修正。由于各种条件的限制和光照强度、感光部件灵敏度、光学系统不均匀性、元器件电特性不稳定等诸多外部因素的影响，由同样的像源获得的原始图像往往会有失真。具体表现为灰度分布不均匀，某些区域亮，某些区域暗。图像灰度修正就是根据检测的特定要求对原始图像的灰度进行某种调整，使得图像在逼真度和可辨识度两个方面得到改善。采用适当的灰度修正方法，可以将原本模糊不清甚至根本无法分辨的原始图像处理成清晰且富含大量有用信息的可使用图像。

2．图像分割

在视觉传感系统中，为完成目标对象的检测，常常需要将图像中的目标与背景分别提取出来，在此基础上才有可能对目标进一步利用。图像分割就是把图像分成各具特征的区域并提取出感兴趣目标的技术和过程，这里的特征可以是灰度、颜色、纹理等。图像分割一般包括边缘检测、二值化、细化以及边缘连接等。图像的边缘是图像的基本特征，是物体的轮廓或物体不同表面之间的交界在图像中的反映。边缘轮廓是人类识别物体形状的重要因素，也是图像处理中重要的处理对象。在一幅图像中，边缘有方向和幅度两个特征。沿边缘走向的灰度变化平缓，而垂直于边缘走向的灰度变化强烈，这种变化可能是阶跃形或斜坡形。图像分割可被粗略分为三类：基于直方图的分割技术（阈值分割、聚类等）、基于邻域的分割技术（边缘检测、区域增长等）、基于物理性质的分割技术（利用光照特性和物体表面特征等）。

3．目标特征提取

目标特征提取就是提取目标的特征，这也是图像分析的一个重点。一般是对目标的边界、区域、纹理、频率等方面进行分析，具体到每一个方面又有许多分支。目前，人们一般是根据所要检测的目标的特性来决定选取特征的，也就是说这一步的工作需要大量的试验。

计算机视觉和图像识别最重要的任务之一就是特征检测。最常见的图像特征包括线段、区域和特征点。点特征提取的主要是明显点,如角点、圆点等。角点是图像的一种重要特征,它决定了图像中目标的形状,所以在图像匹配、目标描述和识别以及运动估计、目标跟踪等领域,角点的提取都具有重要的意义。对于角点的定义,在计算机视觉和图像处理中有不同的表述,如图像边界上曲率足够高的点,图像边界上曲率变化明显的点,图像中梯度值和梯度变化率都很高的点,等等。

4. 图像识别与决策制定

这个步骤是根据预定的算法对图像进行决策制定,或区分出合格与不合格产品,或给出缺陷的分类,或给出定量的检测结果。

综上所述,图像处理、图像分析和图像识别是处在三种不同抽象程度和数据量各有特点的不同层次上。图像预处理是比较低层的操作,它主要在图像像素级上进行处理。图像分割和特征提取进入了中层,把原来以像素描述的图像转变成比较简洁的抽象数据形式的描述,属于图像分析的处理层次。这里,抽象数据可以是对目标特征测量的结果,或者是基于测量的符号表示,它们描述了图像中目标的特点和性质。图像识别与决策制定则主要是高层操作,基本上是对从描述抽象出来的符号进行运算,以研究图像中各目标的性质和它们之间的相互联系,其处理过程和方法与人类的思维和推理有许多类似之处。

11.4　视觉传感器的应用

11.4.1　单目视觉传感系统

采用单个摄像机作为唯一的图像传感器,构成的是一个单目视觉传感系统。其结构简单,可实现对一维移动物体的测量,如生产线上物件的移动测量、目标运动状态的识别与测量等。它直接运用计算几何学中的仿射几何理论和射影几何理论,利用单幅图像所具有的场景信息来实现场景中的几何尺度测量,多用于外形规则、测量范围较小和系统已知信息较多的情形。

但“单目”所能看清楚的只能是景物表面的二维平面信息,信息的蕴含量极其有限,实现检测过程在很大限度上需要依靠某些先验知识,例如,对规则的被测物体几何形态的事前了解,对不规则的被测景物背面形象先验知识的事先掌握等。

图 11-9 所示为一种基于 SIMATIC VS 110 系列视觉传感器的自动视觉检测方案。视觉传感器获取传送带上产品的图像并进行处理,剔废装置的输入信号由视觉传感器根据图像处理的结果给出,当有不合格的目标(废品)被识别时,视觉传感器就发出剔废脉冲信号,驱动剔废装置(如气泵或小继电器)剔除不合格的目标。当然,生产线上要实现自动视觉检测,视觉传感器的采集触发时机和处理速度必须和生产线上目标的运动速度结合起来,当安装在生产线上的光电触发装置发出触

发脉冲信号时,必须确保目标图像进入摄像机预定视场,采集脉冲信号送至视觉传感器,触发采集子程序完成对当前视场内目标的采集。

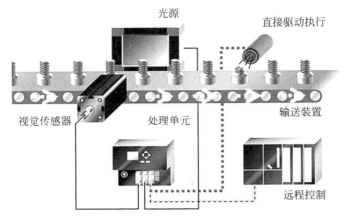

图 11-9　装配线上的产品质量检测

11.4.2　双目视觉传感系统

为有效获取场景的深度信息、构建场景的三维结构,需要直接模拟人类视感结构的双目视觉传感系统。将单目图像传感器进行移动也能够获得和多目视感系统类似的效果,相当于从多个位置拍摄同一个物体,从而完成测量。

双目视觉传感系统是用两台性能相同、位置相对固定的图像传感器,获取同一景物的两幅图像,通过计算空间点在两幅图像中的"视差"来确定场景的深度信息,进而构建场景的三维结构。

最简单的摄像机配置使用双目立体成像原理,如图 11-10 所示。在水平方向平行地放置一对相同的摄像机,其中基线距 B 等于两摄像机的投影中心连线的距离,摄像机焦距为 f。前方空间内的点 $P(x_c, y_c, z_c)$ 分别在"左眼"和"右眼"成像,它们的图像坐标分别为 $p_{left} = (X_{left}, Y_{left})$,$p_{right} = (X_{right}, Y_{right})$。

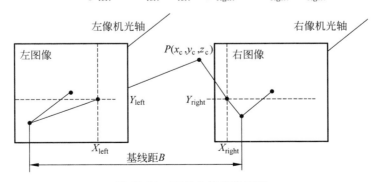

图 11-10　双目立体成像原理

现两摄像机的图像在同一个平面上,则特征点 P 的图像坐标 Y 坐标相同,即 $Y_{\text{left}} = Y_{\text{right}} = Y$,则由三角几何关系得到

$$\begin{cases} X_{\text{left}} = f\dfrac{x_{\text{c}}}{z_{\text{c}}} \\[2mm] X_{\text{right}} = f\dfrac{(x_{\text{c}} - B)}{z_{\text{c}}} \\[2mm] Y = f\dfrac{y_{\text{c}}}{z_{\text{c}}} \end{cases} \tag{11-10}$$

视差为 $\text{Disparity} = X_{\text{left}} - X_{\text{right}}$。由此可计算出特征点 P 在相机坐标系下的三维坐标为

$$\begin{cases} x_{\text{c}} = \dfrac{BX_{\text{left}}}{\text{Disparity}} \\[2mm] y_{\text{c}} = \dfrac{BY}{\text{Disparity}} \\[2mm] z_{\text{c}} = \dfrac{Bf}{\text{Disparity}} \end{cases} \tag{11-11}$$

因此,对于左相机像面上的任意一点只要能在右相机像面上找到对应的匹配点,就可以确定出该点的三维坐标。这种方法是完全的点对点运算,像面上所有点只要存在相应的匹配点,就可以参与上述运算,从而获取其对应的三维坐标。

由上面的简化公式可以看出,双目立体视觉方法的原理较为简单,计算公式也不复杂。但视差本身的计算是立体视觉中最困难的一步工作,它涉及模型分析、摄像机标定、图像处理、特征选取及特征匹配等过程。特征匹配的本质就是给定一幅图像中的一点,寻找另一幅图像中的对应点。它是双目立体视觉中最关键、最困难的一步。根据匹配基元和方式的不同,立体匹配算法基本上可分为三类:基于区域的匹配、基于特征的匹配和基于相位的匹配。目前较为常用的是基于特征的角点匹配。

图 11-11 所示为一个基于双目视觉的移动机器人系统框架。图中系统主要分为计算机视觉和机器人控制两部分。双目摄像头采集环境信息并完成分析,以实现对机器人运动的控制。视觉系统带云台的两个摄像头,左右眼协同实现运动目标的实时跟踪和三维测距。与单目视觉相比,双目视觉能够提供更准确的三维信息。三维信息的获得,为机器人的控制提供了基础。

多个摄像机设置于多个视点,或者由一个摄像机从多个视点观测三维对象的视觉传感系统称为多目视觉传感系统。生活中,人们对物体的多视角观察就是多目视感系统的一个生动实例。昆虫进化出的"复眼"也具有多目视觉传感的特性。多目视觉传感系统能够在一定程度上弥补双目视觉传感系统的技术缺陷,可获取

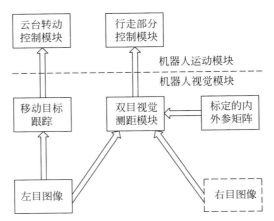

图 11-11 移动机器人系统框架

更多的信息,增加几何约束条件,减少视觉中立体匹配的难度。但由于结构上的复杂性,也会引入测量误差,并降低测量效率。

第 11 章教学资源

第12章

生物传感器

生物传感器是将生物响应转化为电信号的分析装置。生物传感器是高度特异性的,独立于物理参数,如 pH 和温度,并且应该是可重复使用的。生物传感器的材料、换能器和固定化方法的制造需要化学、生物学和工程领域的多学科研究。本章重点介绍酶传感器、免疫传感器和微生物传感器及其应用。

12.1 概述

12.1.1 生物传感器的工作原理

生物传感器由分子识别部分(敏感元件)和转换部分(换能器)构成。其中,分子识别部分是可以引起某种物理变化或化学变化的主要功能元件,它是生物传感器选择性测定的基础。转换部分是指把生物活性表达的信号转换为电信号的物理或化学换能器(传感器)。

各种生物传感器有以下共同结构:包括一种或数种相关生物活性材料(生物膜)及能把生物活性表达的信号转换为电信号的物理或化学换能器(传感器)。二者组合在一起,用现代微电子和自动化仪表技术进行生物信号的再加工,构成各种可以使用的生物传感器分析装置、仪器和系统。

生物传感器可实现以下三个功能:

(1)感受:提取出动植物发挥感知作用的生物材料,包括生物组织、微生物、细胞器、酶、抗体、抗原、核酸、DNA 等,实现生物材料或类生物材料的批量生产,反复利用,降低检测的难度和成本。

(2)观察:将生物材料感受到的持续、有规律的信息转换为人们可以理解的信息。

(3)反应:将信息通过光学、压电、电化学、温度、电磁等方式展示给人们,为人们的决策提供依据。

生物传感器具有接收器与转换器的功能,它是对生物物质敏感并将其浓度转换为电信号进行检测的仪器。生物体中能够选择性地分辨特定物质的物质有酶、抗体、组织、细胞等。这些分子识别功能物质通过识别过程可与被测目标结合成复合物,如抗体和抗原的结合,酶与基质的结合。生物化学反应过程产生的信息是多元化的,微电子学和现代传感技术的成果已为检测这些信息提供了丰富的手段。

在设计生物传感器时,选择适合于测定对象的识别功能物质是极为重要的前提。根据分子识别功能物质制备的敏感元件所引起的化学变化或物理变化去选择换能器,是研制高质量生物传感器的另一重要环节。

12.1.2 生物传感器的类型

生物传感器这一概念始于 20 世纪 60 年代的先驱 Clark 和 Lyons。生物传感器有酶基、组织基、免疫传感器、DNA 生物传感器以及热和压电生物传感器。

第一个基于酶的传感器是由 Updike 和 Hicks 在 1967 年实现的。酶生物传感器已被设计具有酶的固定化方法,即范德华力、离子键或共价键对酶的吸附。为此目的常用的酶是氧化还原酶、多酚氧化酶、过氧化物酶和氨基氧化酶。

第一个基于微生物或细胞的传感器是由 Divies 实现的。组织传感器的组织来源于植物和动物。它们的分析物可以是这些传感器的抑制剂或底物。Rechnitz 开发了第一个基于组织的氨基酸精氨酸测定传感器。基于细胞器的传感器是用膜、叶绿体、线粒体和微粒体制造的。然而,这种类型的生物传感器虽然稳定性较高,但检测时间较长,特异性降低。

免疫传感器的建立是基于抗体对其各自的抗原具有很高的亲和力,抗体与病原体或毒素特异性结合,或与宿主免疫系统的组成部分相互作用。

DNA 生物传感器是基于单链核酸分子能够识别和结合其互补链的特性设计的。这种相互作用是由于两条核酸链之间形成了稳定的氢键。磁性生物传感器利用磁阻效应在微流控通道中检测磁性。微纳米粒子的小型化生物传感器在灵敏度和尺寸方面具有很大的潜力。热生物传感器或量热生物传感器是通过将前面提到的生物传感器材料同化到物理传感器中来开发的。压电生物传感器有石英晶体微天平和表面声波装置两种类型,它们是基于测量压电晶体由于晶体结构上的质量变化而引起的共振频率的变化。光学生物传感器由光源以及许多光学部件组成,以产生具有特定特性的光束,并将该光连接到调制剂、改性传感头和光电探测器上。绿色荧光蛋白和自荧光蛋白(AFP)的变体和遗传融合帮助开发了基因编码的生物传感器,这种类型的生物传感器对用户比较友好,易于工程师操作和转移到细胞。单链 FRET 生物传感器是另一个例子,它们由一对自荧光蛋白组成,当它们紧密结合时,相互之间可以传递荧光共振能量。根据自荧光蛋白的强度、比值或寿命,可以采用不同的方法来调节福斯特共振能量转移(FRET)信号的变化。肽和蛋白质生物传感器很容易通过合成化学制造,然后用合成荧光团进行酶标记。由于它们对基因编码的自荧光蛋白的独立性,很容易被用来控制目标活性,并构成有吸引力的替代品,而且还有一个额外的优点,即能够通过引入化学猝灭剂和光活化基团来提高信噪比和响应灵敏度。

12.1.3　生物传感器的应用

生物传感器已应用于食品工业、医疗、海洋等领域,与传统方法相比,具有更好的稳定性和灵敏度。

1. 在食品加工、监测,以及食品真实性、质量安全方面

食品加工业的一个难题是质量问题以及食品的安全、维护和加工。传统的化学实验和光谱学技术由于人体容易疲劳而存在缺陷,成本昂贵,耗时长。以成本效益的方式客观和一致地衡量食品的食品认证和监测替代办法对食品工业是可取的。因此,针对简单、实时、选择性和廉价技术的需求开发生物传感器是有利的。

Ghasemi-Varnamkhasti 等基于钴酞菁,利用酶生物传感器监测啤酒的老化,在监测啤酒储存过程中的老化问题方面,这些生物传感器展示了良好的性能。酶生物传感器也用于乳制品工业。基于丝网印刷碳电极的生物传感器被集成到流动电池中。将酶固定在电极上,通过在光交联的聚合物中吞噬,即可实现定量测定牛奶中的三种有机磷农药。

利用多通道生物传感器,将脂质膜与电化学技术相结合,作为快速、灵敏筛选甜味剂的生物传感器,可以检测人的味觉上皮的电生理活性。由于所有甜味剂都是由芽中Ⅱ型细胞中的异二聚体 G 蛋白偶联受体介导的,因此它们具有多个结合位点,分别识别不同结构的甜味刺激。味觉受体细胞对天然甜味剂和人工甜味剂的信号反应是离散的。当葡萄糖被施加时,味觉上皮生物传感器传递的是稀疏信号,而蔗糖传递的则是负尖峰信号。味觉上皮对人工甜味剂的反应具有更强烈的信号,表明人工甜味剂的反应在时间和频率上都与天然糖的反应有很大的不同,从而可实现甜味剂的快速辨别。

2. 在发酵工业中,工艺安全和产品质量方面

生物传感器可用于监测发酵过程中工艺产物、生物量、酶、抗体或副产物的存在,以间接测量发酵过程条件。生物传感器具有仪器简单、选择性强、价格低廉、易于自动化等优点,可以精确地控制发酵过程并产生可重复的结果。目前,有几种商用生物传感器可供使用,能够检测生化参数(葡萄糖、乳酸、赖氨酸、乙醇等),在中国得到了广泛应用,占据了 90% 左右的市场。

在发酵过程中,采用传统的 Fehiing 试剂法进行糖化监测。由于该方法涉及还原糖滴定法,其结果不准确。然而,自从 1975 年在商业上推出葡萄糖生物传感器以来,发酵工业已经受益。现在,许多工厂成功地利用葡萄糖生物传感器控制糖化发酵车间的生产,并利用生物酶法生产葡萄糖。

生物传感器也被用于离子交换检索,进行生化成分变化的检测。例如,谷氨酸

生物传感器已被用于对谷氨酸等电性液体上清液进行离子交换回收实验。发酵过程是一个具有多个关键变量的复杂过程,其中大多数都面临着实时测量的困难。关键代谢物的在线监测对于促进快速优化和控制生物过程至关重要。在过去的几年里,生物传感器由于其简单和快速的响应,在发酵过程中的在线监测中被成功应用。

3. 可持续食品安全方面

食品质量是指食品的外观、味道、气味、营养价值、新鲜度、风味、质地和化学物质。在食品质量和安全方面,智能监测营养物质以及快速筛选生物和化学污染物至关重要。谷氨酰胺是核酸、氨基糖和蛋白质生物合成中的关键。缺乏谷氨酰胺的人会患上吸收不良等疾病,必须进行补充,以改善免疫功能,保持肠道功能,减少细菌易位。基于谷氨酰胺酶的微流控生物传感器芯片,采用流动注射分析方法进行电化学检测,已被用于发酵过程的检测。

生物传感器也被用来检测一般毒性和特定毒性金属,因为它们只与金属离子的危险组分发生反应。农药对环境构成严重威胁。常用的农药有有机磷和氨基甲酸酯类杀虫剂。针对涕灭威、羰基、对氧磷、甲基毒死蜱等,研制了乙酰胆碱酯酶和丁酰胆碱酯酶生物传感器,相似类型的生物传感器也可用于检测葡萄酒和橙汁中的农药。

4. 医学领域

在医学领域,生物传感器的应用正在迅速增长。如葡萄糖生物传感器广泛应用于糖尿病的临床诊断,便于精确控制血糖水平。生物传感器也被用于检测心血管疾病,传统的技术包括免疫亲和柱法、荧光法和酶联免疫吸附法等,都是耗时费力的。建立在电测量上的生物传感器使用生化分子识别来获得所需的选择性,并具有特定的感兴趣的生物标志物,可快速便捷地完成相关检测。

其他各种生物传感器的应用包括但不限于:未稀释血清中心脏标志物的定量测量,控制内皮素诱导的心肌肥厚的微流控阻抗测定,急性白血病临床免疫表型免疫传感器阵列的研究,恶唑啉类药物对口腔疾病固定化果糖基转移酶的影响,来自共振能量转移的组蛋白去酰化酶(HDAC)抑制剂检测,快速准确检测多个癌症标志物的生物芯片的研发以及钻石微针电极的神经化学检测等。

5. 荧光生物传感器

荧光生物传感器是成像剂,用于癌症和药物的发现,它们使人们能够深入了解酶在细胞水平上的作用和调节。荧光生物传感器是一种小支架,其中一个或多个荧光探针通过受体(酶、化学物质或基因)安装在上面。受体识别特定的分析物或目标,从而传递荧光信号,可以很容易地实现检测和测量。荧光生物传感器可以探测离子、代谢物和蛋白质生物标志物,具有很高的灵敏度,还可以报告目标(血清、细胞提取物)在复杂溶液中的存在、活性或状态。它们被用于探测信号转导、转录、细胞周期和凋亡等领域的基因表达、蛋白质定位和构象。关节炎、炎症性疾病、心血管和神经退行性疾病、病毒感染、癌症和转移的指示大多是使用这类传感器完成的。

荧光生物传感器还被用于药物发现方案,用于通过高通量、高含量筛选方法识别药物,以及用于筛选后分析和优化线索。这些被认为是临床前评估和临床验证候选药物的治疗潜力、生物分布和药代动力学的有力工具。荧光生物传感器被有效地用于早期检测分子和临床诊断中的生物标志物,用于监测疾病进展和对治疗的反应,用于静脉内成像和图像引导手术等。

6. 生物防御生物传感应用

生物防御生物传感器的主要动机是敏感和有选择地识别几乎实时构成威胁的生物,即细菌、毒素和病毒。人类乳头瘤病毒 HPV(双链 DNA 病毒)分为两种类型:HPV16 和 HPV18,与侵袭性宫颈癌有关。利用一种新型的具有双端口谐振器的漏表面声波肽核酸生物传感器,可以快速检测 HPV。该探针可以直接检测 HPV 基因组 DNA,无须聚合酶链反应扩增,也能与靶 DNA 序列结合,具有很好的疗效和精密度。

7. 在代谢工程中的应用

环境问题和石油衍生产品缺乏可持续性正逐渐促使人们发展用于合成化学品的微生物细胞工厂。代谢工程被视为可持续生物经济的有利技术,或许在不久的未来,相当一部分燃料、化学品和药品将通过利用微生物而不是依靠石油提炼或从植物中提取来生产可再生原料。多样性产生的高容量也需要有效的筛选方法来选择携带所需表型的个体。早期的方法是基于光谱的酶法分析,但它们的通量有限。为了克服这一障碍,能够在体内监测细胞代谢的基因编码生物传感器应运而生,这为分别使用荧光激活细胞分选(fluorecence-activated cell sorting,FACS)和细胞存活进行高通量筛选和选择提供了可行方案。

荧光共振能量转移(forster resonance energy transfer,FRET)传感器由一对供体和受体荧光团组成,两者之间夹有配体结合肽。当肽与感兴趣的配体结合时,肽经历了构象变化,从而发生 FRET 变化。虽然 FRET 传感器具有较高的正交性、时间分辨力和易于构造,但它只能报告有关代谢物的丰富程度,无法对信号施加下游调节。

基于核糖体的生物传感器包括核糖开关和 mRNA 的调节结构域,它可以选择性地与配体结合,从而改变其自身的结构,调节其编码蛋白的转录。与基于转录因子(transcription factor,TF)的生物传感器相比,它们的速度相对较快,因为 RNA 已经被转录,而且它们也不依赖于蛋白质-蛋白质或蛋白质-代谢相互作用。近几十年来,核糖体在细菌系统中得到了广泛的工程应用。

8. 植物生物学中的生物传感器

在 DNA 测序和分子成像领域的革命性新技术,导致了植物科学的进步。传统的质谱方法用于测量细胞和亚细胞定位,以及离子和代谢物水平的测量具有前所未有的精度,但缺乏关于酶底物、受体和转运体的位置和动力学的关键信息。然而,使用生物传感器可以很容易地挖掘这些信息。

罗杰·齐恩的实验室是第一个开发蛋白质原型传感器来测量半胱天冬酶(caspase)活性和控制活细胞中钙的水平的实验室。这些传感器基于绿色荧光蛋白(green fluorescent protein,GFP)的两个光谱变体之间的FRET。生物传感器在体内的应用涉及使用钙离子传感器对钙振荡进行高时间分辨率成像。

生物传感器可以用来识别与分析物的代谢、调节或运输有关的缺失成分。蔗糖的FRET传感器负责蛋白质的鉴定,在蔗糖韧皮部负载从叶肉流出中执行一个运输步骤。基于荧光计的FRET糖传感器检测可以成功地识别糖转运体,在饥饿的酵母细胞暴露于葡萄糖后立即发挥作用。类似的检测发现了影响酵母中胞浆或液泡pH的基因,并证明只要有合适的通量成像技术,生物传感器可以应用于基因屏幕。

12.2　典型生物传感器

12.2.1　酶传感器

电化学生物传感器中,酶传感器最具代表性。在生物传感器发展的早期,酶传感器首先应用于葡萄糖的检测分析。随后这一技术引起化学、生物学、临床、环境、食品等领域科学工作者的高度重视,从而得到迅速发展。酶传感器与传统分析仪器相比,具有独特的优点:选择性好,能够直接在复杂试样中进行测定;响应速度快,灵敏度高;体积小,可实现在线监测。

1. 酶传感器的发展趋势

近年来,酶传感器的研究取得了很大的进展,主要表现为:载体材料从传统的有机合成材料扩展到无机材料和天然有机材料;高新技术如纳米科技、分子自组装技术、溶胶-凝胶技术、基因技术等开始应用到提高传感器响应电流中;加快电子传输的电子媒介体的种类迅速扩大,多媒介体/多酶传感器研究进一步深化。

然而,酶的提取成本高,活性受环境条件影响大,其存储和使用都会受到不同程度的限制。另外,一般传感器所检测的成分通常十分复杂,容易对酶电极检测造成干扰。这些仍是酶电极需要进一步研究和克服的问题。

酶传感器的应用要求其具有快速、准确、选择性高、抗干扰能力好、稳定性好及成本低等特点。因此,可以预计未来酶传感器的研究热点为:

(1) 寻找具有更高电化学活性、生物相容性好的各种形式的无机或有机电极材料;

(2) 改进酶的固定化方法,提高生物相容性,最大限度地保持酶的生物活性,提高传感器的灵敏度和响应电流；

（3）开发具有更稳定特性的酶，可以通过人工合成的方法合成具有像酶一样特异性的高分子材料或利用分子生物学和酶工程的新技术，通过对自然的酶进行改性，开发出更稳定、更专一、使用条件更广泛的酶。

2. 酶传感器的应用

尽管常规检测方法，如：气相色谱、薄层色谱、HPLC 与各种光谱联用等技术灵敏又准确，但这些方法需要对样品进行烦琐的预处理，耗时、成本高，而且所需仪器大都昂贵且庞大，不适合在野外及现场使用。酶传感器技术弥补了上述技术的缺点，满足了医学、食品工业、环境监测、军事等领域快速检测的需要，有着广泛的应用前景。

1）在食品工业中的应用

酶传感器在食品分析中的应用包括食品成分、食品添加剂、有害毒物等的测定分析。在现代食品安全性分析中，这些项目都是进行食品安全性评价的重要依据。应用于食品领域的酶传感器，具有响应快、易操作的特点，这得益于基于电化学原理的换能系统。借助于酶电极对葡萄糖、乳酸、酒精、甘油等特定分析物有特定的响应，此类电化学生物传感器在食品的过程控制、产品品质检测以及成分鉴别中得到了广泛应用。

2）在环境监测中的应用

酶传感器可用于环境毒物分析。某些化合物能与酶相互作用，使酶分子中的活性基团发生变化，从而影响酶与底物分子的结合或减小酶的再生速率，使酶的活性降低或丧失。许多毒性物质往往就是因为它们能抑制机体中酶的活性而表现出毒性的。一般说来，酶和抑制剂之间的对应关系也是专一的，因此将抑制剂加到特定的完全的酶反应系统后，根据酶活性降低的程度就可以对抑制剂进行定量的测定。根据这个原理，酶传感器可以用于检测农药、重金属、氰化物等有毒有害污染物。

研究发现，用戊二醛将适合检测金属离子的氧化酶固定在膜的表面，然后将膜放置在溶解氧传感器（乙二胺四乙酸）上做探头，可以用来测定重金属离子（如 Hg^{2+} 和 Ag^+）的浓度。以用丙酮酸氧化酶传感器为例，当溶液中 $HgCl_2$ 的浓度为 1.0mol/L 或者 $AgNO_3$ 的浓度为 0.1μmol/L 时，响应基线会降低 50%（酶活性降低 50%）。当传感器的酶失活时，可以用 10mol/L 的 EDTA 进行清洗再生，实现重复使用。

3）在医学领域中的应用

在医学领域，一些有临床诊断意义的基质（如血糖、乳酸、谷氨酰胺）都可借助于酶传感器来检测。到目前为止，已形成产品和正在开发的临床诊断用酶传感器主要是电流型的酶传感器。例如，葡萄糖酶传感器现已广泛应用于血液里葡萄糖的检测中，乳酸测定仪也是迄今最成功的商品酶传感器之一。

4) 在军事领域中的应用

近年来,美国陆军医学研究和发展部研制的酶免疫生物传感器具有初步鉴定多达 22 种不同生物战剂的能力。在军事上使用最多的是乙酰胆碱酯酶传感器。Taylor 等成功研制了烟碱乙酰胆碱受体生物传感器和某种麻醉剂受体生物传感器,它们能在 10s 内侦检多个不同浓度的生化战剂,包括委内瑞拉马脑炎病毒、黄热病毒、炭疽杆菌、流感病毒等。

12.2.2　免疫传感器

1990 年 Henry 等提出了免疫传感器的概念。由于免疫传感器技术具有分析灵敏度高、特异性强、使用简便及成本低等优点,目前它的应用已涉及临床医学与生物检测技术、食品工业、环境监测与处理等广泛领域。

将高灵敏度的传感技术与特异性免疫反应结合起来,用以监测抗原-抗体反应的生物传感器称作免疫传感器。免疫传感器的工作原理和传统的免疫测试法相似,都属于固相免疫测试法,即把抗原或抗体固定在固相支持物表面,来检测样品中的抗体或抗原。不同的是,传统免疫测试法的输出结果只能做出定性或半定量的判断,且一般不能对整个免疫反应过程的动态变化进行实时监测。而免疫传感器具有能将输出结果数字化的精密换能器,不但能达到定量检测的效果,而且由于传感与换能同步进行,能实时监测到传感器表面的抗原抗体反应,有利于对免疫反应进行动力学分析。因此,它可促使免疫诊断方法向定量化、操作自动化方向发展。

由于免疫传感器的检测结果最终还需换能器转换成输出信号,因此其检测效果也往往取决于所用换能器的精确度和稳定性,故换能器的种类对传感系统来说就显得尤为重要。正是基于换能器在传感器中的特殊地位,免疫传感器的种类一般都根据换能器的不同来划分。到目前为止,可将其分为以下几种。

1. 电化学免疫传感器

1) 电位测量式

1975 年,Janata 首次描述了用来监测免疫化学反应的电位测量式换能器。这种免疫测试法的原理是先通过聚氯乙烯膜把抗体固定在金属电极上,然后用相应的抗原与之特异性结合,抗体膜中的离子迁移率随之发生变化,从而使电极上的膜电位也相应发生改变。膜电位的变化值与待测物浓度之间存在对数关系,因此根据电位变化值进行换算,即可求出待测物浓度。1980 年,Schasfoort 将先进的离子敏感性场效应转换器(ISFET)进行技术改进后引入到免疫传感器中,用于检测抗原-抗体复合物形成后导致的电荷密度与等电点变化,检测下限达到了$(1\sim10)\times10^{-8}$ mol/L。1992 年,Ghindilis 用乳糖酶标记胰岛素抗体,与样品中的胰岛素抗体竞争结合固定在电极上的胰岛素。乳糖酶能催化电极上的氧化还原反应,从而使电极上的电位增加。该方法操作快速,电位变化明显,有利于免疫反应的动力学分析。不过,虽然电位测量式免疫传感器能进行定量测定,但由于未解决非特异性吸附和背景干扰等问题,所以并未得到多少实际应用。

2) 电流测量式

电流测量式免疫传感器代表了生物传感中高度发达的领域,部分产品已商品化。它们测量的是恒定电压下通过电化学室的电流,待测物通过氧化还原反应在传感电极上产生的电流与电极表面的待测物浓度成正比。此类系统有高度的敏感性,以及与浓度线性相关性等优点(比电位测量式系统中的对数相关性更易换算),很适于免疫化学传感。

1979 年,Aizawa 第一次报道了检测免疫化学反应的电流测量式传感器,用于检测人绒毛膜促性腺激素(HCG)。在该系统中,HCG 单克隆抗体被固定在氧电极膜上,过氧化氢酶标记的 HCG 和样品中的 HCG 竞争并与之结合,前者与固定抗体结合后可催化氧化还原反应,产生电活性物质,从而引起电流值的变化。此后,电流测量式免疫传感器一般都靠标记,且标记物都是酶类,包括乳糖酶、碱性磷酸酶和辣根过氧化物酶等。近些年,一些新的具有电化学活性的化合物(如对氨基酚及其衍生物、聚苯胺)和金属离子也在电流测量式免疫传感器中被用作该类免疫传感器的标记物。

3) 导电率测量式

导电率测量法可大量用于化学系统中,因为许多化学反应都产生或消耗多种离子体,从而改变溶液的总导电率。通常是将一种酶固定在某种贵重金属电极上(如金、银、铜、镍、铬),在电场作用下测量待测物溶液中导电率的变化。例如,当尿被尿激酶催化生成离子产物 NH_4^+ 时,后者引起溶液导电率增加,其增加值与尿浓度成正比。1992 年,Sandberg 描述了一种以聚合物为基础的导电率测量式免疫传感器,它与常规的酶联免疫吸附试验(ELISA)原理基本相同,只是后者的结果是通过颜色来显示,而它则是将结果转换成电信号(即导电率)。由于待测样品的离子强度与缓冲液电容的变化会对这类传感器造成影响,加之溶液的电阻是由全部离子移动决定的,使得其还存在非特异性问题,因此导电率测量式免疫传感器发展比较缓慢。

2. 质量检测免疫传感器

质量变化可以通过压电晶体和声波技术测量出来。由于此类技术(尤其是压电晶体)操作简便,无须标记且灵敏度高,因此发展较为迅速,它们的有关产品正逐步得以商品化。

1) 压电晶体

压电现象是 Curies 于 1880 年发现的,其理论基础是:非均质的天然晶体(无对称中心)中产生的电偶极受到机械压力的作用,便会在 9~14MHz 的频率之间来回振动。有 20 余种常见的天然压电晶体,包括石英(SiO_2)、铌酸锂($LiNbO_3$)、氧化锌(ZnO)、砷化镓($GaAs$)、硫化镉(CdS)、钽酸锂($LiTaO_3$)、电(气)石和罗谢尔盐(四水合酒石酸钾钠)等。一些人造陶瓷和高分子聚合物(如聚偏氟乙烯)也有压电特性。石英是使用最多的压电材料,因为它在水溶液中化学性质稳定,耐高温,不易丢失压电特性。压电免疫传感器(又称压电晶体微天平)的基本原理是在晶体表面包被一种抗体或抗原,样品中若有相应的抗原或抗体,则与之发生特异性结合,从而增加了晶体的质量并改变振荡的频率,频率的变化与待测抗原或抗体浓度成正比。1972年,Shons等首先在石英晶体表面涂覆一层塑料薄膜以吸附蛋白质,成功制备了用于测定牛血清白蛋白抗体的压电晶体免疫传感器,从而使压电现象用于免疫测试的想法成为现实。

2) 声波

声波技术(如表面声波测定)在生物传感器设计中也颇受关注。在此方法中,压电晶体的振荡频率更高,一般为30～200MHz,有的甚至高于1GHz。当交流电压通过交叉形的金属(如钛或金)电极时,便产生一声波,其中金属电极称为交指型换能器(IDT),产生的声音信号可被位于几毫米远的第二IDT检测出来。样品中的抗原或抗体与IDT上相应的抗体或抗原结合后,就会减慢声波的速度,其速度变化与待测物中抗原或抗体的浓度成正比。此类免疫传感器已被用于检测人IgG(免疫球蛋白)、食品中存在的抗原和人血清白蛋白。不过,除了质量外,一些其他因素如温度、压力和表面导电性也可以改变声波的性质,由此引起的非特异性问题使得这类传感器的设计受到了限制,所以目前有关它的研究相对较少。

3) 热量检测免疫传感器

该类传感器的原理是:将抗原或抗体固定在包埋了热敏换能器(热敏电阻)的柱上,样品中的抗体或抗原与之发生反应后引起酶促反应,可产生20～100kJ/mol的热量,然后通过热敏电阻等元件检测出来。1977年,Mattiasson先用此类传感器测定了白蛋白和庆大霉素;1986年,Bimbaum又用它检测了基因工程中大肠杆菌产生的人胰岛素,检测下限达到了0.1mg/L,反应时间缩短至7min。1991年,Urban用小型薄膜热敏电阻固定抗体来检测抗原,制成了微型热量检测免疫传感器,预示着有可能生产出大小适宜且简单的装置。

4) 光学免疫传感器

对一个生物系统的反应物(或产物)吸收或发出的电磁射线进行测定已在免疫传感器中流行起来,其中所用的是一批最大而且或许是最有前途的换能器,称为光学换能器。光学换能器可用来响应紫外线或可视射线,也可响应生物或化学发光产物,还能适用于含光纤的装置。早期的光学系统是以分光光度测定法、固定在柱上的酶和待测产物的吸光度为基础的。后来,酶被固定在尼龙圈上,系统与流动注射或气泡分析仪相连。

光学免疫传感器可分为间接式(有标记)和直接式(无标记)两种。前者一般是用酶或荧光作标记物来提供检测信号,但因为被检测的光水平较低,所以需要复杂的检测仪器。后者占了目前使用的光学免疫传感器中绝大部分,包括衰减式全内反射、椭圆率测量法、表面等离子体共振(SPR)、单模双电波导、光纤波导等多种方法,以及干扰仪和光栅耦合器等形式。其原理在于内反射光谱学,它由两种不同折射率(RI)的介质组成:低 RI 介质表面固定了抗原或抗体,也是加样品的地方;高 RI 介质通常为玻璃棱镜,在前者下方。当入射光束穿过高 RI 介质射向两介质界面时,便会折射进入低 RI 介质。但一旦入射光角度超过一定角度(临界角度),光线在两介质面处便会全部向内反射回来,同时在低 RI 介质表面产生一高频电磁场,称为消失波或损失波。该波沿垂直于两介质界面的方向行进一段很短的距离,其场强以指数形式衰减。样品中的抗体或抗原若能与低 RI 介质表面的固定抗原或抗体结合,则会与消失波相互作用,使反射光的强度或极化光相位发生变化,变化值与样品中抗体或抗原的浓度成正比。光学免疫传感器通常被称为光极,它相对于电极有一系列优点(如不需要参考电极等),已被广泛应用。但是,它仍可能遇到诸如外界光线的干扰、迟钝的反应时间和试剂相遗漏等问题,大规模生产的费用也通常比一般的电化学装置高。不过,由于光学免疫传感器能对抗原-抗体的相互作用进行实时监测,可能会让人忽略这些不足。也许光学与电化学方法相结合是一种潜在的途径(如电化学界面上的 SPR 或电化学引起的发光),将会受到广泛关注并得到发展。

3. 免疫传感器的发展趋势

免疫传感器的发展趋势主要有如下几个方面:

(1)标记物的种类层出不穷,从酶和荧光发展成胶乳颗粒、胶体金、磁性颗粒和金属离子等。

(2)向微型化、商品化方向发展,廉价的一次性传感表面大有潜力可挖。

(3)酶免疫传感器、压电免疫传感器和光学免疫传感器发展最为迅速,尤其是光学免疫传感器品种繁多,目前已有几种达到了商品化,它们代表了免疫传感器向固态电子器件发展的趋势。

(4)与计算机等联用,向智能型、操作自动化方向发展。

(5)应用范围日渐扩大,已深入到环境监测、食品卫生等工业和临床诊断等领域,以后者尤为突出。

(6)继续提高其灵敏度、稳定性和再生性,使其更简便、快速和准确。随着分子生物学、材料学、微电子技术和光纤化学等高科技的迅速发展,免疫传感器会逐步由小规模制作转变为大规模批量生产,并在大气监测、地质勘探、通信、军事、交通管理和汽车工业等方面起着日益广泛的作用。

免疫传感器有一系列优点,它能弥补目前常规免疫检测方法不能进行定量测定的缺点。免疫传感器相对于其他传感器的优势则是:由于抗原与抗体的结合具有很高的特异性,从而减少了非特异性干扰,提高了检测的准确性,且检测范围也很大。

总之,集生物学、物理学、化学及医学为一体的免疫传感技术发展潜力巨大,它不但将推动传统免疫测试法发展,而且会影响临床和环境监测等领域的实用性研究。

12.2.3　微生物传感器

自 1967 年 Updike 和 Hicks 对第一个生物传感器进行研究以来,人们已经开发了许多类型的微生物传感器作为分析工具。在微生物传感器的开发中,已经通过应用它们的特性来适应分析物而使用了多种微生物。例如,使用微生物联合体或单一种类的微生物来估算工业废水中的有机污染。微生物传感器的优点是可耐受测量条件,使用寿命长和成本效益高;缺点是响应时间长。微生物传感器适用于生化过程的在线控制和环境监测,以及食品、临床和环境分析等领域。

原则上,微生物传感器主要涉及呼吸活性的变化或电化学活性代谢产物的产生。前者可分为两类:通过吸收有机化合物激活微生物呼吸,以及通过有害物质使呼吸失活。这些变化可以通过使用溶解氧(DO)电极进行监控。此外,最近通过替代 DO 指示剂开发了一种微生物传感器的介体类型。后者可以通过电化学装置直接监测。

1. 溶解氧测量系统

DO 电极是微生物传感器最通用的传感器,其中膜式电极(Clark 型)被广泛使用。Clark 电极分为电动电极或极谱电极。电动电极具有铅阳极和银(或铂)阴极,并引起电势差。因此,它是自驱动电极,不需要外部提供的电压。这种电极非常简单。然而,它也具有一些缺点,它比极谱电极显示出较慢的响应和较短的稳定性。极谱电极由一个铂阴极和一个银(或银/银/氯化银)阳极组成,它们都浸入相同的饱和氯化钾溶液中。阳极和阴极之间的合适极化电压选择性地还原阴极处的氧气。这些化学反应的结果显示为与 DO 浓度成比例的电流。

通过溶解氧电极可检测到由于化学化合物(有机和/或有机化合物)的同化引起的需氧菌或兼性厌氧菌呼吸的激活而引起的变化,这些变化可以估计为底物浓度。该传感器的原理如图 12-1(a)所示。这些传感器中使用有氧微生物,当将微生物传感器浸入溶解有 DO 的样品溶液中时,微生物的呼吸活性会增加,这会导致膜附近的 DO 浓度降低。使用 DO 电极,基板浓度可以通过氧的减少量来测量。

溶解氧电极也可以检测出由于有毒化合物引起的微生物呼吸失活而引起的变化,由这些变化可以估计有毒化合物的浓度。这种传感器的原理如图 12-1(b)所示。当将微生物传感器浸入充满 DO 的样品溶液中时,微生物的呼吸活性降低,这会导致膜附近的 DO 浓度增加。使用 DO 电极,可以根据氧气的增加量估算有毒化合物的浓度。

2. 电子转移测量系统

另一方面,对于微生物对有机化合物的吸收也可以使用氧化还原活性物质来

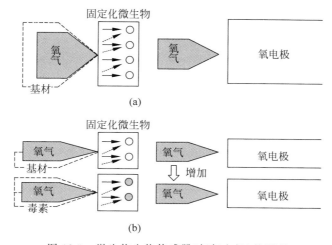

图 12-1　微生物生物传感器(氧气电极)的原理
(a) 呼吸活动可吸收化合物的测量类型；(b) 呼吸活动测量类型用于有毒化合物

测量分析物,氧化还原活性物质可以充当微生物与电极之间的电子穿梭物。电子转移,如"介质"或"氧化还原色指示剂"(RCI)已应用于微生物传感器的构造。这种传感器的原理如图 12-2 所示。

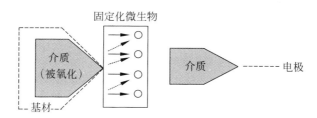

图 12-2　介质测定型微生物传感器的原理

作为介质,六氰合铁酸钾(Ⅲ)(HCF(Ⅲ))用于开发微生物传感器(见图 12-3)。通常,有机物质在有氧呼吸过程中被微生物氧化。但是,当 HCF(Ⅲ)存在于反应介质中时,它充当电子受体,并在有机物的代谢氧化过程中优先还原为 HCF(Ⅱ)。然后,还原的 HCF(Ⅲ)在工作电极(阳极)上再氧化,该工作电极保持在足够高的电势下。因此,使用电极系统产生并检测电流。

介质类型的传感器可以测量一定量的目标物质,而不会影响分析物样品中的 DO 浓度。利用电子转移的传感器系统具有许多优点：介质或颜色指示剂的溶解度远高于 DO；传感器系统不需要充气系统,可以大大简化为移动设备；与 DO 相比,介质的可检测电位低；由于可以将电功率保持在较低的检测电位这一事实,该测量不受还原化合物的影响,并且可以用常规电池充分进行。

3. 代谢物测量系统

微生物分泌的电活性代谢物(例如 H_2、CO_2、NH_3 和有机酸)也可以作为微生

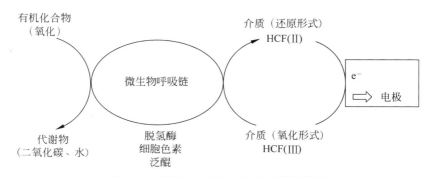

图 12-3　安培法介导的生物传感器的原理

物传感器被检测到。这种类型的传感器通常使用透气膜来检测水性或气态样品中的气态化合物。这种类型传感器的原理如图 12-4 所示。采用这种传感器的微生物不仅限于需氧菌,还可以是厌氧菌。

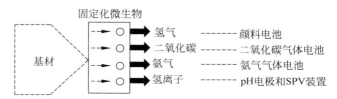

图 12-4　代谢物测定型微生物传感器的原理

在微生物传感器中使用燃料电池型电极（H_2 检测）、CO_2 电极、NH_3 电极或 pH 电极（包括离子敏感的场效应晶体管（ISFET））。由于除燃料电池类型外,这些电极中的大多数都是基于电位计的,尽管它们的可测范围很广,但它们对其他污染物也有反应,并具有较低检测限的局限性。另外,已经开发了使用 ISFET 的几种微生物传感器。

4. 其他测量系统

其他几种设备也可以应用于微生物传感器。为了测量固定化微生物释放的代谢热,可以通过将其放置在热敏电阻附近来构造微生物传感器。可以将光电细菌和光电探测器（如光电倍增管（PMT）或光电二极管（PD））组合构造成高度敏感的微生物传感器。发光细菌的发光强度取决于代谢活性。因此,使用这种类型的设备可以检测到微生物的营养素（如葡萄糖、氨基酸）和抑制剂（如毒物、重金属）。通常,与呼吸活动或生热相比,发光强度对代谢活动更敏感。表面光电压（SPV）技术可以应用于微生物传感器。SPV 设备作为换能器对表面 pH 离子强度和物理吸附敏感。硅基 SPV 器件或光寻址电位传感器（LAPS）用于测量器件的表面电势,尤其是表面附近溶液的 pH。使用硅芯片可以容易地制造该器件。SPV 设备已在某些传感器中使用,例如,用于定量酶联免疫测定的化学传感器、味觉传感器、氢传感器以及用于监测哺乳动物细胞中新陈代谢的监测传感器。

以微生物活细胞来设计生物传感器,其实就是调动微生物细胞的整个系统来对外源物质进行响应,其优点在于:获取微生物细胞比较容易;微生物细胞是极为丰富的酶源,而且细胞膜系统本身就是最适宜的酶活动的载体,通过特定方法维持细胞活性,可以保持长时间的酶活性,由于调动整个细胞或部分酶体系参与反应,催化过程有可能在细胞内循环,信号得以放大,因此微生物电极的灵敏度比相应的酶电极的高。但由于微生物细胞的复杂性,致使微生物电极也存在一些先天不足:一是多酶体系的存在,有可能对复杂样品产生非特异性响应。二是维持细胞活性是一个精细的过程,然而常常由于缺乏足够的经验而导致细胞过早的死亡,微生物传感器的工作寿命因而受到影响。三是以全细胞为敏感元件的微生物电极,其测定受到多种因素的影响,如细胞的通透性、酶的诱导活性、细胞内相关酶的活性状态等,因而微生物电极测定的精度和重复性一般比酶电极的要差。四是微生物固定化方法也需要进一步完善,首先,要尽可能保证细胞的活性;其次,细胞与基础膜结合要牢固,以避免细胞的流失;最后,微生物膜的长期保存问题也有待进一步改进,否则难以实现大规模的商品化。五是生物响应稳定性和微型化便携式等问题。仪器小型化将降低样品体积、试剂消耗和生产费用。

在各种生物传感器中,微生物传感器最大的优点就是成本低、操作简便、设备简单,因此其在市场上的前景是十分巨大和诱人的。微生物传感器作为一个具有发展潜力的研究方向,定会随着生物技术、材料科学、微电子技术等的发展取得更大的进步,并逐步趋向微型化、集成化、智能化。

12.3　生物传感器的应用案例

12.3.1　血糖测试仪

血糖仪又称血糖计,是一种测量血糖水平的电子仪器。血糖仪按工作原理分为光电型和电极型两种。电极型血糖仪的测试原理更科学,电极可内藏。

1. 原理

血糖仪按工作原理分为光电型和电极型两种类型。光电型血糖仪类似于 CD机,有一个光电头。它的优点是价格比较便宜;缺点是探测头暴露在空气中,很容易受到污染,影响测试结果,误差范围在 ±0.8 左右,使用寿命比较短,一般在两年之内是比较准确的,两年后建议正在使用光电型机器的患者到维修站做一次校准。一般医院有医院代表定期进行保养,而家用血糖仪则要到售后服务部进行光电头保养。

电极型血糖仪的测试原理更科学,电极口内藏,可以避免污染,误差范围一般在 ±0.5 左右,精度高,正常使用的情况下不需要校准,寿命长。

血糖仪按采血方式分为两种:一是抹血式,二是吸血式。抹血的机器一般采血量比较大,患者比较痛苦。如果采血偏多,还会影响测试结果；血量不足,操作就会失败,浪费试纸。这种血糖仪多为光电式的。吸血式的血糖仪,试纸自己控制血样计量,不会因为血量的问题出现结果偏差,操作方便,用试纸点一下血滴就可以了。

2. 技术实现

血糖测量通常采用电化学分析中的三电极体系,其测量原理如图 12-5 所示。三电极体系是相对于传统的两电极体系而言的,包括工作电极(WE)、参比电极(RE)和对电极(CE)。参比电极用来定点位零点,电流流经工作电极和参比电极构成一个不通电或基本少通电的体系,利用参比电极电位的稳定性来测量工作电极的电势。工作电极和辅助电极构成一个通电的体系,用来测量工作电极通过的电流。利用三电极测量体系,可以同时研究工作电极的点位和电流的关系。

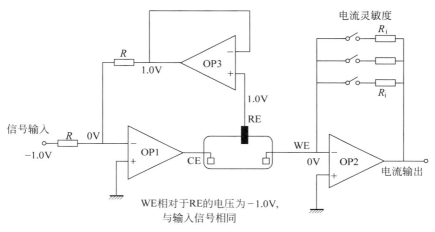

图 12-5　三电极式测糖原理

3. 关键技术及指标

(1) 稳定性(CV 值,变异系数)。稳定性是评价血糖仪好坏的重要指标。由于血糖仪相对误差较大,譬如血糖是 10,根据国家标准,测得值为 8 或 12 都可以认为是准确的,但若使用一台机器测出这样的两个结果,说明机器的稳定性不好,稳定性不好会使测量者无所适从,很难有效指导病人采取治疗方案,所以血糖仪的稳定性非常重要,测值稳定的血糖仪说明试纸酶的稳定性好。培养酶技术越先进的厂家,产品稳定性越好。

(2) 准确性(SD 值,标准偏差、相关系数)。只要试纸稳定性好,就可以通过调节密码来使测量值尽量接近标准值,也就是所谓的定标。准确性的前提是稳定性,没有稳定性就根本谈不上准确性。各厂家的定标标准及技术会有差异,准确性好的产品代表厂家定标技术好。

(3) 设定密码技术。由于是一种生化产品,葡萄糖氧化酶(以下简称酶)的培养过程非常复杂,所以每批酶的特性会有一定差异,产生的电流也会有微小不同。为使每批试纸测量结果都能和标准值尽可能接近,研究人员会通过设定密码来调节不同批次试纸之间的差异,以使各批试纸尽量接近标准值,所以设定正确的密码非常重要。每个厂家的培养酶和设码的技术是不一样的,所以会影响各家产品的品质。

(4)批间差。由于血糖试纸的生产过程对环境要求极其严格,生产厂家会通过定标使测值尽可能与标准值接近,但不同批次的试纸之间的差异肯定要比同批次试纸之间的差异要大一些,这就是批间差,也就是通常同批次试纸的稳定性要优于不同批次试纸的稳定性。我国国家标准对批间差的要求是不大于 15%。

(5)温度补偿技术。酶是有活性的,一般情况下酶在 20℃以上活性变化不大,在 20℃以下,温度越低活性越差。活性变差就会使其与葡萄糖发生反应时产生的电流变小,从而使测量结果变低。为了在不同的温度都能测出准确的血糖值,研发人员通过热敏电阻根据实时的温度情况来调节仪器电阻值,从而尽可能使酶和血液在不同的温度下都能产生和血糖值相匹配的电流,进而得出正确的血糖值,这就是血糖仪的温度补偿。由于各厂家血糖试纸酶的配方不同,所以各厂家会根据自己生产试纸酶的特性设定温度补偿参数,但由于酶的特性很难把握,致使各厂家的温度补偿效果参差不齐。总的来说,在不同温度环境下测得的结果越接近,代表该厂家产品的温度补偿技术越先进。

(6)适用温度。由于酶会受温度影响,所以只有在一定的温度条件下才可测量血糖。各厂家温度补偿技术高低除能决定高低温稳定性外,还会决定血糖仪的适用温度宽度。各厂家血糖仪的使用温度稍有不同,一般在 10~40℃。

4. 核心技术在行业中的现状

以上六种技术是血糖仪行业中的核心关键技术,各厂家产品的品质主要取决于以上几条。国产品牌的上述技术和进口品牌还有较大差距,这就是大多数国产品牌试纸售价只有进口大厂约一半但销量远远不如国际大厂的重要原因,且几乎所有的医疗机构使用的产品都是进口品牌,也说明国产品与进口品还有较大差距。

要做到一两个批次的试纸稳定性和准确性很好并不难,难的是每一个批次的试纸稳定性和准确性都很好。事实上,每个厂包括国际大厂也很难绝对保证每个批次都很好。例如,强生公司 2005 年就因试纸设码错误而在全球召回了多个批次的试纸。各厂家的技术区别就在于此,国际大厂的稳定性大多能控制在 5%以内,准确率多可控制在 95%以上,而小厂和国产产品则很难达到上述水平。

总之,快速血糖监测系统的核心技术比较复杂,各厂之间的技术差异只能说哪个厂对某项技术掌握得更好,并没有哪个厂对所有核心技术都有绝对把握,大家都在不断地探索中。2005 年强生定标事件、2007 年罗氏美国 FDA 事件都说明即使是国际顶尖公司,对快速血糖检测技术也没有绝对的把握,这些大厂尚且如此,那些小厂的情况就可想而知了。

5. 发展趋势

到目前为止,血糖仪技术共经历了五个发展阶段,也即出现了五代产品。前三代基本都采用光反射法实现血糖浓度测定,第四和第五代主要采用电化学法。目前国内主流血糖仪采用的是电化学法。第五代和第四代相比,在微量采血、多部位采血等细节方面进行了一些改进。诚然,当前市场上血糖仪存在着同质化的倾向,基本功能差别并不大,但如何测量得更精细、让患者使用起来更方便,一直是所有企业共同追求的目标。移动互联、动态血糖监测、无创血糖监测是当前血糖仪发展的三个主要方向。手机血糖仪充分利用移动互联技术,结合手机、平板等移动设备,实时给出分析结果,并存储到云端,方便医生及自我进行监控。手机血糖仪产品通过耳机插孔和手机相连,测试结果将通过手机软件存储处理,具有保存、自动分析、共享和提醒等多项功能。

12.3.2　基因芯片

基因芯片(gene chip,又称 DNA 芯片、生物芯片)的概念是 20 世纪 80 年代中期提出的。基因芯片的测序原理是杂交测序方法,即通过与一组已知序列的核酸探针杂交进行核酸序列测定的方法。

1. 概念

基因芯片技术就是顺应这一科学发展要求的产物,它的出现为建立新型杂交和测序方法及对大量遗传信息进行检测和分析提供了新思路。该技术是指将大量(通常每平方厘米点阵密度高于 400)探针分子固定于支持物上后与标记的样品分子进行杂交,通过检测每个探针分子的杂交信号强度进而获取样品分子的数量和序列信息。通俗地说,就是通过微加工技术,将数以万计乃至百万计的特定序列的 DNA 片段(基因探针),有规律地排列固定于 $2cm^2$ 的硅片、玻片等支持物上,构成一个二维 DNA 探针阵列,它与计算机的电子芯片十分相似,所以被称为基因芯片。基因芯片主要用于基因检测工作。早在 20 世纪 80 年代,W. Bains 等就将短的 DNA 片断固定到支持物上,借助杂交方式进行序列测定。但基因芯片从实验室走向工业化却直接得益于探针固相原位合成技术和照相平版印刷技术的有机结合以及激光共聚焦显微技术的引入,它使得合成、固定高密度的数以万计的探针分子切实可行,而且借助激光共聚焦显微扫描技术使得可以对杂交信号进行实时、灵敏、准确的检测和分析。

正如电子管电路向晶体管电路和集成电路发展时所经历的那样,核酸杂交技术的集成化也已经和正在使分子生物学技术发生着一场革命。现在全世界已有十多家公司专门从事基因芯片的研究和开发工作,且已有较为成型的产品和设备问世。主要代表为美国的 Affymetrix 公司。该公司聚集有多位计算机、数学和分子生物学专家,每年的研究经费在 1000 万美元以上,且已历时六七年之久,拥有多项专利。产品即将或已有部分投放市场,产生的社会效益和经济效益令人瞩目。

基因芯片技术由于同时将大量探针固定于支持物上,所以可以一次性对样品大量序列进行检测和分析,从而解决了传统核酸印迹杂交(Southern 印迹杂交和 Northern 印迹杂交等)技术操作繁杂、自动化程度低、操作序列数量少、检测效率低等不足。而且,通过设计不同的探针阵列、使用特定的分析方法可使该技术具有多种不同的应用价值,如基因表达谱测定、突变检测、多态性分析、基因组文库作图及杂交测序等。

2. 原理

基因芯片的原型是 20 世纪 80 年代中期提出的。基因芯片的测序原理是杂交测序方法,即通过与一组已知序列的核酸探针杂交进行核酸序列测定的方法,可以用图 12-6 来说明。在一块基片表面固定了序列已知的靶核苷酸的探针,当溶液中带有荧光标记的核酸序列 TATGCAATCTAG 与基因芯片上对应位置的核酸探针产生互补匹配时,通过确定荧光强度最强的探针位置,获得一组序列完全互补的探针序列。据此可重组出靶核苷酸的序列。

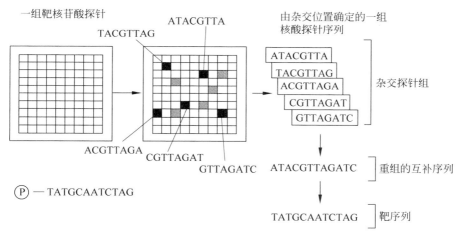

图 12-6　杂交测序方法

基因芯片又称为 DNA 微阵列(DNA microarray),可分为三种主要类型:

(1) 固定在聚合物基片(尼龙膜、硝酸纤维膜等)表面上的核酸探针或 cDNA 片段,通常用同位素标记的靶基因与其杂交,通过放射显影技术进行检测。这种方法的优点是所需检测设备与目前分子生物学所用的放射显影技术相一致,相对比较成熟。但芯片上探针密度不高,样品和试剂的需求量大,定量检测存在较多问题。

(2) 用点样法固定在玻璃板上的 DNA 探针阵列,通过与荧光标记的靶基因杂交进行检测。这种方法点阵密度可有较大的提高,各个探针在表面上的结合量也比较一致,但在标准化和批量化生产方面仍有不易克服的困难。

（3）在玻璃等硬质表面上直接合成的寡核苷酸探针阵列，与荧光标记的靶基因杂交进行检测。该方法把微电子光刻技术与DNA化学合成技术相结合，可以使基因芯片的探针密度大大提高，减少试剂的用量，实现标准化和批量化大规模生产，因此有十分巨大的发展潜力。

基因芯片是在基因探针的基础上研制出来的。所谓基因探针，只是一段人工合成的碱基序列，在探针上连接一些可检测的物质，根据碱基互补的原理，利用基因探针到基因混合物中识别特定基因。它将大量探针分子固定于支持物上，然后与标记的样品进行杂交，通过检测杂交信号的强度及分布来进行分析。基因芯片通过应用平面微细加工技术和超分子自组装技术，把大量分子检测单元集成在一个微小的固体基片表面，可同时对大量的核酸和蛋白质等生物分子实现高效、快速、低成本的检测和分析。

由于尚未形成主流技术，生物芯片的形式非常多，按基质材料分，有尼龙膜、玻璃片、塑料、硅胶晶片、微型磁珠等；按所检测的生物信号种类分，有核酸、蛋白质、生物组织碎片甚至完整的活细胞；按工作原理分，有杂交型、合成型、连接型、亲和识别型等。由于生物芯片概念是随着人类基因组的发展建立起来的，所以至今为止生物信号平行分析最成功的形式是以一种尼龙膜为基质的"cDNA阵列"，用于检测生物样品中基因表达谱的改变。

1）样品的准备及杂交检测

目前，由于灵敏度所限，多数方法需要在标记和分析前对样品进行适当程序的扩增，不过也有不少人试图绕过这一问题。例如，Mosaic Technologies公司引入的固相PCR方法，引物特异性强，无交叉污染并且省去了液相处理的麻烦；Lynx Therapeutics公司引入的大规模并行固相克隆法（massively parallel solid-phase cloning），可在一个样品中同时对数以万计的DNA片段进行克隆，且无须单独处理和分离每个片段。

显色和分析测定方法主要为荧光法，其重复性较好，不足的是灵敏度仍较低。目前正在发展的方法有质谱法、化学发光法、光导纤维法等。以荧光法为例，当前主要的检测手段是采用激光共聚焦显微扫描技术，以便于对高密度探针阵列每个位点的荧光强度进行定量分析。因为探针与样品完全正常配对时所产生的荧光信号强度是具有单个或两个错配碱基探针的5～35倍，所以对荧光信号强度进行精确测定是实现检测特异性的基础。但荧光法存在的问题是，只要标记的样品结合到探针阵列上后就会发出阳性信号，这种结合是否为正常配对，或正常配对与错配兼而有之，该方法本身并不能提供足够的信息进行分辨。

对于以核酸杂交为原理的检测技术，荧光检测法的主要过程为：首先用荧光素标记扩增（也可以用其他放大技术）过的靶序列或样品，然后与芯片上的大量探针进行杂交，将未杂交的分子洗去（如果用实时荧光检测可省去此步），这时，用落射荧光显微镜或其他荧光显微装置对片基进行扫描，采集每点荧光强度并对其进行分析比较。由于正常的 Watson-Crick 配对双链要比具有错配碱基的双链分子具有较高的热力学稳定性,所以,如果探针与样品分子在位点配对有差异,则该位点荧光强度就会有所不同,而且荧光信号的强度还与样品中靶分子的含量呈一定的线性关系。当然,由于检测原理及目的不同,样品及数据的处理也自然有所不同,甚至由于每种方法的优缺点各异以至于分析结果不尽一致。

2) 检测原理

杂交信号的检测是 DNA 芯片技术中的重要组成部分。以往的研究中已给出许多种探测分子杂交的方法,如荧光显微镜、隐逝波传感器、光散射表面共振、电化传感器、化学发光、荧光各向异性等,但并非每种方法都适用于 DNA 芯片。由于 DNA 芯片本身的结构及性质,需要确定杂交信号在芯片上的位置,尤其是大规模 DNA 芯片,由于其面积小、密度大、点样量很少,所以杂交信号较弱,需要使用光电倍增管或冷却的电荷偶联照相机(charged-coupled device camera,CCD)等弱光信号探测装置。此外,大多数 DNA 芯片杂交信号谱型除了分布位点以外还需要确定每一点上的信号强度,以确定是完全杂交还是不完全杂交,因而探测方法的灵敏度及线性响应也是非常重要的。杂交信号探测系统主要由杂交信号产生、信号收集及传输和信号处理及成像三个部分组成。

由于所使用的标记物不同,因而相应的探测方法也各具特色。大多数研究者使用荧光标记物,也有一些研究者使用生物素标记,联合抗生物素结合物检测 DNA 化学发光。通过检测标记信号来确定 DNA 芯片杂交谱型。

(1) 荧光标记杂交信号的检测方法

使用荧光标记物的研究者最多,因而相应的探测方法也就最多、最成熟。由于荧光显微镜可以选择性地激发和探测样品中的混合荧光标记物,并具有很好的空间分辨力和热分辨力,特别是当荧光显微镜中使用了共焦激光扫描时,分辨能力在实际应用中可接近由数值孔径和光波长决定的空间分辨力,而传统的显微镜是很难做到的,这便为 DNA 芯片进一步微型化提供了重要的基础。大多数方法都是在入射照明式荧光显微镜(epifluoescence microscope)基础上发展起来的,包括激光扫描荧光显微镜、激光共焦扫描显微镜、使用了 CCD 相机的改进的荧光显微镜以及将 DNA 芯片直接制作在光纤维束切面上并结合荧光显微镜的光纤传感器微阵列。这些方法基本上都是将待杂交对象以荧光物质标记,如荧光素或丽丝胶(lissamine)等,杂交后使用 SSC 和 SDS 的混合溶液或 SSPE 等缓冲液清洗。

(2) 激光扫描荧光显微镜

激光扫描荧光显微镜的探测装置比较典型。方法是将杂交后的芯片经处理后固定在计算机控制的二维传动平台上,并将一物镜置于其上方,由氩离子激光器产生激发光,经滤波后通过物镜聚焦到芯片表面,激发荧光标记物产生荧光,光斑半径约为 $5 \sim 10 \mu m$。同时,通过同一物镜收集荧光信号,经另一滤波片滤波后,由冷却的光电倍增管探测,经模/数转换板转换为数字信号。通过计算机控制传动平台

X、Y方向上步进平移，DNA 芯片被逐点照射，所采集荧光信号构成杂交信号谱型，送至计算机进行分析处理，最后形成 $20\mu m$ 像素的图像。这种方法分辨率高、图像质量较好，适用于各种主要类型的 DNA 芯片及大规模 DNA 芯片杂交信号检测，广泛应用于基因表达、基因诊断等方面的研究。

（3）激光扫描共焦显微镜

激光扫描共焦显微镜与激光扫描荧光显微镜结构非常相似，但由于采用了共焦技术而更具优越性。这种方法可以在荧光标记分子与 DNA 芯片杂交的同时进行杂交信号的探测，而无须清洗掉未杂交分子，从而简化了操作步骤，大大提高了工作效率。Affymetrix 公司的 S. P. A. Forder 等设计的 DNA 芯片即利用了此方法。该方法是将靶 DNA 分子溶液放在样品池中，芯片上合成寡核苷酸阵列的一面向下，与样品池溶液直接接触，并与 DNA 样品杂交。当用激发光照射使荧光标记物产生荧光时，既有芯片上杂交的 DNA 样品所发出的荧光，也有样品池中 DNA 所发出的荧光，如何将两者分离开来是一个非常重要的问题。而共焦显微镜具有非常好的纵向分辨力，可以在接收芯片表面荧光信号的同时，避开样品池中荧光信号的影响。一般采用氩离子激光器（488nm）作为激发光源，经物镜聚焦，从芯片背面入射，聚集于芯片与靶分子溶液接触面。杂交分子发出的荧光再经同一物镜收集，并经滤波片滤波，被冷却的光电倍增管在光子计数的模式下接收。经模/数转换反转换为数字信号送至计算机进行处理和成像分析。在光电信增管前放置一共焦小孔，用于阻挡大部分激发光焦平面以外的来自样品池的未杂交分子荧光信号，避免其对探测结果的影响。激光器前也放置一个小孔光阑以尽量缩小聚焦点处的光斑半径，使之只能够照射在单个探针上。通过计算机控制激光束或样品池的移动，便可实现对芯片的二维扫描，移动步长与芯片上寡核苷酸的间距匹配，在几分钟至几十分钟内即可获得荧光标记杂交信号图谱。其特点是灵敏度和分辨力较高，扫描时间长，比较适合研究用。现在 Affymetrix 公司已推出商业化样机，整套系统约 12 万美元。

（4）采用了 CCD 相机的荧光显微镜

这种探测装置与以上的扫描方法都是基于荧光显微镜，但是以 CCD 相机作为信号接收器而不是光电倍增管，因而无须扫描传动平台。由于不是逐点激发探测，因而激发光照射光场为整个芯片区域，由 CCD 相机获得整个 DNA 芯片的杂交谱型。这种方法一般不采用激光器作为激发光源，由于激光束光强的高斯分布，会使得光场光强度分布不均，而荧光信号的强度与激发光的强度密切相关，因而不利于信号采集的线性响应。为保证激发光匀场照射，有的学者使用高压汞灯经滤波片滤波，通过传统的光学物镜将激发光投射到芯片上，照明面积可通过更换物镜来调整；也有的研究者使用大功率弧形探照灯作为光源，使用光纤维束与透镜结合传输激发光，并与芯片表面呈 50°角入射。由于采用了 CCD 相机，因而大大提高了获取荧光图像的速度，曝光时间可缩短至零点几秒至十几秒。其特点是扫描时间短，灵敏度和分辨力较低,比较适合临床诊断用。

（5）光纤传感器

有的研究者将 DNA 芯片直接做在光纤维束的切面上（远端）,光纤维束的另一端（近端）经特制的耦合装置耦合到荧光显微镜中。光纤维束由 7 根单模光纤组成。每根光纤的直径为 $200\mu m$,两端均经化学方法抛光清洁。化学方法合成的寡核苷酸探针共价结合于每根光纤的远端组成寡核苷酸阵列。将光纤远端浸入到荧光标记的靶分子溶液中与靶分子杂交,通过光纤维束传导来自荧光显微镜的激光（$490\mu m$）,激发荧光标记物产生荧光,仍用光纤维束传导荧光信号返回到荧光显微镜,由 CCD 相机接收。每根光纤单独作用互不干扰,而溶液中的荧光信号基本不会传播到光纤中,杂交到光纤远端的靶分子可在 90% 的甲酸胺（formamide）和 TE 缓冲液中浸泡 10s,进而反复使用。这种方法快速、便捷,可实时检测 DNA 微阵列杂交情况而且具有较高的灵敏度。但由于光纤维束所含光纤数目有限,因而不便于制备大规模 DNA 芯片,有一定的应用局限性。

（6）生物素标记方法中的杂交信号探测

以生物素（biotin）标记样品的方法由来已久,通常都要联合使用其他大分子与抗生物素的结合物（如结合化学发光底物酶、荧光素等）,再利用所结合大分子的特殊性质得到最初的杂交信号,由于所选用的与抗生物素结合的分子种类繁多,因而检测方法也更趋多样化。特别是如果采用尼龙膜作为固相支持物,直接以荧光标记的探针用于 DNA 芯片杂交将受到很大限制,因为在尼龙膜上荧光标记信号信噪比较低。因而使用尼龙膜作为固相支持物的这些研究者大多是采用生物素标记的。

3. 独特优势

基因芯片的独特优势是快速、高效、自动化。

基因芯片不仅能在早期诊断中发挥作用,而且与传统的检测方法相比,它可以在一张芯片上同时对多个病人进行多种疾病的检测,并且利用基因芯片,还可以从分子水平上了解疾病。基因芯片的这些优势,能够使医务人员在短时间内掌握大量的疾病诊断信息,找到正确的治疗措施。除此之外,基因芯片在新药的筛选、临床用药的指导等方面也有重要作用。

第 12 章教学资源

第13章

MEMS传感器技术

随着微电子技术、集成电路技术和加工工艺的发展，MEMS 传感器凭借体积小、重量轻、功耗低、可靠性高、灵敏度高、易于集成以及耐恶劣工作环境等优势，极大地促进了传感器的微型化、智能化、多功能化和网络化发展。MEMS 传感器正逐步占据传感器市场，并逐渐取代传统机械传感器的主导地位，已在消费电子产品、汽车工业、航空航天、机械、化工及医药等领域得到青睐。

13.1 MEMS 传感器概述

13.1.1 MEMS 技术及 MEMS 传感器介绍

MEMS 是 microelectro mechanical systems(微机电系统)的简称，是指微型化的器件或器件的组合，是把电子功能与机械的、光学的或其他的功能相结合的综合集成系统。它采用微型结构，使之在极小的空间内达到智能化的功效。MEMS 是一门多学科交叉的新兴学科，涉及精密机械、微电子材料科学、微细加工、系统与控制等技术学科和物理、化学、力学、生物学等基础学科。它将在 21 世纪的信息、通信、航空航天、生物医疗等多方面获得重大突破，从而对世界科技、经济发展和国防建设带来深远的影响。

MEMS 具有以下几个非约束性的特征：

(1) 尺寸在毫米到微米范围内，区别于传统的宏观机械；

(2) 以硅微加工技术为主要的制造技术；

(3) 在无尘室大批量、低成本生产，使性价比与传统"机械"制造技术相比大幅度提高；

(4) MEMS 中的机械不限于力学中的机械，它代表一切具有能量转化、传输等功能的效应，包括力、热、光、磁、化学、生物等效应；

(5) MEMS 的目标是"微机械"与 IC(integrated circuit,集成电路)结合的微系统，并向智能化方向发展。

MEMS 系统主要包括微型传感器、微执行器和相应的处理电路三部分。作为输入信号的自然界各种信息，首先通过传感器转换成电信号，经过信号处理单元

（包括 A/D、D/A 转换）后，再通过微执行器对外部世界发生作用。图 13-1 所示为 MEMS 系统与外界相互作用的示意图。

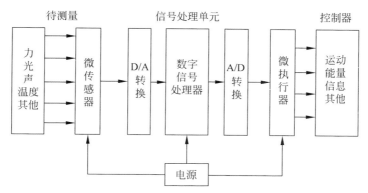

图 13-1　MEMS 系统与外界相互作用示意图

MEMS 传感器是采用微机械加工技术制造的新型传感器，是 MEMS 器件的一个重要分支。它具有体积小、质量轻、成本低、功耗低、可靠性高、技术附加值高，适于批量化生产、易于集成和实现智能化等特点。MEMS 传感器的门类品种繁多，分类方法也很多。按其工作原理，可分为物理型、化学型和生物型三类；按照被测的量，又可分为加速度、角速度、压力、位移、流量、电量、磁场、红外、温度、气体成分、湿度、pH 值、离子浓度、生物浓度及触觉等类型的传感器。综合两种分类方法的分类体系如图 13-2 所示。其中每种 MEMS 传感器又有多种细分方法。如 MEMS 加速度计，按检测质量的运动方式划分，有角振动式和线振动式；按检测质量支承方式划分，有扭摆式、悬臂梁式和弹簧支承方式；按信号检测方式划分，有电容式、电阻式和隧道电流式；按控制方式划分，有开环式和闭环式。

MEMS 传感器不仅种类繁多，而且用途广泛。作为获取信息的关键器件，MEMS 传感器对各种传感装备的微型化发展起着巨大的推动作用，已在太空卫星、运载火箭、航空航天设备、飞机、各种车辆、生物医学及消费电子产品等领域得到了广泛的应用。

13.1.2　智能制造对 MEMS 传感器的需求

目前我国处于工业产业结构升级的重要发展阶段，未来工业制造业将逐渐向高端发展，这使得传感器等自动化相关产品迎来了良好的发展机会。传感技术早已走进人类社会的方方面面，不仅是工业生产，连日常生活也离不开传感技术。

工业电子领域，在生产、搬运、检测、维护等方面均涉及智能传感器，如机械臂、AGV 导航车、AOI 检测等装备。在消费电子和医疗电子产品领域，智能传感器的应用更具多样化。如智能手机中比较常见的智能传感器有距离传感器、光线传感器、重力传感器、图像传感器、三轴陀螺仪和电子罗盘等。可穿戴设备最基本的功

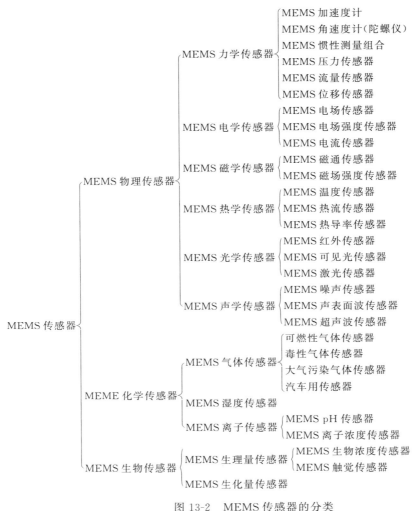

图 13-2　MEMS 传感器的分类

能就是通过传感器实现运动传感,通常内置 MEMS 加速度计、心率传感器、脉搏传感器、陀螺仪、MEMS 麦克风等多种传感器。智能家居(如扫地机器人、洗衣机等)涉及位置传感器、接近传感器、液位传感器、流量传感器、速度控制传感器、环境监测传感器、安防感应传感器等技术。

传感材料、MEMS 芯片、驱动程序和应用软件是智能传感器实现这些功能的核心技术。特别是 MEMS 芯片,由于其具有体积小、重量轻、功耗低、可靠性高并能与微处理器集成等特点,已成为智能传感器的重要载体。

13.1.3　MEMS 传感器的发展趋势和展望

1959 年,诺贝尔物理奖获得者理查德·费曼发表了文章"There is plenty of

room at the bottom",他指出"在微尺度上操控物体的研究还是一片空白",而这个领域"可能会展现出很多在复杂情形下出现的有趣而奇怪的现象"。费曼的远见卓识一直激励着许多科学家向微小世界挺进,此后,产生了 MEMS 技术和纳米技术。1987 年,首届有关 MEMS 的"微型机器人和远程操控技术"研讨会在美国海恩尼斯举行。

20 世纪 80 年代以来,Draper(德雷珀)实验室(美)、JPL 公司(美)、LITTON(利顿)公司(美)、LITEF 公司(德)、SAGEM 公司(法)、AD 公司(美)、Vector 公司(俄)等相继开展微硅陀螺、微硅加速度计等微型惯性仪表的研究,有的已形成产品,进而进行微型惯性测量组合的研究。美国国防部将 MEMS 技术列为国防部的关键技术,美国国防高级研究计划局(DARPA)资助开发军用 MEMS 的经费每年达 5000 万美元以上。

日本在 1989 年成立了微机械研究会,1992 年正式启动一项为期十年、耗资1.9 亿美元的"微机械研究计划",着重发展六个方面的技术:延伸微纳米技术、微装置技术、器件高度集成技术、场能利用技术、多分布与协同管理技术和智能材料利用技术。据报道,日本住友精密工业公司和英国航天公司已合作研制成功一种硅微机械压电陀螺仪——CRS 系列振动陀螺仪。

我国微机械的研究始于 1989 年,微加速度计的研究始于 1994 年,"九五"期间正式作为专题列入国家预研计划。由于我国 MEMS 产业起步较晚,我国的MEMS 传感器产品多处于技术相对成熟、市场格局相对稳定的传统 MEMS 应用领域,而新兴领域的 MEMS 产品在测量精度、温度特性、响应时间、稳定性、可靠性等方面与国外差距较大,尚未形成具有市场竞争力、较为完善的产品系列,产品结构略显单薄。

进入 21 世纪以来,在市场引导、科技推动、风险投资和政府介入等多重作用下,MEMS 传感器技术发展迅速,新原理、新材料和新技术的研究不断深入,MEMS 传感器的新产品不断涌现。智能时代的开启推动了新一代 MEMS 智能传感器的发展,要求其向低成本、低功耗、微型化、更高精度、多传感器集成、远程监控和自适应传感器网络接口等方向发展。

借助新型材料,如 SiC、蓝宝石、金刚石 SOI 开发出的各种新型高可靠 MEMS传感器,如温度传感器、气体传感器和压力传感器具有耐高温、耐腐蚀和防辐照等性能,进一步提高了 MEMS 传感器的精度和可靠性。纳米管,纳米线,纳米光纤、光导、超导和智能材料也将成为制作纳米传感器的材料。MEMS 传感器向纳米级发展将产生多种传感器,如气体、生物和化学传感器,使 MEMS 传感器的种类更加多样化。

新的加工技术,如先进的 MEMS 制作和组装技术使 MEMS 传感器体积更小、功耗更低且性能更高,如具有耐振动和抗冲击的能力。利用专门的集成设计和工艺,如与 CMOS 兼容的 MEMS 加工技术和芯片上集成系统(SoC)技术可把构成传感器的敏感元件和电路元件制作在同一芯片上,能够完成信号检测和信号处理,构成功能强大的智能传感器,满足传感器微型化和集成化的要求。传感器集成化是实现传感器小型化、智能化和多功能化的重要保证。

新一代 MEMS 智能传感器的传感部分以 MEMS 技术为主流,并和 CMOS 传感、生物传感等其他半导体传感技术相集成,同时不断创新 MEMS 的新材料和新结构;多功能集成、远程监控和自适应传感器网络接口的需求使其电子学部分增加了微控制器等硬件和软件相结合的部分,形成第五代新的架构。

MEMS 传感器一直是研究的热点和重点,是各国大力发展的核心和前沿技术,引起了各国研究机构、大学和公司的高度重视,欧美和日本等国家/地区显示出了明显的领先优势。国内的一些高校和研究机构已着手 MEMS 传感器技术的开发和研究,但在灵敏度、可靠性及新技术能力提升方面与国外相比还存在较大差距。许多 MEMS 传感器品种尚未具备批量生产的能力,离产品的实用化和产业化还有距离,有待于进一步提高和完善。

随着新材料、新技术的广泛应用,基于各种功能材料的新型传感器件得到快速发展,其对制造的影响愈加显著。未来,智能化、微型化、多功能化、低功耗、低成本、高灵敏度、高可靠性将是新型传感器件的发展趋势,新型传感材料与器件将是未来智能传感技术发展的重要方向。

此外,微型化不可逆,MEMS 正向 NEMS(nanoelectro mechanical systems,纳机电系统)演进。与 MEMS 类似,NEMS 是专注纳米尺度领域的微纳系统技术,只不过尺寸更小。而随着终端设备小型化、种类多样化,MEMS 向更小尺寸演进也是大势所趋。

13.2　MEMS 传感器的微型化技术和基本原理

13.2.1　微尺度效应

MEMS 不仅以微型化为基本特征,更重要的是,MEMS 具有自身独特的理论基础,微器件中的物理量和机械量等在微观状态下呈现出异于传统机械的特有规律,这种变化可被定义成广义尺度效应,即通常所说的尺寸效应。在微观领域,与特征尺寸的高次方成比例的惯性力、电磁力等的作用相对较小,而与特征尺寸的低次方成比例的弹性力、表面张力和静电力的作用显著,表面积与体积之比增大,因而微机械中常常采用静电力作为驱动力。MEMS 理论基础的研究领域都包含有一个共同的特征——微,说明尺度因素是 MEMS 设计中的主导因素。以尺度效应作为 MEMS 理论基础的主要研究内容,既可以突出研究重点——构件的微型化,又给出了 MEMS 所涉及各学科之间的联系,即微型化的构件产生的效应使其具有自身独特的性能,导致在各学科领域产生新的问题。因此,研究 MEMS 的基础理论,必须着重研究其尺度效应。尺度效应是在微机电系统的设计过程中必须考虑的问题,这也决定了微机电系统设计与传统设计的主要不同。微机电系统的尺寸微小化对材料性能、构件的机械特性、流体性能以及摩擦和黏附等都有很大的影响。

在微尺度效应中,除表面效应和界面效应以外,小尺度效应和量子尺度效应都是和电子、声子、光子等微观粒子的输运特性有关的。将任何器件或系统缩小时,很好地理解微尺度特性对系统的全局设计、材料以及制造工艺的影响是非常重要的。因为系统中任何一个组件的尺度特性可能是可制造性和经济可行性的一个难以逾越的障碍。尺度效应导致现有对宏观现象研究的结果和设计经验无法直接地运用到微观场合。

当设计和制造一个微器件时,必须意识到薄膜材料的性能与材料在块状或宏观形式下的性能差异。这些差异是由于薄膜材料和块材料的制备工艺不同导致的。另一个导致不同的起因是均质性与连续性的假设,这一假设对块材料或者宏观情况通常是足够准确的;但是在器件大小与材料本征尺寸处于同一尺度的情况下,该假设是错误的。其他在微尺度范围内的材料性能变化也一样。因此晶粒形状以及其他特性的改变对 MEMS 产品的生产和实施影响很大。MEMS 的尺度效应表现出来的另一个特性是在密度方面,由于材料的缺陷减少,一些 MEMS 器件的可靠性,特别是一些简单的机构(如悬臂梁),要比其宏观版本的强度好得多。然而,由于 MEMS 系统表面与体积的高比率特征,必须更关注于控制它们的表面性能。

在微尺度下,一些重要的材料性能特性(包括弹性模量、剪切模量、密度、泊松比、断裂强度、屈服强度、表面残余应力、硬度、疲劳特性、传导率等)与宏观条件下的不同,这是由于尺度效应的原因。然而对它们的测量也显得困难重重。所以,尽快建立 MEMS 材料数据库,建立健全的材料性能评估体系,包括标准的实验测试方法、高精度的测试仪器和合理的描述微结构力学性能的尺度效应的理论分析方法,已经成为 MEMS 技术发展的焦点。

13.2.2　物理效应

单晶硅是 MEMS 中最基本、最常用的材料,因此必须首先对单晶硅的力学特性进行研究。表 13-1 所示为单晶硅与其他材料的基本力学参数对照表。硅的屈服强度为 $7 \times 10^9 \text{N/m}^2$,比不锈钢高 2 倍多,是高强度钢的 1.7 倍。硅的努普硬度为 $8.3 \times 10^9 \text{N/m}^2$,约比高硬度钢低一半,比不锈钢高三分之一,与石英(SiO_2)接近。硅的弹性模量为 $1.9 \times 10^{11} \text{N/m}^2$,与钢、铁、不锈钢接近。首先,常见的单晶硅通常是直径 $50 \sim 130 \text{mm}$、厚度 $250 \sim 500 \text{mm}$ 的圆薄片,这种圆薄片在受到外力时容易产生较大的内应力,易导致损坏。实际上,相同尺寸的不锈钢片,在同一外力作用下同样会被损坏。当硅片被分割成数毫米见方的小芯片时,发生损坏的概率就大大减小了。其次,由于单晶硅材料具有沿晶面解理的趋势,当硅片边缘、表面和硅体内存在缺陷而导致应力集中,并且其方向与解理面相同时,会使硅片开裂、损坏。同时人们又在利用这一现象,将硅片划割分离成一个个小芯片,在这一工艺中不可避免地会有一些芯片上的缺陷导致不希望的芯片缺损。最后,半导体的高温处理和多层膜淀积工艺会引入内应力,当其与硅材料本体、表面和边缘的缺陷结合时,会导致应力集中,甚至沿解理面开裂。人们认为硅强度低的另一个原因是硅被破坏时发生脆性断裂,而金属材料通常发生塑性变形。

表 13-1   单晶硅与其他材料力学特性对比

材料	屈服强度 /$(10^9 \text{N} \cdot \text{m}^{-2})$	努普硬度 /$(10^9 \text{N} \cdot \text{m}^{-2})$	弹性模量 /$(10^{11} \text{N} \cdot \text{m}^{-2})$	密度 /$(10^3 \text{kg} \cdot \text{m}^{-3})$	传热系数 /$(\text{W} \cdot \text{m}^{-1} \cdot \text{℃}^{-1})$	热膨胀系数 /(10^6℃^{-1})
Si	7.0	8.3	1.9	2.3	157	2.33
铁	12.6	3.9	1.96	7.8	80.3	12
高强度钢(最大强度)	4.2	14.7	2.1	7.9	97	12
不锈钢	2.1	6.5	2.0	7.9	32.9	17.3
W	4.0	4.8	4.1	19.3	178	4.5
Mo	2.1	2.7	3.43	10.3	138	5.0
Al	0.17	1.3	0.70	2.7	236	25
SiC	21	24.3	7.0	3.2	350	3.3
TiC	20	24.2	4.97	4.9	330	6.4
Al_2O_3	15.4	20.6	5.3	4.0	50	5.4
Si_3N_4	14	34.2	3.85	3.1	19	0.8
SiO_4 (光纤)	8.4	8.0	0.73	2.5	1.4	0.55
钻石	53	68.6	10.35	3.5	2000	1.0

因此硅材料制作的机械元件和器件的实际强度取决于它的几何形状、缺陷的数量和大小、晶向,以及在生长、抛光、流片时产生和积累的内应力。当充分考虑到这些影响因素后,将可能获得强度比高强度合金还好的硅微机械结构。合理使用硅材料和正确设计硅结构与加工工艺,应遵循以下三个原则:

(1)缺陷最小原则:必须尽量降低硅材料在表面、边沿和本体中的晶体缺陷密度,尽量减小结构尺寸,以降低机械结构中晶体缺陷的总数。应当尽量减少或取消容易引起边沿和表面缺损的切割、磨削、划片和抛光等机械加工工艺,采用腐蚀分离取代划片。如果传统的机械加工工艺是必不可少的,则应将受到严重影响的表面和边沿腐蚀去除。

(2)应力最小原则:微结构中应尽量避免采用尖锐边角和其他容易产生应力集中的设计。由于各向异性腐蚀会产生尖锐的边角从而导致应力集中,因此在有些结构中可能需要进行后续的各向同性腐蚀或其他平滑锐角的工艺。由于材料的热膨胀系数不同,高温生长和处理工艺将不可避免地引起热应力,使微结构在严酷的力学条件下发生断裂,因此必须采用退火工艺降低高温处理所带来的热应力。

(3)最大隔离原则:应采用 SiC 或 Si_3N_4 等坚硬、耐腐蚀的薄膜覆盖硅表面,以防止硅本体与外界直接接触,尤其是在高应力、高磨损的应用场合。在工艺条件和结构特点不允许的情况下,可以采用硅橡胶等电绝缘柔性材料对非接触外表面进行保护。

13.2.3　MEMS 工艺的影响

MEMS 的飞速发展是与相关的制造加工技术的进展分不开的,微电子集成工艺是其基础。微细加工技术是在硅微加工方法的基础上发展起来的,由于微电子工艺是平面工艺,在加工 MEMS 三维结构方面有一定的难度,为了实现高深宽比的三维微细加工,通过多学科的交叉渗透,已研究开发出了 LIGA(一种基于 X 射线光刻技术的 MEMS 加工技术)、激光加工等方法。此外,要构成 MEMS 的各种特殊结构,必须用一系列特殊的工艺技术,主要包括体微加工技术、表面微加工技术、高深宽比微加工技术、组装与键合技术以及超微精密加工技术等。下面介绍其中的几种。

1. 体微加工技术

体微加工技术是为制造微三维结构而发展起来的,即按照设计图形在硅片上有选择地去除一部分硅材料,形成微机械结构。体微加工技术的关键技术是刻蚀。对于硅,鉴于其在多晶或单晶或其他环境下在刻蚀液中具有不同的刻蚀力,因而分为各向同性刻蚀和各向异性刻蚀。各向同性刻蚀是指刻蚀时,刻蚀速率在各个方向相同。各向异性刻蚀的刻蚀速率与多方面的因素有关。湿法刻蚀硅片的刻蚀液主要有 KOH 系统(KOH、H_2O、$(CH_3)_2CHOH$(异丙醇))的混合溶液和 EDP 系统($NH(CH)_2$(乙烯二胺)、$C_6H_4(OH)_2$、邻苯二酚和水)。干法刻蚀主要采用物理法(溅射、离子铣)和化学等离子刻蚀,适用于各向同性及各向异性刻蚀。选择合适的掩膜版可得到深宽比大、图形准确的三维结构,目前在 MEMS 技术中最成熟。

2. 表面微加工技术

表面微加工是以硅片作基片,通过淀积和光刻形成多层薄膜图形,再把下面的牺牲层经刻蚀去除,保留上面的结构图形的加工方法。表面微加工不同于体加工,它不对基片本身进行加工。在基片上有淀积的薄膜,它们被有选择地保留或去除以形成所需的图形。表面微加工的主要工艺是湿法刻蚀、干法刻蚀和薄膜淀积。薄膜为微器件提供敏感元件、电接触、结构层、掩膜层和牺牲层。牺牲层的刻蚀是表面加工的基础。

3. 高深宽比微加工技术

高深宽比微加工技术通常为反应离子刻蚀,它可获得数十微米甚至数百微米深度的台阶。对特种材料,还可以用特种方法。LIGA 技术被认为是最佳高深宽比的微加工技术,加工宽度为几微米,深度高达 $1000\mu m$,且可实现微器件的批量生产。它是 X 光深度光刻、微电铸和微塑铸三种工艺的有机结合,是利用短波段高强度的同步辐射 X 光制造三维器件的先进制造技术。

4．键合技术

由上述工艺制造的微构件要通过键合来做成微机械部件，键合技术主要可分为硅熔融键合和静电键合两种。

硅熔融键合是在硅片与硅片之间直接或通过一层薄膜（如 SiO_2）进行原子键合。静电键合可将玻璃与金属、合金或半导体键合在一起，不能用黏合剂。键合界面气密性和稳定性都好。

13.3　MEMS 传感器的设计

13.3.1　MEMS 传感器的设计方法和过程

由于 MEMS 系统的跨学科特点，完成整个 MEMS 系统的设计过程必须由不同领域的有专门经验的设计者分工合作，再由一个总的系统级设计者加以综合和协调。

一种比较流行的设计方法是自顶向下（top-down）的、并行的设计方法，已经在一些商业化的产品设计中成功应用。而现代模拟和混合信号硬件描述语言（HDLs）的发展和系统级模拟工具的支持也促进了这种方法的实现。

系统总设计者先将整个系统划分成一些子系统，如模拟部分、数字部分和MEMS 器件部分等，并指定这些子系统所应实现的功能。这一步是通过用模拟和混合信号硬件描述语言如 VHDL-AMS（AMS 为 analog and mixed-signal（模拟和混合信号））或其他一些公司专有的 HDL 语言（须支持模拟与混合信号）编写子系统的行为模型来实现的。系统设计者用这些行为模型进行系统级模拟以验证整个系统划分的合理性。如果达到要求，就把这些模型（实际为子系统的设计目标）交给不同领域的专门设计者去实现。每一个领域的专门设计者进行各自的设计和模拟以达到设计目标，并用 HDL 语言给出子系统的宏模型供系统级模拟。这个过程是交互式的，如图 13-3 所示。

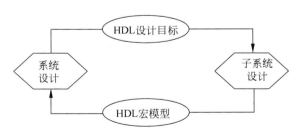

图 13-3　系统设计时 HDL 语言的应用

对于 MEMS 部分的设计者来说，为选择合适的物理参数和几何参数以设计出符合要求的 MEMS 器件，就要对 MEMS 器件的物理特性有一个全面的了解。为此,必须进行 MEMS 的器件级模拟。一般这一步是通过对 MEMS 器件进行三维网格划分,采用离散的方法进行数值模拟。当 MEMS 器件不太复杂时,也可运用解析的方法。离散方法有很多种,最常用的是有限元法(finite element method, FEM)。对不同领域的 MEMS 器件,现已开发出多种器件级分析与模拟工具(如 ANSYS)。但 MEMS 器件如传感器或执行器等必须与其他辅助电路、控制电路连接在一起,以形成完整的系统功能。由于彼此处于一个极小的空间范围内,相互之间物理量的耦合很强。为准确预测整个系统的最终性能,必须进行系统级的模拟。系统级模拟常用的工具为电路模拟软件 SPICE 或数值计算工具 MATLAB。直接把器件模型数值模拟的结果用于电路模拟理论上是有可能的,因为对于一个三维的有限元模型来说,其有限元分析在那些与外部电路连接点上的结果可用作系统模拟时的器件参数值。但这样得出的大多数 MEMS 模型会极其复杂,往往会有上百个自由度,系统级模拟将花费惊人的机时。此外,由于采用不同的模拟器,很可能会出现不收敛的情况。因此,实际上必须根据 MEMS 器件的三维有限元分析结果得出低自由度的、基于能量的宏模型,从而用于系统级模型,如图 13-4 所示。

图 13-4　MEMS 建模与模拟的分级

这些宏模型必须符合以下几点要求:

(1) 只有少量的自由度;

(2) 最好是解析表达,以使设计者了解参数改变带来的效应;

(3) 依器件不同的几何边界和材料特性而相应变化;

(4) 体现器件的准静态特性及其动态特性;

(5) 表达方式简单,是一个等效电路,或是一组常微分方程和代数方程;

(6) 符合器件的三维模拟结果。

目前还没有一种通用的方法由器件模拟的结果直接得出设计的行为模型。总的系统设计者通过调整其他子系统的目标,来使整个系统的性能达到原来的要求。此过程重复进行,直到获得整个系统的最佳设计。

13.3.2　计算机辅助设计及 CoventorWare 设计软件介绍

1. 计算机辅助设计方法

与传统机电计算机辅助设计和微电子计算机辅助设计相比,由于 MEMS 器件的结构和制造工艺特点,使得 MEMS 器件的计算机辅助设计(MEMS CAD)具有与传统计算机辅助设计不同的特点,因此,MEMS CAD 的研究必须遵循以下一些原则:

(1) MEMS 技术的特点是多种学科相互交叉,涉及微电子学、微机械学、微动力学、微流体学、微热力学、材料学、物理学、生物学等。这些作用域相互作用,共同组成完整的系统,实现一定的物理功能。多能量域的耦合问题是 MEMS CAD 系统所面临的最大挑战。

(2)与基于平面工艺的 IC 工艺不同的是,MEMS 的制造目的是得到三维的几何结构。但是,一般的 IC CAD 不提供自动生成三维模型的工具。因此,作为联系掩膜、工艺和三维模型的桥梁,结构仿真器是 MEMS CAD 所必需的。

(3)MEMS 的制造过程不仅会改变结构的几何轮廓,还会改变材料的性质。材料性质的改变,将会影响结构的电子和机械特性。因此,一个完整的 MEMS CAD 系统必须建立相应的材料特性数据库,并且可根据工艺流程自动地将材料特性插入三维几何模型中。

(4)采用快速有效的算法。MEMS 器件在几何上是复杂的三维结构,在物理上各种能量域相互耦合。计算中不仅要进行结构内部的量化分析,还要进行结构外部的各种场(如电场、流场等)的分析。这些分析的计算量极大,不仅耗时长,而且要求有较大的内存。因此,快速有效的算法是设计实用的 MEMS CAD 系统的基础。

MEMS 系统是采用微电子和微机械加工技术将所有的零件、电路和系统在通盘考虑下几乎同时制造出来,零件和系统是紧密结合在一起的,这是一种自上而下的方法。图 13-5 显示了 MEMS 器件的设计过程。

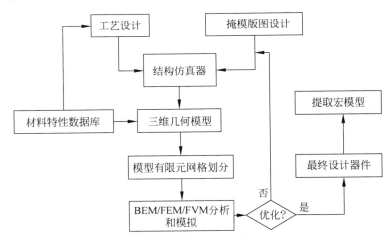

图 13-5　MEMS 器件的设计过程

从图 13-5 中可以看出,MEMS 器件的设计模拟过程是:①通过掩膜版图设计及工艺设计,由结构仿真器生成三维几何模型;②从材料数据库中提取元件的材料特性,将其插入几何模型中,生成完整的模型;③划分网格进行分析和模拟,接着进行优化;④最后完成设计。各步骤具体描述如下:

(1)工艺设计是利用 MEMS 加工技术,制定合理的工艺流程,同时形成加工

设计完成的 MEMS 器件的工艺信息文档,便于 MEMS 器件的加工。MEMS
CAD 方法中,要生成设计器件的三维实体,首先必须制定器件的加工工艺。目
前加工 MEMS 器件的工艺主要有精密机械加工技术、硅微机械加工技术、LIGA
工艺等。

　　(2) 掩膜版图设计是将逻辑设计转换成物理几何表示的一个过程,包括版图
布局规划、布置布线以及版图后处理与版图数据输出几个主要阶段。版图设计的
实现方法有很多种,基于标准单元的设计方法因高效且可靠的特点成为目前业界
最流行的模式。在 MEMS 器件的设计中掩膜版图设计可以简单地理解为设计器
件在平面上的结构和布局。

　　(3) 结构仿真器的作用是,首先把 MEMS 器件结构从外围接口电路中隔离出
来,根据工艺设计和掩膜版图设计来生成三维实体模型。这类似于实际的生产过
程,每一个工步,从材料特性数据库中读取相应数据,依此计算各工步的效果,并对
模型的结构进行修改。在进行过程中,记录材料特性、工艺条件和几何现状,以备
随后分析使用,最终的结构就是这一系列变化的结果。以后的所有分析都基于由
结构仿真器生成的该实体模型。

　　(4) 建立材料特性数据库。相对于设计传统机械的设计工程师,MEMS 的设
计人员不仅没有足够的设计手册,甚至缺少 MEMS 设计中所特有的、与耦合特性
有关的材料常数。这使设计人员难以精确地设计结构的尺寸。由于 MEMS 器件
的尺寸较小,给这些特性的测量带来了一定困难。因此,一般设计专门结构进行测
量。这方面,已经初步建立了一些 MEMS 材料的数据,如 CoventorWare 的
MPD 等。

　　(5) MEMS 器件的模拟和优化。生成器件的三维实体模型后,对器件进行网
格划分,就可利用 BEM/EFMS 器件进行模拟。这其中由于 MEFM/VM 方法对
MEMS 器件包括热、流体、电磁、机械等相互作用,使 MEMS 的仿真与建模越来越
复杂。在 MEMS 设计中遇到的最大挑战是多能量域的耦合分析。在进行仿真时,
不仅要针对各个域的特点寻找相应的算法,还要解决不同域的耦合问题。在分析
完成后,可以对设计的器件进行优化,进一步提高器件的质量。最后可以提取器件
的宏模型用于系统级的仿真。

2. CoventorWare 软件

　　CoventorWare 是目前业界公认的功能最强、规模最大的 MEMS 专用软件。
它拥有几十个专业模块,功能包含 MEMS 系统/器件级的设计与仿真、工艺仿真/
仿效。其主要用于四大领域:Sensors/Actuators,RF MEMS,Microfluidics,
Optical MEMS。

　　CoventorWare 具有系统级、器件级功能的 MEMS 专用软件,其功能覆盖设
计、工艺、器件级有限元及边界元分析仿真,微流体分析,多物理场耦合分析,
MEMS 系统级仿真等各个领域。CoventorWare 因其强大的软件模块功能、丰富

的材料及工艺数据库、易于使用的软件操作并与各著名 EDA 软件均有完美数据接口等特点给工程设计人员带来极大的方便。

CoventorWare 软件主要包括四个模块：Architect，Designer，Analyzer，Integrator，其工作流程如图 13-6 所示。

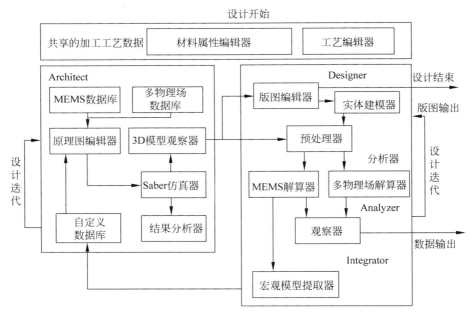

图 13-6　CoventorWare 工作流程图

（1）Architect 模块：提供了独有的 PEM(机电)、OPTICAL(光学)、FLUIDIC(流体)库元件，可快速描述出 MEMS 器件的结构，并结合周围的电路进行系统级的机、电、光、液、热、磁等能量域的分析，找到最优的结构、尺寸、材料等设计参数，从而生成器件的版图和工艺文件。

（2）Designer 模块：可进行版图设计，生成器件三维模型，划分网络单元。

（3）Analyzer 模块：可采用 FEM(有限元法)、BEM(边界元法)、BPM(光速传播法)、FDM(有限差分法)、VOF(体积函数法)等分析方法进行结构分析、电磁场分析、压电分析、热分析、微流体分析、光学分析及多物理场的全耦合分析等。

（4）Integrator 模块：最后从三维分析结果中提取 MEMS 器件的宏模型，反馈回 Architect 进行系统或器件性能的验证，完成整个设计。

CoventorWare 由可单独使用以补充现有的设计流程，或者共同使用以提供一个完整的 MEMS 设计流程的以上四个主要部分组成，该工具套件的完整性和模块间高度的一体化程度提高了整体效率和易用性，使用户摆脱了在多个独立工具设计间手工传递数据的负担。

CoventorWare 分析的基本步骤包括：①定义材料属性；②生成工艺流程；

③生成二维版图；④通过二维版图生成三维模型；⑤划分网格生成有限元模型；⑥设定边界条件、加载；⑦求解；⑧提取、查看结果。

13.4　MEMS 技术的应用

近年来,伴随着汽车传感器微型化和集成化的发展趋势,由半导体集成电路技术发展而来的 MEMS 技术逐渐在汽车工程领域得到应用,其代表性产品——微惯性传感器已逐步呈现取代传统机电技术传感器的趋势。汽车微惯性传感器是一类在汽车上使用的,利用惯性原理来测量汽车动态行驶过程中的加速度、速度、运动轨迹、旋转角速率以及运动姿态等整车或各总成部件运动状态的微型传感器。这种以 MEMS 技术为基础研制的微传感器具有体积小、质量轻、响应快、灵敏度高和易生产等特点,以及低能耗、高功率、低成本、环保等优势,特别适合在汽车上使用。

为了提高汽车的动力性、经济性等性能,使驾乘人员乘坐汽车更加舒适、安全,目前许多新型汽车特别是高档汽车上安装了汽车行驶安全系统、车辆动态控制系统、汽车黑匣子、汽车导航系统等新型系统。在这些系统中,几乎都有 MEMS 惯性传感器的应用,并且车越好,所用的传感器就越多。如 BMW740i 汽车上就有 70 多只 MEMS 传感器,Mercedes-Benz(S 级)、Cadillac 等车上也安装了大量 Bosh、SystronDonne 和 Matsushita 等公司生产的微机械陀螺等 MEMS 惯性传感器。下面对 MEMS 惯性传感器在这些系统中的一些应用进行简单介绍。

1. 车辆行驶安全系统

作为最早商品化的 MEMS 产品,20 世纪 80 年代中期,微加速度计开始用于汽车安全气囊,它们是到目前为止大量生产并在汽车中应用最广泛的微型传感器,同时也极大地促进了汽车行驶安全系统的发展。比如近几年研制成功的新型车外气囊系统,通过 MEMS 加速度计监测汽车是否发生碰撞。当汽车与人发生碰撞时,在车前围或发动机罩内的气囊迅速充气膨胀,以减小对行人的伤害程度。当汽车发生碰撞或翻车时,车外气囊膨胀后可吸收部分碰撞能量,减小车内人员的损伤程度。

新型智能气囊与安全带系统可根据 MEMS 加速度计检测出的碰撞强度做出不同的反应,以避免在汽车碰撞不严重的情况下安全带和气囊过度反应而对汽车驾乘人员造成不必要的伤害。这种系统采用了 2 级安全带收紧器和可变容积式气囊。当汽车发生碰撞时,系统可使安全带第 1 级收紧器立刻动作,拉紧松弛的安全带;与此同时,控制器迅速判断汽车碰撞的严重程度,确定是否使气囊膨胀或确定气囊膨胀的容积大小,并发出指令使气囊迅速做出相应的反应。严重碰撞时,系统还可使安全带第 2 级收紧器工作,并能自动根据乘员的体重、体态、身高、座位是否有人及安全带的使用情况等做出适当的反应。

在汽车碰撞试验中,在仿真人模型头部、胸部、腿部等关键部位安装三维MEMS加速度测量系统来获得这些部位的三维运动曲线。

2．汽车黑匣子

汽车黑匣子系统可以在发生危险事故的最后一段时间内,记录车辆的运动状态、关键安全部件的动作状态,以及驾驶员操作行为等数据信息。在事故后处理阶段,这些信息将用来部分或全部再现事故发生的过程,分析判断事故产生的原因,明确划分驾驶员、汽车厂商和第三方之间的责任。

当发生交通事故时,安装在汽车上的黑匣子在传感器(如安全气囊 MEMS 加速度计)的触发下启动,以高采样率实时采集事故发生时的各种数据,并连续存储一段时间(如 15s)的数据。记录的数据应包括汽车车速、发动机转速、制动踏板位置、加速踏板位置、挡位信息、中央制动位置、座椅安全带状态、安全气囊状态、汽车组合仪表指示等信息。

进行事故后处理时,首先找到黑匣子,然后通过相应接口连接到计算机上,通过专用的数据处理软件读出存储在黑匣子中的交通事故发生最后时间段的数据,通过数据曲线或采用三维动画技术,部分或全部地形象仿真再现事故发生的过程。

1）主动悬架系统

悬架系统应该能在高速转向时、凸凹不平路面行驶时以及突然加速和制动时让汽车仍具有良好的驾驶性能。现在采用较多的主动悬架系统在确实改善了汽车性能的同时却大大增加了整车成本和质量,而在减振器上安装 MEMS 加速度计可以很好地解决这个问题。

2）车辆动态控制系统

车辆动态控制(VDC)系统能帮助驾驶员在加速、制动、转弯时很好地控制汽车。VDC 系统中通常包括陀螺、加速度计以及使用在 ABS(防抱死制动系统)中的轮速传感器等。通过测量四个车轮的轮速可以估计车辆的横摆角速度并与陀螺的测量值进行比较,如果两者相差较大或由加速度计的测量数据判断出车辆发生了侧滑,可以通过单个车轮制动或降低扭矩的方法使汽车恢复直线运动。在 MEMS陀螺出现之前,VDC 在一般汽车上安装是不现实的,因为传统的陀螺和加速度计将使整个汽车的成本增加几千美元。TRW 公司在其研制的 VDC 系统中就使用了 MEMS 微惯性传感器,大大降低了系统的成本。

3）翻车检测系统

现在安装翻车检测系统的车辆还不是很多,目前主要用在有篷货车、皮卡以及运动型多用途车(SUV)等车辆上,因为这些车辆的重心高,更容易翻车。但资料显示,越来越多的汽车制造商在他们生产的汽车上安装了该系统。该系统能够实时测量车身的侧倾角以及角速率,用以判断是否将要发生翻车,如果是,则采取打开侧向气囊等方式来避免或减轻车内人员损伤。系统中使用陀螺来测量侧倾角速率并积分得到车身的侧倾角。但单独使用陀螺是不够的,还必须使用双轴加速度计,这是因为有时在转弯时也可能产生较大的侧倾角,但此时并不一定发生翻车。

4）电子驻车制动系统

在新型的电子驻车制动系统中也会见到 MEMS 微加速度计的身影。使用传统的驻车制动系统时,不管车停在多大坡度的路面、真正需要多大制动力,驾驶员都需要用很大的力气去推拉驻车制动杆,这需要机构足够牢固才不致被损坏,势必会增加系统的质量和成本。相反,在新型的电子驻车制动系统中,只要按一下激活按钮,系统就可以通过测量车辆倾角来决定需要施加多大的制动力,这不但可以满足汽车制造商减轻质量和降低成本的要求,还可以实现自动驻车制动。在系统中,MEMS 微加速度计的作用与翻车检测系统类似。

5）汽车导航系统

汽车导航系统目前在美国的豪华轿车上已经成为一种标准配置,日本在 2001 年时就已经有一半的车装备了导航系统。全球定位系统(GPS)是汽车导航系统中最主要的组成部分,但 GPS 只能提供汽车在惯性坐标系下的绝对位置、速度等信息,通常还需要磁罗盘和数据地图匹配等技术提供汽车初始方位信息,然后用陀螺仪测量汽车的转动速率并与数据地图匹配。当汽车在城市实际道路上行驶经过隧道、高层楼群、密林等地段使 GPS 信号暂时丢失时,仅使用陀螺来确定方位、用加速度计积分来确定汽车的位移,通常称为航位推算(DR)技术。

第14章

量子测量及传感技术

　　量子理论的创立是 20 世纪最辉煌的成就之一,它揭示了微观领域物质的结构、性质和运动规律,把人们的视角从宏观领域引入到微观系统。一系列区别于经典系统的现象,如量子纠缠、量子相干、不确定性等被发现。同时,量子理论和量子方法还被应用到化学反应、基因工程、原子物理、量子信息等领域。特别是近年来量子信息学的发展,使得对微观对象量子态的操纵和控制变得越来越重要。随着量子控制研究的深入,对敏感元件的要求将越来越高,传感器自身的发展也有向微型化、量子型发展的趋势,量子效应将不可避免地在传感器中扮演重要角色,各种量子传感器将在量子控制、状态检测等方面得到广泛应用。

14.1　概述

14.1.1　量子传感技术简介

　　量子传感领域涉及量子源(如纠缠态)和量子测量的设计和工程,能够在许多技术应用中超越任何经典策略的性能。这可以通过光子系统或固态系统来实现。量子传感利用量子力学的特性,如量子纠缠、量子干涉和量子态压缩,优化了传感器技术的精度和电流极限,规避了海森堡不确定性原理。

　　在光子领域,量子传感利用纠缠、单光子和压缩态来执行极其精确的测量。光学传感则利用了连续可变的量子系统,如电磁场的不同自由度、固体的振动模式和玻色-爱因斯坦凝聚体,这些量子系统可以被探测来表征两个量子态之间的未知转换。目前已经有几种方法被用来改进光子传感器。例如,目标的量子照明,已经被用于通过使用量子相关来改进微弱信号的检测。

　　在光子学和量子光学中,量子传感器通常建立在连续可变系统上,即以连续自由度(如位置和动量平方)为特征的量子系统。基本的工作机制通常依赖于光的光学状态,通常涉及量子力学属性,如压缩或双模纠缠。这些状态对干涉测量检测到的物理变化很敏感。

　　量子传感也可以用于非光子领域,如自旋量子位、俘获离子和通量量子位。这些系统可以通过它们响应的物理特性进行比较。例如,俘获离子对电场产生响应,而自旋系统对磁场产生响应。俘获离子在与电场强耦合的量子化运动能级中是有用的。它们已被提议研究表面上的电场噪声以及最近的旋转传感器。

14.1.2 量子传感器与智能制造

1. 量子测量技术

随着物联网、车联网、远程医疗等新兴技术研究的持续升温,超高精度低成本的传感器、生物探针、导航器件等关键器件的需求量迅速增长。量子测量基于量子特性,具有超高的测量精度,甚至可以突破经典测量的极限,其中某些领域有望进一步集成化、芯片化,受到学术界以及产业界的广泛关注。

量子测量技术利用特定的量子体系(如原子、离子、光子等)与待测物理量(如磁场、重力场等)相互作用,使之量子态发生变化,通过对体系最终量子态的读取及数据后处理过程实现对物理量的超高精度探测。量子测量大体可以分为量子态初始化、与待测物理量相互作用、最终量子态读取、结果处理与转换等关键步骤,具体参见图 14-1。

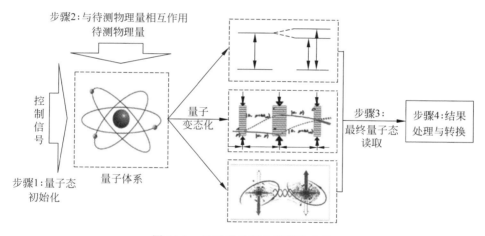

图 14-1 量子测量基本步骤和分类

首先,量子态的初始化通过控制信号将量子体系调控到特定的初始化状态,在与待测物理量相互作用后,量子体系的量子态发生变化,之后直接或间接地测量最终的量子态,最后将测量结果处理并转换成传统信号输出,获取测量值。量子测量技术应具备以下基本要素:一是"测量工具"是量子系统,如单光子、纠缠光子对、原子、离子等;二是"测量工具"与测量对象之间相互作用,使其量子态发生变化,并且这种变化是可以通过直接或间接手段读取的。按照对量子特性的应用,量子测量可分为基于量子能级跃迁、基于量子相干性、基于量子纠缠的三种量子测量技术。

2．量子传感器的定义

在经典控制中,测量过程由各种测量仪表完成,其中的变换过程一般由相应的测量传感器完成。测量仪表可以由若干个传感器以合适的方式连接而成,共同完成变换、选择、比较和显示功能。与经典控制中一样,量子控制中测量的关键也是被测量和标准量的比较。而量子控制中的可观测量与量子力学中的相应自共轭算符对应,量子系统状态的直接测量一般不易实现,需要把被测量按一定的规律转变为便于测量的物理量,进而实现量子态的间接测量,这一过程可以通过量子传感器完成。

所谓量子传感器,可以从两方面加以定义:

(1)利用量子效应:根据量子力学规律、利用量子效应设计的、用于执行对系统被测量进行变换功能的物理装置;

(2)为了对被测量进行变换,某些部分细微到必须考虑其量子效应的变换元件。

不管从哪个方面定义,量子传感器都必须遵循量子力学规律。可以说量子传感器就是根据量子力学规律,利用量子效应设计的,用于执行对系统被测量进行变换的物理装置。与蓬勃发展的生物传感器一样,量子传感器应由产生信号的敏感元件和处理信号的辅助仪器两部分组成。其中,敏感元件是传感器的核心,它利用的是量子效应。随着量子控制研究的深入,对敏感元件的要求将越来越高,传感器自身的发展也有向微型化、量子型发展的趋势,量子效应将不可避免地在传感器中扮演重要角色,各种量子传感器将在量子控制、状态检测等方面得到广泛应用。

3．典型的量子传感器

根据定义可知,量子传感器是一种依据量子力学规律,利用量子效应、量子相干或量子纠缠性质,实现高精度测量的新兴物理装置。量子化无处不在,大到行星,小到细胞,甚至是人类的意识都是可以量子化的,而且量子态具有独特的精度。因此,量子传感器为检测物理场的微小变化开辟了新途径,足以让我们更清楚地看清脚下的世界,或更深入地洞察人体自身。

随着量子控制手段的发展,激光冷却和磁场等用于执行量子控制的相关组件不断进步。例如,研究人员正在开发紧凑型低功率激光器,用于保存冷原子的大型真空系统与磁阱已被芯片级器件所取代。因此,研究人员得以更方便地操纵量子态,并观测它们受环境影响的情况,进而进一步促进量子传感器的实用化。其中,用于测量磁场和重力场的量子传感技术得到了长足发展。

1)量子磁传感器

主流量子磁传感器包括超导量子干涉磁力仪(SQUID)、氮空位(NV)金刚石原子磁力计、冷原子磁力计和光泵磁力仪(OPM)等。如表14-1所示,此类传感器按工作机理可分为量子效应类(Ⅰ类)、量子相干类(Ⅱ类)和量子纠缠类(Ⅲ类)。

表 14-1　主流量子磁力仪分类

序号	传感器名称	类　　型	频　　带
1	SQUID	量子效应类	DC～10GHz
2	NV 金刚石原子磁力计	量子相干类	DC～GHz
3	冷原子磁力计	量子纠缠类	DC～10GHz
4	OPM	量子纠缠类	DC～10GHz

SQUID 基于磁通量子化和约瑟夫森效应实现磁场测量,属于Ⅰ类量子磁传感器,具有高达地磁场 50 亿分之一的极强磁场检测能力。德国 Yena 研究中心和中国科学院上海微系统与应用技术研究所经过多年研发和技术攻关,先后研制出低温和高温超导量子干涉仪并成功应用于地学探测领域。

氮空位金刚石原子磁力计的实现得益于固态量子计算领域中的单电子自旋比特的相干操控概念,属于Ⅱ类量子磁传感器。该磁力计可采用纳米晶体作为感应探头,即与被测样品间距可达纳米量级。因此,该磁力计具有较高的空间分辨力,可分辨出少量甚至单个电子自旋以及核自旋产生的微弱磁场,有望实现单分子探测。

冷原子磁力计基于原子自旋实现磁场测量,属于Ⅲ类量子磁传感器。该磁力计能够突破散粒噪声限制,提升磁测精度并增大磁测带宽。

OPM 的工作原理是塞曼效应,它也属于Ⅲ类量子磁传感器,被广泛应用于航空磁测、海洋监测、地质勘探(矿产资源开发、考古)、地震预报等领域。此外,OPM 还可以应用于人体生物学检测。2018 年,英国诺丁汉大学尝试将 13 个 OPM 放入一个 3D 打印的头盔中,研发了脑磁图(magnetoencephalography,MEG)扫描仪样机。扫描仪显示当受试者伸出手指时,大脑运动皮层中存在明显的活动,揭示了大脑运动区在毫秒时间尺度上产生毫米位置变化的全过程。传统的低分辨率脑电图(EEG)或核磁成像(MRI)只能观测秒级或更长时间尺度上的大脑活动,因此无法匹敌这种新型组合式量子扫描仪。英国伦敦大学的研究人员计划使用该扫描仪取代脑电图来研究儿童癫痫病。在哥本哈根,Polzik 领导的研究团队最新研发了一款低噪声、高灵敏度量子磁力仪,将磁力仪推向了下一个量子水平。诺丁汉大学的 Kasper Jensen 计划通过量子磁力仪(Jensen et al.,2018)观测心跳调节电信号所产生的磁场来监测胎儿心跳。

2)量子重力传感器

真空环境中利用激光和磁场捕获、控制冷铷原子的量子态,并测量不同能级位置处的原子比率,即可测得重力场的强度,通过两组处于不同能级的独立原子云分别进行测量即可获取重力梯度。据此,伯明翰大学率先开发了名为 Wee_G 的量子重力仪样机,并于 2018 年成功实现了量子重力梯度仪样机 Gravity-Imager 的测试。2019 年,该团队进一步将 Wee_G 的重力场测量精度提升至 10^{-9} mGal(mGal(毫伽)为重力场强度单位)数量级。该量子重力仪可用于探测水下管道,且探测深度有望突破现有技术的数倍以上。目前该研究团队正在研发搭载在无人机上的适用于空中测量的小型化重力梯度仪。

在国内,华中科技大学的研究团队通过定制先进悬架设计的光学位移传感器,研发了新型量子重力 MEMS 芯片,该芯片的灵敏度高达 $8\mu Gal/\sqrt{Hz}$、动态范围高达 8000mGal。

可见,量子重力/重力梯度仪具有高灵敏度和高实时性的优势,有望击败现有传统方法,用于考古遗址扫描、矿产资源探测、火山活动监测、二氧化碳地下安全储存层探寻以及含水层调查等。

与传统传感器相比,量子传感器具有非破坏性、实时性、灵敏性、稳定性和多功能性等优势。未来,随着量子理论及其控制技术的不断发展,量子传感器有望在建设工程、矿产资源、自然灾害探测、引力场测量以及医疗健康等领域获得突出应用,具有广阔的发展空间和应用前景。

4. 量子传感器的性能分析

传感器的性能品质主要从准确度、稳定性和灵敏度等方面加以评价。结合量子传感器的自身特点可以从以下几个方面来考虑量子传感器的性能:

(1)非破坏性。在量子控制中,由于测量可能会引起被测系统状态波函数约化,同时,传感器也可能引起系统状态变化,因此在测量中,要充分考虑量子传感器与系统的相互作用。因为量子控制中的状态检测与经典控制中的状态检测存在本质上的不同,测量可能引起的状态波函数约化过程暗示了对状态的测量已经破坏了状态本身,因此非破坏性是量子传感器应重点考虑的方面之一。在进行实际检测时,可以考虑将量子传感器作为系统的一部分加以考虑或者作为系统的扰动,将传感器与被测对象相互作用的哈密顿量考虑在整个系统状态的演化之中。

(2)实时性。量子控制中测量的特点特别是状态演化的快速性,使得实时性成为量子传感器品质评价的重要指标。实时性要求量子传感器的测量结果能够较好地与被测对象的当前状态相吻合,必要时能够对被测对象量子态演化进行跟踪。在设计量子传感器时,要考虑如何解决测量滞后问题。

(3)灵敏性。由于量子传感器的主要功能是实现对微观对象被测量的变换,要求对象微小的变化也能够被捕捉,因此在设计量子传感器时,要考虑其灵敏度能够满足实际要求。

(4)稳定性。在量子控制中,被控对象的状态易受环境影响,量子传感器在当探测对象为量子态时也可能引起对象或传感器本身状态的不稳定。解决的办法是引入环境工程的思想,考虑用冷却阱、低温保持器等方法加以保护。

(5)多功能性。量子系统本身就是一个复杂系统,各子系统之间或传感器与系统之间都易发生相互作用,实际应用时总是期望减少人为影响和多步测量带来的滞后问题,因此可以将较多的功能如采样、处理、测量等集成在同一量子传感器上,并将合适的智能控制算法融入其中,设计出智能型的多功能量子传感器。

量子传感器具有许多经典传感器所不具有的性质。设计量子传感器时,在重点考虑将量子领域不可直接测量的量变换成可测量的量外,还应从非破坏性、实时性、灵敏性、稳定性、多功能性等方面对量子传感器的性能加以评估。

5. 量子传感器与智能制造

目前的传感器应用中,无论是电阻应变式传感器、压阻式传感器还是其他类型的传感器,都离不开量子技术的有效运用。实验已经证明,量子传感器在针对重力、旋转、电场和磁场等方面的灵敏度要远远超过常规技术,而现在努力的方向就是使它们更加耐用、便携。

利用量子传感,可能很快就能实现完美的水下导航,感知重力变化,从而揭示潜在的火山活动、气候变化以及地震。在我们的日常生活中,量子传感器可以确保稳定而精确的导航,增强医学成像,还能告诉我们脚下的地底有什么东西。

目前,利用磁共振成像(MRI)扫描仪可以生成大脑的三维模型,医生可以用它来诊断、监测和治疗神经系统疾病以及其他身体创伤。但这类系统非常昂贵、庞大且有噪声,并且,通常需要患者保持完全静止的状态。如果采用量子传感技术,则可使更小巧的便携式医疗成像系统成为可能。甚至有可能创建一种可以在患者日常生活中监控其大脑磁场的系统。这将为临床医生提供更多更有价值的数据,同时减轻患者的压力。

在太空中,冷原子传感器可以通过检测引力波及验证爱因斯坦的理论来实现新的科学突破。常规性地球遥感观测也可以通过精确重力测量来实现,监测的范围包括地下水储量、冰川及冰盖的变化。

石油、天然气和采矿业需要知道这些矿产资源的准确位置;能源和公用事业公司需要知道他们的管道在哪里;国防和执法部门则常常需要勘探隧道;考古学家也希望可以得到损毁多年建筑物的完整图片⋯⋯这些需求显而易见,但并不容易实现。探地雷达等技术是很不错,但还没有达到令我们满意的程度。利用冷原子系统的量子传感器可以通过测绘局部重力观测地下数十米的深度。目前,科研机构开发的地面系统已经接近所需要的精度,它们可以由无人机携带进行飞行探测,实现快速地下勘探,这对于各个行业都非常有用。

量子传感器相比于传统产品则可以实现性能上的"大跃进"——在灵敏度、准确率和稳定性上都有了不止一个量级的提高。也正因此,它的应用场景也变得更加多样。例如,在航空航天、气候监测、建筑、国防、能源、生物医疗、安保、交通运输和水资源利用等尖端领域都实现了量子传感器的商业化应用。而量子传感器的发展并非一项技术上的单点突破,它带动的是整个生态系统的建立和完善,从工程测量到数据可视化解析,各领域即将涌现的大量工作机会都表明这一趋势已经越来越清晰。

14.2 量子物理学基本知识

14.2.1 波粒二象性

1. 微观粒子的波粒二象性发展

早在 1655 年,意大利数学教授格里马第第一次提出了"光的衍射"这一概念,最早揭示了光的波动性。1887 年,德国物理学家赫兹发现了光电效应,即光照激发出电子产生电流现象。爱因斯坦认为光子应该和电子一样具有粒子性,于 1905 年提出了光量子理论,将普朗克的能量公式 $E=h\nu$ 与自己的质能方程 $E=mc^2$ 联系在一起,求得光子的质量为 $m=h\nu/c^2$,确立了光的粒子性。受爱因斯坦类比研究法的启发,1923 年,法国物理学家德布罗意提出了德布罗意物质波理论,认为二象性并非光所独有,一切运动着的实物粒子也应具有波粒二象性。1927 年,美国物理学家戴维森的电子衍射实验证实了电子这一特性——波粒二象性。同在 1927 年,德国物理学家海森堡提出了不确定性原理,指出不可能同时准确地测定微观粒子的坐标和相应的动量分量,说明具有波动性的粒子没有确定的轨道。电子具有波动性这一事实让人类跳出了"大宇宙与小宇宙相似"这一思维禁锢,原子学说的发展由近代进入现代。

2. 波动性与粒子性

光在传播过程中不是严格按照直线传播的,它与波一样具有干涉、衍射现象,这符合光的波动性原理。麦克斯韦以此为基础通过实验研究认为光是一种电磁波,具有相应的频率 f 和波长 λ。光在与物质相互作用时会出现康普顿效应以及黑体辐射现象,爱因斯坦以此为研究对象提出光子说,说明光是由光子构成的,而光子是具有一定的动量和动能的。宏观上光呈现的是波动性,微观上光呈现的是粒子性,这就是所谓的光的波粒二象性。

在传统物理学中波和粒子是相差很大的物理概念,一种物质同时呈现两种特性是令人匪夷所思的。宏观上现存的所有物体都没有出现过这种情况。为了更好地理解宏观物体所呈现的波动性和粒子性,需要引入"量子理论"这一概念。只有通过量子理论才能从根本上了解光子的特性,解释各种存在的现象。对于光的粒子性的解释,与宏观力学的"粒子"或者"小球"是完全不同的。具体地说,光子属于微观粒子,它是量子力学中的学科名词,并不遵循牛顿力学中的规律。光子流不是遵循经典力学运动规律的一群粒子,光波同样不是经典力学描述的机械波(机械波在经典力学中的能量传播是在媒质中连续的,它与物质之间的能量变化也是连续的)。而当光与物质相互作用时,动量、能量都是以分子为分立单元进行作用与变化的过程的,但其是不连续的。因此,光只是形象地说明了其性质,部分地采用波和粒子的特点,它不是经典物理意义下的波或粒子的集合。

　　在理解光的粒子性时,可以说光是以光子为单位,具有相对集中的能量、动量和质量。对于光子波动的理解,即光子在传播的过程中,不同的光子在不同的时间和地点出现的概率均不相同,而光子的集体行为与波的运动规律大致相近。例如,在光的干扰现象实验中,干扰条纹是大量的光子落在不同的地点形成的,光子落到某一地点的概率大,那么到达该地点的光子数目就会增多;相反,光子到达某一地点的概率小,那么该地的光子数目就相对较少,并出现光线相对较暗的条纹。可见,多数光子的传播规律表现出波动性,个别光子的传播表现出粒子性。因此说,光具有波粒二象性。

14.2.2　原子结构理论

　　"原子"这个概念最早是由古希腊哲学家在关于世界本源的探讨中创造的,"原子"(atom)一词来自希腊语的"atomos",意思是不可分割的。关于世界本源的古代学说主要有原子学说和元素学说。原子学说认为世界万物由原子构成,原子是不可再分的物质微粒。元素学说认为世界万物是由少数几种基本物质(即元素)构成的,古代中国哲学家认为万物统一于"五行"(金、木、水、火、土),古希腊哲学家认为万物统一于"四元素"(水、气、火、土)。1789 年,法国化学家拉瓦锡建立了近代科学元素学说,确定了 Au、Ag、Cu、Fe、Sn、O、H、S、P、C 等 33 种化学元素。1803年,英国化学家道尔顿在拉瓦锡科学元素学说基础上建立了近代科学原子学说,提出某一种元素是由某一类不可再分的实心球式的原子组成的,并认为同一种元素原子的质量和性质都相同,不同种元素原子的质量和性质则各不相同。道尔顿原子学说之所以是科学学说,在于道尔顿通过化学实验求算出了原子的相对质量,如可以通过测定镁与硫酸反应置换出的氢气的体积来计算出镁的相对原子质量。因此,道尔顿是"原子"这个科学概念的最终确立者。

　　1858 年,德国物理学家普吕克尔在利用低压气体放电管研究气体放电时发现了阴极射线。1897 年,英国物理学家汤姆逊证明阴极射线是一种电荷量与氢离子相同而荷质比约为氢离子 1/1800 的负电粒子,称之为电子,推翻了原子不能再分割的思想,拉开了对原子结构探索的历史大幕。1904 年,汤姆逊提出了葡萄干面包原子模型,认为原子的正电部分就像面包,带负电的电子如葡萄干那样镶嵌其中。

　　1898 年,英国物理学家卢瑟福在做放射性吸收实验时发现了带正电的 α 射线。1906 年,卢瑟福用一束平行的 α 粒子穿过极薄的金箔时,发现有一部分 α 粒子改变了原来的直线射程而发生不同程度的偏转(说明受到斥力),还有极少部分 α 粒子好像遇到了某种坚实的不能穿透的东西而被折回。在做了大量实验和进行理论计算后,1911 年,卢瑟福决定推翻他的老师汤姆逊的葡萄干面包原子模型,提出了有核原子模型(或称行星模型),认为原子内部存在着一个小而重、带正电荷的原子核,带负电的电子(如行星)绕核(如太阳)旋转。原子核的确认将人类对原子结构的研究引向了正确的道路上。然而卢瑟福对电子运动状态的预言却与经典电磁理论相矛盾，也与氢原子线状光谱实验现象不符。根据经典电磁理论，当带电粒子做周期性运动时，它的电磁场就周期性变化，而周期性变化的电磁场会向外发射电磁波，电子的能量就会逐渐减少，在发出一系列连续变化的电磁波以后，电子最终会落到原子核上。

1900 年，德国物理学家普朗克提出"量子"概念，认为黑体辐射中的辐射能量是不连续的，只能取能量基本单位的整数倍，即 $E=nh\nu$。丹麦物理学家玻尔引入了普朗克的"量子"概念，改进了他老师卢瑟福的行星模型，于 1913 年提出了波尔氢原子模型，认为原子中的电子处在一系列分立的定态上，原子由某一定态跃迁到另一定态时，吸收或者放出一定频率的光。波尔氢原子理论利用库仑定律计算出了氢原子轨道半径和定态能量，成功解释了氢原子光谱现象，使原子学说从定性跨越到定量。

14.2.3　冷原子物理

1. 冷原子物理的概念

冷原子是将原子保持在一个极低温的状态(接近绝对零度,0K)，一般来说其典型温度在百纳开左右。当原子被降到足够低的温度时，它们将会处于一种新的量子物态。对于玻色型原子气，会产生玻色-爱因斯坦凝聚(BEC)；对于费米型原子气，则形成简并费米气。

实验上，冷原子被用于研究玻色-爱因斯坦凝聚、超流、量子磁性、多体系统、BCS[①] 机制、BCS-BEC 连续过渡等，对理解量子相变有重要意义。冷原子也被用于研究人工合成规范场，使得人们可以在实验室中模拟规范场，从而在凝聚态体系中辅助验证粒子物理的理论(而不需要巨大的加速器)。冷原子可以被精确地操控，可以用于研究量子信息学，冷原子系统是实现量子计算的众多方案中非常有前景的方案之一。冷原子具有如下特征：①运动很慢，碰撞减少，能级展宽急剧减小，适合更为精密的频率测量；②德布罗意波长很大，相干长度很长，能够宏观观测到相干现象；③大量原子具有几乎相同的频率和波长；④能级宽度变窄，量子态更明显；⑤原子速度降低，更容易被操控。

2. 冷原子物理的应用

1) 原子干涉仪

微观世界的粒子都具有波粒二象性。德布罗意波(物质波)的波长 $\lambda=h/mv$，与粒子的动量 mv 成反比。室温原子因为平均速度达到几百米每秒，其德布罗意波长很小，大约为 10^{-12} m 量级，原子大多处在不同的量子态上，相干长度很短，难以形成干涉。冷原子的最低温度可达到几纳开，平均速度可达到几厘米每秒，德布

---

① 巴丁、库珀、施里弗(Bardeen-Cooper-Schrieffer)一起提出的理论，称为 BCS 理论。

罗意波长约为 10^{-7} m 量级,相干长度很长,能够宏观观测到相干现象。干涉测量技术目前普遍采用的是两束激光之间的干涉。由于光子基本不受重力影响,难以用激光精确测量重力。原子受重力作用十分明显,因此原子干涉仪可以有效地测量重力的微小变化以及引力波等,将是未来航空航天技术必不可少的设备。

2) 原子钟

原子间的碰撞是原子能级的宽度增宽的主要因素。冷原子由于速度很小,温度很低,原子间的碰撞远远少于热原子,因此能级宽度远小于热原子,具有更精确的原子能级结构和更窄的跃迁光谱,这对原子能级以及各种常数的精确测量具有重要意义。原子钟的精度取决于原子能级的精确程度。目前原子钟主要采用原子精细能级跃迁作为频率标准。由于冷原子的能级精度远远优于热原子,冷原子钟会输出更为精准的频率,因此会将人类的时间精度大幅度提高,对人类的时间标准和距离标准起到革命性的改进作用,是未来全球定位系统和宇宙空间定位系统的核心技术。

3) 原子俘获及操控

在微观尺度上操纵原子、分子,按人类的意愿改变原子、分子间的排列组合,是人类长久以来的一个梦想。在凝聚态物理领域前沿的表面物理中,依靠扫描隧道显微镜技术可以移动和控制一些原子的位置,但无法脱离样品表面完成对原子、分子的俘获。激光冷却技术恰恰弥补了这个缺陷。例如,我们可以利用激光俘获所需要的原子,再用激光将其输送到需要的地方,组合成新的分子或凝聚态物质,甚至可以利用激光俘获大生物分子如 DNA 等,取代其上面的某些原子,从而改善动物或人类的基因,这将引起分子生物学上的一次重大革命。

4) 量子计算机

量子计算机是一类遵循量子力学规律进行高速数学和逻辑运算、存储及处理量子信息的物理装置。其基本规律包括不确定原理、对应原理和波尔理论等。它的应用很常见,如以半导体材料为主的电子产品、激光刻录光盘、核磁共振等。

量子计算的物理实现是量子信息技术面临的最大难题。物理学家曾尝试多种方案,但都无法有效克服系统退相干的问题。冷原子由于相干时间长、运动速度很慢,能级结构稳定,因此相比热原子具有更为明确的量子态,更利于对它的量子态如外层电子自旋、原子磁矩等进行控制,同时冷原子量子态的变化可以反过来控制光信号,完成信息处理过程。因此冷原子已经成为量子计算首要的候选者。

14.3　芯片化量子传感器

14.3.1　芯片化量子传感器动态

1. NOAC 的概念

美国国家标准与技术研究院(NIST)开始实施一项名为"NIST on a Chip"(芯

片上的 NIST，即 NOAC)的全面计划，该计划将测量服务和计量学从实验室直接带到用户手中，从而使两者彻底改变。该项目致力于开发一套内在精确的、基于量子的测量技术，这些技术几乎可以随时随地部署。这些芯片将使仪器在不需要 NIST 传统测量校准服务的情况下不间断地工作。

这些技术将使用户能够在工厂车间、医院诊断中心、商用和军用飞机、研究实验室以及家庭、汽车、个人电子设备中进行精确测量，并且都可以溯源到国际单位制(SI)。因此，NOAC 为测量技术的广泛应用提供了机会，其中经济实惠的设备大大降低了成本，并提高了测量的精确性。

NOAC 将通过为新一代超紧凑、低成本、低功耗测量工具创建原型来实现这些目标，包括时间和频率、距离、质量和力、温度和压力、电场和磁场、电流和电压、流体体积和流量。许多人将在同一个微型平台上测量两个或更多的物理量。设想一下，一个感知绝对温度、压力和湿度的芯片可以立即检测到敏感物品(如疫苗或食品)在安全储存条件下任何成分的改变。其他设计将用于廉价的大规模制造。例如，芯片级辐射监视器，可以嵌入到每个驾照或身份证中，成为无处不在的监视器或辐射泄漏预警系统。这些 NIST 开创的技术将由私营部门研制和传递，根据 NIST 支持先进制造来加强美国经济竞争力的目标，促使新技术转让和创造实验室到市场的机遇。

2．NOAC 设备的标准

综合的 NOAC 计划将开发和部署实用的基于量子的标准和传感器，可溯源到新的国际单位制，即：

(1) 可部署到客户需要的地方，如工厂车间、嵌入产品、实验室环境、太空或家中。

(2) 灵活，提供广泛的零链(zero chain)。零链溯源到国际单位制的测量和标准，可配置为单个小型封装，并可根据客户要求进行调整。

(3) 可制造，生产成本与应用相匹配，如用于广泛部署的低成本、大批量制造。

(4) 可靠，提供正确的测量值或无值。

(5) 适用功能，趋向于小尺寸、低功耗、坚固耐用、易于集成和操作，具有应用所需的工作范围和不确定度。

14.3.2　基于微型碱金属原子气室的量子传感技术

碱金属原子气室是原子陀螺、原子磁力仪和原子钟等量子仪表的核心部件，高性能微小型原子气室是制约上述量子仪表性能的重要因素之一。原子陀螺、原子磁力仪和原子钟等新型量子仪表不仅具有超高精度，而且兼有体积小和功耗低等优点。例如，核磁共振陀螺有望在 $10cm^3$ 体积下实现 $10^{-4}(°)/h$ 量级的精度，将进一步提升精确打击武器的作战效能，推动微纳卫星、无人机群等新型武器装备和作战模式的发展。作为上述量子仪表的"心脏",高性能微小型原子气室是现阶段量子仪表研制中急需重点突破的共性关键技术之一。

原子气室通常为采用玻璃精密熔接或微加工工艺制造的密闭透明的腔室,内部密封了碱金属原子和特定配比的气体分子。原子气室应用于惯性测量和超灵敏磁场测量时,通常采用光泵浦技术使气室内的原子实现极化,同时原子的热运动与各种碰撞会破坏原子极化态,使得原子发生退极化重新恢复到 Boltzmann(玻尔兹曼)分布状态。这一过程所需的时间通常称为自旋弛豫时间,这是衡量原子气室性能的关键指标之一。原子气室的玻壳材料、面形精度、气室内壁状态和气体填充比例等也是影响气室性能的重要因素。

针对高精度微小型量子仪表的应用需求,国内外多家单位都在开展高性能微小型原子气室的研制工作。在理论基础方面,通过深入研究微小型原子气室的自旋极化弛豫机理,指导实现更高性能的原子气室;在制造技术方面,通过创新工艺和方法,提升原子气室充制精度,以及改进气室洁净度、平整度和光学透明度,实现气室内原子高效极化率,并结合抗弛豫镀膜技术延长原子自旋弛豫时间,获得更稳定的宏观自旋磁矩;另外,采用微加工手段,实现更高性能和更小体积的原子气室。

现阶段,采用玻璃精加工工艺制备的常规玻璃气室技术成熟度高,在各类量子仪表中应用最多。通过进一步优化结构设计,提高制造精度,微型玻璃气室有望为现阶段高精度量子仪表的研制提供支撑。采用多层键合、玻璃微球吹制等微加工手段,有望实现更小体积的芯片级原子气室,并具有易于批量制备的优势。通过重点解决高纯度碱金属定量填充、气体组分精确控制、多层键合结构气密性等问题,可以进一步提升芯片级原子气室的性能,推动量子仪表向微型化、集成化方向发展。

我国在原子气室技术研究方面仍处于起步阶段,尤其是长弛豫时间微型原子气室的研制与国外相比差距较大,需要结合理论和实验对原子气室抗弛豫机理、微型气室精确充制机理等开展深入研究和验证,并重点攻克微型气室玻壳精密加工、碱金属定量填充与精确检测、充制气体配比精确控制、耐高温抗弛豫镀膜等关键技术难题,实现长寿命、高性能微型原子气室的研制。

14.3.3　基于微腔的量子传感技术

光学微腔能够提供强局域光场,从而增强光与物质的相互作用,因此以微腔和量子比特组成的系统是实现量子信息处理的理想平台。近年来,研究人员基于各种微纳结构的光学微腔,在量子通信、量子计算和量子信息处理等方面取得了许多成果。

14.4　量子测量技术的应用

14.4.1　量子测量技术的应用领域及优势

随着物联网、车联网、远程医疗等新兴技术研究的持续升温,超高精度低成本的传感器、生物探针、导航器件等关键器件的需求量迅速增长。量子测量基于量子特性,具有超高的测量精度,甚至可以突破经典测量的极限,其中某些领域有望进一步集成化、芯片化,受到学术界以及产业界的广泛关注。

超高精度是量子测量技术的核心优势。例如,传统的机电陀螺的测量精度一般只能达到 10^{-6}(°)/h 量级,而量子陀螺仪的理论精度高达 10^{-12}(°)/h;传统重力仪受落体时间间隔限制,重复率低,噪声较大,精度可达 $10^{-9}g$,原子重力仪基于冷原子干涉技术,理论上可使现有绝对重力测量灵敏度提高 10^3 倍;传统雷达成像的精度受衍射极限的限制,而量子雷达利用电磁场的高阶关联特性进行成像,分辨力可突破衍射极限,进一步提升成像和探测精度。

量子测量技术可以用于探测磁场、电场、加速度、角速度、重力、重力梯度、温度、时间、距离等物理量,应用领域包括基础科学研究、军事国防、航空航天、能源勘探、交通运输、灾害预警等。目前,量子测量的研究主要集中在量子目标识别、量子重力测量、量子磁场测量、量子定位导航、量子时频同步五大领域,每个领域又细分为诸多技术方案,具体参见图 14-2。

随着量子控制研究的深入,对敏感元件的要求将越来越高,传感器自身也有向微型化、量子型发展的趋势,量子效应将不可避免地在传感器中扮演重要角色,各种量子传感器将在量子控制、状态检测等方面得到广泛应用。下面介绍几个典型的应用场景。

1. 微小压力测量

美国国家标准与技术研究所已经研制出一种压力传感器,可以有效地对盒子里的颗粒进行计数。该装置通过测量激光束穿过氦气腔和真空腔时产生的拍频来比较真空腔和氦气腔的压力。

该量子压力传感器,加上氦折射率的第一原理计算,可以作为压力标准,取代笨重的水银压力计。还可能应用于校准半导体铸造厂的压力传感器,或作为非常精确的飞机高度计。

2. 精准重力测量

光线测量并不适用于所有的成像工作。作为新的替代补充手段,重力测量可以很好地反映出某一地方的细微变化,如难以接近的老矿井、坑洞和深埋地下的水气管。用此方法,油矿勘探和水位监测也会变得异常容易。

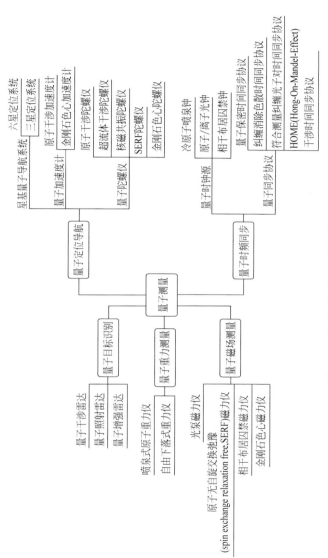

图 14-2　量子测量应用领域与技术方案

利用量子冷原子所开发的新型引力传感器和量子增强型 MEMS 技术要比以前的设备有更高的性能，在商业上也会有更重要的应用。

而低成本 MEMS 装置也在构想之中，预计它将会只有网球大小，敏感程度要比在智能手机中使用的运动传感器高 100 万倍。一旦这项技术成熟，那么大面积的重力场图像绘制也就将成为可能。

MEMS 传感器在量子成像读出上至少有几个量级幅度上的进步。来自格拉斯哥大学和桥港大学的研究人员开发了一种 We-g 检测器，这是一种基于 MEMS 的重力仪，它比传统的重力传感器轻得多，而且可能比传统的重力传感器便宜得多。We-g 传感器利用量子光源来改善设备精度，即便是极小的物体也可以被检测到——或有助于雪崩与地震灾害中的救援行动，以及帮助建筑行业确定地下的详细状况，减少由于意外危险造成的工程延误，并摆脱对昂贵的勘探挖掘的依赖。

另外，常规性地球遥感观测也可以通过精确重力测量来实现，监测的范围包括地下水储量、冰川及冰盖的变化。

3. 量子传感器探测无线电频谱

美国陆军研究人员研制出了一款新型量子传感器，可以帮助士兵探测整个无线电频谱——从 0～100GHz 的通信信号。新型量子传感器非常小巧，几乎无法被其他设备探测到，可用作通信接收器。

相比于传统接收器，新型量子传感器体积更小，而且其灵敏度可与其他电场传感器技术，如电光晶体和偶极天线耦合的无源电子设备等相媲美。

目前，陆军科学家计划进一步研究最新技术，提高这款量子传感器的灵敏度，使其能探测到更弱的信号，并扩展用于探测更复杂波形的协议。

然而，有关量子传感器的未来还不止于此：量子磁性传感器的发展将大幅降低磁脑成像的成本，有助于该项技术的推广；用于测量重力的量子传感器将有望改变人们对传统地下勘测工作繁杂耗时的印象；在导航领域，往往导航卫星搜索不到的地区，就是量子传感器所提供的惯性导航的用武之地。

4. 医疗健康

1）痴呆病

根据阿尔茨海默病协会估计，全世界每年因痴呆病而造成的经济损失约为5000 亿英镑，且这一数字还在不断增加。而当前基于患者问卷的诊断形式通常会使治疗手段的选择可能性被严重限制，只有做好早期的诊断和干预才可以有更好的效果。

研究人员正在研究一种称为脑磁图描记术（MEG）的技术，可用于早期诊断。但问题是该技术目前需要磁屏蔽室和液氦冷却操作，这使得技术推广变得异常昂贵。而量子磁力仪则可以很好地弥补这方面的缺陷，它灵敏度更高，几乎不需要冷却和屏蔽，更关键的是它的成本更低。

2）癌症

一种名为微波断层成像的技术已应用于乳腺癌的早期检测多年,而量子传感器则有助于提高这种技术的灵敏度与显示分辨力。与传统的 X 光不同,微波成像不会将乳房直接暴露于电离辐射之下。

此外,基于金刚石的量子传感器也使得在原子层级上研究活体细胞内的温度和磁场成为可能,这为医学研究提供了新的工具。

3）心脏疾病

心律失常通常被看作发达国家的第一致死杀手,而该病症的病理特征就是时快时慢的不规则心跳速度。目前正在开发中的磁感应断层摄影技术被视作可以诊断纤维性颤动并研究其形成机制的工具,量子磁力仪的出现会大大提升这一技术的应用效果,在成像临床应用、病患监测和手术规划等方面都会大有益处。

5. 交通运输和导航

交通运输越发展,就越需要我们了解各种交通工具的准确位置信息及状况,这也就对汽车、火车和飞机所携带的传感器数量提出了要求,卫星导航设备、雷达传感器、超声波传感器、光学传感器等都将逐渐成为标配。

然而有了这些还远远不够,传感器技术的发展也将面对新的挑战。自动驾驶汽车和火车的定位及导航精度被严格要求在 10cm 以内,下一代驾驶辅助系统必须可以随时监测到当地厘米级的危险路况。使用基于冷原子的量子传感器,导航系统不但可以将位置信息精确到厘米,还必须具备在诸如水下、地下和建筑群中等导航卫星触及不到的地方工作的能力。

与此同时,其他类型的量子传感器也在不断发展之中(如工作在太赫兹波段的传感器),它们可以将道路评估的精度精确到毫米级。此外,最初为原子钟而开发的基于激光的微波源也可以提升机场雷达系统的工作范围和工作精度。

量子传感器有着广阔的应用前景。目前的量子传感器主要是高灵敏度的磁传感器,人们在深入研究已有量子传感器的基础上,应该考虑结合激光的优越性,利用光电转换原理,设计出以激光相干效应为基础的量子传感器。

14.4.2　量子测量技术的研究发展趋势

基于量子能级的测量技术,通过待测物理量与量子体系相互作用,改变量子体系的能级结构;通过对辐射谱的直接或间接探测,实现对待测物理量的精密测量。其技术相对成熟,已实现产业化,从 20 世纪 50 年代起就逐步在原子钟等领域开始应用。但部分领域应用对实验条件要求比较严苛,依赖于对量子态的操控技术。

基于量子相干性的测量技术主要利用量子的物质波特性,通过干涉法进行外部物理量的测量。其技术相对成熟,精度较高,广泛应用于陀螺仪、重力仪、重力梯度仪等领域,但是系统体积通常较大,难以集成化。

以上两类量子测量技术的小型化、实用化、芯片化已成为研究热点。小型化、芯片级、低功耗的高精量度子测量装置为量子测量技术进一步实现商用奠定了基础。

  基于量子纠缠的测量技术条件最为严苛,同时也最接近量子的本质,测量精度理论上可以突破经典测量技术的散粒噪声极限,达到自然物理原理所能达到的最根本限制——量子力学的海森堡极限,实现超高精度的测量。但是对基于量子纠缠的量子测量技术的研究还比较少,受量子纠缠态的制备和操控等关键技术的限制,目前仅停留在实验室研究阶段,距离产业化和实用化较远。

第 14 章教学资源

第15章

传感器网络

随着微机电系统、集成电路等技术的发展和成熟,低成本、低功耗的微型传感器的大量生产成为可能。通过传感器的信息获取技术也已经从过去的单一化逐渐向集成化、微型化和网络化的方向发展。

传感器网络是由大量分布式传感器节点组成的面向任务型自组织网络,其目的是协作地感知、采集、处理和传输网络覆盖地理区域内感知对象的监测信息。传感器网络技术涉及现代微机电系统、微电子、片上系统、纳米材料、传感器、无线通信、计算机网络、分布式信息处理等技术,其应用前景十分广阔,能够广泛应用于军事、环境监测、医疗健康、交通管理以及商业应用等领域。

15.1 传感器的网络化

15.1.1 传感器网络的概念

现代信息技术的三大基础是传感器技术、通信技术和计算机技术。计算机技术和通信技术结合构成了计算机网络技术,计算机技术和传感器技术结合则构成智能传感技术。随着信息化要求的不断提高,网络与传感相结合成为必要与可能。智能传感器网络的概念由此而产生,它实现了信息"采集"、"传输"和"处理"的协同与统一。因此,传感器网络可定义如下:

传感器网络是由一定数量的传感器节点通过某种有线或无线通信协议联结而成的测控系统。这些节点由传感、数据处理和通信等功能模块构成,都安放在被测对象内部或附近,通常尺寸很小,具有低成本、低功耗、多功能等特点。

15.1.2 传感器网络的发展

1. 第一代传感器网络

第一代传感器网络是由传统传感器组成的点到点输出的测控系统。它采用二线制 $4\sim20\text{mA}$ 电流、$1\sim5\text{V}$ 电压标准,在目前工业测控领域中广泛运用。其最大缺点是布线复杂,抗干扰性差。

2．第二代传感器网络

第二代传感器网络是基于智能传感器的测控网络。微处理器的发展和与传感器的结合使传感器具有了计算能力。随着节点本地智能化的不断提升,现场采集信息量的不断增加,传统的模拟通信方式已成为智能传感器网络发展的瓶颈。随着数字通信标准 RS-232、RS-422、RS-485 的推出与广泛应用,许多新的传感器网络系统应运而生。

3．第三代传感器网络

第三代传感器网络是基于现场总线(field bus)的智能传感器网络。现场总线是连接现场智能设备与控制室的全数字式、开放的、双向的通信网络。基于现场总线的智能传感器的广泛使用,使智能传感器网络进入局部测控网络阶段,由此也产生了分布式智能的概念。它通过网关和路由器可实现与 Internet/Intranet 网络相连。

4．第四代传感器网络

第四代传感器网络即目前已引起世界广泛关注的无线传感器网络(wireless sensor network,WSN)。无线传感器网络是由一组传感器以自组织方式构成的无线网络,其目的是协作地感知、采集和处理网络覆盖区域中感知对象的信息,并传送给观察者。无线传感器网络应用也由军事领域扩展到工业与社会生活各个领域。美国《商业周刊》将无线传感器网络列为 21 世纪最有影响的 21 项技术之一,《MIT 技术评论》将 WSN(无线传感器网络)列于 10 种改变未来世界新兴技术之首。

相对于前三代传感器网络,无线传感器网络强调的是无线通信、分布式数据检测与处理和传感器网络,其优点在于:

(1) 成本降低。省去了导线的安装和校准工作,减少了经费投入。虽然传感器的使用量很大,但每一个传感器极为廉价,故无线传感器网络的设备成本仍然远远低于传统的大型传感设备。

(2) 易于部署和维护。无线传感器可安置在远离监测中心站甚至有一定危险性的位置,长期无人干预、自主工作,大大降低了使用和维护的成本。

(3) 容错和鲁棒性强。网络包括大量的传感器节点,增强了系统的容错性;网络集成多种类型传感器进行分布式检测,其效果要优于仅使用单传感器。

(4) 协同计算。传感器节点在局部进行协同计算,只将用户需求和部分处理过的数据进行传送,减少了数据传送量,并且多个传感器的数据融合提高了测量的准确性。

15.2 多传感器信息融合

多传感器信息融合是对多种信息的获取、表示及其内在联系进行综合处理和优化的技术。信息融合的概念始于 20 世纪 70 年代初期,来源于军事领域中的 C3I (command,control,communication and intelligence)系统的需要,当时称为多源相关、多传感器混合信息融合。

随着科学技术的进步,多传感器信息融合至今已形成和发展成为一门信息综合处理的专门技术,并很快推广应用到工业机器人、智能检测、自动控制、交通管理和医疗诊断等多个领域。我国从 20 世纪 90 年代也开始了多传感器信息融合技术的研究和开发工作,并在工程上开展了多传感器识别、定位等同类信息融合的应用系统的开发。现在多传感器信息融合技术越来越受到人们的普遍关注。

多传感器信息融合到目前为止还没有一个能被普遍接受的定义,现阶段给出的定义大都是基于某一特定领域而得出的。Edward Waltz 等将其定义为这样一个过程:信息融合是一种多层次、多方面的处理过程,这个过程处理多源数据的检测、关联、相关、估计和组合,以获得精确的状态估计和身份估计以及完整、及时的态势评估和威胁估计。简单地说,多传感器信息融合是利用计算机等相关技术对获得的若干传感器的检测信息进行分析、综合并进而完成所需的决策和估计任务而进行的信息处理过程。

多传感器信息融合是将来自多传感器或多源的信息和数据利用计算机技术进行智能化处理,从而获得更为全面、准确和可信的结论。图 15-1 所示为多传感器信息融合过程。其中,多传感器的功能是实现信号检测,它将获得的非电信号转换成电信号后,再经过 A/D 转换为能被计算机处理的数字量,数据预处理用以滤掉数据采集过程中的干扰和噪声,然后融合中心对各种类型的数据按适当的方法进行特征(即被测对象的各种物理量)提取和融合计算,最后输出结果。

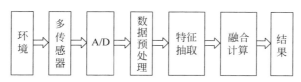

图 15-1　多传感器信息融合过程

15.2.1　多传感器信息融合的必要性

多传感器信息融合在国内外已成为日益受到重视的新的研究方向。随着自动化技术在各个领域内的深入渗透,有效地运用传感器所提供的信息进行信号的综合处理,提高系统的性能,满足系统完成各种复杂任务的需要,显得越来越重要。

1. 提高系统容错性

单一传感器系统若其中一个传感器出现问题,整个系统就可能出错,从而不能正常工作。而在多传感器信息融合系统中,通过融合处理,可以排除出错传感器的影响,使系统依旧能正常工作,这就增加了系统的可靠性和容错能力。

2．提高系统检测精度

单一传感器系统中各传感器是对某一个方面反映对象信息。而在多传感器信息融合系统中,通过各传感器信息的互补性,能够更加有效地获得对象的共性反映,降低不确定性认识,提高信息的利用率,提高系统检测精度。

3．提高系统实时性

单一的传感器很难保证其输入信息的准确性和可靠性,这必然给系统对周围环境的理解以及系统决策带来影响。而多传感器信息融合系统能在相同的时间内获得更多的信息,提高系统的实时性。

4．提高系统经济性

与传统的单一传感器相比,多传感器系统能够在相同的时间内获得更多的信息,因而降低了获得信息的成本。这一点在实时性要求较高的系统中尤为明显。

15.2.2 多传感器信息融合的层次模型

多传感器信息融合与经典信号处理方法之间存在本质的区别,其关键在于信息融合所处理的多传感器信息具有更为复杂的形式,而且可以在不同的信息层次上出现。这些信息表征层次可以按照对原始数据的抽象化程度分为数据层(即像素层)、特征层和决策层(即证据层)。

信息的数据融合是对多源数据进行多级处理,按其在传感器信息处理层次中的抽象程度,可以分为三个层次。

1．数据层融合

数据层融合也称低级或像素级融合。如图 15-2 所示,首先将全部传感器的观测数据融合,然后从融合的数据中提取特征向量,并进行判断识别。这便要求传感器是同质的,即传感器观测的是同一个物理现象。如果多个传感器是异质的,那么数据只能在特征层或决策层进行融合。

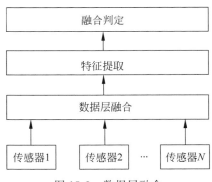

图 15-2 数据层融合

数据层融合的主要优点：

(1) 不存在数据丢失的问题，能保持尽可能多的现场数据；

(2) 提供其他融合层次所不能提供的细微信息，得到的结果也是最准确的。

数据层融合的局限性：

(1) 处理的传感器数据量大，处理代价高，实时性差；

(2) 传感器原始信息存在不确定性、不完全性和不稳定性，这就要求融合需具较高的纠错能力；

(3) 各传感器信息须来自同质传感器；

(4) 数据通信量较大，抗干扰能力较差，对通信系统的要求较高。

数据层融合通常以集中式融合体系结构进行，其常用融合技术有经典的检测和估计方法等。数据层融合广泛应用于多源图像复合、图像分析与理解、同类(同质)雷达波形的直接合成等领域。

2. 特征层融合

特征层融合也称中级或特征级融合。如图 15-3 所示，它首先对来自传感器的原始信息进行特征提取，然后对特征信息进行综合分析和处理。

特征层融合的优点在于可实现可观的信息压缩，有利于实时处理，并且由于所提取的特征直接与决策分析有关，其融合结果能最大限度地给出决策分析所需要的特征信息。在许多不可能的或期望以像素级将多源等同数据组合的情况下，特征级信息融合常常是有效的实用方法，但不同类型传感器可测量的特征常常是相互不等同的。特征层融合采用分布式或集中式的融合体系。

3. 决策层融合

决策层融合也称高级或决策级融合。如图 15-4 所示，不同类型的传感器观测同一个目标，每个传感器在本地完成基本的处理(包括预处理、特征抽取、识别或判决)并建立对所观察目标的初步结论，然后通过关联处理进行决策层融合判决，得出最终的联合推断结果。

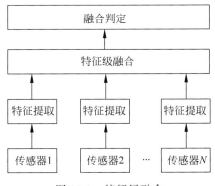

图 15-3　特征层融合

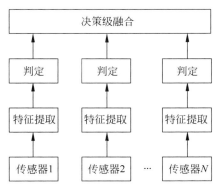

图 15-4　决策层融合

理论上,这个联合决策比任何单传感器决策更精确或更明确。决策层所采用的主要方法有贝叶斯推理、D-S证据理论、模糊集理论、专家系统方法等。另外,决策层融合还采用一些启发式的信息融合方法,来进行仿人融合判决。

决策层融合的主要优点有：

(1) 灵活性较强,融合中心处理代价低,对信息传输带宽要求较低;

(2) 容错性较强,当一个或多个传感器出现错误时,系统亦能获得正确的结果;

(3) 适用性广泛,传感器可以是同质的,也可以是异质的,因此能有效利用环境或目标的不同侧面与不同类型的信息。

目前有关信息融合的大量研究成果都是在决策层上取得的,并且构成了信息融合研究的一个热点。但由于环境和目标的时变动态特性、先验知识获取的困难、知识库的巨量特性、面向对象的系统设计要求等,决策层融合理论与技术的发展仍受到阻碍。

15.2.3　多传感器信息融合的结构模型

多传感器信息融合的结构可以概括为串行融合、并行融合与分散式融合等几种结构,分别如图 15-5～图 15-7 所示。

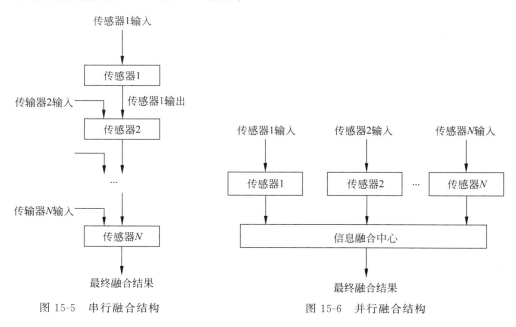

图 15-5　串行融合结构　　　　　　图 15-6　并行融合结构

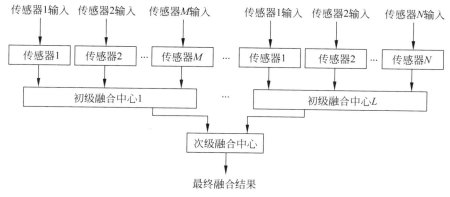

图 15-7　分散式融合结构

15.2.4　多传感器信息融合方法

　　信息融合可以视为在一定条件下信息空间的一种非线性推理过程,即把多个传感器检测到的信息作为一个数据空间的信息 M,推理得到另一个决策空间的信息 N,信息融合技术就是要实现 M 到 N 映射的推理过程,其实质是非线性映射 $f:M\rightarrow N$。这个映射推理过程所采用的信息表示和处理方法涉及通信、模式识别、决策论、不确定性推理、信号处理、估计理论、最优化技术、计算机科学、人工智能和神经网络等学科领域。常见的多传感器信息融合方法如图 15-8 所示。

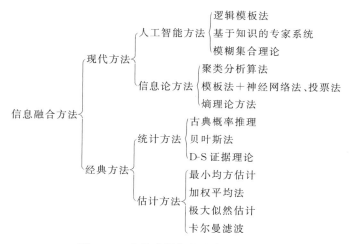

图 15-8　多传感器信息融合方法分类

1. 基于估计的融合方法

　　基于物理模型的目标分类和识别是将传感器实际观测数据与各物理模型或预先存储的目标信号进行匹配来实现的。卡尔曼滤波、极大似然估计和最小均方估计等估计方法是常用的匹配判别方法。

2. 基于统计的融合方法

基于统计的融合方法有古典概率推理、贝叶斯法和 D-S 证据理论。

古典概率推理技术的主要缺点是：用于分类物体或事件的观测量的概率密度函数难以得到；在多变量数据情况下，计算的复杂性加大；一次只能评估两个假设事件；无法直接应用先验似然函数这个有用的先验知识。因此古典概率推理在信息融合中使用较少。

贝叶斯推理技术解决了古典概率推理的某些困难。贝叶斯融合方法将多传感器提供的不确定信息表示成概率，并用贝叶斯条件概率公式进行处理。

D-S 方法是贝叶斯理论的一般化，它考虑对每个命题（如某一目标属于一个特定的类型）的支持度分布的不确定性，不仅考虑命题本身，同时也考虑包括这个命题的整体。

3. 应用信息论的融合方法

信息论方法的共同点是将自然分组和目标类型相联系，即实体的相似性反映了观测参数的相似性，不需要建立变量随机方面的模型。这些方法包括模板法、聚类分析算法、神经网络法、投票法、熵理论方法等。

模板法是通过对观测数据与先验模板进行匹配处理，来确定观测数据是否支持模板所表征的假设。即在参数化模板中多传感器数据在一个时间段中得到，多源信息和预挑选的条件进行匹配，以决定观测是否包含确认实体的证据。模板法可用于时间检测、态势评估和单个目标确认。

聚类分析算法是利用生物科学和社会科学中众所周知的一组启发式算法，根据预先指定的相似标准把观测分为一些自然集合或类别，再把自然组与目标预测类型相关。所有的聚类分析算法都要求一个描述任何两个特征向量之间接近度的相似度矩阵或相关性量度。

神经网络法是经过样本训练过的硬件或软件系统，它把输入数据矢量经过非线性转换投影到网络输出端产生输出矢量，输入数据到输出分类的变换由人工神经元模仿生物神经系统的功能完成，这样一种转换就使得人工神经网络具有数据分类功能。虽然这种分类方法在某种程度上类似于聚类分析法，但是，当输入数据中混有噪声时，人工神经网络的优点更加突出。

投票法结合多个传感器的检测或分类，将每个传感器的检测结果按照多数、大多数或决策树规则进行投票。

熵理论方法借用了通信理论中的信息熵的术语，用事件发生的概率来量度事件中的信息的重要性。经常发生的消息或数据的熵比较小，而偶然或很少发生的事件的熵较大，量度信息熵的函数随着收到信息的概率的增大而减小。

4. 基于认知的模型

基于认知的模型尝试模拟和自动执行人脑分析的决策过程，它包括逻辑模板法、基于知识的专家系统和模糊集合理论。

逻辑模板法是用预决定和存储的模式对观测数据进行匹配,以推断目标或对态势进行评估。比较实时的模式和存储的模式的参数化模板可以用逻辑模板得到,比如布尔关系。模糊逻辑也可用子模式匹配技术,它说明了观测数据或用于定义的模式的逻辑关系的不确定性。逻辑模板法自 20 世纪 70 年代中期以来就成功地用于信息融合系统,主要用于时间探测或态势估计所进行的信息融合,也用于单个目标的特征估计。

专家系统通过寻找知识库,并把论据、算法和规则应用到输入数据上来进行推理。基于知识的专家系统将已知的专家规则或其他知识合并以自动执行目标确认过程。当推理信源不再有用时,仍可利用专家知识。基于计算机的专家系统通常包括知识库、全局数据库、推理机制与人机交互界面。系统的输出是给用户推荐的行为的集合。专家系统或知识库系统能实现较高水平的推理,但是,由于专家系统方法依赖于知识的表示,要通过数字特点、符号特点和基于推理的特点来表示对象的特征,其灵活性很大,因此,要成功地设计和开发一个应用信息融合的专家系统是很困难的。

模糊逻辑实质上是一种多值逻辑。在多传感器数据融合中,模糊集合理论是将每个命题及推理算子赋予 0～1 间的实数值,以表示其在登记处融合过程中的可信程度,该值又被称为确定性因子,然后使用多值逻辑推理法,利用各种算子对各种命题(即各传感源提供的信息)进行合并运算,从而实现信息的融合。

15.3　无线传感器网络

无线传感器网络涉及众多学科,是目前信息技术领域研究的热点之一。综合多种表述,可以给无线传感器网络作如下定义:无线传感器网络是由大量密集布设在监控区域的、具有通信与计算能力的微小传感器节点,以无线的方式连接构成的自治测控网络系统。

无线传感器网络的发展最初可以追溯到 1978 年在宾夕法尼亚州匹兹堡的卡内基-梅隆大学(Carnegie-Mellon University)主办的分布式传感器网络工作组(distributed sensor nets workshop)。由于军事防御系统的需求开始对传感器网络的通信与计算间的权衡进行研究,包括传感器网络在普适计算(ubiquitous computing)环境下的应用。

无线传感器网络的出现引起了全世界范围的广泛关注,世界各国的科研机构和科技人员对无线传感器网络的研究投入了极大的热情。无线传感器网络被认为是继 Internet 之后对 21 世纪人类生活产生重大影响的 IT 热点技术。

目前,关于无线传感器网络的研究工作正在节点研制、操作系统、通信协议、支撑技术和应用技术等各个层面上全面展开。

15.3.1 无线传感器网络的体系结构

1. 传感器节点

随着微机电系统技术的发展和成熟,传感器节点已经可以做得非常小,微型传感器节点亦被称为智能尘埃(smart dust)。每个微型节点都集成了传感、数据处理、通信和电源模块,可以对原始数据按要求进行一些简单的计算处理后再发送出去。单个节点的能力是微不足道的,但成百上千个节点却能带来强大的规模效应:大量的智能节点通过先进的网状联网(mesh networking)方式,可以灵活紧密地部署在被测对象的内部或周围,把人类感知的触角延伸到物理世界的每个角落。

一个典型的无线传感器节点由四个基本模块组成:传感器模块、处理器模块、无线通信模块和电源模块,如图 15-9 所示。根据不同的应用场合,有的无线传感器节点可能还会有一些附加模块,如定位系统、连续供电系统以及移动基座等。传感器模块包含传感器和 AC/DC,处理器模块包含 MCU(micro controller unit,微控制单元)和存储器。由于有的 MCU 内部集成了 AC/DC,所以 AC/DC 在这种情况下也可以划入到处理器模块。现场采集到的原始传感信息经过 AC/DC 转换后被发送到处理器模块进行处理,再通过无线通信模块发送到指定地点。电源模块一般采用电池,可以是碱性电池、锂电池或镍氢电池。为了在执行比较耗能的任务时能够保证持续的电力供应,也可以采用太阳能电池。

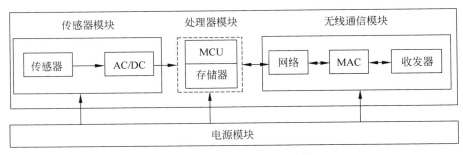

图 15-9　传感器节点体系结构

传感器节点在实现具体的各种网络协议和应用系统时,存在着以下限制:

(1)电源能力受限。传感器节点体积有限,携带的电池有限;传感器节点众多,要求成本低廉;传感器节点分布区域复杂,往往人不可到达,因此不能通过更换电池的方法来补充能量。

(2)通信能力受限。无线通信的能量消耗随着通信距离的增加而急剧增加。由于传感器节点能量受限,所以在满足通信连通度的前提下应尽量减少单跳通信距离。

（3）处理能力受限。传感器节点是一种微型嵌入式设备,要求价格低、功耗小,因此,一般来说其携带的处理器能力比较弱,存储器容量也比较小。为了完成各种任务,传感器节点需要完成监测数据的采集、处理和传输等多种工作,如何利用有限的计算和存储资源完成任务成为传感器网络设计的挑战。

2. 网络结构

无线传感器网络通常由传感器节点、汇聚节点(基站)和任务管理节点等组成,其体系结构如图 15-10 所示。大量传感器节点随机部署在目标区域内部或附近,通过自组织方式构成无线网络。传感器节点之间、基站与传感器节点之间进行无线通信。传感器节点检测到的数据根据一定的路由协议沿着其他传感器节点进行传输,在传输的过程中可以对检测到的数据进行一些处理,数据经过多跳传输后到达汇聚节点。汇聚节点负责传感器网络与 Internet 等外部网络的连接,经过汇聚节点处理后,传感器节点检测到的数据最后可通过互联网或卫星到达管理节点。另外,用户亦可通过管理节点对整个无线传感器网络进行配置和管理、发布监测任务。

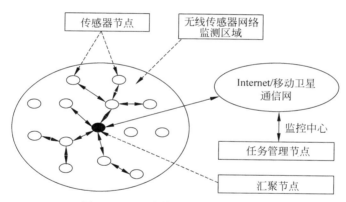

图 15-10　无线传感器网络体系结构

传感器节点通常是一个微型的嵌入式系统,其处理能力、存储能力和通信能力相对较弱,由于仅靠电池供电,其能量受到限制。网络中的传感器节点除进行信息收集和数据处理外,还要对其他节点转发来的数据进行存储、管理和融合等处理。此外,为完成一些特定的任务,通常还需要多个节点进行协作。因此从网络功能看,每个传感器节点兼有传统网络节点终端和路由双重功能。目前传感器节点的软硬件技术是传感器网络研究的一个重点。

汇聚节点与传感器节点不同,其处理能力、存储能力和通信能力比传感器节点要强,它既可以是一个具有增强功能的传感器节点,拥有充足的能量和更大的计算能力,也可以是没有监测功能仅具无线接口的特殊网关设备。

3．网络协议栈

图 15-11 所示为早期提出的无线传感器网络的协议栈，此协议栈包括物理层、数据链路层、网络层、传输层和应用层协议。

（1）物理层负责数据的调制、发送与接收，为无线传感器网络提供简单可靠的信号调制和无线收发技术；

（2）数据链路层负责数据成帧、帧监测、介质访问和差错控制，其主要功能是在相互竞争的用户之间分配信道资源；

（3）网络层负责路由生成和路由选择，通过合适的路由协议寻找源节点到目标节点的优化路径，并且将监测数据按照多跳的方式沿着此优化路径进行转发；

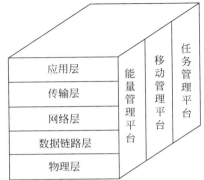

图 15-11　无线传感器网络协议栈

（4）传输层的主要功能是负责数据流的传输控制；

（5）应用层包括一系列基于监测任务的应用层软件。

另外，该协议栈还包括能量管理平台、移动管理平台和任务管理平台。

（1）能量管理平台负责管理节点如何使用能量。例如，控制开机和关机，调节节点的发送功率，决定是否转发数据和参与路由计算等。

（2）移动管理平台负责跟踪节点的移动，并且通过邻居节点的协调来平衡节点之间的功率和任务。

（3）任务管理平台负责为一个给定区域内的所有传感器节点合理地分配任务。任务的划分基于节点的能力和位置，从而使节点能够以能量高效的方式协调工作。

15.3.2　无线传感器网络的特点

在某些偏僻地区或战场环境中，现有蜂窝网络没有覆盖；或者在某些特殊地理环境下，蜂窝网络信号无法接收；另外，还有如停电、自然灾害等紧急情况下，蜂窝网络已经停止工作，再使用蜂窝网的服务显然是不可能的。此时，人们需要的是一种无须预先建网、不需要假设预定设施、及时而灵活的通信网络。正是为了适应这种需求，无线自组网络才应运而生。无线自组网（mobile ad-hoc network）是一个由几十到上百个节点组成的、采用无线通信方式的、动态组网的多跳的移动性对等网络。其目的是通过动态路由和移动管理技术传输具有服务质量要求的多媒体信息流。

无线传感器网络和无线自组网有相似之处,但也存在本质区别,表 15-1 给出了它们的主要不同点。无线自组织网络是为多种应用而设计的一种通用平台,它通过动态路由和移动管理技术传输具有服务质量要求的多媒体信息流,节点能量通常没有限制。而无线传感器网络是以数据为中心的集成了监测、控制以及无线通信的网络系统,其节点数目极其庞大,分布密度很高;由于环境干扰和节点能量耗尽死亡也造成网络拓扑结构的变化;另外传感器节点具有的能量、处理能力、存储能力和通信能力都十分有限。因此无线传感器网络首先考虑的问题是能源的有效性,而传统无线网络首先考虑的问题是如何提高服务质量和高效带宽利用,其次才是节约能量。

表 15-1　无线传感器网络与无线自组网的区别

对 比 指 标	无线传感器网络	无线自组网
网络目标	数据为中心	地址为中心
网络规模	巨大(上万个节点)	较大(上百个节点)
节点能量	电量严格受限(电池供电)	电量不严格受限
存储和计算能力	严格受限(128KFlash+8KRAM MCU)	不受限(ARM DSP)
带宽	几十 Kb/s 到几百 Kb/s	几十 Mb/s 以上
设计目标	最大程度节能	QoS 保证
成本	<1 美元/节点	较高

无线传感器网络具有以下几方面的特点。

1. 超大规模

为获得物理世界的精确信息,被监测区域通常部署大量传感器节点,其数量可能成千上万个,乃至更多。之所以采用超大规模的传感器网络,其原因在于:一方面,传感器节点可能分布在很大的地理区域范围内,如森林火灾监护和环境监测等;另一方面,节点部署通常也需要很密集,并且存在大量的冗余节点,以期获得长期精准可靠的监测效果。

2. 网络自组

网络的架构无须任何预设的基础设施,节点可通过分层协议和分布式算法协调各自行为,一旦启动便可快速、自动地组成一个独立的网络。另一方面,由于传感器节点容易失效,为了弥补失效节点或者增加监测精度,可能会随时需要补充一些节点到网络中,这也需要网络能够在恶劣的环境中自动重组配置并容错。

3. 实时可靠

无线传感器网络应用领域广泛,包括军事火灾探测、目标跟踪、建筑物监测等,这些应用都有不同程度的可靠性及实时性要求。比如,在温度测量中,温度值需要在规定的时延内周期性地报告给数据接收者;在建筑物监测中,当陌生人进入建筑物时应该尽快将数据报告给监测者。而且,应用数据采集的实时性及可靠性要求还有可能是动态变化的。比如,在军事目标跟踪中,如果目标的移动速度是动态变化的,则位置数据报告的时延要求也是动态变化的。

传感器网络特别适合部署在恶劣环境或人类不宜到达的区域,传感器节点可能工作在露天环境中,遭受太阳的暴晒或风吹雨淋,甚至遭到无关人员或动物的破坏。传感器节点往往采取随机部署方法,如通过飞机撒播或发射炮弹到指定区域进行部署。这些都要求传感器节点非常坚固,不易损坏,适应各种恶劣环境条件。

由于监测区域环境的限制以及传感器节点数目巨大,不可能人工"照顾"每个传感器节点,网络的维护十分困难甚至不可维护。传感器网络的通信保密性和安全性也十分重要,要防止监测数据被盗取和获取伪造的监测信息。因此,传感器网络的软硬件必须具有鲁棒性和容错性。

4. 能力受限

由于价格、体积和功耗的原因,传感器节点的计算能力、程序空间和内存空间严重受限。这一点也决定了传感器节点的操作系统设计中,协议层次不能太复杂。

5. 能量受限

传感器网络的特殊应用领域决定了在使用过程中,不能给电池充电或更换电池,一旦电池能量用完,这个节点也将失效。因此节能、提高网络的使用寿命是传感器网络设计过程中采用何种技术和协议的首要条件。

6. 动态拓扑

无线传感器网络中一些节点可能会因为电池能量耗尽、环境因素或其他故障而失效退出网络,一些节点也可能被移动。另外由于工作的需要,一些新的节点也可能添加到网络中。这些因素都将使网络拓扑结构随时变化,因此无线传感器网络是一个动态的网络,应该具有动态的拓扑组织功能。

7. 以数据为中心

由于传感器网络的动态拓扑结构,节点编号和节点位置没有直接的关系。无线传感器网络是以数据为中心的网络,而不像传统网络那样以连接为中心。这就要求节点能够进行数据聚合、融合、缓存和压缩等处理。

15.3.3　无线传感器网络关键技术

无线传感器网络综合了传感器技术、通信技术、嵌入式计算技术、网络技术和程序设计等多方面技术。目前,尚有非常多的领域和关键技术有待进一步研究。

1. 路由选择

路由选择就是在源节点和目的节点之间寻找一条传送数据的节点序列。寻找节点集合的算法称为路由选择算法。传统的路由选择算法主要以路径最短、开销最小、延迟最小为目标,算法一般都由专用的路由选择设备——路由器来完成。对于传感器网络而言,由于传感器节点的计算能力、存储能力、通信能力以及携带的能量都十分有限,每个节点只能获取局部网络的拓扑信息,因此其路由协议不能太复杂。另外,传感器网络拓扑结构动态变化、网络资源不断变化,这些都对路由协议提出了更高的要求。

由于不同无线传感器网络的应用特殊性,不宜设计一个通用的路由算法。应该根据某一特定应用,具体设计传感器网络路由选择算法。一般而言,应该考虑到以下几方面因素:

(1) 在保证数据传输可靠性前提下尽量降低能耗,延长网络节点使用寿命;

(2) 网络的自组织能力;

(3) 路由协议的动态适应能力和扩展能力;

(4) 数据融合和数据汇聚能力;

(5) QoS 保证;

(6) 算法的收敛性、鲁棒性;

(7) 失效节点的定位和故障恢复。

2. 定位技术

位置信息对传感器网络的监测至关重要,事件的发生位置(获取信息的节点位置)是传感器节点监测消息所包含的重要信息。根据节点位置是否确定,传感器节点分为锚节点和位置未知节点。锚节点的位置是已知的;位置未知节点需要根据一定数量的锚节点位置,按照某种定位机制确定其位置。在传感器网络定位过程中,通常会使用三边测量法、三角测量法或极大似然估计法等。良好的定位算法通常应具有以下特点:

(1) 自组织性。传感器节点随机分布,只能依靠局部的基础设施协助定位。

(2) 健壮性。由于传感器节点的硬件配置低、能量少、可靠性差,测量距离时会产生误差,所以算法必须具有良好的健壮性。

(3) 能量有效性。尽可能地减少定位算法中计算的复杂性,减少节点间的通信开销,以尽量延长在网络中的生存周期。通信开销是传感器网络的主要能量开销。

3. 能量管理

能量管理的核心是电源管理。由于网络中的传感器节点依靠携带的电池供电,而且网络监测区域环境恶劣,一般不具备充电条件,所以电源能量管理对延长网络的使用寿命至关重要。能量管理需要通过控制网络各个节点的能耗,来保证节点能量合理有效地利用,延长网络使用寿命。

为了实现这个目标,传感器网络应用层在操作系统中采用动态电源管理和动态电压调整策略,折中考虑性能和功耗控制的需求来延长系统生存时间。网络层通过加快网络冗余数据的收敛,以多跳方式转发数据包,选择能量有效路由来提高能量效率。媒体访问控制（MAC）层通过减少数据包的竞争冲突、减小控制数据包开销、减少空闲监听时间和避免节点间的串音来提高能量效率。而物理层的能量效率设计是通过对具体物理层技术的改造来实现的,如高能效的调制技术、编码技术、速率自适应技术、协作多输入多输出（MIMO）技术等。

4. 数据融合

在传感器网络中,对目标环境的监视和感知由所有传感器节点共同完成。在覆盖度较高的传感器网络中,相邻节点感知的信息基本相同,这导致在信息收集的过程中,各个节点单独传输数据到汇聚节点会产生大量的数据冗余,浪费大量的带宽资源和能量资源,也会降低信息收集的效率。为了解决这个问题,传感器网络采用数据融合技术,对多个传感器节点的数据进行处理,组合出更符合任务要求的数据,然后将这些数据传输到汇聚节点。

数据融合技术对传感器网络而言具有如下作用：

（1）节省能量；

（2）获得更准确的信息；

（3）提高数据传输效率。

这里的数据融合概念与多传感器信息融合是有所区别的：

（1）数据融合技术是指节点对采集或者接收到的多个数据进行聚集处理,其主要目的是去除数据冗余、减少网络数据量传输、提高信息汇集效率。

（2）多传感器信息融合是利用计算机技术将来自多个传感器或多源的观测信息进行分析、综合处理,从而得出决策和估计任务所需信息的处理过程。其目标是综合各传感器检测信息,通过优化组合来导出更多的有效信息,提升系统性能。

5. 时间同步

无线传感器网络是一个分布式系统,每个传感器节点都有一个独立的本地时钟,由于不同节点时钟晶体振荡存在偏差,各个节点的时钟在运行一段时间后便会出现误差,如果这种误差得不到校正,汇聚节点和信息中心将无法准确判断信息产生的时间,从而造成数据混乱,严重情况下数据将无法利用。

时间同步就是采用某种机制或者算法使网络中传感器节点的时钟完全相同。常用的算法有：

（1）参考广播同步算法（reference broadcast synchronization）；

（2）传感器网络时间同步协议算法（timing-sync protocol for sensor networks）；

（3）Mini-Sync 算法和 Tiny-Sync 算法；

（4）基于树的轻权算法（lightweight tree-based synchronization）。

6. 网络安全

无线传感器网络作为任务型的网络,不仅要进行数据的传输,而且要进行数据采集和融合、任务的协同控制等。为了保证任务的机密布置和任务执行结果的安全传递和融合,无线传感器网络需要实现一些基本的安全机制:机密性,点到点的消息认证,完整性的鉴别,新鲜性,认证广播和安全管理。除此之外,为了确保数据融合后数据源信息的保留,水印技术也成为无线传感器网络安全的研究内容。

虽然在安全研究方面,无线传感器网络没有引入太多的内容,但无线传感器网络的特点决定了它的安全与传统网络安全在研究方法和计算手段上有很大的不同,主要表现在以下几方面:

(1) 有限的计算资源和能量资源使得无线传感器网络的单元节点必须很好地考虑算法计算强度和安全强度之间的权衡问题,如何通过更简单的算法实现尽量坚固的安全外壳是无线传感器网络安全的主要挑战。

(2) 有限的计算资源和能量资源使得无线传感器网络必须综合考虑使用各种安全技术减小系统代码的数量,节省资源。

(3) 无线传感器网络任务的协作特性和路由的局部特性使得节点之间存在安全耦合性,因此在考虑安全算法的时候要尽量避免。

7. 无线通信技术

传感器网络需要低功耗短距离的无线通信技术。IEEE 802.15.4 标准是针对低速无线个人域网络的无线通信标准,把低功耗、低成本作为设计的主要目标,旨在为个人或者家庭范围内不同设备之间低速联网提供统一标准。由于 IEEE 802.15.4 标准的网络特征与无线传感器网络存在很多相似之处,故很多研究机构把它作为无线传感器网络的无线通信平台。

基于 IEEE 802.15.4 标准,ZigBee 成为一种新兴的短距离、低功耗、低数据速率、低成本、低复杂度的无线网络技术。ZigBee 具有 IEEE 802.15.4 强有力的无线物理层所规定的全部优点:省电、简单、成本低的规格,同时增加了逻辑网络、网络安全和应用层。ZigBee 为无线网络中传感与控制设备的通信提供了极佳的解决方案,其主要应用领域包括工业控制、消费性电子设备、汽车自动化、家庭和楼宇自动化、医用设备控制等。

ZigBee 技术的主要特点如下:

(1) 数据传输速率低。数据传输速率为 10～250Kb/s,专注于低传输应用。

(2) 功耗低。在低功耗待机模式下,两节普通 5 号电池可使用 6～24 个月。

(3) 成本低。ZigBee 数据传输速率低,协议简单,所以大大降低了成本。

(4) 网络容量大。网络可容纳 6.5 万个设备。

(5) 时延短。典型搜索设备时延为 30ms,休眠激活时延为 15ms,活动设备信道接入时延为 15ms。

(6) 网络的自组织、自愈能力强,通信可靠。

(7) 数据安全。ZigBee 提供了数据完整性检查和鉴权功能,采用 AES-128 加密算法,各个应用可灵活确定其安全属性。

(8) 工作频段灵活。使用频段为 2.4GHz、86MHz(欧洲)和 915MHz(美国),

均为免执照(免费)的频段。

8．操作系统

传感器节点是一个微型的嵌入式系统,携带非常有限的计算、存储和通信资源。这就需要操作系统能够有效地使用这些有限的硬件资源,为特定的应用提供最大的支持。传感器节点的结构模块化、网络数据并发性和任务实时性要求在资源有限的传感器节点上实现模块化实时多任务操作系统,给无线传感器网络操作系统的设计提出了很高的要求。

目前有代表性的开源的无线传感器网络操作系统有:

(1) Tiny OS 2.0:美国加州大学伯克利分校开发。

(2) Mantis OS 0.9.5 (Multimodal Networks of In-situ Sensors):美国科罗拉多大学开发。

(3) SOS 1.7:美国加州大学洛杉矶分校开发。

15.3.4　无线传感器网络的应用

无线传感器网络作为一种新的信息获取和处理技术,在各种领域有着传统技术不可比拟的优势。如果说互联网构成了逻辑上的信息世界,改变了人与人之间的沟通方式,那么传感网就是将逻辑上的信息世界与客观上的物理世界融合在一起,改变了人类与自然界的交互方式。近年来备受关注的物联网,其实质是无线传感器网络的一种应用形式。下面举例说明无线传感器网络的应用前景。

1．军事应用

在军事领域,由于无线传感器网络具有快速布设、自组织和容错等特性,它将会成为 C4ISRT 系统不可或缺的一部分。C4ISRT 系统是美国国防部和各军事部门在现有的 C4ISR(指挥、控制、通信、计算、情报、监视和侦察指控)系统的基础上提出的,强调了战场态势的实时感知能力、信息的快速处理和运用能力。无线传感器网络节点密集、成本低、随机自由部署、自组性强和高容错性的特点,是传统的传感器网络所无法比拟的。正是这些特点,使得无线传感器网络非常适合应用于恶劣的战场环境,它具有监控敌军兵力和装备、监视冲突区、侦察敌方地形和布防、侦察和反侦察、定位攻击目标、战场评估、核攻击和生物化学的监测和搜索等功能。

2．环境应用

无线传感器网络的应用已经由军事扩展到了很多领域,尤其在大规模的野外环境监测中显示了很大的应用潜力。无线传感器网络的节点可通过飞行器直接撒播在被监测区域,一方面使网络的监测区域可以扩展到更广阔的范围,另一方面也避免了人类活动对生物栖息、生活习性的影响。无线传感器网络的环境监测应用包括森林火灾监测、跟踪候鸟和昆虫的迁移、环境变化对农作物的影响等多个方面。例如,加州大学伯克利分校 Intel 实验室和大西洋学院目前联合在大鸭岛

(Great Duck Island)上部署了多层次的无线传感器网络以监测海燕的生活。

3. 灾难救援

发生地震、水灾等自然灾害后,固定的通信网络设施(如有线通信网络、蜂窝移动通信网络的基站等网络设施,卫星通信地球站,以及微波中继站等)可能被摧毁或无法正常工作,对于抢险救灾来说,就需要无线传感器网络来进行信号采集与处理。无线传感器网络的快速展开和自组织特点,是这些场合通信的最佳选择。

4. 建筑物状态监测

建筑物可能由于年久失修存在一定安全隐患,同时地壳活动也会影响建筑物的安全,而这些通常是传统网络无法监测出来的。美国加州大学伯克利分校的环境工程和计算机科学家们利用传感器网络,让建筑物能够自检健康状况,并能够在出现问题时及时报警。

5. 智能家居

嵌入到家具和家电中的传感器节点可与执行机构组成无线传感执行器网络,并与 Internet 连接在一起,这将为人们提供更加舒适、方便和具有人性化的智能家居环境。例如,可根据环境亮度需求、人的心情变化来自动调节灯光,根据家具清洁程度自动进行除尘等。

6. 医疗保健

传感器网络在医疗和健康护理方面的应用包括监测人体的各种生理数据,跟踪和监控医院内医生和患者的行动,进行药物管理等。通过住院病人身上安装的微型传感器节点,如心率和血压监测设备,医生就可利用传感器网络长期收集相关生理数据,随时监控病人病情并及时处理。而这些安装在被监测对象身上的微型传感器不会给人的正常生活带来太多不便。

第 15 章教学资源

第2篇

工业物联网

第16章 物联网基础

第17章 物联网核心技术

第18章 物联网工程案例

物联网基础

工业物联网是将具有感知、监控能力的各类采集、控制传感器或控制器,以及移动通信、智能分析等技术不断融入工业生产过程各个环节,从而大幅提高制造效率,改善产品质量,降低产品成本和资源消耗,最终实现将传统工业提升到智能化的新阶段的网络。本章主要对物联网的概念、构成及特征进行简要叙述。

16.1 概述

16.1.1 物联网

1. 定义

物联网(IoT)即"万物相连的互联网",是在互联网基础上进行延伸和扩展,将各种信息传感设备与互联网结合起来而形成的一个巨大网络,可实现在任何时间、任何地点,人、机、物的互联互通。

物联网是新一代信息技术的重要组成部分,IT 行业又称其为泛互联,意指物物相连,万物互联。由此可以说,"物联网就是物物相连的互联网"。这有两层意思:第一,物联网的核心和基础仍然是互联网,是在互联网基础上延伸和扩展的网络;第二,其用户端延伸和扩展到了任何物品与物品之间进行信息交换和通信。因此,物联网的定义是:通过射频识别、红外感应器、全球定位系统、激光扫描器等信息传感设备,按约定的协议,把任何物品与互联网相连接,进行信息交换和通信,以实现对物品的智能化识别、定位、跟踪、监控和管理的一种网络。物联网的概念模型如图 16-1 所示。

2. 特点

从通信对象和过程来看,物与物、人与物之间的信息交互是物联网的核心。物联网的基本特征可概括为整体感知、可靠传输和智能处理。

(1)整体感知:可以利用射频识别系统、二维码、智能传感器等感知设备获取物体的各类信息。

(2)可靠传输:通过对互联网、无线网络的融合,将物体的信息实时、准确地传送,以便信息交流、分享。

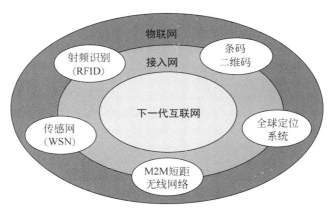

图 16-1　物联网概念模型

（3）智能处理：使用各种智能技术，对感知和传送到的数据、信息进行分析处理，实现监测与控制的智能化。根据物联网的以上特征，结合信息科学的观点，围绕信息的流动过程，可以归纳出物联网处理信息的功能：①获取信息的功能。主要是信息的感知、识别，信息的感知是指对事物属性状态及其变化方式的知觉和敏感，信息的识别指把所感受到的事物状态用一定方式表示出来。②传送信息的功能。主要指信息发送、传输、接收等环节，将获取的事物状态信息及其变化方式从时间（或空间）上的一点传送到另一点的过程，这就是常说的通信。③处理信息的功能。是指信息的加工过程，利用已有的信息或感知的信息产生新的信息，实际是制定决策的过程。④施效信息的功能。指信息最终发挥效用的过程，有很多的表现形式，比较重要的是通过调节对象事物的状态及其变换方式，始终使对象处于预先设计的状态。

3．应用

物联网的应用领域涉及方方面面，在工业、农业、环境、交通、物流、安保等基础设施领域的应用，有效地推动了这些领域的智能化发展，使得有限的资源更加合理地使用分配，从而提高了行业效率、效益。在家居、医疗健康、教育、金融与服务业、旅游业等与生活息息相关的领域的应用，从服务范围、服务方式到服务质量等方面都有了极大的改进，大大提高了人们的生活质量；在涉及国防军事领域方面，虽然还处在研究探索阶段，但物联网应用带来的影响也不可小觑，大到卫星、导弹、飞机、潜艇等装备系统，小到单兵作战装备，物联网技术的嵌入有效提升了军事智能化、信息化、精准化水平，极大提升了军事战斗力，是未来军事变革的关键。

16.1.2　传感网

1．定义

传感网是传感器网络的简称。传感器网络是计算机、通信、网络、智能计算、传感器、嵌入式系统、微电子等多个领域交叉综合的新兴学科，它将大量的多种类传感器节点(集传感、采集、处理、收发于一体)组成自治的网络,实现对物理世界的动态智能协同感知。传感网的网络结构可以分为感知域、网络域和应用域三个域。其中,感知域主要实现传感网信息采集和处理,目前采用的主要技术有 RFID、ZigBee、Bluetooth 等;网络域主要实现传感网信息的承载和传输;应用域主要实现信息的表示和应用。随着传感器种类的丰富和功能性能的完善,承载网络的丰富、融合和演进,以及应用领域的拓展和普及,三个域的内涵将会不断延展和丰富,彼此的关系也将更加紧密。

2．特点

无线传感器网络可以看成由数据获取网络、数据分布网络和控制管理中心三部分组成的。其主要组成部分是集成有传感器、数据处理单元和通信模块的节点,各节点通过协议自组成一个分布式网络,再将采集来的数据通过优化后经无线电波传输给信息处理中心。

因为节点的数量巨大,而且还处在随时变化的环境中,这就使它有着不同于普通传感器网络的独特"个性"。

第一是无中心和自组网特性。在无线传感器网络中,所有节点的地位都是平等的,没有预先指定的中心,各节点通过分布式算法来相互协调,在无人值守的情况下,节点就能自动组织成一个宏量网络。而正因为没有中心,网络便不会因为单个节点的脱离而受到损害。

第二是网络拓扑的动态变化性。网络中的节点处于不断变化的环境中,它的状态也在相应地发生变化,加之无线通信信道的不稳定性,网络拓扑因此也在不断地调整变化,而这种变化方式是不能准确预测出来的。

第三是传输能力的有限性。无线传感器网络通过无线电波进行数据传输,虽然省去了布线的烦恼,但是相对于有线网络,低带宽成为它的天生缺陷。同时,信号之间还存在相互干扰,信号自身也在不断地衰减。不过因为单个节点传输的数据量并不算大,这个缺陷并不会造成很大影响。

第四是能量的限制。为了测量真实世界的具体值,各个节点将密集地分布于待测区域内,人工补充能量的方法已经不再适用。每个节点都要储备可供长期使用的能量,或者自己从外汲取能量(太阳能)。

第五是安全性的问题。无线信道、有限的能量、分布式控制都使得无线传感器网络更容易受到攻击,被动窃听、主动入侵、拒绝服务都是这些攻击的常见方式。因此,安全性在网络的设计中至关重要。

3．功能

传感网借助于节点中内置的传感器测量周边环境中的热、红外、声呐、雷达和地震波信号,从而探测温度、湿度、噪声、光强度、压力、土壤成分以及移动物体的大小、速度和方向等物质现象。

以互联网为代表的计算机网络技术是 20 世纪计算机科学的一项伟大成果,它给我们的生活带来了深刻的变化。然而,网络功能再强大,网络世界再丰富,也终究是虚拟的,它与我们所生活的现实世界还是相隔的。在网络世界中,很难感知现实世界,很多事情还是不可能做到的,时代呼唤着新的网络技术。传感网正是在这样的背景下应运而生的全新网络技术,它综合了传感器、通信以及微机电等技术,可以预见,在不久的将来,传感网将给我们的生活方式带来革命性的变化。

16.1.3 工业互联网

1. 定义

工业互联网(Industrial Internet)——开放、全球化的网络,将人、数据和机器连接起来,属于泛互联网的目录分类。它是全球工业系统与高级计算、分析、传感技术及互联网的高度融合。

工业互联网的概念最早由通用电气公司于 2012 年提出,随后美国五家行业联手组建了工业互联网联盟(IIC),将这一概念大力推广开来。除了通用电气这样的制造业巨头,组建该联盟的还有 IBM、思科、英特尔和 AT&T 等 IT 企业。

工业互联网的本质和核心是通过工业互联网平台把设备、生产线、工厂、供应商、产品和客户紧密地连接融合起来。它可以帮助制造业拉长产业链,形成跨设备、跨系统、跨厂区、跨地区的互联互通,从而提高效率,推动整个制造服务体系智能化;还有利于推动制造业融通发展,实现制造业和服务业之间的跨越发展,使工业经济各种要素资源能够高效共享。

国家顶级节点是整个工业互联网标识解析体系的核心环节,是支撑工业万物互联互通的神经枢纽。按照工信部统一规划和部署,我国工业互联网标识解析国家顶级节点落户在北京、上海、广州、武汉、重庆五大城市。

工业互联网联盟采用开放成员制,致力于发展一个“通用蓝图”,使各个厂商设备之间可以实现数据共享。该蓝图的标准不仅涉及 Internet 网络协议,还包括诸如 IT 系统中数据的存储容量、互连和非互连设备的功率大小、数据流量控制等指标。其目的在于通过制定通用标准,打破技术壁垒,利用互联网激活传统工业过程,更好地促进物理世界和数字世界的融合。

2. 特点

工业互联网将整合两大革命性转变的优势:其一是工业革命,伴随着工业革命,出现了无数台机器、设备、机组和工作站;其二则是更为强大的网络革命,在其影响之下,计算、信息与通信系统应运而生并不断发展。

伴随着这样的发展,三种元素逐渐融合,充分体现出工业互联网的精髓:

(1) 智能机器:以崭新的方法将现实世界中的机器、设备、团队和网络通过先进的传感器、控制器和软件应用程序连接起来。

(2) 高级分析:使用基于物理的分析法、预测算法、自动化和材料科学、电气工程及其他关键学科的深厚专业知识来理解机器与大型系统的运作方式。

（3）工作人员：建立员工之间的实时连接，连接各种工作场所的人员，以支持更为智能的设计、操作、维护以及高质量的服务与安全保障。

将这些元素融合起来，将为企业与经济体提供新的机遇。例如，传统的统计方法采用历史数据收集技术，这种方式通常将数据、分析和决策分隔开来。伴随着先进的系统监控和信息技术成本的下降，工作能力大大提高，实时数据处理的规模得以大大提升，高频率的实时数据为系统操作提供了全新视野。机器分析则为分析流程开辟了新维度，各种物理方式的结合，行业特定领域的专业知识、信息流的自动化与预测能力相互结合，可与现有的整套"大数据"工具联手合作。最终，工业互联网将涵盖传统方式与新的混合方式，通过先进的特定行业分析，充分利用历史与实时数据。

工业互联网是全球工业系统与高级计算、分析、感应技术以及互联网连接融合的结果。它通过智能机器间的连接并最终将人机连接，结合软件和大数据分析，重构全球工业、激发生产力，让世界更美好、更快速、更安全、更清洁且更经济。

16.2　物联网构成

16.2.1　物联网的工作原理

物联网由传感器网络、射频标签阅读装置、条码与二维码等设备以及互联网组成。当前各项技术发展并不均衡，射频标签、条码与二维码等技术已经非常成熟，但传感器网络相关技术尚有很大发展空间。本节以传感器网络为例，分析其中涉及的关键技术，其结构如图 16-2 所示。传感器网络中所包含的关键内容和关键技术主要有数据采集、信号处理、协议管理、网络接入、设计验证、信息处理和信息融合、智能交互及协同感知以及支撑和应用等。

1. 数据采集

数据采集是物联网实现"物物相联，人物互动"的基础。采集设备一般拥有 MCU 控制器，由于低成本限制，一般采用嵌入式系统。物联网的规范要求整个终端设备必须是智能的，因此信息采集设备一般都有操作系统。为了获得各种客观世界的物理量，如温度、湿度、光照度等，传感器技术也是数据采集技术中的重要一支。因此，物联网的数据采集技术及设备包括传感器技术、嵌入式系统技术、采集设备以及核心芯片。一些典型的物联网硬件如图 16-3 所示。

2. 信号处理

智能信号处理是指对采集设备获得的各种原始数据进行必要的处理，以获得与目标事物相关的信息。首先获得各种物理量的量测值，即原始信号；其次通过信号提取技术筛选有用信号，通过调理提高信号的信噪比；高信噪比的信号通过各类信号变换，在映射空间上可以进行信号的特征提取；借助于信号分析技术，如特征对比、分类技术可以将各种特征信号对应到某一类的物理事件。

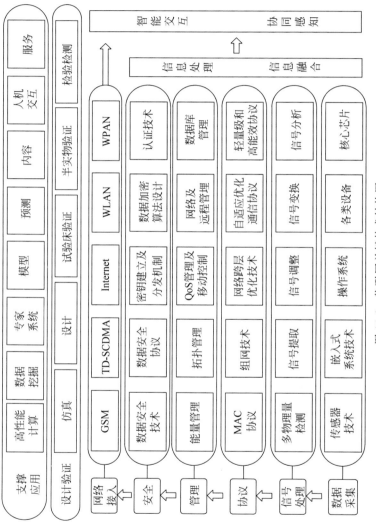

图 16-2　物联网关键技术结构图

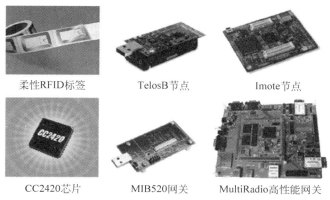

图 16-3　物联网相关设备和器件

这里的"信号处理"含义包括信号抗干扰、信号分离以及信号滤波等技术。这些技术有两种实现方法：节点上实现和基站上实现。前者是值得推荐的，其优点是具有实时性，减少了不必要的数据流量和传输过程中能量的消耗。但是由于节点资源有限，在节点上实现将面临要求低算法复杂度的挑战，而在资源丰富的基站（如服务器）上实现则能进行较复杂的信号处理，还可以进行分类学习或模式识别，信号处理效果会更好，而面临的困难则是如何减少网内数据流量以及传输过程中的能量消耗，并尽可能降低由服务器而增加的网络成本。

因此，在物联网的信号处理技术中，以多物理量检测、信号提取、信号调理、信号变换、信号分析为核心关键技术。图 16-3 中的 CC2420 是 TI（美国德州仪器公司）推出的第二代物联网射频芯片，具有数字调制解调等功能，通过数字信号处理技术提高了芯片的一致性。

3．协议

为了实现物联网的普适性，终端感知网络需要具有多样性，而这种多样性是通过 MAC 协议来保证的。由于终端感知节点并不是固定组网，为了完成不同的感知任务，实现各种目标，节点组网技术必不可少。终端感知设备之间的通信不能采用传统的通信协议，因此需要自适应优化网络协议。同时终端设备的低处理能力、低功耗等特性，决定了必须采用轻量级和高能效的协议。最后，为了实现一个统一的目标，必须在上述各种协议技术之间进行取舍，因此网络跨层优化技术也是必需的。

对于物联网而言，无线通信方式是多级的，其系统复杂性和成本开销会很大，这就需要对协议进行优化以保证其低功耗和高能效。由此，自适应的优化通信协议设计就变得很重要，其挑战在于需要考虑数据融合、分簇和路由选择等优化问题，并尽可能减少数据通信量和重复传送。所以，物联网的协议栈中，以 MAC 协议、组网技术、网络跨层优化技术、自适应优化通信协议、轻量级和高能效协议为重点。图 16-3 中所示的 Crossbow 公司的 TelosB 节点可以安装 TinyOS 系统以及相关的协议。图 16-3 中还有 Crossbow 公司的 Imote 节点,该节点具有较强的处理能力,基于 XScalePXA271 的 CPU 可以安装部署嵌入式 Linux 系统以及 TinyOS 系统及协议。

4．管理

由于终端感知网络的节点众多,因此必须引入节点管理对多个节点进行操作。其中包括以使终端感知网络寿命最大化为目标的能量管理,以确保覆盖性及连通性为目标的拓扑管理,以保证网络服务质量为目标的 QoS 管理及移动控制,以实现异地管理为目标的网络及远程管理,同时包括存储配置参数的数据库管理等。

作为物联网应用不可或缺的组成部分,数据库负责存储由 WSN 或 RFID 收集到的感知数据,所用到的数据库管理系统(DBMS)可选择大型分布式数据库管理系统,如 DB2、Oracle、Sybase 和 SQLServer。管理系统能够将已存储的数据进行可视化显示、数据管理(包括数据的添加、修改、删除和查询操作)以及进一步分析和处理(生成决策和数据挖掘等)。

综上所述,物联网的节点管理包括能量管理、拓扑管理、QoS 管理及移动控制、网络及远程管理以及数据库管理等方面。

5．安全

由于物联网终端感知网络的私有特性,安全也是一个必须面对的问题。物联网中的传感节点通常需要部署在无人值守、不可控制的环境中,除受到一般无线网络所面临的信息泄露、信息篡改、重放攻击、拒绝服务等多种威胁外,还面临传感节点容易被攻击者获取,通过物理手段获取存储在节点中的所有信息,从而侵入网络、控制网络的威胁。涉及安全的主要有程序内容、运行使用、信息传输等方面。

从安全技术角度来看,相关技术包括以确保使用者身份安全为核心的认证技术,确保安全传输的密钥建立及分发机制,以及确保数据自身安全的数据加密、数据安全协议等数据安全技术。因此在物联网安全领域,数据安全技术、数据安全协议、密钥建立及分发机制、数据加密算法设计以及认证技术是关键部分。

6．网络接入

物联网以终端感知网络为触角,以运行在大型服务器上的程序为大脑,实现对客观世界的有效感知以及有利控制。其中,连接终端感知网络与服务器的桥梁便是各类网络接入技术,包括 GSM、TD-SCDMA 等蜂窝网络,Internet,WLAN(无线局域网)、WPAN(无线个域网)等专用无线网络等。物联网的网络接入是通过网关来完成的。图 16-3 中的 MultiRadio 高性能网关由中国科学院计算所传感器网络实验室开发,可同时支持两个嵌入式 Wi-Fi 模块的操作。

7．设计验证

在物联网系统的设计验证中,包括仿真、设计、试验床验证、半实物验证与检验检测等关键内容。可以对物联网的硬件设备、软件、协议等进行分析验证,以及进行实际系统部署前的检验,这对物联网研究和应用具有重要的意义。

作为物联网重要组成部分的传感器网络不仅节点规模大,网络所应用的地域规模也很大。传感器网络与 Internet 网络的融合构成物联网。因此如何能够反映出大规模异构网络环境(有线网络、无线网络及各种无线传感器网络等),并对各种网络应用具有扩展性,成为设计验证平台需要考虑的问题。国内外对于测试平台搭建技术的研究还处于初始阶段,现有的一些如 MoteWorks、EmStar、Kansei 和 MoteLab 等传感器网络试验床验证平台,均支持网络测试且具有不同的侧重点。其中,MoteLab 是哈佛大学开发的一种无线传感器网络测试平台,由传感器节点网络和中心服务器两部分组成,采用 Web 方式。MoteLab 对于测试评估的方法考虑较少,如对能量的测试目前只是通过在一个节点上连接万用表测电压的方法实现。俄亥俄州立大学开发的 Kansei 平台是面向多种应用的针对无线传感器网络的测试平台。Kansei 平台在设计上充分考虑了对大规模应用环境的支持以及对各种应用背景的通用化和可扩展性的要求。从结构上划分,Kansei 平台由静止网络、移动网络和便携网络三部分组成。静止网络和移动网络共同构成了 Kansei 系统中的测试通用平台部分,部署在实验室环境中;便携网络则根据测试应用类型选择相应的传感器,部署到实际的测试环境中进行数据采集。目前 Kansei 平台还处于开发过程中,如系统访问控制等功能并没有完全实现,混合模拟仿真方法的效果也有待进一步验证。

中国科学院计算所也正在部署物联网综合验证系统,包括 EasiSim 用于仿真分析,EasiTest 作为物联网试验床,EasiDesign 用于物联网设计,EasiView 作为物联网实时监控系统,这些子系统都支持面向 Web 的访问方式。

8. 信息处理及信息融合

由于物联网具有明显的"智能性"的要求和特征,而智能信息处理是保障这一特性的共性关键技术,因此智能信息处理的相关关键技术和研究基础对于物联网的发展具有重要的作用。

信息融合是智能信息处理的重要阶段和方式。信息融合是一个多级的、多方面的,将来自传感网中多个数据源(或多个传感器)的数据进行处理的过程。它能够获得比单一传感器更高的准确率,以及更有效和更易理解的推论。同时,它又是一个包含将来自不同节点数据进行联合处理的方法和工具的架构。因此,在感知、接入、互联网和应用层均需要采用此技术手段。

9. 智能交互及协同感知

物联网中的智能交互主要体现在情景感知关键技术上,能够解释感知的物理信号和生物化学信号,对外界不同事件做出决策以及调整自身的监控行为,因此已成为物联网应用系统中不可或缺的一部分。同时,情景感知能让物联网中的一些数据以低能耗方式在本地资源受限的传感器节点上处理,从而使整个网络的能耗和通信带宽最小化。

协同感知技术也是物联网的研究热点。一种物理现象一般是由多种因素引起的,同时位于不同时空位置的感知设备观测到的信息具有互补性,因此必须将多个感知节点的数据综合起来,所以协同感知机制非常重要。

10. 支撑与应用

物联网以终端感知网络为触角,深入物理世界的每一个角落,获得客观世界的各种测量数据。同时物联网战略最终是为人服务的,它将获得的各种物理量进行综合、分析,并根据自身智能合理优化人类的生产生活活动。

物联网的支撑设备包括高性能计算平台、海量存储以及管理系统和数据库等。通过这些设施,能够支撑物联网海量信息的处理、存储、管理等工作。

物联网的应用需要智能化信息处理技术的支撑,主要需要针对大量的数据通过深层次的数据挖掘,并结合特定行业的知识和前期科学成果,建立针对各种应用的专家系统、预测模型、内容服务和人机交互服务。专家系统利用业已成熟的某领域专家知识库,从终端获得数据,比对专家知识,从而解决某类特定的专业问题。预测模型和内容服务等基于物联网提供的物理世界精确、全面的信息,可以对物理世界的规律(如洪水、地震、蓝藻等)进行更加深入的认识和掌握,以做出准确的预测预警,以及进行应急联动管理。人机交互与服务也体现了物联网"为人类服务"的宗旨,它提供了人与物理世界的互动接口。物联网能够为人类提供的各种便利也体现在服务之中。

16.2.2　物联网硬件系统结构

物联网硬件系统由四大模块构成:RFID、传感网、M2M、两化融合。

1. RFID

RFID 技术又称电子标签、无线射频识别,是一种通信技术。它可以通过无线电信号识别特定目标并读写相关数据,而无须识别系统与特定目标之间建立机械或光学接触。

RFID 是一种非接触式的自动识别技术。它通过射频信号自动识别目标对象并获取相关数据,识别工作无须人工干预,能适应各种恶劣环境。RFID 技术可识别高速运动物体并可同时识别多个标签,操作快捷方便。

RFID 系统是一种简单的无线系统,只有基本器件。该系统由一个询问器(或阅读器)和很多应答器(或标签)组成,可用于控制、检测和跟踪物体。

2. 传感网

传感网包括感知节点和末梢网络。它们承担物联网的信息采集和控制任务,构成传感网,实现传感网的功能。感知节点由各种类型的采集和控制模块组成,如温度传感器、声音传感器、振动传感器、压力传感器、RFID 读写器、二维码识读器等,用于完成物联网应用的数据采集和设备控制等功能。

末梢网络即接入网络,包括汇聚节点、接入网关等,完成应用末梢感知节点的组网控制和数据汇聚,或完成向感知节点发送数据的转发等功能。也就是在感知节点之间组网之后,如果感知节点需要上传数据,则将数据发送给汇聚节点(基站),汇聚节点收到数据后,通过接入网关完成和承载网络的连接;当用户应用系统需要下发控制信息时,接入网关接收到承载网络的数据后,由汇聚节点将数据发送给感知节点,完成感知节点与承载网络之间的数据转发和交互。

3．M2M

M2M 是一种以机器终端智能交互为核心的、网络化的应用与服务。它通过在机器内部嵌入无线通信模块,以无线通信等为接入手段,为客户提供综合的信息化解决方案,以满足客户对监控、指挥调度、数据采集和测量等方面的信息化需求。M2M 根据其应用服务对象可以分为个人、家庭和行业三大类。

通信网络技术的出现和发展,给社会生活面貌带来了极大的变化,人与人之间可以更加快捷地沟通,信息的交流更顺畅。但是目前仅仅计算机及其他一些 IT 类设备具备联网和通信能力,众多的普通机器设备如家电、车辆、自动售货机、工厂设备等几乎不具备这种能力。M2M 技术的目标就是使所有机器设备都具备联网和通信能力,其核心理念就是网络一切(network everything)。M2M 技术具有非常重要的意义,有着广阔的市场和应用,推动着社会生产和生活方式新一轮的变革。

M2M 是一种理念,也是所有增强机器设备通信和网络能力的技术的总称。人与人之间的沟通很多也是通过机器实现的,如通过手机、电话、计算机、传真机等机器设备进行通信。另外一类技术是专为机器和机器建立通信而设计的,如许多智能化仪器仪表都带有 RS-232 接口和 GPIB 通信接口,增强了仪器与仪器之间、仪器与电脑之间的通信能力。目前,绝大多数的机器和传感器不具备本地或者远程的通信和联网能力。

4．两化融合

两化融合是信息化和工业化的高层次的深度结合,是指以信息化带动工业化、以工业化促进信息化,走新型工业化道路。两化融合的核心就是信息化支撑,追求可持续发展模式。

通过定义如下三个抽象概念,可以进一步说明物联网硬件关键技术的作用。

(1)对象:客观世界中任何一个事物都可以看成一个对象,数以万计的对象证明了客观世界的存在。每个对象都具有两个特点——属性和行为,属性描述了对象的静态特征,行为描述了对象的动态特征。任何一个对象往往是由一组属性和一组行为构成的。

(2)消息:指客观世界向对象发出的一个信息。消息的存在说明对象可以对客观世界的外部刺激作出反应。各个对象间可以通过消息进行信息的传递和交流。

（3）封装：将有关的属性和行为集成在一个对象当中，形成一个基本单位。三者之间的关系如图 16-4 所示。

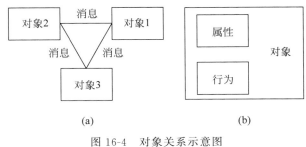

（a）　　　　　　　　　　　　　（b）

图 16-4　对象关系示意图

（a）对象间相互操作消息；（b）对象封装

物联网的重要特点之一就是使物体与物体之间实现信息交换，每个物体都是一个对象，因此物联网的硬件关键技术必须能够反映每个对象的特点。首先，RFID 技术利用无线射频信号识别目标对象并读取该对象的相关信息，这些信息反映了对象的自身特点，描述了对象的静态特征。其次，除了标识物体的静态特征，对于物联网中的每个对象来说，探测它们的物理状态的改变能力，记录它们在环境中的动态特征都是需要考虑的。就这方面而言，传感器网络在缩小物理和虚拟世界之间的差距方面扮演了重要角色，它描述了物体的动态特征。再次，智能嵌入技术通过把物联网中每个独立节点植入嵌入式芯片后，使其比普通节点具有更强大的智能处理能力和数据传输能力，每个节点都可以通过智能嵌入技术对外部消息（刺激）进行处理并反应。同时，带有智能嵌入技术的节点可以使整个网络的处理能力分配到网络的边缘，增加了网络的弹性。最后，纳米技术和微型化的进步意味着越来越小的物体将有能力相互作用和连接以及有效封装。然而，现有纳米技术发展下去，从理论上会使半导体器件及集成电路的线幅达到极限。这是因为，如果电路的线幅继续变小，将使构成电路的绝缘膜变得越来越薄，这样必将破坏电路的绝缘效果，从而引发电路发热和抖动问题。

16.2.3　物联网软件系统结构

物联网的软件技术用于控制底层网络分布硬件的工作方式和工作行为，为各种算法、协议的设计提供可靠的操作平台。在此基础上，方便用户有效管理物联网络，实现物联网络的信息处理、安全、服务质量优化等功能，降低物联网面向用户的使用复杂度。物联网软件运行的分层体系结构如图 16-5 所示。

如前所述，物联网硬件技术是嵌入式硬件平台设计的基础。板级支持包相当于硬件抽象层，位于嵌入式硬件平台之上，用于分离硬件，为系统提供统一的硬件接口。系统内核负责进程的调度与分配，设备驱动程序负责对硬件设备进行驱动，它们共同为数据控制层面提供接口。数据控制层实现软件支撑技术和通信协议

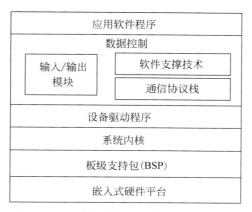

图 16-5　物联网软件运行的分层体系结构

栈,并负责协调数据的发送与接收。应用软件程序需要根据数据控制层提供的接口以及相关全局变量进行设计。

　　物联网软件技术描述整个网络应用的任务和所需要的服务,同时,通过软件设计提供操作平台供用户对网络进行管理,并对评估环境进行验证。物联网的软件框架结构如图 16-6 所示。

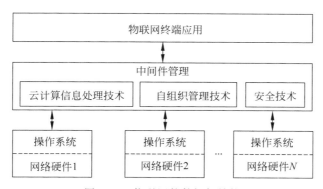

图 16-6　物联网软件框架结构

　　框架结构网络中的每个节点都通过中间件的衔接传递服务。中间件中的云计算信息处理技术、自组织管理技术、安全技术逻辑上存在于网络层,但物理上存在于节点内部,在网络内协调任务管理及资源分配,执行多种服务之间的相互操作。

16.3　物联网特征

16.3.1　物联网平台

　　2015 年在美国奥兰多(Orlando)召开的 Gartner Symposium 会议上,Gartner 再次预测了关于未来的十大战略性技术的发展趋势,其中物联网平台作为物联网发展的核心同样位列其中。而随着"云"的理念逐渐推广,基于 PaaS(Platform as a Service,平台即服务)的物联网平台开始得到推广。通过物联网平台,用户可以实现各行业需求的快速部署、设备远程集中管理以及数据采集分析等功能,从而降低运营成本以及缩短研发周期,更有助于推动传统行业跨入物联网的领域。在未来,物联网平台通过其服务管理标准的建立可以将物联网构建为一个整体,为人们提供更便捷的服务,真正实现全民物联。对于物联网而言,当物联网设备通过 ZigBee、GPRS、Wi-Fi 等接入协议连接到物联网中后,其核心与互联网一样,是基于 TCP/IP 协议进行传输,但其基于 TCP 的应用层通信协议却五花八门。因而对于物联网平台而言,不同的协议、不同的传输格式都会对其应用范围以及传输效率有很大的影响。目前我国并没有一个完善统一的标准来处理不同协议、不同传输格式的传感器数据,因此,研究面向传感器数据处理的基础物联网平台具有一定的现实意义。

一个完整的物联网系统一般分为三个层次。感知层是由各种各样的感知终端构成的,如温度、湿度、浓度、pH、GPS 等。通过感知层,现实世界中的各种信号可以被采集、识别,并发送至网络层进行分析处理,最终通过应用层实现物联网的各种应用。网络层用于传输数据,一般由各种传感网络以及处理数据的通信服务平台系统构成。应用层则提供各种具体的物联网服务。如图 16-7 所示为物联网应用的总体结构,包含三个部分:物联网设备终端、服务器以及客户终端。物联网传感器数据处理平台则对应于服务器部分,为物联网设备终端以及客户终端的通信提供支持。因此,物联网传感器数据处理平台一般分为 Web 服务、通信服务和数据服务三个部分,对采集的传感器数据提供分析、处理以及监控等功能,并将三种服务的业务层集成在一起与数据库进行信息交互。

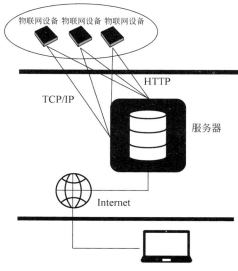

图 16-7   物联网应用的总体结构

　　目前开放型物联网服务平台还处于发展阶段,但现在实时控制显示设备的商业价值已经慢慢凸显,于是一些更广义的传感器应用和智能设备在社会中的作用愈加重要。比如,通过物联网服务平台可以访问远程对象、通过智慧城市可以监测到环境信息等。面向传感器数据处理的物联网服务平台以其特性在市场上也拥有良好的商机,Vincent C. Emeakaroha 等在文献中总结了国外较为流行的商业或者开源的基础物联网平台。而国内自 2013 年以后面向传感器处理的基础物联网平台也逐步走向商业化。表 16-1 总结了国内外基础物联网平台在基本功能、传输格式、传输协议、可视化操作等方面的一些比较。

表 16-1　国内外基础物联网平台比较

名称	服务定位	基本功能	传输数据格式	编程语言	可视化操作	传输协议	连接协议
Sensor Cloud	任何网络连接的第三方设备传感器或者通过开源 API 连接的传感网络	传感器数据采集、远程管理、可视化服务、数据存储	XDR CVS	Java C# C++	图形工具可视化	无	HTTP
Ostia Portus	面向不同的系统平台、数据库和编程语言通过从各自的系统中分割出数据点并将其打包到一个标准的服务中从而获得相应的数据采集	数据采集、存储	JSON XML Idoc	Java C C++ PHP	不可视化	HTTP JMS TCP/IP MQ	HTTP
Xively	设备连接直接工作	设备通信共享、实时控制、咨询服务	JSON XML CVS	C Java JavaScript	管理模块可视化	MQIT	HTTP
Nimibts	通过接入设备将数据上传并进行数据的分析和共享	数据通信、存储	JSON XML	Java JavaScript	图形用户接口可视化	无	HTTP
ThingSpeak	通过 HTTP 协议或者局域网进行数据的采集分析,该平台有便捷的传感器记录功能	数据采集、传感器记录	JSON XML CVS	Java JavaScript Python	Web 显示	无	HTTP Wireless ZigBee

续表

名称	服务定位	基本功能	传输数据格式	编程语言	可视化操作	传输协议	连接协议
Yeelink	面向个体创业人员	设备通信保存	JSON	Java JavaScript	Web 显示	HTTP Socket MQTT	HTTP
乐为物联	接入开源或者研发的设备完成传感数据管理	数据传输、解析、共享、转发	JSON	Java JavaScript	Web 显示	无	HTTP

16.3.2　物联网数据库

数据库在充分处理物联网数据方面发挥着非常重要的作用。因此,除一个适当的平台外,合适的数据库也同样重要。由于物联网在全球多元化的环境中运作,因而选择适当的数据库也具有一定的挑战性。

在为物联网应用选择数据库之前应考虑的因素有:①尺寸、比例和索引;②处理大量数据时的有效性;③用户友好的模式;④便携性;⑤查询语言;⑥流程建模和交易;⑦异质性和一体化;⑧时间序列聚合;⑨存档;⑩安全性和成本。

下面具体介绍几个适用于物联网的数据库。

1. InfluxDB

InfluxDB 于 2013 年首次发布,是最新的数据库之一。Go 编程语言用于开发此数据库,该数据库完全基于 LevelDB——一个键值数据库。InfluxDB 是一个时间序列数据库,用于优化和处理时间序列数据。2000 年,Kdb 数据库首次发布时间序列数据,但随着物联网的兴起,InfluxDB 开始流行起来,因为它推动了NoSQL、NewSQL 和其他不断增加数据的发展。使用 InfluxDB 作为物联网数据的优势包括:

(1) 允许编制索引;

(2) 它有一个类似于 SQL 的查询语言;

(3) 提供了缺失数据的内置线性插值;

(4) 支持自动数据下采样;

(5) 支持连续查询来计算聚合。

2. CrateDB

CrateDB 是一个分布式 SQL 数据库管理系统。代码开源并以 Java 编写,它包含了来自 Facebook Presto、Apache Lucene、Elasticsearch 和 Netty 的组件,因此它的设计具有很高的可扩展性。CrateDB 是为了使物联网数据正常工作而开发的。从工业互联网和连接汽车到可穿戴设备,CrateDB 是新型物联网解决方案创新者的首选数据库。使用 CrateDB 作为物联网数据的优势包括:

（1）每秒数百万个数据点。快速,可线性扩展的数据摄取。

（2）实时查询。列式索引和字段缓存提供内存中的 SQL 性能。

（3）动态模式。即时添加和查询新的传感器数据结构。

（4）物联网分析。快速,强大的时间序列,人工智能,地理空间,文本搜索,连接,聚合。

（5）始终开启。内置数据的复制和群集的重新平衡确保不间断的性能。

（6）ANSI SQL。无须锁定,便于任何开发人员使用和集成。

（7）内置 MQTT 代理。直接从设备到数据库集成。

（8）物联网生态系统。适用于 Kafka、Grafana、NodeRED 和其他流行的物联网堆栈软件。

（9）可在任何地方运行,以便在边缘或云中进行高效处理。

3. MongoDB

MongoDB 是一个免费且开放源代码的跨平台面向文档的数据库程序,被归类为 NoSQL 数据库程序。MongoDB 使用带模式的类似 JSON 的文档。MongoDB 是物联网组织的首选数据库程序,因为它允许物联网存储来自任何上下文的数据,这些数据可以实时分析,也可以在架构随时更改。使用 MongoDB 作为物联网数据的优势包括:

（1）高度强大的数据库;

（2）面向文档;

（3）用于一般目的;

（4）作为 NoSQL 数据库,它使用类似 JSON 的文档和模式。

4. RethinkDB

在开源数据库列表中,RethinkDB 位于顶部。它是用于实时 Web 的可扩展 JSON 数据库,是从头开始构建的。RethinkDB 通过转换传统的数据库体系结构引入了令人兴奋的新访问模式。当开发人员向其发送命令时,它可以不断地将更新后的查询结果推送至应用程序。这是开发人员称为换卡的功能。RethinkDB 作为系统状态的数据库、实时存储库和消息代理,这是更改进程允许的。其实时推送体系结构大大减少了构建可扩展实时应用程序所需的时间和精力。将 RethinkDB 作为物联网传感器数据的优点包括:

（1）RethinkDB 具有适用于检查 API 的查询语言,这非常容易设置和学习;

（2）如果任何主服务器发生故障,命令会自动转移到新服务器;

（3）实时即插即用的节点功能,无停机时间,有助于节点的轻松添加;

（4）通过 Ruby 和 Tornado 中的 Eventmachine 提供异步查询,从而提供异步应用程序编程接口;

（5）为了通过公共互联网安全地访问 RethinkDB 提供 SSL 访问;

（6）RethinkDB 提供 Floor、Ceil 和 Round 等数学运算符。

5．SQLite

SQLite 数据库引擎是一个提供无服务器（自包含）事务性 SQL 数据库引擎的流程库。由于其便携性和可移植性，它对游戏和移动应用程序的开发产生了重大影响。SQLite 适用于不需要任何人力支持的设备，因为数据库不需要管理权限。它非常适合用于手机、机顶盒、电视机、游戏机、相机、手表、厨房电器、恒温器、汽车、机床、飞机、遥感器、无人机、医疗设备和机器人等。

客户端/服务器数据库引擎位于网络核心的数据中心内，SQLite 也可以在那里工作，但 SQLite 也在网络边缘蓬勃发展，为自己提供帮助，同时为应用程序提供快速和可靠的数据服务，否则这些应用程序会存在不可靠的连接。使用 SQLite 作为物联网数据的优势包括：

（1）提供小内存占用；

（2）它是真实的；

（3）使用前不需要设置；

（4）没有依赖关系。

6．Apache Cassandra

Apache Cassandra 是一个免费的开源分布式 NoSQL 数据库管理系统，最初于 2008 年发布。它旨在通过许多商品服务器处理大量数据，提供高可用性，无单点故障。在物联网中，由于大量连接的设备通过各种网络生成，跟踪和共享数据的规模非常巨大。Cassandra 非常擅长利用大量时间序列数据，这些数据来自设备、用户、传感器以及存在于不同地理位置的类似机制。使用 Apache Cassandra 获得物联网数据的优势包括：

（1）容错；

（2）演示高性能；

（3）去中心化——集群中的每个节点都是相同的；

（4）可扩展；

（5）耐用；

（6）可控制性——每个更新都可以选择同步和异步复制；

（7）弹性——读取和写入都是实时执行的，因此任何应用程序都没有停机时间；

（8）专业支持——强化了第三方提供的合同和服务。

16.3.3　边缘计算

边缘计算是指在网络边缘执行计算的一种新型计算模型，边缘计算中边缘的下行数据表示云服务，上行数据表示万物互联服务，而边缘计算的边缘是指从数据源到云计算中心路径之间的任意计算和网络资源。图 16-8 所示为基于双向计算流的边缘计算模型。云计算中心不仅从数据库收集数据，也从传感器和智能手机等边缘设备收集数据,这些设备兼顾数据生产者和消费者。因此,终端设备和云中心之间的请求传输是双向的。网络边缘设备不仅从云中心请求内容及服务,而且还可以执行部分计算任务,包括数据缓存/存储、数据处理、设备管理、隐私保护等。因此,需要更好地设计边缘设备硬件平台及其软件关键技术,以满足边缘计算模型中可靠性、数据安全性的需求。

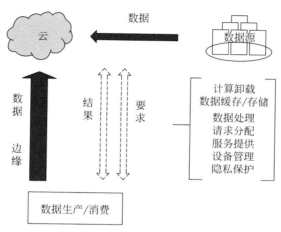

图 16-8　边缘计算模型

边缘计算模型将原有云计算中心的部分或全部计算任务迁移到数据源的附近执行。根据大数据的 3V 特点,即数据量(volume)、时效性(velocity)、多样性(variety),通过对比以云计算模型为代表的集中式大数据处理(见图 16-9)和以边缘计算模型为代表的边缘式大数据处理(见图 16-10)时代的不同数据特征来阐述边缘计算模型的优势。

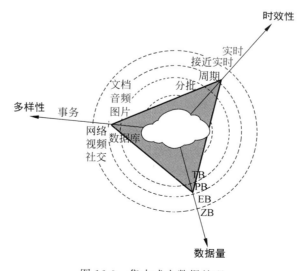

图 16-9　集中式大数据处理

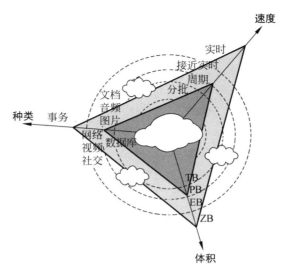

图 16-10　边缘式大数据处理

　　集中式大数据处理时代，数据的类型主要以文本、音视频、图片以及结构化数据库等为主，数据量维持在 PB 级别，云计算模型下的数据处理对实时性要求不高。万物互联背景下的边缘式大数据处理时代，数据类型变得更加复杂多样，其中万物互联设备的感知数据急剧增加，原有作为数据消费者的用户终端已变成了可产生数据的生产者终端，并且边缘式大数据处理时代，数据处理的实时性要求较高，此外，该时期的数据量已超过 ZB 级。因此，边缘式大数据处理时代，由于数据量的增加以及对实时性的需求，需将原有云中心的计算任务部分迁移到网络边缘设备（如图 16-11 的边缘云）上，以提高数据传输性能，保证处理的实时性，同时降低云计算中心的计算负载。

　　为此，边缘式大数据处理时代的数据特征催生了边缘计算模型。然而，边缘计算模型与云计算模型并不是非此即彼的关系，而是相辅相成的关系，边缘式大数据处理时代是边缘计算模型与云计算模型相互结合的时代，二者的有机结合将为万物互联时代的信息处理提供较为完美的软硬件支撑平台。

　　云计算中，由于考虑到隐私和数据传输成本，数据拥有者很少与他人分享数据。边缘可以是物理上具有数据处理能力的一种微型数据中心，它连接云端和边缘端。协同边缘是连接多个数据拥有者的边缘，这些数据拥有者在地理上是分散开的，但具有各自的物理位置和网络结构。类似于点对点的边缘连接方式，在数据拥有者之间提供数据的共享。

　　如图 16-11 所示的互联网医疗涉及分布式地理数据处理，需多企业间合作和共享数据。为了消除共享障碍，协同边缘融合了由虚拟共享数据视图所创建的分布式地区数据。利用预先定义的服务接口，终端用户可虚拟共享数据，而服务应用程序向终端用户提供所需服务。这些服务由协同边缘的参与者提供，计算任务仅在参与者内部执行,对终端用户透明,以确保数据的隐私性和完整性。

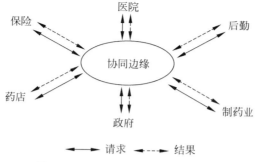

图 16-11　协同边缘案例:连接医疗

　　下面以流感病情为例说明协同边缘的优势。互联网医疗中,医院总结、分享流感疫情的信息(如平均花费、临床特征及感染人数信息等)。医院治疗流感病人后更新其电子病历,病人根据药方从药房买药,若病人未按照医嘱进行治疗,导致重返医院治疗,医院须为病人的二次治疗负责,由此引起医疗责任纠纷,因为医院没有证据证明病人未按照药方来治疗。利用协同边缘,药房可以将该病人的购买记录推送到医院,这有助于解决医疗责任纠纷。此外,利用协同边缘,药房检索由医院提供的流感人数,根据现有库存来存放药品,以便获得最大利润。药房利用制药公司提供的数据,向物流公司推送一个关于运输价格的询问请求。根据检索到的信息,药房制订总成本最优方案和药物采购计划。制药公司可在收到药房的流感药品订单信息之后,重新制订药品的生产计划,调整库存。疾病控制中心在大范围区域内监控流感人群的变化趋势,可据此在有关区域内发布流感预警,采取措施阻止流感的扩散。

　　基于保险单规定,保险公司必须报销流感病人部分医疗消费。保险公司可以分析流感爆发期间的感染人数,将其与治愈流感所花费的成本作为调整下一年保单价格的重要依据。而且,如果患者愿意分享,保险公司可根据患者电子病历提供个性化的医疗政策。

　　可见,从减少操作成本和提高利润的角度,通过该案例,大多数参与者(药店、药厂等)可以利用协同边缘来获益。个人病例信息作为源数据,医院担任源数据收集者的角色,对于社会医疗健康而言,医院可以提前做好资源的分配,以此来提高服务效率。

16.3.4　物联网应用举例

1. 视频监控

　　城市安全视频监控系统主要应对因万物互联的广泛应用而引起的新型犯罪及社会管理等公共安全问题。传统视频监控系统的前端摄像头内置计算能力较低,而现有智能视频监控系统的智能处理能力不足。为此,可以以云计算和万物互联技术为基础,融合边缘计算模型和视频监控技术,构建基于边缘计算的新型视频监控应用的软硬件服务平台,以提高视频监控系统前端摄像头的智能处理能力,进而建立重大刑事案件和恐怖袭击活动预警系统和处置机制,以提高视频监控系统防范刑事犯罪和恐怖袭击的能力。

针对海量视频数据、云计算中心服务器计算能力有限等问题,我们构建了一种基于边缘计算的视频图像预处理(preprocessing)技术。通过对视频图像进行预处理,去除视频图像冗余信息,使得部分或全部视频分析迁移到边缘处,由此降低对云中心的计算、存储和网络带宽需求,提高视频分析的速度。此外,预处理使用的算法采用了软件优化、硬件加速等方法,以提高视频图像分析的效率。另外,为了减少上传的视频数据,基于边缘预处理功能,我们构建了基于行为感知的视频监控数据弹性存储(elastic storage)机制。边缘计算软硬件框架为视频监控系统提供了具有预处理功能的平台,可以实时提取和分析视频中的行为特征,实现监控场景行为感知的数据处理机制;根据行为特征决策功能,实时调整视频数据,既可以减少无效视频的存储,降低存储空间,又可以最大化存储"事中"证据类视频数据,增强证据信息的可信性,提高视频数据存储空间利用率。

图 16-12 所示为基于边缘计算的视频监控系统框图。其中,具有边缘计算功能的模块作为协处理单元,简称边缘计算硬件单元(hardware unit),与原有视频监控系统的摄像头终端系统进行系统融合。

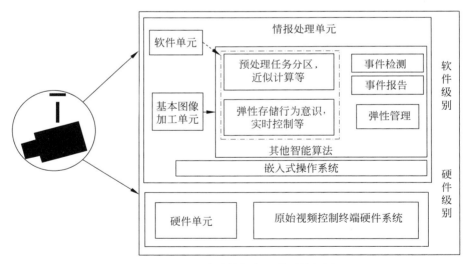

图 16-12　边缘计算视频监控系统框图

现有的视频监控系统在记录视频数据之后,直接或简单进行视频处理后传输到云计算中心。而随着视频数据呈现海量的特征,公共安全领域的应用要求视频监控系统能够提供实时、高效的视频数据处理。针对此情况,利用边缘计算模型将具有计算能力的硬件单元集成到原有的视频监控系统硬件平台上,配以相应的软件支撑技术,来实现具有边缘计算能力的新型视频监控系统。在边缘计算模型中,计算通常发生在数据源的附近,即在视频数据采集的边缘端进行视频数据的处理。

为此,一方面,我们基于智能算法的预处理功能模块,在保证数据可靠性的前提下,利用模糊计算模型,对实时采集的视频数据执行部分或全部计算任务,这能够为实时性要求较高的应用请求提供及时的应答服务,而且还能降低云计算中心计算和带宽的负载;另一方面,我们还设计了可伸缩的弹性存储功能模块,利用智能算法感知监控场景内行为的变化来选择性存储视频数据,以实现最小空间存储最大价值的数据(如犯罪行为证据等)。最后,在兼容现有智能处理的功能基础上,增加了"事中"事件监测和"事中"事件报告的功能,可以及时有效地向用户发送响应信息。

2. 智慧城市

边缘计算模型可从智能家居灵活地扩展到社区甚至城市的规模。根据边缘计算模型中将计算最大程度迁移到数据源附近的原则,用户需求在计算模型上层产生并且在边缘处理。边缘计算可作为智慧城市中一种较理想的平台,主要取决于以下三个方面:

(1) 大数据量。城市每时每刻都在产出海量数据,其主要来自公共安全、健康数据、公共设施以及交通运输等领域。用云计算模型处理这些海量数据是不现实的,因为云计算模型会引起较重传输带宽负载和较长传输延时。用网络边缘设备进行数据处理的边缘计算模型将是一种高效的解决方案。

(2) 低延时。万物互联环境下,大多数应用具有低延时的需求(如健康急救和公共安全),边缘计算模型可以降低数据传输时间,简化网络结构。此外,与云计算模型相比,边缘网络对决策和诊断信息的收集将更加高效。

(3) 位置识别。如运输和设施管理等基于地理位置的应用。在位置识别技术方面,边缘计算模型优于云计算模型。在边缘计算模型中,基于地理位置的数据可进行实时处理和收集,而不必传送到云计算中心。

物联网技术的发展将在推进我国流程工业、制造业的产业结构调整,促进工业企业节能降耗,提高产品品质,提高经济效益等方面发挥巨大的推动作用。因此,物联网在工业领域具有广阔的应用前景。近期,冶金流程工业、石化工业和汽车工业等是物联网技术应用的热点领域。

3. 冶金流程工业

冶金流程工业在我国国民经济中占有重要的经济地位。在促进国民经济快速发展的同时,我们也应看到,冶金流程工业属于典型的高能耗行业,我国的钢铁企业产品单位能耗平均比国际先进水平高 40%,而且能源利用效率仅为 33%,比发达国家低 10 个百分点左右。因此,冶金流程工业的节能减排工作是实现行业可持续发展的重中之重。同时,冶金流程工业对高度安全可靠的控制系统、设备状态监测与维护等方面也具有迫切需求。

物联网对于提高冶金流程工业的自动化水平,提高产品质量和生产效率,促进冶金流程工业能源平衡,实现节能减排,以及实现设备状态的在线监测与维护,降低设备故障率和维护成本等具有重大意义。

4. 石化工业

当前,以数字油田为核心的信息化建设是当前石化企业信息化建设的重中之重,也是提高我国石化企业国际竞争力的关键所在。数字油田是以油田资源的数字化为基础,以优化生产运行、规范经营管理为目的的综合信息系统。而智能油田则是数字油田建设的高级阶段,是在油田数字化的基础上,通过建立覆盖油田各业务的知识库和分析、决策模型,为油田生产和管理提供智能化手段,实现数据知识共享化、科研工作协同化、生产过程自动化、系统应用一体化、生产指挥可视化、分析决策科学化。

支撑整个数字油田、数字化工上层应用的是大量的底层生产运行数据,物联网技术将为此提供基础数据来源。基于传感器网络和 RFID 系统获得的大量信息,石化企业的管理者甚至可以实时获得企业中的每一口油井、每一个阀门和每一台泵的运行信息,进而有效利用这些信息进行优化控制与决策。

5. 汽车工业

汽车工业是现代制造业中最有代表性又最具活力的产业之一,它又是典型的以批量生产为特征的行业,具有典型的多工种、多工艺、多物料的大规模生产过程。据统计,在批量生产的条件下,产品开发的成本仅占总成本的 5% 左右,而产品制造过程对总成本的影响却高达 70%。随着汽车工业之间竞争的日益激烈和产品更新换代速度的加快,各生产厂家都普遍面临着提高生产效率、降低生产成本、提高生产管理水平等种种压力。

物联网以其泛在的、智能的自动化和信息化技术,应用于汽车工业,从而可以最大限度地减小系统集成和调试时间、降低投资成本,方便生产运行阶段的维护与工艺调整;提高各工艺设备系统的稳定性,减少故障停机时间,保证计划产量的实现。物联网是汽车制造工业自动化和信息化的发展趋势。物联网在汽车工业自动化上的应用主要体现在三个层面上:物料运输、生产线控制和设备监测。

16.4　物联网伦理

由于物联网是一种虚拟网络与现实世界实时交互的新型系统,其无处不在的数据感知、以无线为主的信息传输、智能化的信息处理特点、"物联网"无所不在的连接,可能使每个"物"成为庞大网络中的一个节点,甚至可能使人也成为一个节点。海量的现实世界信息自动进入网络,一切都将越来越"透明",所有的物体都要求具备智能、能够互动,包括人与人、物与物、人与物之间都能通过网络进行交流。

同时物联网也带来了诸如安全问题、隐私问题、一些数据的保护问题、资源控制问题、资源管理问题、标准的设置和互动性问题,以及涉及社会多个层面的道德伦理问题。信息安全正在告别传统的病毒感染、网站被黑及资源滥用等阶段,迈进了一个复杂多元、综合交互的新时期。

可见由于物联网的技术与物理特性,其所带来的社会伦理问题比互联网更多、更广,后果更严重。专家预测,假如物联网不能保障信息安全,结果将不堪设想:如果说物联网市场规模是互联网的 30 倍的话,那么,其信息安全带来的负面影响可能远大于互联网负面影响的 30 倍。

1. 对国家信息安全和公共利益的挑战

在国际政治中,安全是一个基本概念,也是一种基本的价值和政治伦理。目前,物联网在全球均刚刚起步,国际上尚未有成体系的物联网相关标准;而在我国的相关产业链上,物联网需要的自动控制、信息传感、射频识别等上游技术和产业都已成熟或基本成熟,而下游的应用也早已以单体的形式存在,如在手机上进行数据采集等,但是至今尚未有完整的标准体系制定出台。网络会引发隐性的政治问题,它在一定程度上会改变现有的社会分层,即未来社会将分为掌握和控制信息的群体(knows)和不占有信息的群体(knows-nots),这必将引起一种新的对抗。这或许正是现代政治学或者社会学应该注意研究的问题。

RFID 的标准由空中接口协议(简称空口协议)、编码体系和应用体系架构三部分构成。空口协议指的是 RFID 与 RFID 读写设备之间的通信协议,编码体系涉及的是数据的编码格式,而应用体系架构则涉及的是 RFID 的网络应用。在 RFID 应用体系架构中,RFID 读写设备将读取到的信息通过网络送到与互联网域名解析服务(DNS)类似的解析服务器上,这样,带有 RFID 标签的物品因为编码的唯一性而可以通过编码解析后在网络上查到,如同人们在互联网上查看已知域名的网站一样。因此,与人们对互联网 DNS 存在的信息安全担忧类似的是,物联网也存在着谁来掌握解析服务的问题。谁掌握了解析权,谁就可以精确掌握网内所有物品的原材料来源、制造过程、物流状态、现在的位置等信息,甚至是实时掌握,这对国家经济运营至关重要。这些异常精确的经济运营情况完全暴露给他国所带来的后果不堪设想。中兴通信股份有限公司天津中兴软件有限责任公司 RFID 产品总经理杜江在《信息技术与标准化》上撰文指出,国外 RFID 标准化组织之一 EPCglobal 的中央数据库在美国,且美国国防部是 EPCglobal 的强力支持者,如果我们采用这个标准,势必会为我国国民经济运行、信息安全甚至国防安全埋下重大隐患。

除标准体系的建立外,由于物联网在很多场合都需要无线传输,这种暴露在公开场所之中的信号很容易被窃取,也更容易被干扰,这将直接影响到物联网体系的安全。物联网是一个泛在的网络,可深入到社会生活的各个角落,可以说是人人上网、物物上网。一旦这些信息被敌对势力利用,对我们进行恶意攻击,就很可能出现全国范围内的工厂停产、商店停业、交通瘫痪,让社会陷入混乱。物联网规模很大,与人类社会的联系十分紧密,从"智慧地球"的概念中可以看出,智慧地球所包括的领域有电网、铁路、桥梁、隧道、公路、建筑、供水系统、大坝、油气管道等,涉及民生基建和国家战略。假如这些信息被国外 IT 巨头获取或被他国操纵,造成的后果是不可想象的。

2. 对企业数据和个人隐私权的挑战

在物联网中,射频识别技术是一项很重要的技术。在射频识别系统中,标签有可能预先被嵌入任何物品中,比如,人们的日常生活物品中,不一定能够觉察该物品预先已嵌入有电子标签以及自身可能不受控制地被扫描、定位和追踪从而造成个人隐私的泄露。而企业数据和个人隐私信息的泄露,会使企业和人们遭受权利的侵害及各种威胁。隐私权是私人生活不被干涉、不被擅自公开的权利。保护个人隐私是一项社会基本的伦理要求,也是人类文明进步的重要标志。因此,如何确保标签物拥有者(企业或个人)的隐私不受侵犯便成为射频识别技术以至物联网推广的关键问题。而且,这不仅仅是一个技术问题,还涉及政治和法律问题。

3. 对社会传统道德和个人心理的挑战

物联网时代中,人类会将基本的日常管理统统交给人工智能去处理,从而从烦琐的低层次管理中解脱出来,将更多的人力、物力投入到新技术的研发中。那么可以设想,如果哪天物联网遭到病毒攻击,也许就会出现工厂停产、社会秩序混乱,甚至直接威胁人类的生命安全。一直以来,人们对未来物联网的安全问题多数是谈及个人隐私问题,而忽略了生命安全的问题,如智能家居、智能车载、智能护理、智能医疗等,若被侵入,完全可能对我们的生命造成威胁,这绝不是危言耸听。

最易被公众忽略的,恐怕就是物联网所产生的数据流向以及数据的分析。数据的膨胀与管理,无论是对于个人还是组织,在不久的将来都会成为一个难题。大量无谓的信息处理,正在消耗看似取之不尽的计算能力,消耗大量的电能,排放大量的二氧化碳。未来的物联网,还将为现有的互联网"制造"更多的信息。而如果不及时规划好、控制好信息的采集和流向,甚至会演变成更大的灾难。

16.5 总结与展望

当前,世界范围内物联网仍处于初步阶段,多项关键技术尚未成熟,市场有待发展,但世界各国都把物联网产业发展当作振兴经济的法宝。为努力抓住这个发展契机,近年来在物联网研究上投入了大量的人力物力,同时出台了一系列的扶植政策。我国也十分重视这一新兴技术的研究,大力发展物联网关键技术、促进物联网标准的协调统一、推动技术应用和产业化发展。

从技术层面上来讲,物联网是作为一个新概念而非一项新技术出现的。工业革命后,世界科技一直处在加速发展状态,尤其是互联网出现之后,信息共享和交流进入了新时代,进一步加速了科技的进步,同时"互联"的概念深入人心,也使人们对于利用网络改善生活质量的愿望日趋强烈。随着传感器技术、RFID 技术等信息感知技术和各种网络通信技术日益成熟,物联网的技术基础已经具备,行业应用的需求和对网络互联的依赖最终催生出物联网这个新概念。物联网的发展是应用为导向的,其出现是科技进步和社会发展到一定阶段的必然产物。从这个意义上来讲,物联网必然会继续向前发展,与其说物联网将世界带入新时代,不如说我们正在踏入的新时代急切需要物联网。

　　物联网的产业应用是带动其在全球发展的主要动力。目前,物联网已经应用于运输和物流、健康医疗、智能环境等诸多领域。而实际上社会经济各领域都蕴含着巨大的物联网应用需求,随着物联网技术的成熟和相关政策的进一步完善,物联网必将在工业、农业、节能环保、公共安全、资源环境等更为广阔的领域发挥自身的作用。物联网的发展与广泛应用是一种必然的趋势,这是科技进步与产业发展的必然要求。物联网的范围很广,覆盖了人类生产生活的方方面面。互联网的产生极大地促进了人类社会的进步与发展,将人类带入了信息时代,但正如 Ashton 所讲,"物"才是与人类生活最直接相关的东西,从这一点讲,物联网必将以更大的优势把人类带入一个全新的时代,彻底改变人类的生产生活方式。人类文明的进步,何时何地都离不开人与人、人与物、物与物之间的信息交流,而这就是物联网的真正意义所在。但现阶段物联网的发展还并不成熟,多项关键技术水平有待提升,行业应用十分有限,现存的一些所谓的物联网解决方案大多也只是使用了 RFID 标签、一维条码、二维条码等技术进行数据采集,然后利用传统的方式进行汇总分析,并非真正意义上的物联网。物联网的全球性部署需要技术进步、政策支持、完善的法规、统一的国际标准以及行业应用等多方面的努力。

　　未来,全球物联网将朝着规模化、协同化和智能化方向发展。首先,随着物联网的不断发展,其在各领域中的规模将逐步扩大,物联网的大规模化才能体现出物联网的真正优势。其次,物联网不仅是多项技术的融合应用,也必将向着不同用户、不同企业、不同地区等的协同化作业方向前进,这是物联网应用需求不断增长的必然结果,也是物联网大规模发展的结果。最后,当前的物联网应用都只是简单的信息采集与分析处理,并不是真正意义上的物联网。智能化是物联网未来的必然走向,尽可能地减少人的参与,实现信息在真实世界和虚拟空间之间的智能化流动,并根据条件自动做出响应,这样智能化的物联网才能成为人类生产生活的得力助手。

第17章

物联网核心技术

物联网层次结构分为三层,自下向上依次是感知层、网络层、应用层。感知层位于物联网三层结构中的最底层,其功能为"感知",即通过传感网络获取环境信息。感知层是物联网的基础和核心,是联系物理世界与信息世界的重要纽带和信息采集的关键部分。网络层旨在为物联网应用特征进行优化和改进,形成协同感知的网络,是物联网三层中标准化程度最高、产业能力最强、最成熟的部分。应用层提供丰富的基于物联网的应用,是物联网发展的根本目标。本章对相关的核心技术进行阐述。

17.1 物联网感知层

17.1.1 传感器技术

传感器技术同计算机技术与通信技术一起被称为信息技术的三大技术。从仿生学观点,如果把计算机看成处理和识别信息的"大脑",把通信系统看成传递信息的"神经系统",那么传感器就是"感觉器官"。微型无线传感技术以及以此组件的传感网是物联网感知层的重要技术手段。

在物联网系统中,对各种参量进行信息采集和简单加工处理的设备称为物联网传感器。传感器可以独立存在,也可以与其他设备以一体方式呈现,但无论哪种方式,它都是物联网中的感知和输入部分。在未来的物联网中,传感器及其组成的传感器网络将在数据采集前端发挥重要的作用。传感器的分类方法多种多样,比较常用的有按传感器的物理量、工作原理、输出信号的性质这三种方式来分类。此外,按照是否具有信息处理功能来分类的意义越来越重要,特别是在未来的物联网时代。按照这种分类方式,传感器可分为一般传感器和智能传感器。一般传感器采集的信息需要计算机进行处理;智能传感器带有微处理器,本身具有采集、处理、交换信息的能力,具备高数据精度、高可靠性与高稳定性、高信噪比与高分辨力、强自适应性、低价格性能比等特点。

传感器是摄取信息的关键器件,它是物联网中不可缺少的信息采集手段,也是采用微电子技术改造传统产业的重要方法,对提高经济效益、科学研究与生产技术的水平有着举足轻重的作用。传感器技术水平高低不但直接影响信息技术水平,而且还影响信息技术的发展与应用。目前,传感器技术已渗透到科学和国民经济的各个领域,在工农业生产、科学研究及改善人民生活等方面,起着越来越重要的作用。

17.1.2　RFID 技术

1. 概述

RFID(射频识别)技术是一种独立地将不同的跨学科的专业技术综合在一起的技术,包括高频技术、微波与天线技术、电磁兼容技术、半导体技术、数据与密码学、制造技术和应用技术等。这是 21 世纪最有发展前途的信息技术之一,已得到世界各国的高度重视并得到广泛开发与应用。从结构上讲,RFID 是一种简单的无线系统,只有两个基本器件,该系统用于控制、检测和跟踪物体。系统由一个询问器和很多应答器组成。

如图 17-1 所示,RFID 系统一般由标签、读写器和中央信息系统三个基本部分组成。标签由耦合天线及芯片构成,每个标签都具有唯一的电子产品代码(EPC),并附着在被标识的物体或对象上。读写器(又称阅读器)为读取或擦写标签信息的设备,可外接天线,用于发送和接收射频信号。中央信息系统(或简称数据库)包括中间件、信息处理系统、数据库等,用以对读写器读取的标签信息进行处理,其功能涉及具体的系统应用,如实现信息加密或安全认证等。

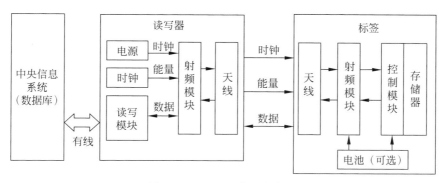

图 17-1　RFID 系统组成框图

绝大多数 RFID 系统是根据电感耦合的原理进行工作的,读写器在数据管理系统的控制下发送出一定频率的射频信号,当标签进入磁场时产生感应电流从而获得能量,并使用这些能量向读写器发送出自身的数据和信息,该信息被读写器接收并解码后送至中央信息系统进行相关的处理。这一信息的收集和处理过程都是以无线射频通信方式进行的。

2. RFID 的优点

(1)体积小,形状多样。RFID 在读取上并不受尺寸大小与形状限制,不需要为了读取精确度而配合纸张的固定尺寸和印刷品质。此外,RFID 标签更可往小型化与多样形态发展,以应用于不同产品。

（2）抗污染能力和耐久性强。传统条形码的载体是纸张,因此容易受到污染,但 RFID 对水、油和化学药品等物质具有很强的抵抗性。此外,由于条形码是附于塑料袋或外包装纸箱上的,所以特别容易受到折损；而 RFID 卷标是将数据存在芯片中,因此可以免受污损。

（3）可重复使用。现今的条形码印刷上去之后就无法更改；而 RFID 标签则可以重复地新增、修改、删除 RFID 卷标内储存的数据,方便信息的更新。

（4）具有穿透性,可无屏障阅读。在被覆盖的情况下,RFID 能够穿透纸张、木材和塑料等非金属或非透明的材质,并能够进行穿透性通信；而条形码扫描机必须在近距离而且没有物体阻挡的情况下才可以辨读条形码。

（5）数据的记忆容量大。一维条形码的容量是 50B,二维条形码最多可储存 3000 字符；而 RFID 的最大容量则为数兆字节（MB）。随着记忆载体的发展,数据容量也有不断扩大的趋势。未来物品所需携带的资料量会越来越大,对卷标所能扩充容量的需求也相应增加。

（6）安全性高。由于 RFID 承载的是电子式信息,因此其数据内容可经由密码保护,使其内容不易被伪造及变造。

（7）RFID 因其所具备的远距离读取、高储存量等特性而备受瞩目。它不仅可以帮助一个企业大幅提高货物、信息管理的效率,还可以让销售企业和制造企业互联,从而更加准确地接收反馈信息,控制需求信息,优化整个供应链。

17.1.3　标识与编码

物联网标识是指按一定规则赋予物品易于机器和人识别、处理的标识符或代码,它是物联网对象在信息网络中的身份识别,是一个物理编码,它实现了物的数字化。

物联网标识具有消除命名的二义性,在应用范围内提供唯一性,可计算机处理,连接现实世界和信息世界等作用。

由于物联网的应用日益广泛,因此各国或各国际性产业组织也陆续开始制定相关标准,其中中国发布了以物联网感知层为主的国家标准《物联网标识体系　物品编码 Ecode》(GB/T 31866—2015)。有别于一般所讨论的物联网应用与产业标准,此标准是应用于物联网中终端的物品辨识标准,有助于物品在物联网中,能够有专属的独一无二的身份证字号,进而应用于追踪追溯或是传感器的识别等。

物品编码 Ecode 标准,主要是应用 GS1 的几项自动辨识标准,并加以定义在 Ecode 编码里。物品编码 Ecode 术语及其定义见表 17-1。

Ecode 的编码由表 17-1 中的 V、NSI、MD 这三部分组成,选择不同组合的 V、

NSI、MD，其所占的位长度也不同。且不同的组合所采用的字符也不一样，分别有二进制、十进制、字母数字型、Unicode 编码等四种类型，如表 17-2 所示。

表 17-1　物品编码 Ecode 术语与定义

术　　　语	定　　　义
版本（version，V）	用于区分不同 Ecode 编码结构的代码
编码体系标识（numbering system identifier，NSI）	用于指示某一标识体系的代码
主码（master data code，MD）	某一行业或应用系统中，主数据的代码

表 17-2　Ecode 的编码结构

物品编码 Ecode			最大总长度	代码字符类型
V	NSI	MD		
$(0000)_2$	8b	≤244b	256b	二进制
1	4b	≤20b	25b	十进制
2	4b	≤28b	33b	十进制
3	5b	≤39b	45b	字母数字型
4	5b	不定长	不定长	Unicode 编码
$(0101)_2 \sim (1001)_2$	预留			
$(1010)_2 \sim (1111)_2$	禁用			

注：（1）以上 5 个版本的 Ecode 依次命名为 Ecode-V0、Ecode-V1、Ecode-V2、Ecode-V3、Ecode-V4。

（2）V 和 NSI 定义了 MD 的结构和长度。

（3）最大总长度为 V 的长度、NSI 的长度和 MD 的长度之和。

17.1.4　数据挖掘与融合技术

信息感知为物联网应用提供了信息来源，是物联网应用的基础。信息感知最基本的形式是数据收集，即节点将感知数据通过网络传输到汇聚节点。但由于在原始感知数据中往往存在异常值、缺失值，因此在数据收集时要对原始感知数据进行数据清洗，并对缺失值进行估计。信息感知的目的是获取用户感兴趣的信息，大多数情况下不需要收集所有感知数据，况且将所有数据传输到汇聚节点会导致网络负载过大，因此在满足应用需求的条件下采用数据压缩、数据聚集和数据融合等网内数据处理技术，可以实现高效的信息感知。下面在分析一般数据收集过程的基础上，讨论数据采集、数据筛选、数据压缩、数据交融、数据汇集等信息感知技术。

1. 数据采集技术

数据采集的主要任务是实现数据的传输，要求保证数据传输及时、准确。因此，在数据采集时必须保证采集的数据正确、完整，不能丢失任何信息，防止造成接收残缺的数据信息。数据采集工作受工作环境影响，不同场所中采集目标和采集过程差异较为显著，主要表现在网络受阻、安全性不高等方面。目前，主要采用分包传输的方式提升数据传输的准确性和安全性。

2．数据筛选技术

数据传输的准确性和安全性有待完善,数据采集错误会造成网络信号故障,影响整个设备系统的正常运行。因此,物联网需对采集后的数据进行清洗和离群值判定,剔除掉错误或者不完整的信息数据,以保障数据的准确性和安全性。

3．数据压缩技术

现阶段,物联网的技术发展无法应对庞大的信息资源,造成许多信息资源出现了冗余现象。为解决这一难题,需要对数据库中的数据进行压缩处理,可采用分布式数据压缩法。它是根据物联网数据传输的特点以数据节点为基础进行压缩,相比传统的压缩方法具有压缩效率高等优点。

4．数据交融技术

物联网数据传输是一个非常复杂的过程,经过数据筛选后,仍然难以获得精度较高的数据。但是,数据交融技术的使用可以显著提高数据的精度;同时,在进行数据交融后,可以有效预防数据冲突现象的出现,极大程度地降低了物联网的数据传输压力。

5．数据汇集技术

物联网的数据采集技术和数据交融技术已被广泛应用在各个使用环境中,并且这两项技术已十分成熟。但是,在一些特殊的使用环境中,使用者并不需要全部的数据信息,只需要传输使用者感兴趣的数据信息。这时数据汇集技术可以很好地满足使用者的实际需求,减少数据的传输数量,降低物联网的数据传输压力。

17.2 物联网网络层

17.2.1 蓝牙技术

蓝牙技术是典型的短距离无线通信技术,在物联网感知层得到了广泛应用,是物联网感知层重要的短距离信息传输技术之一。蓝牙技术既可在移动设备之间配对使用,也可在固定设备之间配对使用,还可在固定和移动设备之间配对使用。该技术将计算机技术与通信技术相结合,解决了在无电线、无电缆的情况下进行短距离信息传输的问题。

蓝牙集合了时分多址、高频跳段等多种先进技术,既能实现点对点的信息交流,又能实现点对多点的信息交流。蓝牙在技术标准化方面已经相对成熟,相关的国际标准已经出台。例如,其传输频段就采用了国际统一标准 2.4GHz 频段。另外,该频段之外还有间隔为 1MHz 的特殊频段。蓝牙设备在使用不同功率时,通信的距离有所不同,若功率为 0dBm 和 20dBm,则对应的通信距离分别是 10m

和 100m。

蓝牙从上到下可分为高层应用、中间协议层和底层硬件模块。

（1）高层应用主要指的是协议层的最上层的框架部分，主要包括网络、局域网的访问及文件传输。不同种类的高层应用，其实是在一定应用模式下，通过相应应用程序实现一种无线通信。

（2）中间协议层主要由四个部分组成，包括逻辑链路控制和适应协议（L2CAP）、服务发现协议（SDP）、串口仿真协议（RFCOMM）与电话控制协议规范（TCS）。L2CAP 用于实现数据拆装、协议复用和组提取等功能，是实现其他协议层作用的基础；SDP 是一种服务机制，为上层应用程序提供了一种机制来发现网络中可用的服务及其特性；RFCOMM 依据 ETSI 标准 TS07，在 L2CAP 上仿真 9 针 RS-232 串口的功能；TCS 提供蓝牙设备间话音和数据的呼叫控制信令。

（3）底层硬件模块由跳频管理、基带和链路组成。其中，链路管理实现了安全控制，即链路建立、拆除和连接。基带完成跳频和蓝牙数据的传输。跳频管理实现数据流传输和过滤，主要定义了蓝牙收发器在此频带正常工作所需要满足的条件，属于不需要授权的通过 2.4GHz ISM 频段的微波。

蓝牙技术在如今人们的日常生活中应用广泛，例如：

（1）语音通信。在通信方面，蓝牙技术最先应用在无线耳机中，作为第一代产品很快推入市场并获得用户青睐。随后，带有嵌入式模块的数据通信产品应用了蓝牙技术，也很快被研发出来。这种产品可用于单对单设备的文件和语音的传输，被普遍用于办公和移动电话系统中。

（2）计算机。在计算机应用方面，蓝牙技术可用于文件传输。手机和计算机通过蓝牙连接，操作简单易行，数据传输也不会消耗任何流量，更不用额外安装软件。

（3）家庭应用。蓝牙技术如今已经实现了水表和电表的自动抄录和远程输送，甚至还可以用在个人通信和电话系统中。嵌入蓝牙芯片的家用电器，如洗衣机、电饭煲等能够获取和处理发布在手机、服务器等网络信息终端的信息。

（4）办公自动化和电子商务。蓝牙技术还广泛应用于电子商务、办公自动化、网络设备集成中。无线键盘和鼠标采用蓝牙 2.0 技术接入到局域网；通过蓝牙连接，能够实现服务器、文件和打印机的共享；通过无线方式，可以在无线会议宏访问其他人的设备终端，共享文件等信息。

17.2.2　ZigBee

ZigBee 技术是一种应用于短距离和低速率下的无线通信技术，过去曾被称为 HomeRF Lite 和 FireFly 技术，现在统一称为 ZigBee 技术。ZigBee 这个名字的灵感来源于蜂群的交流方式：蜜蜂通过 Z 字形飞行来通知其伙伴所发现的食物的位置、距离和方向等信息。ZigBee 联盟便以此作为这个新一代无线通信技术的名称。

ZigBee 协议有如下特点：

（1）低功耗。一套 ZigBee 系统的占空比（在一个脉冲循环内，通电时间相对于总时间所占的比例）非常低，可以小于 0.1%。各个设备工作周期短，功耗也非常低，同时具备"休眠"的概念。

（2）低成本。初期模块成本为 6 美元，后来因为市场的不断演变，至今价格一般已低于 2.5 美元。同时 ZigBee 协议还不需要缴纳专利费，和其他常见无线通信技术相比成本较低。

（3）低速率。ZigBee 系统在各节点的传输速率仅为 10～250Kb/s。这意味着其并不能以高速传输数据，同时也限定了其部分的组网方法。

ZigBee 的结构分为四层，分别是物理层、MAC 层、网络安全层和应用/支持层。其中，应用/支持层与网络安全层由 ZigBee 联盟定义，而 MAC 层和物理层由 IEEE 802.15.4 协议定义。ZigBee 的结构与分工如图 17-2 所示。

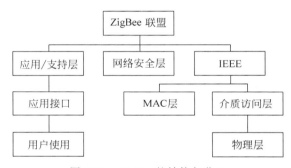

图 17-2　ZigBee 的结构与分工

以下介绍各层在 ZigBee 结构中的作用：

（1）物理层。作为 ZigBee 协议结构的最底层，物理层提供最基础的服务，即为上一层 MAC 层提供服务，如数据的接口等，同时也起到了与现实（物理）世界交互的作用。

（2）MAC 层。负责不同设备之间无线数据链路的建立、维护、结束、确认的数据传送和接收。

（3）网络安全层。保证数据的传输和完整性，同时可对数据进行加密。

（4）应用/支持层。根据设计目的和需求使多个器件之间进行通信。ZStack 是 ZigBee 的协议栈。

ZigBee 协议架构最具特色的是低功耗以及自组网。

ZigBee 之所以功耗较低是因为其协议栈（ZStack）的特殊性。ZStack 采用事件轮询机制，并且由一个专门的计时器来负责设定时间。从 CC2530 工作开始，计时器周而复始地计时，有采集、发送、接收、显示等任务要执行时就执行。当各层初始化之后，系统将进入低功耗模式。当事件发生时，系统将被唤醒并开始进入中断处理事件（该过程为：请求中断；响应中断；关闭中断；保留中断断点；中断源标识；保护站点；中断服务子程序；恢复站点；中断返回），以及再往后进入低功耗模式。如果同时有几个事件发生，系统将会自动判断优先级，逐次处理事件。

一条指令或数据在进行传输时，可能会经过很多路由器，且只要经过路由器就会产生延时，能量会产生损失，所以消息传递是有路径损耗的，而 ZigBee 系统为了减缓这种情况，可以让数据在传输时尽量减少连接路由器的数量。具体来说，ZigBee 系统在降低功耗方面是有一定策略的。如网络中一般会连接很多路由器，若某个路由器位置比较核心，不断地有消息经过，需要路由器不停地工作，那么它的能量损失的速度会特别快，为了避免这种情况，ZigBee 系统会直接让这个路由器短暂地停止工作，需要转发相应消息的工作交给其他路由器完成。这种构架很大程度上降低了系统的功耗，这也是 ZigBee 功耗低的原因。

ZigBee 协议在满足条件的情况下，协调器将会自动组网。ZigBee 组网有两个鲜明的特点：

（1）一个 ZigBee 网络的理论最大节点数就是 2 的 16 次方，也就是 65536 个节点，远远超过蓝牙的 8 个和 Wi-Fi 的 32 个。

（2）网络中的任意节点之间都可进行数据通信。在有模块加入和撤出时，网络具有自动修复功能。

目前大部分物联网的节点都使用 ZigBee 布网，然后通过网关连接到 Internet。其优势是整个系统的功耗相对比较好控制，技术比较成熟。ZigBee 是基于 IEEE 802.15.4 标准的低功率局域网协议，它与蓝牙技术一样，也是一种短距离无线通信技术。根据这种技术的相关特性来看，它介于蓝牙技术和无线标记技术之间，因此它与蓝牙技术并不等同。

ZigBee 传输信息的距离较短、功率较低，因此，日常生活中的一些小型电子设备之间多采用这种低功耗的通信技术。与蓝牙技术相同，ZigBee 所采用的公共无线频段也是 2.4GHz，同时也采用了跳频、分组等技术。但 ZigBee 的可使用频段只有三个，分别是 2.4GHz（公共无线频段）、868MHz（欧洲使用频段）、915MHz（美国使用频段）。ZigBee 的基本速率是 250Kb/s，低于蓝牙的速率，但比蓝牙成本低，也更简单。ZigBee 的速率与传输距离并不成正比，当传输距离扩大到 134m 时，其速率只有 28Kb/s，不过值得一提的是，ZigBee 处于该速率时的传输可靠性会变得更高。采用 ZigBee 技术的应用系统可以实现几百个网络节点相连，最高可达 254 个之多。这些特性决定了 ZigBee 技术能够在一些特定领域比蓝牙技术表现得更好，这些特定领域包括消费精密仪器、消费电子、家居自动化等。然而，ZigBee 只能完成短距离、小量级的数据流量传输，这是因为它的速率较低且通信范围较小。

ZigBee 的开发弥补了无线网络通信市场对低速、低功耗、低成本的需求，但是从实际使用频率来看，其与 Wi-Fi 和蓝牙相比依然有较大差距。但 ZigBee 的优势是其他无线传输技术无可替代的，因此其发展前景也十分广阔。

17.2.3 LoRa

LoRa 来源于 Long Range Radio,是一种长距离的通信技术。LoRa 技术基于线性 Chirp 扩频调制,延续了移频键控调制的低功耗特性,但是大大增加了通信范围。Chirp 扩频调制可以长距离传输且具有很好的抗干扰性,已经在军事和航天通信方面应用多年。它的最大特点就是在同样的功耗条件下比其他无线方式传播的距离更远,实现了低功耗和远距离的统一。在同样的功耗下,它比传统的无线射频通信距离扩大了 3~5 倍。

LoRa 网络架构是一个典型的星形拓扑结构,它不像许多采用网状结构的网络那样,节点不需要通过其他节点传递数据。当实现远距离连接时,网关和终端节点可以直接连接进行数据信息交互。图 17-3 所示为经典的 LoRa 网络架构图。

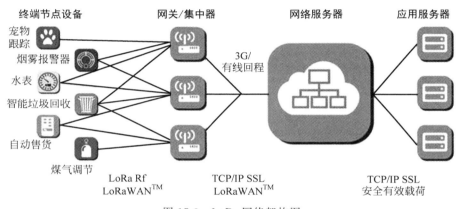

图 17-3 LoRa 网络架构图

如图 17-3 所示,经典的 LoRa 网络架构由四部分组成:

(1) 终端节点设备。包括应用层、MAC 层和物理层的具体实现,一般含有传感器,遵循 LoRaWAN 协议规范,基于 LoRa 线性扩频调制技术实现点对点的远距离传输。

(2) 网关/集中器。主要为了实现数据收集和转发。网关可以接收终端节点的上行链路数据,而后将其聚集到一个相互独立的回程连接。而终端节点通过单跳的方式直接与一个或多个网关进行通信,终端节点与网关之间都是双向通信的。网关与网络服务器之间通过以太网或 3G、4G 等其他无线通信技术的方式来搭建通信链路,在这一步中使用标准的 TCP/IP 连接。

(3) 网络服务器。负责对 MAC 层进行处理,一般包括消除重复数据包、自适应选择速率、安全管理等功能。

(4) 应用服务器。属于网络模型中的应用层,所需的应用数据一般从网络服务器中获取,管理数据负载的安全性,进行某些功能报警、状态显示功能。

LoRa 技术作为低功耗广域网中的一种代表技术,由于其杰出的性能以及优势,使得 LoRa 技术方案逐渐成为物联网大规模推广应用的一种理想的技术选择。一般来说,LoRa 技术主要有以下优点:

(1) 低功耗。LoRa 技术本身拥有低功耗的特性,其休眠电流 $0.2\mu A$,接收电流 $10mA$,发射电流 $30mA$,大大延长了 LoRa 基础设施在使用中电池的寿命。

(2) 低成本。LoRa 技术工作于 LPWAN 中免牌照的频段,使得 LoRa WAN 的链路花费要少于任何其他标准化通信技术,基础设施成本低,易于建设和部署。线性扩频技术由于可以实现长距离通信和抗干扰的鲁棒性,使得其在军事、空间通信领域使用了数十年,而 LoRa 技术是第一个将线性扩频技术用于商业用途的低成本实现。

(3) 远距离传输。LoRa 技术具有支持远距离通信的优势,同时保持了低功耗的特点,这得益于线性调频扩频调制技术的应用。在空旷地区传输 15km 只需 157dB 的链路预算即可,使得在某些国家中,只需用极少的基础设备就可覆盖大部分地区。

(4) 系统容量大。在采用线性调频扩频调制技术的基础上,进一步研发的网关/集中器,可支持并行接收和处理多个节点数据同时进行,从而扩大了系统容量。基于 LoRa 的大容量基站每天可支持数百万条的消息。

(5) 抗干扰性强。LoRa 技术具有接收灵敏度高和信噪比强的优势,基于调频技术和伪随机码序列进行频移键控,促使载波频率的不断跳变从而扩展了频谱,解决了定频干扰的问题。同一时刻使用相同的频率发送不同扩频序列的终端,并无干扰现象。故在此基础上研发的网关/集中器,可并行接收且处理多个节点的数据,系统容量得到了极大的扩展。

17.2.4　NB-IoT

窄带物联网(narrow band Internet of things,NB-IoT)是一种新兴的物联网通信技术,位于物联网技术架构体系的网络层,也被叫作低功耗广域网(LPWAN),适合表计的数据抄读。该技术是物联网的关键技术之一,支持低功耗设备在广域网的蜂窝数据连接,通过移动运营商基站进行数据收发,类似于手机无线网络通信。NB-IoT 只占用了大约 180kHz 的频段,可直接部署于 GSM(2G)网络、UMTS(3G)网络或 LTE(4G)网络。NB-IoT 覆盖范围广,穿透力强,对需要网络终端设备的连接效率比较高,而且对于不用长时间在线的设备有很好的应用效果。由此可见,NB-IoT 物联网很好地解决了物联网的连接问题。其组网如图 17-4 所示。

NB-IoT 技术的物联网架构主要分为三层,分别是感知层、网络层、应用层。

1. 感知层

NB-IoT 技术的感知层的形式较多,主要由多种不同的传感器组合而成,既有红外线方面的传感器,又有摄像头和超声波、温湿度传感器以及干簧管等多种具有

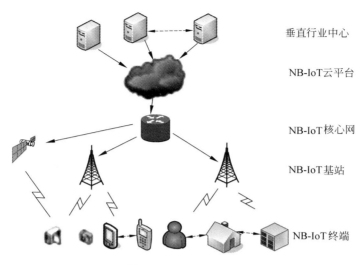

图 17-4 NB-IoT 组网

传感器的感知终端,因此,感知层的作用就在于在物联网中对不同设备的传感器进行识别与采集,从而捕捉相应的信息。

2. 网络层

NB-IoT 技术的网络层的组成主要有窄带网络管理平台与云平台。当感知层获取信息后,为及时地传递信息,就需要利用网络层。

3. 应用层

应用层的作用就是在物联网的载体下,面向用户窗口来收发指令,达到多元化的智能应用,对数据信息进行有效的分析与处理。

NB-IoT 物联网在实际应用中具有突出优势,主要体现在以下几个方面:

(1) 连接量巨大。采用 NB-IoT 技术,能有效地达到海量连接的目的。比如在一个小区中,物联网可以同时为多达 10 万个用户服务,而传统的接入点只有 NB-IoT 技术接入数量的 5%～10%,所以连接量巨大是 NB-IoT 技术的主要特点之一。

(2) 覆盖深度广。相较于目前较为主流的 4G 技术,NB-IoT 技术的覆盖深度更广,增益高达 20dB,而 4G 的发射功率只有 NB-IoT 技术的 1%,所以其覆盖能力是 4G 的 100 倍。加上 NB-IoT 技术的穿透力较强,不管是暗井房,还是地下室,一些常规手机信号难以到达的地方,NB-IoT 技术均有着较强的信号。

(3) 节能性优越。在 NB-IoT 技术中,采用的是功耗较低的模式,加上拓展性较强的非连续性接收的节能技术,在非传输时段,终端设备自动休眠,终端设备中内置的电池寿命更是高达数十年,以确保电池尽可能地满足运行的需求,因此在节能性上较为优越。

（4）稳定性较高。NB-IoT 技术中采用了专用的窄带频段，不会与语言、数据带宽等网络形成冲突，使得物联网业务运行的稳定性和可靠性较高。

（5）经济性较强。NB-IoT 技术在物理层与硬件上较为简便，相较于当前流行的 4G 技术以及正在逐渐普及的 5G 技术，由于不需要中间数据采集设备，加上资费便宜，所以具有较强的经济性。尤其是在当前 NB-IoT 技术不断普及和应用的驱使下，其应用成本势必会进一步下降。

正是因为具有上述优势，NB-IoT 技术在万物互联中的作用更加明显。因此，NB-IoT 技术的最大特点就是万物互联。

如图 17-5 所示，目前 NB-IoT 技术已经在各行各业实现了广泛与频繁应用，如交通、消防、监控等。随着 5G 技术的发展，NB-IoT 技术也逐渐应用在智能停车、远程抄表、健康状况检测等方面。

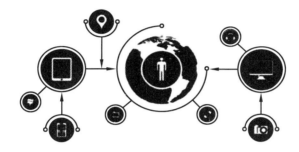

图 17-5　NB-IoT 的典型应用

17.2.5　4G/5G

1. 4G

4G（第四代移动通信）可称为宽带（broad band）接入和分布网络，具有非对称的超过 2Mb/s 的数据传输能力，数据率超过 UMTS，是支持高速数据率（2～20Mb/s）连接的理想模式，上网速度从 2Mb/s 提高到 100Mb/s，具有不同速率间的自动切换能力。

4G 系统是多功能集成的宽带移动通信系统，在业务上、功能上、频带上都与3G 系统不同，将在不同的固定和无线平台及跨越不同频带的网络运行中提供无线服务，比 3G 更接近于个人通信。

4G 的主要技术指标如下：

（1）数据速率从 2Mb/s 提高到 100Mb/s，移动速率从步行到车速。

（2）满足 3G 不能达到的高覆盖、高质量、低造价的高速数据和高分辨力多媒体服务的需要。广带局域网应能与宽带综合业务数据网（B-ISDN）和异步传送模式（ATM）兼容，实现广带多媒体通信，形成综合广带通信网。

（3）对全速移动用户能够提供150Mb/s的高质量影像服务。

与3G技术相比,4G技术具有以下几大特征:

（1）信号能力强。由于3G技术所覆盖的面积有限,不能够实现全方位的信号接收,进而导致通信质量降低。而4G技术能够解决3G技术所不能解决的问题,诸如超高清晰图像业务和会议电视等业务,4G技术不仅能够提供语音服务,还能够提供数据、影像等信息服务,真正实现多媒体通信,为用户提供更优质的服务。

（2）传输速度快。传输速度快是4G技术最为明显的特点,4G移动通信的网络频宽高达2～8GHz,是3G网络通用频宽的20倍。3G的下载速度通常为2Mb/s,而4G的下载速度能够达到100Mb/s。3G的上载速度为1Mb/s,而4G的上载速度能够达到20Mb/s。由此可见,4G技术的接入能力强,传输速度快,能够有效规避传统通信技术存在的缺点,在速率方面占据绝对优势,能够更好地为用户提供更快速、更高质的通信服务。

（3）高智能化。4G技术的高智能化主要体现在功能方面,具有自主选择和处理的能力。基于4G技术的手机,能够根据用户的需求,为其提供个性化的服务。例如,用户预先在手机上设定基于地理位置的相关提醒,当手机检测到用户到达所设定的地理位置时,便会向用户发出相关提醒。类似的基于地理位置定位的提醒服务已经在3G技术上有所体现,在传输速度更快和传输质量更高的4G技术的支持下,这类服务的精准度会更高。

（4）通信方式灵活。融合4G移动通信技术的通信工具,其通信方式更为灵活,不再仅局限于传统语音、视频等途径,更为重要的是完善终端服务,让终端设备能够随时随地与网络相连接,应用于通信环境,突破地域与时间的限制,共享网络信息。在4G技术的支持下,4G手机不再仅仅局限于提供语音数据传输服务,还将具备多媒体电脑的所有功能,可为用户提供更加灵活多样的通信方式。

2. 5G

5G(第五代移动通信技术)是最新一代蜂窝移动通信技术,也是继4G(LTE-A、WiMax)、3G(UMTS、LTE)和2G(GSM)系统之后的延伸。5G的性能目标是提高数据速率、减少延迟、节省能源、降低成本、提高系统容量和大规模设备连接。

5G通信系统主要由核心网(core network)、宏基站(macro base station,MBS)和微基站(small base station,SBS)三个部分组成,其结构如图17-6所示。核心网是通信系统的“大脑”,负责系统的控制和信息数据的传递,将不同端口的呼叫或数据请求接续到对应网络上。宏基站则是通信系统的“中枢神经”,通过光纤或微波与核心网相连,并通过无线通信将信息传递至对应不同区域的宏基站、微基站和用户。宏基站发射功率大,覆盖半径广。其单载波发射功率一般大于10W,覆盖半径

通常为 200m 以上。微基站则是通信系统的"末梢神经",是小型基站的统称,在
4G 通信时代开始逐渐应用。微基站发射功率低,覆盖半径小,大量微基站的协同
覆盖能够保证各区域信号强度,提高无线连接密度。在宏基站、微基站和用户的无
线通信中,信息的传输速率受信道带宽、信噪比等多个因素的影响,其速率上限由
著名的香农公式决定:

$$C = W\log_2\left(1 + \frac{S}{N}\right) \tag{17-1}$$

式中,C 为传输速率最大值,b/s;W 为信道带宽,Hz;S 为信号功率,W;N 为噪
声功率,W;S/N 表示信噪比。

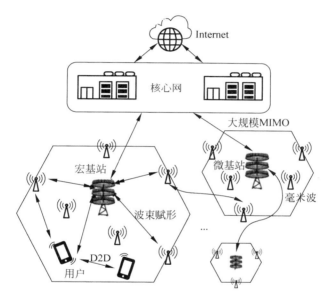

图 17-6　5G 通信网络的结构

5G 技术具有以下几大特征:

(1) 高速率。5G 通信拥有极高的速度,其峰值速度(理论最高速度)可达上行
10Gb/s,下行 20Gb/s;用户实际体验速度可达上行 50Mb/s,下行 100Mb/s。5G
通信提高速率主要依赖于三类方法。第一类方法是提高频谱范围,将原本
4G-LTE 通信使用的 2~3GHz 频段提升至 6GHz 乃至 28~100GHz 的毫米波
(millimeter wave)。随着通信频段的提高,信道可用带宽也相应增加,根据香农公
式,在信号信噪比不变的情况下,最高传输速率将与频段成正比提高。第二类方法
是提高频谱利用率,其中以大规模天线阵列技术(massive MIMO)为典型代表。香
农定理描述了单个信道的传输速率极限,而 MIMO 技术则采用多通道传输信息,
从而在不增加信道带宽的情况下成倍提高通信系统的容量和频谱利用率,大幅提
高通信速度。根据通信原理,天线的长度与信号波长相当。以 4G-LTE 系统为例,

其波长在 1m 左右,因此 MIMO 天线阵列一般包括至多 8 根天线,受空间限制无法部署更多天线。在 5G 毫米波系统中,天线的长度大大缩短,因此可部署大量天线,形成大规模阵列,进一步提高通信速度。第三类方法是提高传输效率,其中代表性的技术是 3D 波束赋形。波束赋形技术指在 MIMO 系统中,多个天线可以利用空间相关性和波干涉原理,主动改变不同空间区域的信号强度,形成多个相互干扰较小的窄波辐射到特定用户,从而利用较小的发射功率获得较高的接收端信噪比。根据香农公式,信号信噪比 S/N 越大,信道传输极限速率呈对数上升,因此波束赋形技术能有效提高信号传输速率。在 5G 大规模天线阵列基站中,高密度的天线阵列可以形成有效的三维波束赋形,在水平维度的基础上引入垂直维度波束赋形,大幅增加了空间利用率和信号信噪比,进一步提高了传输速度。

(2) 高容量。5G 通信网络能够支持高密度的设备连接和高容量的数据传输,其性能指标为每平方千米支持 100 万个设备连接,每平方米支持 10Mb/s 的数据传输容量。5G 的高容量特性得益于频谱宽度的提升、微基站的广泛应用和空中接口技术的革新。5G 通信的频谱宽度高达百兆甚至千兆赫兹,是 4G 通信的上百倍,因此支持更高容量的设备连接。微基站的广泛应用则进一步提升了 5G 能够支持的设备连接数。随着技术的进步,通信网络逐步转向以用户为中心,形成以用户与微基站数据交换为主的"分布式"通信。在 4G 时代,微基站开始逐步应用于通信网络,取得了显著成效。5G 通信网络将部署更多微基站,从而进一步提升最大连接密度。5G 通信空中接口技术的革新则提高了频谱利用率,实现了资源在频域、时域、空域、码域的灵活复用,进一步提升了 5G 通信容量。

(3) 高可靠性。5G 通信支持高可靠性的数据连接,其性能指标为 0.001% 丢包率,与光纤通信相当。多连接技术(multi-connectivity)是支撑 5G 通信高可靠性的关键因素。在高可靠性需求场景下,5G 通信网络将不仅仅依靠毫米波高频段通信,而是充分整合 6GHz 以下的频段以及可获取的 Wi-Fi 资源,利用低频段的覆盖和可移动性以及高频段的带宽和高速率,通过多连接技术为用户提供高可靠性通信。在这一技术下,用户的通信不依赖单一频段和单一制式,即使某一种通信方式出现干扰,依然可以保持稳定的数据传输。

(4) 低延时。5G 通信拥有极低的延时,其端对端时延(end-to-end latency)的期望性能指标为 1ms。5G 通信的低延时特性主要依赖于无线传输网络(RAN)、核心网络(core)、数据缓存(cache)三个部分的多项创新技术。在无线传输网络部分,5G 通信使用了较 4G-LTE 更短的帧结构传输信息,并优化了数据帧的控制方式,从而达到更短的时延。在核心网络部分,5G 通信则基于软件定义网络(SDN)和虚拟化服务(NFV)的新型架构,采用云计算和边缘计算结合的方式,降低了核心网数据处理延时。5G 通信还缩短了核心网与用户的物理距离,将核心网部分功能下沉至城域中心机房甚至是通信基站,进一步降低了延时。在数据缓存方面,5G

通信系统采用分布式的数据缓存机制,即用户在请求数据时首先查询附近区域用户、微基站或宏基站是否有对应数据的缓存,然后选择最快的数据通道请求数据,从而降低数据传输,具体方法包括本地缓存(local caching)、设备-设备缓存(D2D caching)、设备-微基站缓存(SBS caching)、设备-宏基站缓存(MBS caching)四种模式。

(5)低功耗。5G 通信在特定场景下可实现低功耗特性,即支持高休眠/活动比以及无数据传输时的长时间休眠,在低功耗广域网(low power wide area network,LPWAN)、物联网(IoT)中有极大的应用前景。注意:此处所说的"低功耗"仅指 5G 通信中的物联网设备可以以低功耗方式运行,并非指 5G 通信系统基站等设备是低功耗的。5G 通信低功耗的特性得益于核心网中软件定义网络和网络功能虚拟化两项关键技术。该技术在通用硬件平台上通过软件定义形成多个不同的网络切片,在"云端"根据通信场景需求进行相应的策略控制,生成特定的数据转发和处理路径。例如,对于性能要求较低、功耗性要求不高的场景,5G 通信核心网可以生成特定的"低功耗"网络切片,对于性能要求较高的大数据连续传输场景,可以生成特定的"高性能"网络切片,两者相互独立,互不影响。

17.3　物联网应用层

17.3.1　物联网中间件

1. 中间件的定义

中间件是介于应用系统和系统软件之间的一类软件,它使用系统软件所提供的基础服务(功能),衔接网络上应用系统的各个部分或不同的应用,能够达到资源共享、功能共享的目的。目前,它并没有很严格的定义,但是普遍接受 IDC (Internet Data Center,互联网数据中心)的定义:中间件是一种独立的系统软件或服务程序,分布式应用软件借助这种软件在不同的技术之间共享资源,中间件位于客户机服务器的操作系统之上,管理计算资源和网络通信。

2. 中间件的基本功能

中间件是独立的系统级软件,连接操作系统层和应用程序层,将不同操作系统提供应用的接口标准化,协议统一化,屏蔽具体操作的细节。中间件一般具有如下功能:

(1)通信支持。中间件为其所支持的应用软件提供平台化的运行环境,该环境屏蔽底层通信之间的接口差异,实现互操作,所以通信支持是中间件一个最基本的功能。早期应用与分布式的中间件交互主要的通信方式为远程调用和消息两种方式。通信模块中,远程调用通过网络进行通信,通过支持数据的转换和通信服务,从而屏蔽不同的操作系统和网络协议。远程调用提供基于过程的服务访问,为上层系统提供非常简单的编程接口或过程调用模型。消息提供异步交互的机制。

(2) 应用支持。中间件的作用就是服务上层应用,提供应用层不同服务之间的互操作机制。它为上层应用开发提供统一的平台和运行环境,并封装不同操作系统向应用提供统一的标准 API 接口,使应用的开发和运行与操作系统无关,实现其独立性。中间件松耦合的结构、标准的封装服务和接口、有效的互操作机制,给应用结构化和开发方法提供了有力的支持。

(3) 公共服务。公共服务是对应用软件中共性功能或约束的提取。将这些共性的功能或者约束分类实现,并支持复用,作为公共服务,提供给应用程序使用。通过提供标准、统一的公共服务,可减少上层应用的开发工作量,缩短应用的开发时间,并有助于提高应用软件的质量。

3. 中间件的分类

软件市场的繁复纷杂,使得中间件的应用越来越广泛。主要的中间件有以下几类:

(1) 事务式中间件,又称事务处理管理程序,是当前用得最广泛的中间件之一,其主要功能是提供联机事务处理所需要的通信、并发访问控制、事务控制、资源管理、安全管理、负载平衡、故障恢复和其他必要的服务。事务式中间件支持大量客户进程的并发访问,具有极强的扩展性。由于事务式中间件具有可靠性高、扩展性极强等特点,因此主要应用于电信、金融、飞机订票系统、证券等拥有大量客户的领域。

(2) 过程式中间件,又称远程过程调用中间件,一般从逻辑上分为两部分:客户机和服务器。客户机和服务器是一个逻辑概念,既可以运行在同一计算机上,也可以运行在不同的计算机上,甚至客户机和服务器底层的操作系统也可以不同。客户机和服务器之间的通信可以使用同步通信,也可以采用线程式异步调用。所以过程式中间件有较好的异构支持能力,简单易用,但由于客户机和服务器之间采用访问连接,所以在易剪裁性和容错方面有一定的局限性。

(3) 面向消息的中间件,简称为消息中间件,是一类以消息为载体进行通信的中间件,利用高效可靠的消息机制来实现不同应用间大量的数据交换。消息中间件的通信模型有两类:消息队列和消息传递。通过这两类消息模型,不同应用之间的通信和网络的复杂性脱离,摆脱对不同通信协议的依赖,可以在复杂的网络环境中高可靠、高效率地实现安全的异步通信。消息中间件的非直接连接,支持多种通信规程,达到多个系统之间数据的共享和同步。面向消息的中间件是一类常用的中间件。

（4）面向对象的中间件，又称分布对象中间件，简称对象中间件，是分布式计算技术和面向对象技术的结合。分布对象模型是面向对象模型在分布异构环境下的自然拓广。面向对象的中间件给应用层提供各种不同形式的通信服务，通过这些服务，上层应用对事务处理、分布式数据访问、对象管理等处理更简单易行。OMG 对象管理组织（Object Management Group，OMG）是分布对象技术标准化方面的国际组织，它制定出了 CORBA 等标准。

（5）应用服务器中间件。Web 应用服务器是 Web 服务器和应用服务器相结合的产物。应用服务器中间件可以说是软件的基础设施，利用构件化技术将应用软件整合到一个确定的协同工作环境中，并提供多种通信机制、事务处理功能及应用的开发管理功能。由于直接支持三层或多层应用系统的开发，应用服务器受到了广大用户的欢迎，是目前中间件市场上竞争的热点。J2EE 架构是目前应用服务器方面的主流标准。

（6）其他中间件。新的应用需求、新的技术创新、新的应用领域促进了新的中间件产品的出现。例如，ASAAC（Allied Standards Avionics Architecture Council，联合标准化航空电子系统架构委员会）在研究标准航空电子体系结构时提出的通用系统管理 GSM，属于典型的嵌入式航电系统的中间件。随着互联网云技术的发展，云计算中间件、物流网的中间件等随着应用市场的需求应运而生。

17.3.2　物联网应用

1. 智能家居

随时物联网技术的发展及普及，越来越多的技术与家居行业融合发展，而物联网技术融入家庭的每个角落后，重新定义了家居生活，不仅使家居产品的智能化得到了提升，同时也提升了用户体验感。智能家居主要是通过数据的控制及交互，实现用户对家居产品的控制及使用。目前智能家居已形成相关的体系，主要涉及的产品有安防设备、照明设备、家用清洗设备等，形成智慧客厅、智慧厨房、智慧餐厅等，小到家里的任何一个小物件，大到整个家居系统，都可以通过物联网技术进行控制，既可保障家庭安全，又可提升舒适度，使得人们更便捷、舒适地感受智能家居的"温暖"。

2. 智慧校园

随着教育行业的发展，智慧校园也逐步走入大众视野。智慧校园的出现主要是为了提高教学质量，增强师生的教学体验感。目前智慧校园有智慧门禁、智慧教学系统等产品，其中智慧门禁系统使用得较为普遍。智慧门禁系统充分利用了校园中的资源数据库，依据数据库中的信息，为进出教室的师生进行比对与更新，从而可以确保门禁系统对进出教室的师生进行有效识别，既可提高学校工作效率，又可进一步保障校园安全。

3．智慧安全

最近高空坠物、发生火灾的新闻频频出现,使人们的安全防范意识逐步提升。物联网技术同样可以在智慧安全行业与各板块相结合,并进行应用。智慧安全在大的方面可帮助公安机关完成刑侦工作,小的方面可涵盖智慧小区的安全防范。在小区内可设置人脸识别门禁系统,对小区外来人员进行管理,可安装监测高空坠物的监测摄像头,如有相关情况发生,可及时根据高空抛物轨迹找到源头;另外,水电气方面,亦可进行相关的安全保护,监测水电气相关设备的完整性,提前预测是否有不安全的现象出现,确保人员及物资的安全。

4．智慧医疗

新冠肺炎疫情的发生,让人们对生活产生了新的感悟,也让更多的关注点转移到了大健康板块,而智慧医疗的发展同样离不开物联网技术。智慧医疗系统、智慧医疗设备、智慧看护均结合了物联网技术。其中,智慧医疗系统提高了医疗系统的完善性,帮助病人更方便快捷地与医生沟通以治疗疾病;智慧医疗设备如智慧急救车,车上装有传感设备,可将急救信息及时传入医院系统,提高急救效率;智慧看护如智慧手环、智能看护机器人等,可以实现监控病人健康状态,进一步保障病人的安全。

5．智慧农业

物联网与农业的结合,进一步推动了农业的智能化进步与发展。目前智慧农业方面,主要是与农业监测、监控方面进行了深入的结合。物联网技术的加入,使得可实时监控农作物以及畜牧的生长所需的条件是否满足要求,能监测其生长情况是否良好,并可实现自动化的养护及养殖,进一步提高了农务工作的效率,并降低了农产品的损失率。

17.3.3 云计算

1．云计算的定义

云计算是信息技术革命不断发展的产物。信息和资源的需求不断推动着云计算的发展。云计算的概念最早于 2006 年提出,然后一直风靡全球,受到信息行业的广泛关注和支持。总体来说,云计算实际上是对 IT 基础资源的部署、管理和使用上的一种理念的创新和技术的改造。

业界认为云计算必须具备五种特征:按需服务、共享资源、按需付费、快速伸缩和网络面广。云计算的基本原理是通过新兴的虚拟化技术使得计算分布在分布式计算机上,企业能够将资源发展到需要的应用上,根据需求访问相关计算机和存储系统。云计算其实是网格计算、分布式计算、并行计算不断进行融合发展的产物,它也是虚拟化、效用计算、面向服务的构架等概念融合发展的结果。

2．云计算的分类

云计算现如今在业界内主要有两种分类形式：一是按服务方式分类；二是按服务类型分类。

按照服务方式，云计算主要分为公有云、私有云和混合云。

（1）公有云是由许多企业和个人用户共同使用的云环境，提供的是广泛的外部用户的资源共享模式，用户无须拥有和管理 IT 基础设施。公有云中的所有用户共享一个公共资源，这些服务由第三方提供。主流的公有云模式的服务机构有亚马逊、谷歌等。

（2）私有云是由于要确保用户数据安全所形成的服务模式，企业的有效数据存放在云计算供应商之中，这就涉及数据安全和管理能力的可靠性问题。所以私有云不仅在计算能力方面有所提高，而且侧重于安全性与机密性，是云计算的关键一环。

（3）混合云是结合了私有云与公有云的完善的云环境。用户在混合云环境中可以根据自身需求选择相关模式，制定适合自己的规则和策略。混合云的技术要求和功能相对来说比较完备，主要适合金融机构、政府机构、大型企业等。

按照服务类型，云计算分为基础设施即服务、平台即服务和软件即服务三层。

（1）基础设施即服务（infrastructure as a service，IaaS）是指区域内的用户通过 Internet 可以从完善的计算机基础设施获得所需要的服务。IaaS 是把数据中心、基础设施等硬件资源通过 Web 分配给用户的商业模式。其优势在于用户无须购买高质量设备，只需通过互联网租赁的方式搭建满足自己需要的应用系统。

（2）平台即服务（platform as a service，PaaS）的特点是提供应用服务引擎，用户可以直接通过服务引擎构建该类应用。PaaS 服务模式十分方便开发，开发人员不需要购买基础设备就能进行应用程序的便捷开发。

（3）软件即服务（software as a service，SaaS）是一种通过 Internet 直接提供软件的模式，云计算平台下的用户无须再重复购买软件，而是向提供商租用基于 Web 的已经开发好的软件，来保证企业经营活动的顺利实施。SaaS 模式大大降低了软件的使用成本和管理维护成本，服务的可靠性也不断提高。

3．云计算的关键技术介绍

1）虚拟化技术

由于企业的业务和应用不断扩大，传统的设备和技术已无法满足企业需求，这就迫切需要一种能够有效调配系统资源，并且降低运营成本的智能化设备，从而形成了虚拟化技术。

虚拟化技术的原理是利用智能设备将一台计算机虚拟化为多台完全不同的计算机，使得资源利用率显著提高，降低成本，从而达到高效的技术手段。它是一种调配资源的方法，应用在系统的多个层面，如软硬件、数据、网络、存储等，实现了动态分配资源、虚拟化资源等功能。新时期的虚拟化技术已经逐步向云计算领域不断跨进,虚拟化 IT 构架实现全系统虚拟化成为这一阶段的目标。

2）分布式计算技术

分布式计算是近几年提出的一种新的计算方式,是指两个或多个软件互相共享信息,这些软件既可以在同一台计算机上运行,也可以在通过网络连接起来的多台计算机上运行。分布式计算相比其他算法具有以下几个优点:

（1）稀有资源可以共享;

（2）通过分布式计算可以在多台计算机上平衡计算负载;

（3）可以把程序放在最适合运行它的计算机上。

分布式计算技术也是云计算技术的核心,主要是在考虑了可用性、可靠性和经济性等因素的前提下进行开发利用的。云计算中的分布式数据存储系统的代表应用主要有 GFS(Google file system,Google 文件系统)和 HDFS(hadoop distributed file system,分布式文件系统)两种。

3）并行编程模式

为了保证资源被利用的高效性,使得用户可以轻松便捷地获得云计算的服务,云计算的计算模式必须保证后天的并行执行和任务调度向所有用户透明。云计算系统内部所采用的主流编程模式是 MapReduce 方式,主要策略是将多个任务自动分成多个子任务,通过 Map 和 Reduce 两个步骤实现任务的合理调度和分配,如图 17-7 所示。

4. 云计算与物联网结合

云计算与物联网都具有许多优势,若把二者结合,则可以发挥很好的作用。打一个简单的比方,在结合了云计算的物联网中,云计算就是整个物联网云的控制中心,相当于整个中心的大脑,而物联网是通过云的控制实现应用效果的,即类似于四肢和五官。二者协调工作才能使得物联网云发挥应有的作用。下面初步对结合了云计算的物联网技术进行划分,主要可分为以下几个模式:

（1）单中心多终端模式。此类模式分布范围很小,该模式下的物联网终端都是把云中心作为数据处理中心,终端所获得的信息和数据都是由云中心处理和存储的,云中心通过提供统一的界面给用户操作和查看。这类应用的云中心可提供海量存储、统一界面和分级管理等功能,给人类日常生活提供了便利。这种模式主要应用在小区及家庭的监控、某些公共基础设施等方面。

（2）多中心多终端模式。此类模式主要适合区域跨度大的企业和单位。另外,有些数据和信息需要实时共享给所有终端的用户时也可采用该模式。这个模式的应用前提是云中心必须包括公共云和私有云两种云形式,并且它们之间的网络互联没有任何障碍。这样使得信息和数据在传播时同样满足其安全要求。

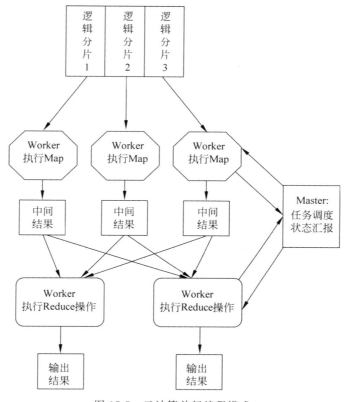

图 17-7　云计算并行编程模式

（3）信息和应用分层处理海量终端模式。这种模式可以针对用户的范围广、信息及数据种类多、安全性要求高等特征来打造。对需要大量传送，但是安全性要求不高的数据，如视频数据、游戏数据等，可以采取本地云中心处理存储；对于计算要求高，数据量不大的数据，可以存储在专门负责高速运算的云中心中；而对于安全性要求非常高的信息和数据，可以存储在具有安全中心的云中心中。

17.4　物联网安全

17.4.1　感知层安全问题

感知层主要负责数据收集，所以其安全措施也是围绕如何保证收集数据的完整性、机密性、可鉴别性来展开的。为了实现这个目标，感知层的主要安全任务除了保障物联网感知层设备的物理安全和系统安全，还需为传输层安全通信提供基础保障。下面分别围绕这三个主要安全任务进行讨论。

（1）感知层设备的物理安全会比之前的传统计算机受到更为严重的威胁。因为农业和工业环境中的传感器分布较广,若传感器运转正常可能长时间无人进行检查,很可能被敌手直接捕获。对于小型家用和医疗的智能设备,攻击者可以更加容易地对其进行侧信道分析。同时,智能医疗设备、穿戴设备和智能家居设备等会比传统的个人计算机收集到更多敏感及隐私数据。例如,香港大学安全研究人员通过侧信道分析智能手表中移动加速度传感器收集的数据,实现了对用户击键行为的成功预测。还有研究人员通过侧信道分析智能插座的用电量来推断与其连接电脑上的运行程序。

(2)感知层设备受资源所限,只能执行少量的专用计算任务,没有足够的剩余资源用于采取细粒度的系统安全措施。此外,许多工控专用设备其程序与系统依赖于特定的硬件架构,传统的访问控制、沙箱、病毒查杀等系统防御技术无法在这些特定设备上实现。这些因素都导致目前感知层设备的系统十分薄弱。Costin 等通过分析大量的嵌入式设备系统固件,发现了许多可利用的高危系统漏洞。有研究人员提出,在嵌入式系统中建立轻量级可信执行环境来保护其系统安全,但该方法计算开销较大,适用范围有限。还有研究人员设计了针对小型嵌入式设备系统的测试框架,但静态测试与漏洞检测方法无法实时动态保护嵌入式设备的系统安全。

(3)感知层设备在利用传输层的协议进行通信时,必然需要为传输层安全通信提供基础保障,主要包括通信密钥生成、设备身份认证以及数据溯源等。同样由于感知层设备资源有限,经典的加密、认证以及其他密码算法直接部署在传感器等小型嵌入式设备上会严重降低设备处理效率,大幅增加设备功耗。大部分研究人员通过设计轻量级密码学算法或优化经典密码学算法实现方法来解决这一难题。还有研究人员提出了一些创新性的思路来解决这一难题。Majzoobi 和 Hiller 研究团队分别提出了基于物理不可克隆技术(physical unclonable functions,PUF)的认证和密钥生成协议,该方法不仅节省了单独存储密钥的设备资源,而且可以有效抵御侧信道分析。也有研究人员利用穿戴设备获取的用户人体生物的特征如步态、滑动屏幕力度等来实现设备认证,该方法在节省资源的同时还可实现设备和使用者的双重认证。

综上,感知层三个方面的安全要求是相互依赖的,任何一个方面出现漏洞都会引发安全问题。例如,有研究人员通过侧信道分析基于心率生成密钥的电信号信息熵,还原了用户心率信息,获取了通信密钥。所以需要全面考虑感知层设备各个方面的安全要求以及相互之间的影响,才能设计出有效的安全防御策略。

17.4.2 网络层安全问题

传输层主要负责安全高效地传递感知层收集到的信息。因此网络层主要包括各种网络设施,既包括小型传感器网络,也包括因特网、移动通信网络和一些专业网络(如国家电力网、广播网)等。

传感器网络是物联网的基础网络,传感器设备收集的数据首先都要通过传感器网络才能向上传递给其他网络。同时,传感器网络与传统计算机网络有着许多不同,因此传感器网络的安全问题也成为近些年物联网安全研究的热点之一。首先,由于传感器网络节点资源有限,特别是电池供电的传感器设备,使得很容易对其直接进行拒绝服务(denial of service,DoS)攻击,造成节点电量耗尽。另外,传感器节点分布广泛,数目众多,管理人员无法确保每个节点的物理安全。敌手可直接捕获传感器节点进行更加深入的物理分析,从而获取节点通信密钥等。特别是一旦传感网关节点被敌手控制,会使整个传感器网络的安全性全部丢失。现在许多研究人员通过对密码学算法与协议进行的轻量化处理来抵御传感器网络攻击,但这些轻量级算法与协议大多缺乏对设备电量和网络带宽消耗的测试,适用性有待提高。

虽然现阶段对网络层通信网络的攻击仍然以传统网络攻击(如重放、中间人、假冒攻击等)为主,但仅仅抵御这些传统网络攻击是不够的,随着物联网的发展,网络层中的网络通信协议会不断增多。当数据从一个网络传递到另外一个网络时会涉及身份认证、密钥协商、数据机密性与完整性保护等诸多问题。因此网络面临的安全威胁将更加突出,需要研究人员更多地关注。

17.4.3　应用层安全问题

应用层需要对收集的数据进行最终的处理和应用,而数据处理与应用的过程都需要对应的安全措施保护。对于云端数据智能处理平台进行数据统计分析时需要防止用户隐私信息泄露。现阶段学术界主要采用同态加密来解决这一矛盾。对同态加密的数据进行处理得到一个输出,将这一输出进行解密,可以保证其结果与用同一方法处理未加密的原始数据得到的输出结果是一样的。但全同态加密算法的效率还有待提高,而部分同态加密算法可对加密数据进行的处理十分有限。有研究人员提出,可以根据应用程序对数据的用途不同以及数据的敏感程度不同,对原始数据采用不同的处理方法。例如,为了防止心率等医疗数据被篡改可采用Hash算法;为了统计用户的用电量而不泄露其具体信息可采用同态加密算法;对于无须计算的隐私数据可采用数据混淆的方法。同时,由于云服务器会保存大量的用户数据,云服务数据的存储、审计与恢复以及共享都需要更多的安全措施来保护。此外,物联网设备数目的增多使得 DDoS(分布式拒绝服务)攻击的规模将会大幅提升,云端服务器还需要提高抵御 DDoS 攻击的能力。

对于应用服务程序,由于其与用户联系最为紧密,所以其最重要的安全任务是在提供服务的同时保护用户隐私信息。Fernandes 等通过分析程序源码发现,50%以上的三星智能家居平台上的应用都具有不必要的权能,可导致用户敏感数据泄露或智能家居设备被恶意控制。一些研究人员为保护程序中的敏感操作和隐私数据设计了多种访问控制模型,但其适用性和安全性均有待进一步提高。

第 17 章教学资源

物联网工程案例

物联网作为一种新兴的网络技术,得到了人们广泛的关注,被称为继计算机、互联网之后,世界信息产业的第三次浪潮。目前,我国近 30 个城市将物联网作为新兴战略产业,物联网进入快速发展时期。当前,物联网已在日常生活、工业生产、农业生产等领域成功应用。本章结合几个典型的场景,对物联网在各领域的典型应用案例进行详细介绍。

18.1 物联网与智慧生活

18.1.1 物联网与智能家居

1. 概述

智能家居的概念起源很早。20 世纪 80 年代初,随着大量采用电子技术的家用电器面市,住宅电子化开始实现;80 年代中期,将家用电器、通信设备与安全防范设备各自独立的功能综合为一体,又形成了住宅自动化概念;至 80 年代末,由于通信与信息技术的发展,出现了通过总线技术对住宅中各种通信、家电、安防设备进行监控与管理的商用系统,这在美国被称为 Smart Home,也就是现在智能家居的原型。

智能家居是一种以住宅为平台,兼备建筑、网络通信、信息家电、设备自动化,集系统、结构、服务、管理为一体的高效、舒适、安全、便利、环保的居住环境,如图 18-1 所示。进入 21 世纪后,智能家居的发展更是多样化,技术实现方式也更加丰富。总体而言,智能家居发展大致经历了四代。第一代主要是基于同轴线、两芯线进行家庭组网,实现灯光、窗帘控制和少量安防等功能。第二代主要基于 RS-485 线、部分基于 IP 技术进行组网,实现可视对讲、安防等功能。第三代实现了家庭智能控制的集中化,控制主机产生,业务包括安防、控制、计量等。第四代基于全 IP 技术,末端设备基于 ZigBee 等技术,智能家居业务提供采用"云"技术,并可根据用户需求实现定制化、个性化。目前智能家居大多属于第三代产品,而美国已经对第四代智能家居进行了初步的探索,并已有相应产品。

近年来,物联网成为全球关注的热点领域,被认为是继互联网之后最重大的科

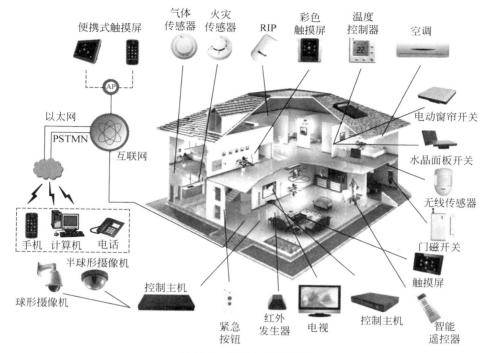

图 18-1　智能家居示意图

技创新。物联网通过射频识别(RFID)设备、红外感应器、全球定位系统、激光扫描器等信息传感设备,按约定的协议把任何物品与互联网连接起来进行信息交换和通信,以实现智能化识别、定位、跟踪、监控和管理。物联网的发展也为智能家居引入了新的概念及发展空间,智能家居可以被看作是物联网的一种重要应用。基于物联网的智能家居,表现为利用信息传感设备(同居住环境中的各种物品松耦合或紧耦合)将家居生活有关的各种子系统有机地结合在一起,并与互联网连接起来,进行监控、管理信息交换和通信,实现家居智能化。其包括智能家居(中央)控制管理系统、终端(家居传感器终端、控制器)、家庭网络、外联网络、信息中心等。

现如今,我国物联网智能家居产业具有如下特点:

(1)需求旺盛。随着国家经济的发展和人民生活水平的提高,物联网智能家居的应用需求日益增加。虽说智能家居在国内已发展十年多,但仍然面临着传统解决方案性能单一、价格高、难以规模推广的发展"瓶颈"。不过随着物联网的发展,智能家居行业将迎来新机遇。

(2)产业链长。智能家居涉及土建装修、通信网络、信息系统集成、传感器件、家电、医疗、自动控制等多个领域。

(3)渗透性强。由于智能家居涉及的业务渗透到生活的方方面面,因此其产业链长,导致行业的渗透性强。

（4）带动性强。能够带动建筑、制造业、信息技术等诸多领域发展。

2．方案

从体系架构上来看，基于物联网的智能家居由感知、传输和信息应用三部分组成。感知指家居末端的感应、信息采集以及受控等设备，传输包括家庭内部网络和公共外部网络数据的汇集和传输，信息应用主要指智能家居应用服务运营商提供的各种业务。物联网智能家居产业链现状如图 18-2 所示。

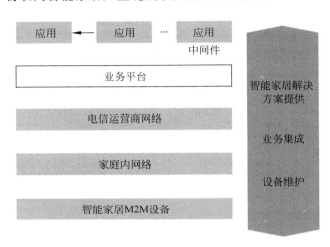

图 18-2　物联网智能家居产业链现状

可以看出，作为物联网重要的应用，智能家居涉及多个领域，相对于其他的物联网应用来说，拥有更广大的用户群和更大的市场空间，同时与其他行业有大量的交叉应用。目前，智能家居应用多是垂直式发展，行业各自发展，无法互联互通，并不能涉及整个智能家居体系架构的各个环节。如家庭安防，主要局限在家庭或小区的局域网内，即使通过电信运营商网络给业主提供彩信、视频等监控和图像采集业务，由于业务没有专用的智能家居业务平台提供，仍然无法实现整个家庭信息化。但也应看到，智能家居已经发展很多年，业务链上各环节，除业务平台外，都已较为成熟，而且均能获得利润，具有各自独立的标准体系。在都有各自的"小天地"但规模相对较小的现状下，要在未来实现规模化发展，还有许多问题亟待解决。

造成目前智能家居现状的原因是多方面的，包括前期政府扶持不够、资金投入不足、行业壁垒、地方保护，以及智能家居和物联网相关技术短期内不成熟等。由于智能化家庭是社会生产力发展、技术进步和社会需求相结合的产物，随着人民生活水平的提高、国家部门的扶持以及相关行业协会的成立，智能家居将逐步形成完整的产业链，统一的行业技术标准和规范也将进一步得以制定与完善。智能化家庭网络正向着集成化、智能化、协调化、模块化、规模化、平民化方向发展。

18.1.2 物联网与智慧医疗

1. 概述

我国的医疗卫生体系正处于从临床信息化走向区域医疗卫生信息化的发展阶段,物联网技术的出现,满足了人民群众关注自身健康的需要,推动了医疗卫生信息化产业的发展。物联网技术在医疗领域的应用潜力巨大,能够帮助医院实现对人的智能化医疗和对物的智能化管理工作,支持医院内部医疗信息、设备信息、药品信息、人员信息、管理信息的数字化采集、处理、存储、传输、共享等,实现物资管理可视化、医疗信息数字化、医疗过程数字化、医疗流程科学化、服务沟通人性化,能够满足医疗健康信息、医疗设备与用品、公共卫生安全的智能化管理与监控等方面的需求,从而解决医疗平台支撑薄弱、医疗服务水平整体较低、医疗安全生产隐患等问题。

智慧医疗是一种以患者数据为中心的医疗服务模式,主要分为三个阶段:数据获取、知识发现和远程服务。其中,数据获取由医疗物联网完成,知识发现主要依靠医疗云强大的大数据处理能力进行,远程服务由云端服务与轻便的智能医疗终端共同提供。这三个阶段周而复始,形成了智慧医疗中“感、知、行”的循环(见图 18-3)。

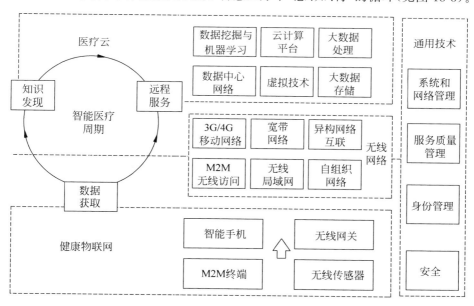

图 18-3 智慧医疗体系结构概览

下面以产检为例说明智慧医疗的一个典型应用场景。假设从怀孕到生产的过程中,一名孕妇需要进行 12 次产检,那么在整个怀孕过程中该孕妇至少需要从家到医院往返 12 次。实际上,孕妇的大部分常规检查(宫缩、胎心、胎动等)都可以借助仪器完成。采用智慧医疗模式,该孕妇只需要在第一次和最后一次快生产时去医院进行产检,其余 10 次在家中自助完成,并将信息传输到医院,由医生做出检查报告。在这种情况下,该孕妇从家到医院的往返次数减少了约80％。

从上面这个例子可以看出,智慧医疗模式具有解决"看病难,看病贵"问题的潜力。一般而言,与传统的医疗服务模式相比,智慧医疗主要有如下优点:

(1) 利用多种传感器设备和适合家庭使用的医疗仪器,自动地或自助地采集各类人体生命体征数据,在减轻医务人员负担的同时,能够更频繁地获取更丰富的数据。

(2) 采集的数据通过无线网络自动传输至医院数据中心,医务人员利用数据提供远程医疗服务,能够提高服务效率、缓解排队问题并减少交通成本。

(3) 数据集中存放管理,实现数据广泛共享和深度利用,从而能够对大量医疗数据进行分析和挖掘,有助于解决疑难杂症。

(4) 能够以较低的成本对亚健康人群、老年人和慢性病患者提供长期、快速、稳定的健康监控和诊疗服务,降低发病风险,间接减少对稀缺医疗资源(如床位和血浆)的需求。

实现智慧医疗的关键是物联网技术和云计算技术。这两大技术的连接点是海量的医疗数据,或称为"医疗大数据"。医疗物联网中,数目众多的传感器和医疗设备源源不断地产生各类数据。这些数据规模庞大,增长速度很快,传统的数据库技术已无法有效地对其进行管理和处理,因此在智慧医疗中,常引入云计算技术。专用于医疗服务的云计算平台能够以较低成本实现高效和可扩展的医疗大数据存储与处理,并且可以通过互联网为用户提供方便快捷的医疗服务。

不同于目前已有的医疗信息化系统,智慧医疗强调数据的广泛采集和深度利用。数据的广泛采集,即利用各种手段,不受时间与地点约束地采集各类数据。虽然现有的电子病历系统能够以数字化方式保存患者所有在医院进行的检查与就诊记录,但这些数据是非常有限的。智慧医疗利用物联网技术随时随地采集各种人体生命体征数据并自动保存,其数据量比人工录入电子病历的数据量高出数个数量级。数据的深度利用,即使用数据挖掘和机器学习等技术从数据中发现隐藏的知识,如患者的血氧饱和度变化周期、心率异常检测、生命体征关联变化模式等。由于涉及的数据种类繁多且规模庞大,这些知识难以凭借医生的经验以人工方式获得。此外,应用大规模数据处理技术,能够同时分析所有患者的记录,帮助医生诊疗疑难杂症。

2. 关键技术

医疗服务是物联网最具潜力的应用之一。在医疗物联网中,"物"包括医生、病人、关注健康的人群、医疗器械、药品等;"网"即医疗和健康管理的工作流程;"联"即通过信息交互,将与医疗有关的"物"编织成具备智能的医疗"网"的过程。

远程监护平台能够自动采集多项生命体征数据,自动将数据上传至医院控制中心,实时分析数据并预警,并由医生提供远程医疗服务。利用多种便携设备,数据的采集可以不受时间与地点限制。远程监护平台的工作原理见图18-4。远程监护系统能够监测病人的心脏功能、排尿、血压、血糖、睡眠等情况。

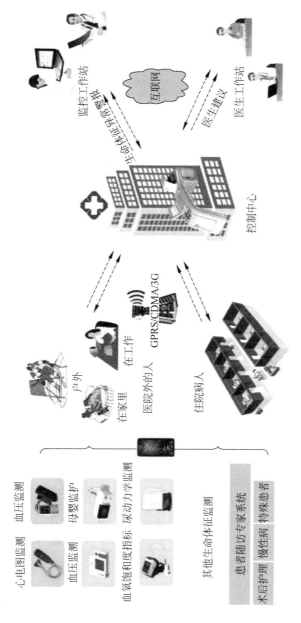

图 18-4　远程监护平台的工作原理

　　由于多种无线传感器设备已逐渐发展成熟,进入产业化阶段,数据采集已不再困难。但是,采集得到的数据还没有实现高度共享和深度利用。如何在"感"的基础上实现智慧医疗的"知"与"行",已成为了一项新的巨大挑战。具体来看,最迫切需要解决的问题主要有三个:①如何以渐进可扩展的方式存储重要的生命体征数据,并保证完全可靠;②如何管理规模庞大和种类繁多的非结构化数据,实现高效的复杂查询与分析,并保证结果的正确性;③如何从数据中挖掘出有价值的知识,并帮助医疗专家做出智能决策。云计算与大数据处理是应对如上问题的最重要的关键技术。

　　合理有效地利用数据是提高云医疗服务质量的关键。在智慧医疗中,产生的数据不仅规模庞大,而且结构复杂。首先,无线传感器、RFID、手机以及各种医疗设备产生的数据量十分惊人。例如,为1亿人建立电子病历和健康日志,每年传感器产生的数据将达到PB级;每年1亿人次CT扫描将产生5PB左右的数据。其次,医疗数据一般包含时间与地理位置信息,包含的属性众多(如一次体检可以得到数百项生命体征数据),因此其存储结构与处理方式都比以Web数据为代表的文本数据更复杂。因此,为支持智慧医疗所需的多种云服务,实现医疗服务实时化和智能化,研究并应用针对医疗大数据的存储、管理、处理、分析与挖掘技术必不可少。

　　就云计算而言,根据美国国家标准与技术研究院的定义,云计算是将共享的信息资源,通过网络动态按需地提供给第三方使用的技术形态和服务模式。这个定义中的"信息资源"一词含义丰富,包括网络带宽、计算能力、存储空间、软件服务等。在这种"一切皆为服务"的理念中,云服务的提供者与使用者有了明确的分界线。与传统计算模式相比,云计算的优点非常明显。云提供者能够通过计算资源的规模复用实现资源高效利用,实现信息化的"规模经济",降低了计算成本。云使用者无须管理计算资源,降低了信息化部署与学习成本。此外,传统软件之间接口不统一,交互困难,云服务能够通过云存储共享数据,易于整合,降低了软件互操作开发成本。在智慧医疗中,医院数据中心与医疗服务平台共同提供医疗云服务,而医生与患者则构成了云计算使用者群体。

　　就大数据处理而言,首先要明确"大数据"这个词的内涵。麦肯锡全球研究所(Mckinsey Global Institute,MGI)为大数据提供了一个较好的定义:当数据的规模和性能要求成为数据管理分析系统的重要设计和决定因素时,这样的数据就被称为大数据。从这个定义可以看到,大数据的界定不是简单地以数据规模为标准,而要考虑数据查询与分析的复杂程度。因此,数据和大数据之间并没有一个绝对的分界。随着数据处理技术的发展,符合大数据定义所需要的数据规模也会提升;同时,不同领域的数据常见规模和可用的数据管理分析系统也会有所不同。因此,大数据在不同领域的规模可以从GB级跨越到PB级。以目前计算机硬件的发展水平看,针对简单查询(如关键字搜索),数据量为TB至PB级时可称为大数据;

针对复杂查询(如数据挖掘),数据量为 GB 至 TB 级时即可称为大数据。

云部署的加快,对大数据解决方案产生了深刻的影响。越来越多的数据将会存储在云端数据中心,数据的后续处理也将以云计算的方式直接在云端进行。我们将这种以大数据处理为中心的云计算称为面向大数据的云计算。面向大数据的云计算的重点在于云端需要一套完整的大数据管理与处理平台,不仅能够存储数据,而且能够高效地将数据转化为知识,为用户提供有价值的服务。

18.2　物联网与智慧工业

18.2.1　物联网与智能电网

1. 概述

对于智能电网,天津大学余贻鑫院士给出如下定义:智能电网是指一个完全自动化的供电网络,其中的每一个用户和节点都被实时监控,并保证从发电厂到用户端电器之间的每一点上的电流和信息的双向流动。智能电网通过广泛应用的分布式智能和宽带通信,以及自动控制系统的集成,能保证市场交易的实时进行和电网上各成员之间的无缝连接及实时互动。埃森哲认为,智能电网利用传感、嵌入式处理、数字化通信和 IT 技术,将电网信息集成到电力公司的流程和系统,使电网可观测(能够监测电网所有元件的状态)、可控制(能够控制电网所有元件的状态)和自动化(可自适应并实现自愈),从而打造更加清洁、高效、安全、可靠的电力系统。

总之,智能电网就是通过传感器把各种设备、资产连接到一起,形成一个客户服务总线,从而对信息进行整合分析,以此来降低成本,提高效率,提高整个电网的可靠性,使运行和管理达到最优化。智能电网示意图如图 18-5 所示。

智能电网的特点如下:

(1) 自愈和自适应。实时掌控电网运行状态,及时发现、快速诊断和消除故障隐患;在尽量少的人工干预下,快速隔离故障、自我恢复,避免大面积停电的发生。

(2) 安全可靠。更好地对人为或自然发生的扰动做出辨识与反应。在自然灾害、外力破坏和计算机攻击等不同情况下保证人身、设备和电网的安全。

(3) 经济高效。优化资源配置,提高设备传输容量和利用率;在不同区域间进行及时调度,平衡电力供应缺口;支持电力市场竞争的要求,实行动态的浮动电价制度,实现整个电力系统优化运行。

(4) 兼容。既能适应大电源的集中接入,也支持分布式发电方式友好接入以及可再生能源的大规模应用,满足电力与自然环境、社会经济和谐发展的要求。

(5) 与用户友好互动。实现与客户的智能互动,以最佳的电能质量和供电可靠性满足客户需求。系统运行与批发、零售电力市场实现无缝衔接,同时通过市场

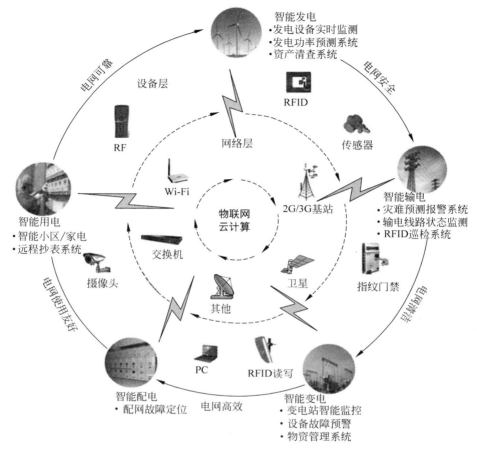

图 18-5　智能电网示意图

交易更好地激励电力市场主体参与电网安全管理,从而提升电力系统的安全运行水平。

2．方案

1）坚强而灵活的网络拓扑

坚强、灵活的电网结构是未来智能电网的基础。我国能源分布与生产力布局很不平衡,无论从当前还是从长远看,要满足经济社会发展对电力的需求,必须走远距离、大规模输电和大范围资源优化配置的道路。特高压输电能够提高输送容量、减少输电损耗、增加经济输电距离,在节约线路走廊占地、节省工程投资、保护生态环境等方面也具有明显优势。因此,发展特高压电网,构建电力"高速公路",成为必然的选择。

2）开放、标准、集成的通信系统

智能电网需要具有实时监视和分析系统目前状态的能力:既包括识别故障早

期征兆的预测能力,也包括对已经发生的扰动做出响应的能力。智能电网也需要不断整合和集成企业资产管理和电网生产运行管理平台,从而为电网规划、建设、运行管理提供全方位的信息服务。因此,宽带通信网,包括电缆、光纤、电力线载波和无线通信,将在智能电网中扮演重要角色。

3)高级计量体系和需求侧管理

电网的智能化需要电力供应机构精确得知用户的用电规律,从而对需求和供应有一个更好的平衡。目前我国的电表只是达到了自动读取,是单方面的交流,不是双方的、互动的交流。由智能电表以及连接它们的通信系统组成的先进计量系统能够实现对诸如远程监测、分时电价和用户侧管理等的更快和准确的系统响应。

4)智能调度技术和广域防护系统

智能调度是未来电网发展的必然趋势,调度的智能化是对现有调度控制中心功能的重大扩展。调度智能化的最终目标是建立一个基于广域同步信息的网络保护和紧急控制一体化的新理论与新技术,协调电力系统元件保护和控制、区域稳定控制系统、紧急控制系统、解列控制系统和恢复控制系统等,具有多道安全防线的综合防御体系。智能化调度的核心是在线实时决策指挥,目标是灾变防治,实现大面积连锁故障的预防。

智能化调度的关键技术包括系统快速仿真与模拟(fast simulation and modeling,FSM)技术、智能预警技术、优化调度技术、预防控制技术、事故处理和事故恢复技术(如电网故障智能化辨识及其恢复)、智能数据挖掘技术、调度决策可视化技术。另外还包括应急指挥系统以及高级的配电自动化等相关技术,其中高级的配电自动化包含系统的监视与控制、配电系统管理功能和与用户的交互(如负荷管理、量测和实时定价)。

5)高级电力电子设备

电力电子技术在发电、输电、配电和用电的全过程均发挥着重要作用。现代电力系统应用的电力电子装置几乎全部使用了全控型大功率电力电子器件、各种新型的高性能多电平大功率变流器拓扑和 DSP 全数字控制技术。

6)可再生能源和分布式能源接入

在发展智能电网时,如何安全、可靠地接入各种可再生能源电源和分布式能源电源也是面临的一大挑战。

分布式能源包括分布式发电和分布式储能,在许多国家都得到了迅速发展。分布式发电技术包括微型燃气轮机技术、燃料电池技术、太阳能光伏发电技术、风力发电技术、生物质能发电技术、海洋能发电技术、地热发电技术等。分布式储能装置包括蓄电池储能、超导储能和飞轮储能等。

风能、太阳能等可再生能源在地理位置上分布不均匀,并且易受天气影响,发电机的可调节能力比较弱,需要有一个网架坚强、备用充足的电网支撑其稳定运行。随着电网接入风电量的增加,风电厂规划与运行研究对风电场动态模型的精度和计算速度提出了更高的要求。

18.2.2　物联网与智慧物流

1. 概述

物联网作为近年来一种新型的信息技术应用手段,其可以通过各类传感装置、识别技术以及信息技术,来对物体的使用情况进行管理,因此在多个领域中得到了广泛的应用。在智慧物流平台建设过程中,通过物联网技术的应用,能够根据约定的协议实现物品与互联网的连接工作,并且可以随时进行信息的交换及通信,从而实现对物体的智能化识别、定位、跟踪与监控,对于物流管理水平的提升也提供了一定的技术支撑。可以说物联网技术本质上是现代信息技术发展到了一定阶段之后,出现的聚合性应用与技术提升,也是现代网络技术、感知技术以及人工智能技术等多种先进科学技术的整合应用,并且能够实现对物体的全过程跟踪与管理。物联网技术自身还具有互联网特征、识别与通信特征以及智能化特征,其必须在经过联网之后才能够实现对物体的管理,还要具有一定的识别以及通信功能。物联网技术在应用过程中还具有自我反馈与智能控制的应用优势,因此在我国物流行业获得了良好的应用效果。智慧物流示意图如图 18-6 所示。

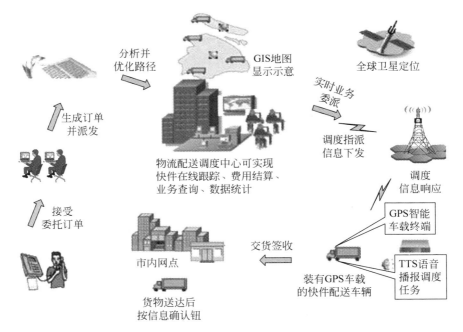

图 18-6　智慧物流示意图

　　一般情况下物联网系统可以分为感知层、网络层以及应用层三个部分,通过三部分协作的方式实现对物体的管理。感知层自身具有感知互动的效果,也是物联网作用发挥的重要基础,能够将现实中的物体与信息网络进行连接;网络层的主要功能是将信息数据传输到不同终端;而应用层的主要作用则是服务于行业系统的物联网技术,实现物物相连。在基于物联网的智慧物流体系架构当中,物联网基础设施水平不断提升,但由于具体应用不同,所以智慧物流中各个层次的技术和服务也不同。在感知层中,主要利用 RFID、GPS 以及传感器技术;网络层中主要包括互联网技术以及移动通信技术的应用;而应用层包含的内容极广,能够实现实时监控、货物跟踪、线路优化、数字仓储管理以及车辆实时调度等服务。

2. 关键技术

1) 射频识别技术

　　射频识别(RFID)技术是一种自动识别技术,其主要通过无线射频方式来实现非接触通信。将物品标记上 RFID 标签后,射频信号能够自动识别物品种类,获取物品的相关信息。所以这种技术也是物联网中应用最为广泛且最为核心的技术之一。RFID 技术在现如今的物流系统中应用广泛,是物联网的主要支撑技术,其在物流管理中发挥的作用十分重要。一方面,RFID 标签中储存有 EPC 代码,产品电子代码不同则代表了不同物体的信息,可以通过识别代码来识别目标物体;另一方面,RFID 标签中还储存有物体的实时动态信息,这些信息在实时更新中,通过读写器能够识别物体信息数据,并实现传递数据、查询数据等功能。

2) 传感器技术和传感器网络

　　通过物联网能够使无机物品感知物理世界,而这一目的主要是通过传感器来实现的,传感器也是物体感知物理世界的基础,其决定了原始信息的准确性和真实性。根据我国的标准,将传感器定义为感知物体被测量,并按照一定规律将其转换为可用于传输信号的装置。传感器的组成包括敏感元件、转化原件以及信号调理和转化电路。被测量通过传感器传出信号,才能实现感知物理世界的目的。在智慧物流中,传感器网络十分重要,其不仅能够和 RFID 系统配合,实现对物品位置、温度、路线等项目的追踪,而且能够通过网络对既定环境实现认知,所以传感器也可以成为现实世界和信息世界之间的桥梁。

3) M2M 技术和管理平台

　　M2M 是一种以无线通信等手段来实现机器之间智能化、交互化的通信方式,通过 M2M 能够为客户提供综合的信息化解决方案。从逻辑上来看,M2M 系统分为三个领域:终端、网络和应用。基于 M2M 技术和管理平台的智慧物流,能够实现多种信息化需求,包括实时监控、实时追踪、实时控制和调度,从而实现线路规划、车辆调度等服务。

4) 智慧物流可视化平台信息采集

　　智慧物流信息的采集包括运输车辆信息、商品信息等的采集,其可以通过

RFID 标签来实现。通过信息采集能够了解到商品的存储状态,包括温度、湿度、火灾报警、非法进入等。另外结合 GPS 技术能够实现车辆运输路线的实时追踪。

5)智慧物流可视化平台信息传输

智慧物流可视化平台的网络服务层主要利用综合网络传输方式。在仓库内,网络信息的传输分为两层,其中底层节点之间的组网和信息传送、接收由 ZigBee 路由节点负责,将这些信息传送到网关后,再联系上层的互联网,从而将信息直接上传至服务器。

6)智慧物流可视化平台信息管理

智慧物流的信息管理主要包括三方面:首先是智慧仓库管理子系统,主要负责物品出入库、信息查询、监控仓库情况等,一般通过 RFID 标签来实现管理;其次为物品运输管理子系统,系统功能包括数据追踪、数据查询、物品状态监控等;最后则是后台管理子系统,其功能主要包括用户级别管理、权限管理、信息设置等。

18.3 物联网与智慧农业

18.3.1 农业物联网平台

1. 概述

农业物联网平台是从农业经济发展、农业科技水平的提高和农业物联网的应用研究现状出发,集成先进传感技术、无线传感网络技术、智能处理技术,研发的一套集约化农业生产智能管理平台,能实现不同环境下农业科研生产数据的实时感知、精确管理和设备智能控制。根据信息生成、传输、处理和应用的原则,平台主要分为三个层次,包括感知层、传输层和应用层,如图 18-7 所示。

图 18-7　农业物联网平台总体结构

(1)感知层用于信息的获取感知,包括无线传感器网络、RFID、GPS、摄像头等各类感知器件,可以实现信息实时动态感知、快速识别和信息采集。感知层主要采集的内容包括光照强度、空气温湿度、氧气及土壤湿度等方面的实时数据信息。

（2）传输层用于感知层与应用层之间的信息传输，包括物联网感知层的设备有线无线连接，与互联网、通信网进行数据融合的网关，以及可以将底层感知数据传输到应用层的互联网传输。

（3）应用层用于对所获取的感知信息进行智能分析和综合处理，为物联网提供数据服务及管理服务，支持多种标准的服务接口的管理平台，为物联网用户提供数据表现及管理界面。

平台通过数据处理及智能化控制来提供农业智能化管理，结合农业自动化设备实现农业生产智能化与信息化管理，达到农业生产中节省资源、保护环境、提高产品品质及产量的目的。农业物联网平台的三个层次分别赋予了物联网能全面感知信息、传输数据可靠、有效优化系统以及智能处理信息等特征。

2. 方案

农业物联网平台遵从安全、可靠、稳定、可行及可扩展的原则设计，从实际情况出发，具备以下基本功能：通过传感设备，全天候实时感知光照强度、温湿度等数据信息，采集和存储感知数据，并提供历史报表查询功能；通过 PC 和手机等多种终端对大棚和猪舍等生产环境进行监控，真正做到全方位可视化，让工作更轻松，管理更加精确和高效；监控各类环境数据，一旦数据超过设定阈值，立即短信通知管理人员；对现场设备加装控制线路，实现对设备的远程控制；设置合理的权限控制，对不同的用户提供不同的服务，保证系统安全（见图 18-8）。这套系统扩展性极强，更换底层传感器件和交互界面即可实现不同应用。

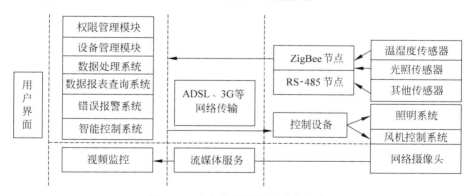

图 18-8　农业物联网平台功能组成

以下为该平台的几个主要组成部分。

（1）环境感知系统：主要负责大棚和猪舍等设施内部光照、温度、湿度、CO_2 和氨气含量以及视频等数据的采集，数据上传分为 ZigBee 和 RS-485 两种方式。根据传输方式的不同，现场部署分为无线版和有线版两种。无线版采用 ZigBee 发送模块将传感器的数值传送到节点上；有线版采用电缆方式将数据传送到 RS-485 节点上。无线版具有部署灵活、扩展方便等优点；有线版则传输速率高、数据更稳定。

（2）数据分析与处理系统：负责将采集的数据纳入传感信息数据库进行分析、存储与挖掘，将采集到的原始感知数据通过归纳与处理以直观的形式进行展示，向用户提供报表功能，系统可对历史数据进行存储，形成数据仓库。数据分析与处理系统为用户提供分析决策依据。系统允许用户制定自定义的数据范围，超出范围的异常情况会通过短信通知管理人员。

（3）智能控制系统：该系统主要由控制设备和相应的继电器控制电路组成，通过继电器可以自由控制各种农业生产设备，包括喷淋、滴灌等喷水系统和卷帘、风机等空气调节系统等，分为手动控制和自动控制两种。①手动控制：一是远程控制，即通过 Web 端或手机端，发送控制命令到控制服务器，控制服务器将命令转化成控制系统可识别的信号，以此来改变设备的运行状态；二是现场控制，即设备控制操作者在现场直接对设备进行开关控制。②自动控制：采集到的数据经中心服务器进行逻辑处理分析后，与设置的阈值比对，判断设备应该处于何种状态，并发送控制命令到控制服务器，从而改变设备的状态。

（4）视频监控系统：采用高精度的网络摄像机，通过流媒体服务提供网络视频监控，系统的清晰度和稳定性等参数均符合国内相关标准。用户随时随地通过 3G 手机或电脑可以观看到大棚内的实际影像，对农作物的生长进程进行远程监控。

（5）用户界面：即用户通过 PC 或手机应用客户端访问系统时看到的网页内容与交互界面。整个界面从需求与用户体验出发，集实用方便和美观于一体，便于用户查看数据和操作。

18.3.2　农产品溯源管理

1. 概述

农产品可追溯系统，用于追踪农产品从生产到流通的全过程，包含生产、收购、运输、储存、装卸、搬运、包装、配送、流通加工、分销直到终端用户等过程，是由 ISO9000 认证、HACCP（危害分析和关键点分析系统）、SSOP（卫生标准操作程序）、GMP（良好操作规范）等组成的综合管理体系。

该系统围绕与民生密切相关的蔬菜、水果、茶叶、食用菌、畜禽、竹笋等六大类产品建立健全农产品质量安全可追溯体系，构建农产品溯源安全管理系统，建设政府安全管理系统、企业安全管理系统和消费者查询系统，采集农产品生产加工过程的关键信息，详细记录外来生产资料（重点是农业化肥、饲料和兽药等投入品）的采购情况，建立健全安全档案管理，基于安全信息汇总审核和二维码码段分配管理监督企业生产加工过程，以二维码为信息载体，建立信息溯源机制，基于超市专有识别终端和短信平台提供多种信息溯源查询方式，方便消费者及时了解产品安全信息，参与信息互动，促进放心消费，提高政府部门的农产品安全监管水平和社会公信力，规范企业生产经营管理，落实企业的社会责任，增强企业的市场竞争力。

根据农产品质量安全监管工作的要求和重点,针对与民生密切相关的蔬菜、水果、茶叶、食用菌、畜禽、竹笋等六大类农产品建立农产品质量安全可追溯体系,业务流程如图 18-9 所示。

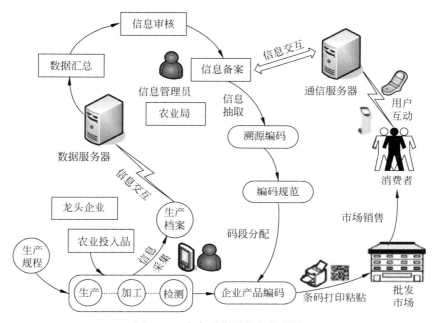

图 18-9　农产品溯源业务流程图

农业企业详细记录外来生产资料的采购信息,实现对外来投入品使用信息的溯源;企业人员依据生产规程制定相应的生产加工流程,基于手持 PDA 采集或者手动录入农产品生产加工信息建立安全档案,并报送农业局;农产品主管部门对农业企业报送的数据进行汇总,审核信息的完整性和可信度;农业局针对农产品生产加工的流程和特点,对企业和产品信息进行统一编码,给不同的农业企业分配二维码码段;企业打印二维码,粘贴到产品包装上进入市场销售;消费者购买农产品之后,通过手机发送数字编码到短信平台,或者在超市、集贸市场的触摸屏上直接扫描条码进行查询,获取购买农产品的安全信息。

2. 方案

农产品溯源安全管理系统的开发和运行体系为 B/S 结构,用户的 PC 工作站上的系统访问界面为浏览器方式,可以通过 Intranet 或 Internet 访问,不需要安装任何软件。系统采用业界领先的多层架构设计,如图 18-10 所示。

以短信平台和超市专有识别终端作为农产品溯源安全管理系统公众溯源的窗口,构建信息流与业务流的统一出入口,解决对外服务与内部沟通的信息管理和交互共享问题;以统一的网络平台(互联网、中国移动无线网络)为支撑、信息资源整

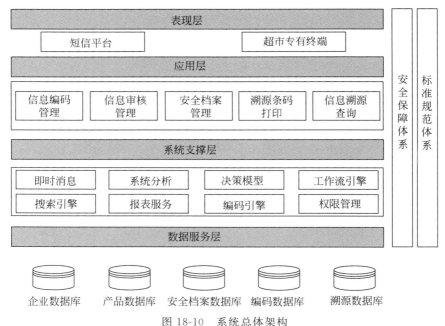

图 18-10　系统总体架构

合和共享构成的数据服务层为数据基础,基于应用框架层提供的公用软件服务,形成各企业业务之间的互操作,实现基于框架各业务、业务部门之间基于信息流、业务流和知识流的互动与协同,解决农产品企业追溯的信息化问题。安全体系、管理维护体系为农产品溯源安全管理平台的信息安全、管理与维护提供保障。

数据服务层主要实现信息资源的整合、共享和统一管理,为信息流、业务流和知识流的一体化集成提供数据基础,为安全管理和溯源提供信息服务。需要统筹规划、统一标准、分工协作,建设数据库群,实现信息资源的整合和共享,避免重复建设和标准不统一造成的资源浪费。数据服务层分系统数据、业务基础数据和应用数据三个层次。系统数据是指整个系统的系统管理数据,以保障系统正常运行,如用户数据、权限数据等;业务基础数据是指农产品流通各个环节的工作流程数据、流程档案信息等,包括企业信息、产品信息、生产信息、加工信息、投入品信息等;应用数据主要指用户对基础信息进行应用操作,包括编码数据库和溯源数据库等行为数据。

系统支撑层应用于网络平台和数据服务层之上,提供公用和基础性的软件服务,包括即时消息、统计分析、决策模型、工作流引擎、搜索引擎、报表服务、编码引擎和权限管理等基础支撑系统,这些系统涉及信息流、业务流的统一管理和应用服务,独立于具体的领域应用,实现各部门公用基础软件的共享和标准的统一,避免重复开发造成的浪费。

应用层建立在网络平台、数据服务层、系统支撑层之上,实现农产品溯源安全管理系统的各个功能,包括信息编码管理、信息审核管理、安全档案管理、溯源条码打印和信息溯源查询等功能,通过用户接口为不同的用户提供信息查询和交互服务,并通过信息采集传输网关实现安全档案数据采集和各个环节数据传输与共享。

表现层在应用层的基础上,实现用户接口,为企业内部用户提供企业安全信息管理系统,用于农产品企业实现信息和业务的管理;为公众用户提供统一的消费者查询系统,基于农产品安全档案,消费者可以通过超市专有识别终端和手机短消息等方式进行产品安全信息溯源,方便消费者了解农产品生产加工信息,促进放心消费。

18.4　物联网与人类社会发展

物联网用途广泛,遍及智能交通、环境保护、政府工作、公共安全、平安家居、智能消防、工业监测、环境监测、老人护理、个人健康、花卉栽培、水系监测、食品溯源、敌情侦查和情报搜集等多个领域。

物联网把新一代 IT 技术充分运用在各行各业之中。具体地说,就是把感应器嵌入和装备到电网、铁路、桥梁、隧道、公路、建筑、供水系统、大坝、油气管道等各种物体中,然后将物联网与现有的互联网整合起来,实现人类社会与物理系统的整合,在这个整合的网络当中,存在能力超级强大的中心计算机群,能够对整合网络内的人员、机器、设备和基础设施实施实时的管理和控制,在此基础上,人类可以以更加精细和动态的方式管理生产和生活,达到“智慧”状态,提高资源利用率和生产力水平,改善人与自然间的关系。

毫无疑问,如果物联网时代来临,人们的日常生活将发生翻天覆地的变化。然而,不谈什么隐私权和辐射问题,单把所有物品都植入识别芯片这一点现在看来还不太现实。人们正走向物联网时代,但这个过程可能需要很长的时间。

实际上,任何新的技术都会优先应用于军事领域,物联网技术也不例外。美国陆军已经开始建设“战场环境侦察与监视系统”,将“数字化路标”作为传输工具,为各作战平台与单位提供“各取所需”的情报服务,使情报侦察与获取能力产生质的飞跃。

未来的信息化战争要求整个作战系统“看得明、反应快、打得准”。毫无疑问,谁能在信息的获取、传输、处理上占据优势,谁就能掌握战争的主动权。物联网技术的发展为实现智能化、网络化的未来信息化战争提供了技术支撑。

可以设想,从卫星、导弹、飞机、舰船、坦克、火炮等单个装备,到海、陆、空、天、电各个战场空间,从单个士兵到大规模作战集团,通过物联网可以把各个作战要素和作战单元甚至整个国家军事力量都凝聚起来,实现战场感知精确化、武器装备智能化、后勤保障灵敏化,必将会引发一场划时代的军事技术革命和作战方式的变革。

物流业服务于制造业和零售业。在物联网受到追捧之前，不少从事运输和仓储的物流大企业采用了 RFID 技术。但是，RFID 初期投资较大，一般中小企业较难承受。将来，一旦物联网成为通用技术，处于产业链上下游的制造业和零售业推广了 RFID 应用，将迫使每个物流企业引入这种技术。因为是供应链上中下游共同承担费用，同时伴随着用户的扩增，电信基础设施的成本理论上将得到有效分摊，RFID 设备硬件企业的单位制造成本摊薄，物流企业使用 RFID 的成本会比现在低廉很多。结合云计算技术，未来中小型物流企业将是物联网"平民化"的最大受益者。

最后，物流企业需要未雨绸缪，用一颗平常心，做好牵涉因 RFID 失效、误用引起的经济纠纷官司，甚至是隐私权诉讼的准备。

下面总结物联网对物流企业及供应链的影响：

第一，实现管理自动化（获取数据、自动分类等），作业高效便捷，改变中国仓储型物流企业"苦力"公司的形象。

第二，降低仓储成本。

第三，提高服务质量，提高响应时间，客户满意度增加，供应链环节整合更紧密。

第四，借物联网东风，无论是出于自觉还是被动，我国物流企业的信息化将普遍上一个新台阶，同时也会促进物流信息行业大共享的局面形成。

第五，迎接法律层面的挑战。

社会信息化进程的加快，虚拟世界表现出巨大的安全需求以及物联网本身的安全需求都将促进安防从现实世界走向虚拟世界。而物联网也是构成现实和虚拟世界安全服务的最好的解决方案。物联网的推广还将促进安防技术与其他技术（信息、自动化、建筑等）的融合，促进安防技术进入更广阔的市场领域。

总之，物联网对安防技术的影响是深远的，将产生安全的新理念，解决安防领域的许多难题。互联网改变了人类工作生活的方式，而物联网将会提高人类的生活质量，人们可以从日常琐碎的生活中通过智能化的控制而节约大量的时间，所以物联网代表了整个人类生活方式的转变方向，对社会、对生活的影响也是极其深远的。

第 18 章教学资源

参 考 文 献

[1] 李邓化,陈雯柏,彭书华. 智能传感技术[M]. 北京:清华大学出版社,2011.

[2] 李邓化,彭书华,徐晓飞. 智能检测技术及仪表[M]. 北京:科学出版社,2007.

[3] 王雪. 测试智能信息处理[M]. 北京:清华大学出版社,2008.

[4] 丛爽. 神经网络、模糊系统及其在运动控制中的应用[M]. 合肥:中国科学技术大学出版社,2001.

[5] 韩九强. 机器视觉技术及应用[M]. 北京:高等教育出版社,2009.

[6] 李杨果. 视觉检测技术及其在大输液检测机器人中的应用[D]. 长沙:湖南大学,2007.

[7] 肖南峰. 智能机器人[M]. 广州:华南理工大学出版社,2008.

[8] 罗志增,蒋静坪. 机器人感觉与多信息融合[M]. 北京:机械工业出版社,2003.

[9] 薛春浩. 混沌机制处理 HFC 网络回传噪声问题研究[D]. 北京:清华大学,2003.

[10] 杜维. 过程检测技术及仪表[M]. 北京:化学工业出版社,1998.

[11] 樊尚春,乔少杰.检测技术与系统[M]. 北京:北京航空航天大学出版社,2005.

[12] 李昌禧. 智能仪表原理与设计[M]. 北京:化学工业出版社,2005.

[13] 李海青. 智能型检测仪表及控制装置[M]. 北京:化学工业出版社,1998.

[14] 李军. 检测技术及仪表[M]. 2 版.北京:中国轻工业出版社,2006.

[15] 刘迎春,叶湘滨. 传感器原理、设计与应用[M]. 长沙:国防科技大学出版社,1999.

[16] 刘元扬. 自动检测和过程控制[M]. 北京:冶金工业出版社,2005.

[17] 栾桂冬,张金铎,王仁乾. 压电换能器和换能器阵(上册)[M].北京:北京大学出版社,1990.

[18] 孟中岩,姚熹. 电介质理论基础[M]. 北京:国防工业出版社,1980.

[19] 牟爱霞. 工业检测与转换技术[M]. 北京:化学工业出版社,2005.

[20] 戚新波. 检测技术与智能仪器[M]. 北京:电子工业出版社,2005.

[21] 秦树人. 智能控件化虚拟仪器系统原理与实现[M]. 北京:科学出版社,2003.

[22] 宋文绪. 传感器与检测技术[M]. 北京:高等教育出版社,2004.

[23] 宋文绪,杨帆.自动检测技术[M]. 北京:高等教育出版社,2005.

[24] 苏家健. 自动检测与转换技术[M]. 北京:电子工业出版社,2006.

[25] 苏中. 基于 PC 架构的可编程序控制器[M]. 北京:机械工业出版社,2005.

[26] 孙传友,翁惠辉.现代检测技术及仪表[M]. 北京:高等教育出版社,2006.

[27] 唐露新. 传感与检测技术[M]. 北京:科学出版社,2006.

[28] 王化祥,张淑英.传感器原理及应用[M]. 天津:天津大学出版社,2004.

[29] 王仲生. 智能检测与控制技术[M]. 西安:西北工业大学出版社,2004.

[30] 徐爱钧. 智能化测量控制仪表原理与设计[M]. 2 版.北京:北京航空航天大学出版社,2004.

[31] 徐科军,马修水,李晓林. 传感器与检测技术[M]. 北京:电子工业出版社,2004.

[32] 阳宪惠. 现场总线技术及其应用[M]. 北京:清华大学出版社,1999.

[33] 郁有文,常健.传感器原理及工程应用[M]. 西安:西安电子科技大学出版社,2003.

[34] 张剑平. 智能化检测系统及仪器[M]. 北京：国防工业出版社，2005.

[35] 张欣欣，孙艳华. 自动检测技术[M]. 北京：清华大学出版社，北京交通大学出版社，2006.

[36] 张毅. 自动检测技术及仪表控制系统[M]. 2版. 北京：化学工业出版社，2005.

[37] 朱名铨. 机电工程智能检测技术与系统[M]. 北京：高等教育出版社，2002.

[38] 裴蓓. 自动检测与转换技术[M]. 北京：人民邮电出版社，2010：168-173.

[39] 宋永刚. RSS激光扫描自动找平系统的性能、结构特点研究[J]. 筑路机械与施工机械化，2005，5：5-7.

[40] 方俊英，宋永刚. RSS一种全新的摊铺机自动找平系统[J]. 筑路机械与施工机械化，2001，19(96)：14-15.

[41] 李小明，冯全科，毕勤成，等. 利用红外对管进行无干扰气泡上升速度测量的实验研究[J]. 西安交通大学学报，2004，4(2)：1110-1118.

[42] 侯国章，赖一楠，田思庆. 测试与传感器技术[M]. 2版. 哈尔滨：哈尔滨工业大学出版社，2006：131-137.

[43] 许刚，王成，苏力. 智能红外测速系统的设计[J]. 中国仪器仪表，2008(8)：70-73.

[44] 龚锦涵. 潜水医学[M]. 北京：人民军医出版社，1985：386-408.

[45] 吴玉锋，田彦文. 气体传感器研究进展和发展方向[J]. 计算机测量与控制，2003，11(10)：731-734.

[46] 高晓明. 近红外二极管激光气体光学传感器发展现状及其应用[J]. 量子电子学报，2005：585-591.

[47] 刘建周，徐正新，刘凤丽. 甲烷催化元件输出漂移的原因分析与对策[J]. 传感器技术，2004，23(6)：55-57.

[48] 王现军，王倩，杜保强. 测量曲线的线性度研究[J]. 测绘学院学报，2003，20(4)：251-253.

[49] 张乃禄，徐竟天，薛朝妹. 安全检测技术[M]. 西安：西安电子科技大学出版社，2012.

[50] 任杰，何永红，高志贤. 压电生物传感器研究进展[J]. 生物技术通讯，2004，15(5)：519-522.

[51] 宫经宽，刘樾. MEMS传感器在航空综合电子备份仪表中的应用[J]. 航空精密制造技术，2009，45(6)：45-47，62.

[52] 李旭辉. MEMS发展应用现状[J]. 传感器与微系统，2006，25(5)：7-9.

[53] 王巍，何胜. MEMS惯性仪表技术发展趋势[J]. 导弹与航天运载技术，2009(3)：23-28.

[54] 祝彬. 惯性制导系统的发展[J]. 中国航天，2010，1：35-39.

[55] 孙杰. MEMS技术的发展及其在航天领域的应用研究[J]. 航天标准化，2010，3：44-47.

[56] 韩礼，刘兴江，陈志华. MEMS技术在灵巧弹药中的应用[J]. 四川兵工学报，2009，30(2)：10-12.

[57] 丛培田，孟海星，韩辉，等. 基于C8051F005单片机和MEMS加速度传感器ADXL311的倾角仪[J]. 仪表技术与传感器，2010，1：36-37.

[58] 张鉴，戚昊琛. MEMS生物传感器及其医学应用[J]. 现代物理知识，2009，19(5)：42-43.

[59] 蔡春龙，刘翼，刘一薇. MEMS仪表惯性组合导航系统发展现状与趋势[J]. 中国惯性技术学报，2009，17(5)：562-567.

[60] 邵毅明，张帆. 车用MEMS传感器原理与发展[J]. 科技资讯，2008，3：5-6.

[61] 谷庆红. 微机械陀螺仪的研制现状[J]. 中国惯性技术学报，2003，11(5)：67-72.

[62] 陆敬予，张飞虎，张勇. 微机电系统的现状与展望[J]. 传感器与微系统，2008，27(2)：

1-3,7.

[63] 丁群燕,曾鑫. 微机电系统的研究及应用[J]. 传感器与微系统,2008,7:105-106.

[64] 张毅,罗元,等. 移动机器人技术及其应用[M]. 北京:电子工业出版社,2007.

[65] 韩九强. 机器视觉技术及应用[M]. 北京:高等教育出版社,2009.

[66] 李杨果. 视觉检测技术及其在大输液检测机器人中的应用[D]. 长沙:湖南大学,2007.

[67] 肖南峰. 智能机器人[M]. 广州:华南理工大学出版社,2008.

[68] 罗志增,蒋静坪. 机器人感觉与多信息融合[M]. 北京:机械工业出版社,2003.

[69] 李喜孟. 无损检测[M]. 北京:机械工业出版社,2001.

[70] 冯若. 超声手册[M]. 南京:南京大学出版社,1999.

[71] 贺正楚,潘红玉. 德国"工业 4.0"与"中国制造 2025"[J]. 长沙理工大学学报(社会科学版),2015,30(3):103-110.

[72] 周济. 智能制造:"中国制造 2025"的主攻方向[J]. 中国机械工程,2015(17):2273-2284.

[73] 杨清梅,孙建民. 传感器与测试技术[M]. 哈尔滨:哈尔滨工程大学出版社,2004.

[74] 吕俊芳,钱政,袁梅. 传感器接口与检测仪器电路[M]. 北京:国防工业出版社,2009.

[75] GUYON 1, ELISSEEFF A. An introduction to variable and feature selection[J]. J. Mach. Learn. Res.,2003,3:1157-1182.

[76] ALPAYDIN E. Introduction to machine learning[M]. Cambridge Massachusetts:The MIT Press,2020.

[77] LANGLEY P. Selection of relevant features in machine learning[C]//Proceedings of the AAAI Fall symposium on relevance,1994,184:245-271.

[78] KOHAVI R, JOHN G H. Wrappers for feature subset selection[J]. Artificial intelligence,1997,97(1/2):273-324.

[79] LAW M H C, FIGUEIREDO M A T, JAIN A K. Simultaneous feature selection and clustering using mixture models[J]. IEEE transactions on pattern analysis and machine intelligence,2004,26(9):1154-1166.

[80] BATTITI R. Using mutual information for selecting features in supervised neural net learning[J]. IEEE Transactions on neural networks,1994,5(4):537-550.

[81] FORMAN G. An extensive empirical study of feature selection metrics for text classification[J]. J. Mach. Learn. Res.,2003,3(Mar):1289-1305.

[82] COMON P. Independent component analysis,a new concept? [J]. Signal processing,1994,36(3):287-314.

[83] FLEURET F. Fast binary feature selection with conditional mutual information[J]. Journal of Machine learning research,2004,5(9):1531-1555.

[84] FORMAN G. An extensive empirical study of feature selection metrics for text classification[J]. J. Mach. Learn. Res.,2003,3(Mar):1289-1305.

[85] CARUANA R, SA V R. Benefitting from the variables that variable selection discards[J]. Journal of machine learning research,2003,3(Mar):1245-1264.

[86] YANG Y, PEDERSEN J O. A comparative study on feature selection in text categorization[C]//Proceedings of the Fourteenth International Conference on Machine learning. 1997:412-420.

[87] JAVED K, BABRI H A, SAEED M. Feature selection based on class-dependent densities

for high-dimensional binary data [J]. IEEE Transactions on Knowledge and Data Engineering, 2010, 24(3): 465-477.

[88] GUYON I, ELISSEEFF A. An introduction to variable and feature selection[J]. Journal of machine learning research, 2003, 3(Mar): 1157-1182.

[89] KOHAVI R, JOHN G H. Wrappers for feature subset selection [J]. Artificial intelligence, 1997, 97(1/2): 273-324.

[90] GOLDBERG D E. Genetic algorithms in search, optimization, and machine learning. Addison[J]. Reading, 1988,3: 95-99.

[91] KENNEDY J, EBERHART R. Particle swarm optimization[C]//Proceedings of ICNN' 95-international conference on neural networks. IEEE, 1995, 4: 1942-1948.

[92] PUDIL P, NOVOVIČOVÁ J, KITTLER J. Floating search methods in feature selection [J]. Pattern recognition letters, 1994, 15(11): 1119-1125.

[93] REUNANEN J. Overfitting in making comparisons between variable selection methods [J]. Journal of Machine Learning Research, 2003, 3(Mar): 1371-1382.

[94] SOMOL P, PUDIL P, NOVOVIČOVÁ J, et al. Adaptive floating search methods in feature selection[J]. Pattern recognition letters, 1999, 20(11/12/13): 1157-1163.

[95] NAKARIYAKUL S, CASASENT D P. An improvement on floating search algorithms for feature subset selection[J]. Pattern Recognition, 2009, 42(9): 1932-1940.

[96] 边肇祺, 张学工. 模式识别[M]. 2 版. 北京: 清华大学出版社, 2000.

[97] 盛立东. 模式识别导论[M]. 北京: 北京邮电大学出版社, 2010.

[98] ESHELMAN L J. The CHC adaptive search algorithm: How to have safe search when engaging in nontraditional genetic recombination[M]//Foundations of genetic algorithms. San Francisco: Margan Kaufmann, 1991, 1: 265-283.

[99] OLIVEIRA L S, SABOURIN R, BORTOLOZZI F, et al. A methodology for feature selection using multiobjective genetic algorithms for handwritten digit string recognition [J]. International Journal of Pattern Recognition and Artificial Intelligence, 2003, 17(6): 903-929.

[100] KUDO M, SKLANSKY J. Comparison of algorithms that select features for pattern classifiers[J]. Pattern recognition, 2000, 33(1): 25-41.

[101] BATTITI R. Using mutual information for selecting features in supervised neural net learning[J]. IEEE Transactions on neural networks, 1994, 5(4): 537-550.

[102] KWAK N, CHOI C H. Input feature selection for classification problems[J]. IEEE transactions on neural networks, 2002, 13(1): 143-159.

[103] MUNDRA P A, RAJAPAKSE J C. SVM-RFE with MRMR filter for gene selection[J]. IEEE transactions on nanobioscience, 2009, 9(1): 31-37.

[104] GUYON I, WESTON J, BARNHILL S, et al. Gene selection for cancer classification using support vector machines[J]. Machine learning, 2002, 46(1): 389-422.

[105] CHAPELLE O, KEERTHI S S. Multi-class feature selection with support vector machines[C]//Proceedings of the American statistical association, 2008: 58.

[106] NEUMANN J, SCHNÖRR C, STEIDL G. Combined SVM-based feature selection and classification[J]. Machine learning, 2005, 61(1/2/3): 129-150.

[107] SETIONO R, LIU H. Neural-network feature selector[J]. IEEE transactions on neural

networks，1997，8(3)：654-662.

[108] PENG Y，XUEFENG Z，JIANYONG Z，et al. Lazy learner text categorization algorithm based on embedded feature selection[J]. Journal of Systems Engineering and Electronics，2009，20(3)：651-659.

[109] 张靖. 面向高维小样本数据的分类特征选择算法研究[D].合肥：合肥工业大学，2014：35-52.

[110] PEHLIVANLL A Ç. A novel feature selection scheme for high-dimensional data sets：four-staged feature selection[J]. Journal of Applied Statistics，2016，43(6)：1140-1154.

[111] CHANG C C，LIN C J. LIBSVM：a library for support vector machines[J]. ACM transactions on intelligent systems and technology (TIST)，2011，2(3)：1-27.

[112] 王芳. 基于支持向量机的沪深 300 指数回归预测 [D]. 济南：山东大学，2015.

[113] 顾嘉运,刘晋飞,陈明.基于 SVM 的大样本数据回归预测改进算法 [J]. 计算机工程，2014，1：161-166.

[114] 刘晓叙. 灰色预测与一元线性回归预测的比较 [J]. 四川理工学院学报（自科版），2009，22 (1)：107-109.

[115] 李艳红、李海华、杨玉蓓. 传感器原理及实际应用设计[M]. 北京：北京理工大学出版社，2016.

[116] 祝诗平.传感器与检测技术[M].北京：北京大学出版社，2006.

[117] 雷菊华,方志兵.气体传感器的分类与工作原理浅探[J].山东工业技术，2015，1：53.

[118] FENG S，FARHA F，LI Q，et al. Review on smart gas sensing technology[J]. Sensors，2019，19(17)：3760.

[119] LU S，HU X，ZHENG H，et al. Highly selective，ppb-level xylene gas detection by Sn2+-doped NiO flower-like microspheres prepared by a one-step hydrothermal method [J]. Sensors，2019，19(13)：2958.

[120] ABEL S B，OLEJNIK R，RIVAROLA C R，et al. Resistive sensors for organic vapors based on nanostructured and chemically modified polyanilines[J]. IEEE Sensors Journal，2018，18(16)：6510-6516.

[121] SAKTHIVEL B，NAMMALVAR G. Selective ammonia sensor based on copper oxide/ reduced graphene oxide nanocomposite[J]. Journal of Alloys and Compounds，2019，788：422-428.

[122] SHU L，JIANG T，XIA Y，et al. The investigation of a SAW oxygen gas sensor operated at room temperature，based on nanostructured ZnxFeyO films[J]. Sensors，2019，19(13)：3025.

[123] KARELIN A，BARANOV A M，AKBARI S，et al. Measurement Algorithm for Determining Unknown Flammable Gas Concentration Based on Temperature Sensitivity of Catalytic Sensor[J]. IEEE Sensors Journal，2019，19(11)：4173-4180.

[124] 马须敬,徐磊.气体传感器的研究现状与发展趋势[J].传感器与微系统，2018,37(5)：1-4,12.

[125] 井云鹏.气体传感器研究进展[J].硅谷，2013,6(11)：11-13.

[126] 郭继坤,陈司晗.矿井下分布式光纤定位精度及感测距离研究[J].吉林大学学报(信息科学版),2018,36(05)：382-387.

[127] 刘泽峰,郎庆阳,刘云达,等.一种厨房燃气控制装置[J].科技风,2020(3)：15.

[128] 史晓军.电化学气体传感器在烟气监测中的应用[J].中国仪器仪表,2009(6):90-92.

[129] 文科武,李苏,秦罗明,等.石油化工可燃气体和有毒气体检测报警设计规范:GB 50493—2009[S].北京:中国计划出版社,2009.

[130] 骆熙.有毒有害气体检测设备传感器技术[J].电子世界,2014(16):493-494.

[131] SHEN S, FAN Z, DENG J, et al. An LC passive wireless gas sensor based on PANI/CNT composite[J]. Sensors, 2018, 18(9): 3022.

[132] XING Y, VINCENT T A, COLE M, et al. Real-time thermal modulation of high bandwidth MOX gas sensors for mobile robot applications[J]. Sensors, 2019, 19(5): 1180.

[133] FONOLLOSA J, RODRÍGUEZ-LUJÁN I, TRINCAVELLI M, et al. Chemical discrimination in turbulent gas mixtures with mox sensors validated by gas chromatography-mass spectrometry[J]. Sensors, 2014, 14(10): 19336-19353.

[134] LIU Y J, ZENG M, MENG Q H. Electronic nose using a bio-inspired neural network modeled on mammalian olfactory system for Chinese liquor classification[J]. Review of Scientific Instruments, 2019, 90(2): 025001.

[135] CHEN M, PENG S, WANG N, et al. A wide-range and high-resolution detection circuit for MEMS gas sensor[J]. IEEE Sensors Journal, 2018, 19(8): 3130-3137.

[136] SPIRJAKIN D, BARANOV A, AKBARI S. Wearable wireless sensor system with RF remote activation for gas monitoring applications[J]. IEEE Sensors Journal, 2018, 18(7): 2976-2982.

[137] MAHFOUZ S, MOURAD-CHEHADE F, HONEINE P, et al. Gas source parameter estimation using machine learning in WSNs[J]. IEEE Sensors Journal, 2016, 16(14): 5795-5804.

[138] YUAN Z, LI R, MENG F, et al. Approaches to enhancing gas sensing properties: a review[J]. Sensors, 2019, 19(7): 1495.

[139] LIU X, CHENG S, LIU H, et al. A survey on gas sensing technology[J]. Sensors, 2012, 12(7): 9635-9665.

[140] LIN T, LV X, HU Z, et al. Semiconductor metal oxides as chemoresistive sensors for detecting volatile organic compounds[J]. Sensors, 2019, 19(2): 233.

[141] FANGET S, HENTZ S, PUGET P, et al. Gas sensors based on gravimetric detection— A review[J]. Sensors and Actuators B: Chemical, 2011, 160(1): 804-821.

[142] GHIDOTTI M, FABBRI D, TORRI C. Determination of linear and cyclic volatile methyl siloxanes in biogas and biomethane by solid-phase microextraction and gas chromatography-mass spectrometry[J]. Talanta, 2019, 195: 258-264.

[143] MEHROTRA P. Biosensors and their applications-A review[J]. Journal of oral biology and craniofacial research, 2016, 6(2): 153-159.

[144] 温志立.免疫传感器的发展概述[J].生物医学工程学杂志,2001,4:642-646.

[145] NAKAMURA H, SHIMOMURA-SHIMIZU M, KARUBE I. Development of microbial sensors and their application[J]. Biosensing for the 21st Century, 2007: 351-394.

[146] 喻玄.基于磁耦合和光纤阵列的液位传感器研究[D].武汉:武汉理工大学,2013.

[147] 叶茂,李欣,武涌,等.生物传感器检测食物过敏原的研究进展[J].食品工业科技,2021,

42(18)：397-406.

[148] 边孟孟,张云,袁亚利.基于微流控的电化学生物传感平台研究进展[J].分析科学学报,
2019,35(5)：657-664.

[149] 韩莉,陶蕳,张义明,等.酶传感器的应用[J].传感器世界,2012,18(4)：9-12.

[150] 李蒙蒙,朱瑛,仰大勇,等.静电纺丝纳米纤维薄膜的应用进展[J].高分子通报,2010,9：
42-51.

[151] HARSÀNYI G. Polymer films in sensor applications：a review of present uses and
future possibilities[J]. Sensor Review,2000,20(2)：98-105.

[152] 越方禹,韩蕴,黄俊.高分子膜及其在光纤气体传感器中的应用[J].传感器技术,
2003,8：1-4.

[153] 董道毅,陈宗海,张陈斌.量子传感器[J].传感器技术,2004,4：1-4,9.

[154] 石莎莉,王旭.智能传感器产业发展研究[J].新材料产业,2017,12：39-42.

[155] 张巍,姜大成,王雷,郭垠昊.传感器技术应用及发展趋势展望[J].通讯世界,2018,10：
301-302.

[156] 屠海令,赵鸿滨.大力发展智能传感材料与器件[N].中国电子报,2021-03-02(001).

[157] 井云鹏,范基胤,王亚男,等.智能传感器的应用与发展趋势展望[J].黑龙江科技信息,
2013,21：111-112.

[158] 刘强,崔莉,陈海明.物联网关键技术与应用[J].计算机科学,2010,37(6)：1-4,10.

[159] 钱志鸿,王义君.物联网技术与应用研究[J].电子学报,2012,40(5)：1023-1029.

[160] 葛丹.物联网传感器数据处理平台的设计与实现[D].南京：南京邮电大学,2016.

[161] 施巍松,孙辉,曹杰,等.边缘计算：万物互联时代新型计算模型[J].计算机研究与发展,
2017,54(5)：907-924.

[162] 刘泽喜.物联网伦理问题探析[D].武汉：武汉科技大学,2010.

[163] 杜经纬,李海涛,梁涛.国内外物联网研究现状及展望[J].世界科技研究与发展,2013,
35(3)：408-416.

[164] 周夔.探讨物联网技术与发展[J].移动通信,2012,36(12)：56-58.

[165] 梁炜,曾鹏.面向工业自动化的物联网技术与应用[J].仪器仪表标准化与计量,2010,1：
21-24.

[166] 胡永利,孙艳丰,尹宝才.物联网信息感知与交互技术[J].计算机学报,2012,35(6)：
1147-1163.

[167] 韩俊.物联网信息感知与交互技术研究与分析[J].信息与电脑(理论版),2019,1：
190-191.

[168] 丁治国.RFID 关键技术研究与实现[D].合肥：中国科学技术大学,2009.

[169] 胡竞扬.蓝牙技术探究[J].中国新通信,2017,19(1)：75.

[170] 卢俊文.Zigbee 技术的原理及特点[J].通讯世界,2019,26(3)：35-36.

[171] 陈宇翔.LoRa 应用关键技术研究[D].杭州：杭州电子科技大学,2019.

[172] 冯珊珊.NB-IoT 技术在物联网中的应用分析[J].数字通信世界,2020,12：152-153,155.

[173] 苏锐.第四代移动通信系统(4G)关键技术综述[J].科技资讯,2005,25：4-5.

[174] 余秋萍.论 4G 移动通信技术的特点与应用[J].电子技术与软件工程,2015,7：44.

[175] 张宁,杨经纬,王毅,等.面向泛在电力物联网的5G通信：技术原理与典型应用[J].中国
电机工程学报,2019,39(14)：4015-4025.

[176] 张联梅,王和平.软件中间件技术现状及发展[J].信息通信,2018,5：183-184.

[177] 李爽. 基于云计算的物联网技术研究[D]. 合肥：安徽大学，2014.

[178] 张玉清，周威，彭安妮. 物联网安全综述[J]. 计算机研究与发展，2017，54（10）：2130-2143.

[179] MEHROTRA P. Biosensors and their applications-A review[J]. Journal of oral biology and craniofacial research，2016，6(2)：153-159.

[180] MEIJER G，PERTIJS M，MAKINWA K. Smart sensor systems：Emerging technologies and applications[M]. Chichester，West Sussex：John Wiley & Sons，2014.

[181] QU Y J，MING X G，LIU Z W，et al. Smart manufacturing systems：state of the art and future trends[J]. The International Journal of Advanced Manufacturing Technology，2019，103(9)：3751-3768.

[182] KACHHAVAY M G，THAKARE A P. 5G technology-evolution and revolution[J]. International Journal of Computer Science and Mobile Computing，2014，3（3）：1080-1087.

[183] LEE J，DAVARI H，SINGH J，et al. Industrial Artificial Intelligence for industry 4.0-based manufacturing systems[J]. Manufacturing letters，2018，18：20-23.

[184] CAO K，LIU Y，MENG G，et al. An overview on edge computing research[J]. IEEE access，2020，8：85714-85728.

[185] ZHENG Z，XIE S，DAI H，et al. An overview of blockchain technology：Architecture，consensus，and future trends [C]//2017 IEEE international congress on big data (BigData congress). IEEE，2017：557-564.

[186] LOPES V，ALEXANDRE L A. An overview of blockchain integration with robotics and artificial intelligence[J]. arXiv preprint arXiv：1810.00329，2018.

[187] ZHONG R Y，XU X，KLOTZ E，et al. Intelligent manufacturing in the context of industry 4.0：a review[J]. Engineering，2017，3(5)：616-630.

[188] FULLER A，FAN Z，DAY C，et al. Digital twin：Enabling technologies，challenges and open research[J]. IEEE access，2020，8：108952-108971.

[189] CHENG G J，LIU L T，QIANG X J，et al. Industry 4.0 development and application of intelligent manufacturing[C]//2016 international conference on information system and artificial intelligence (ISAI). IEEE，2016：407-410.

[190] 孙燕妮，白晓军.《中国制造 2025》——中国特色的强国战略[J]. 智能制造，2020，300(10)：43-45.

[191] 王淑华. MEMS 传感器现状及应用[J]. 微纳电子技术，2011，48(8)：516-522.

[192] 冯南鹏. MEMS 微结构力学性能的尺度效应研究[D]. 南京：南京理工大学，2009.

[193] 梅涛，孔德义，张培强，等. 微电子机械系统的力学特性与尺度效应[J]. 机械强度，2001，4：373-379.

[194] 王亚珍，朱文坚. 微机电系统（MEMS）技术及发展趋势[J]. 机械设计与研究，2004，1：10-12，6.

[195] 杨晓光，姚伯威，张丽丽. MEMS 器件的计算机辅助设计方法和仿真研究[J]. 微计算机信息，2006，14：205-207.

[196] BATTERSBY S. Core Concept：Quantum sensors probe uncharted territories，from Earth's crust to the human brain[J]. Proceedings of the National Academy of Sciences，2019，116(34)：16663-16665.

［197］ 孙柏林，刘哲鸣.量子技术与仪器仪表［J］.仪器仪表用户，2019，26（3）：99-102.

［198］ 舒玉波.以发展为主线讲述原子结构理论［J］.化工时刊，2020，34（2）：53-54.

［199］ 顾婷婷.对波粒二象性的理解与认识［J］.科技传播，2012，7：75-76.

［200］ 楚珺尧，王强，曹士英，等.NIST 芯片计划指南与应用［J］.中国计量，2020，1：57-61.

［201］ 李新坤，蔡玉珍，郑建朋，等.碱金属原子气室研究进展［J］.导航与控制，2020，19（1）：125-132.

［202］ 张萌.量子测量技术与产业发展及其在通信网中的应用展望［J］.信息通信技术与政策，2020，4：66-71.

［203］ 胡向东，等.传感器与检测技术［M］.4 版.北京：机械工业出版社，2021.